Das moderne Industrieunternehmen

Betriebswirtschaftliche Fachbücher für Hochschule und Praxis

Herausgegeben von

Dr.-Ing. *Werner Zimmermann,* Professor für Betriebswirtschaftslehre, insbesondere Unternehmensrechnung und Unternehmensforschung, an der Gesamthochschule Siegen und

Dipl.-Kfm. *Siegfried Höwelmann,* Professor für Betriebswirtschaftslehre an der Fachhochschule für Technik und Wirtschaft, Reutlingen

Dopjans, Einführung in das Wirtschaftsrecht

Götz, Arbeitsrecht

Götz, Volkswirtschaftslehre

Krause, Arbeitsorganisation

Ott/Wendlandt, Grundzüge des Wirtschaftsrechts

Zimmermann, Betriebliches Rechnungswesen

Zimmermann, Planungsrechnung und Entscheidungstechnik

Zimmermann, Bilanzen lesen und verstehen

Günther Dopjans

Einführung in das Wirtschaftsrecht

Privatrecht in Wirtschaft und Technik
mit Anleitungen zur Lösung praktischer Fälle

Springer Fachmedien Wiesbaden GmbH

CIP-Kurztitelaufnahme der Deutschen Bibliothek

Dopjans, Günther
Einführung in das Wirtschaftsrecht: Privatrecht in Wirtschaft u. Technik; mit Anleitungen zur Lösung prakt. Fälle. – 1. Aufl.
ISBN 978-3-528-04109-0 ISBN 978-3-663-14166-2 (eBook)
DOI 10.1007/978-3-663-14166-2

Ursprünglich erschienen bei Friedr. Vieweg & Sohn Verlagsgesellschaft mbH, Braunschweig 1978

ISBN 978-3-528-04109-0

Vorwort der Herausgeber

Technische und kaufmännische Führungskräfte eines modernen Industrieunternehmens sind bei den heutigen Wettbewerbsverhältnissen ganz besonders auf ein breit angelegtes und zugleich fundiertes Fachwissen angewiesen.

Es erschien den Herausgebern daher angebracht, die für die praktische Arbeit im Industrieunternehmen besonders bedeutsamen Wissensgebiete Betriebswirtschaft, Volkswirtschaft und Recht in einer einheitlichen Buchreihe „Das moderne Industrieunternehmen" zusammenzufassen.

Die einzelnen Bände sind für alle geschrieben, die in der Wirtschaft in leitenden Positionen tätig sind oder eine solche Tätigkeit anstreben. Sie eignen sich für den im Berufsleben stehenden Praktiker zur Auffrischung des Wissens und ebensogut als Lehr- und Fachbücher für die theoretische Ausbildung, insbesondere an Hochschulen und Fachhochschulen.

Es konnten Autoren gewonnen werden, die ihre Erfahrungen als Führungskräfte in Wirtschaft und Industrie und auch als Professoren an Hochschulen und Fachhochschulen gesammelt haben. Sie verstehen es, ihr Fachgebiet dem Studenten wie dem Praktiker praxisnah darzustellen und Einblick in gesamtwirtschaftliche Zusammenhänge zu geben.

Der vorliegende Band gibt in knapper Form einen Überblick über die wichtigsten Gebiete des für die Wirtschaft bedeutsamen Rechts. Zielsetzung war dabei auch, dem interessierten Leser die Anwendung des geltenden Rechts für die Praxis aufzuzeigen. Daher beginnt jedes Kapitel mit einem Fall aus der Praxis. Die weitere Darstellung ermöglicht es dem Leser, eine qualifizierte Antwort auf die vom Fall aufgeworfenen Rechtsfragen zu geben.

Unser Recht ist umfangreicher und komplizierter geworden. Darüber hat man genügend geklagt. Dieses Buch versucht, auch Lesern ohne Vorkenntnisse die Rechtsmaterie klar und verständlich nahezubringen, ohne Einbußen an Qualität in Kauf nehmen zu müssen.

Dr.-Ing. *Werner Zimmermann*
Professor an der Gesamthochschule Siegen

Dipl.-Kfm. *Siegfried Höwelmann*
Professor an der Fachhochschule für Technik und Wirtschaft Reutlingen

Vorwort des Verfassers

Eine allgemein anerkannte Definition für den Begriff „Wirtschaftsrecht" gibt es nicht[1]). Im engeren Sinne versteht man darunter das Recht der Wirtschaftslenkung[2]). Im vorliegenden Buch wird „Wirtschaftsrecht" in einem umfassenderen Sinne verstanden, und zwar als das Privatrecht, das für die Wirtschaft besondere Bedeutung besitzt und teilweise Sonderrecht der Wirtschaft ist.

Um den Rahmen einer Einführung nicht zu sprengen, mußte von den damit angesprochenen Rechtsmaterien einiges ausgespart werden. So konnte etwa das Spezialgebiet „Gesellschaftsrecht" nicht dargestellt werden. Unerörtert blieb auch das immer wichtiger werdende Europäische Gemeinschaftsrecht; dazu kann hier nur auf Spezialliteratur verwiesen werden[3]).

Das Buch hat sich besonders zum Ziel gesetzt zu zeigen, wie das geltende Recht für den konkreten Fall anzuwenden ist. Es dürfte unrentabel sein, sich Rechtskenntnisse anzueignen, ohne sie für die Praxis verwenden zu können. Wer dem zustimmt, wird vielleicht zuerst den Anhang 1 lesen.

Bei den Zitaten sind durchweg diejenigen Fundstellen bevorzugt worden, die leichter erreichbar sind. Hinweise zur juristischen Arbeitstechnik finden sich im Anhang 2.

Der Leser sollte bei der Lektüre einen Gesetzestext zur Hand haben[4]). Paragraphen ohne Zusatz sind aus dem BGB.

Sonnenbühl, im Dezember 1977

Dr. jur. *Günther Dopjans*
Professor an der Fachhochschule
für Technik und Wirtschaft
Reutlingen

---

1) Vgl. W.R. Schluep, Was ist Wirtschaftsrecht? Bern 1968 (Sonderdruck aus der Festschrift für Walther Hug)

2) G. Rinck, Begriff und Prinzipien des Wirtschaftsrechts, 1971, S. 171

3) C. Runge, Einführung in das Recht der Europäischen Gemeinschaften, 1972;
B. Goldman, Europäisches Handelsrecht (aus dem Französischen übersetzt), 1973;
M. Zuleeg, Das Recht der europäischen Gemeinschaften im innerstaatlichen Bereich, 1969

4) Empfohlen wird die Loseblattsammlung Schönfelder, Deutsche Gesetze. Der Buchhandel hält auch Taschenbuchausgaben bereit.

Inhaltsverzeichnis

Abkürzungsverzeichnis

a.A.	anderer Ansicht
a.a.O.	am angegebenen Ort
abl.	ablehnend
Abs.	Absatz
abw.	abweichend
AbzG	Abzahlungsgesetz
AcP	Archiv für die zivilistische Praxis (Band und Seite)
ADB	Allgemeine Bedingungen für die Binnentransportversicherung
ADSp	Allgemeine Deutsche Spediteurbedingungen
AFG	Arbeitsförderungsgesetz
AG	Aktiengesellschaft/Amtsgericht
AGB	Allgemeine Geschäftsbedingungen
AGBG	Gesetz zur Regelung des Rechts der Allgemeinen Geschäftsbedingungen
AHB	Allgemeine Bedingungen für die Haftpflichtversicherung
AKB	Allgemeine Bedingungen für die Kraftverkehrsversicherung
AKVB	Allgemeine Bedingungen für die private Krankenversicherung
ALB	Allgemeine Lagerbedingungen des deutschen Möbeltransports
AMG	Arzneimittelgesetz
Anh.	Anhang
Anm.	Anmerkung
AO	Abgabenordnung
ArbEG	Gesetz über Arbeitnehmererfindungen
Art.	Artikel
AÜG	Gesetz zur Regelung der gewerbsmäßigen Arbeitnehmerüberlassung
AV	Allgemeine Versicherungsbedingungen
AVG	Angestelltenversicherungsgesetz
AWD	Recht der Internationalen Wirtschaft – Außenwirtschaftsdienst des Betriebs-Beraters (Jahr und Seite)
BAG	Bundesarbeitsgericht
BAGE	Entscheidungen des Bundesarbeitsgerichts (Jahrgang und Seite)
BauFdgG	Gesetz zur Sicherung der Bauforderungen
BauspG	Gesetz über Bausparkassen
BB	Betriebs-Berater (Jahr und Seite)
BGB	Bürgerliches Gesetzbuch
BGBl	Bundesgesetzblatt
BGH	Bundesgerichtshof
BGHZ	Entscheidungen des Bundesgerichtshofs in Zivilsachen (Jahrgang und Seite)
BinnSchG	Gesetz betreffend die privatrechtlichen Verhältnisse der Binnenschiffahrt
BVerfGG	Gesetz über das Bundesverfassungsgericht
BVerwG	Bundesverwaltungsgericht
BVerwGE	Entscheidungen des Bundesverwaltungsgerichts (Jahrgang und Seite)
c.i.c.	Verschulden bei der Vertragsanbahnung (culpa in contrahendo)
CIM	Internationales Übereinkommen über den Eisenbahn-Frachtverkehr
CIV	Internationales Übereinkommen über den Eisenbahn-Personen und -Gepäckverkehr
CMR	Übereinkommen über den Beförderungsvertrag im internationalen Straßengüterverkehr
c.p.c.	Verschulden nach Vertragsende (culpa post contrahendum)

DA	Dokumenten-Akkreditiv
EAG	Europäische Atomgemeinschaft
eG	eingetragene Genossenschaft
EG	Europäische Gemeinschaften
EGBGB	Einführungsgesetz zum Bürgerlichen Gesetzbuch
EGKS	Europäische Gemeinschaft für Kohle und Stahl
eGmbH	eingetragene Genossenschaft mit beschränkter Haftung
eGmuH	eingetragene Genossenschaft mit unbeschränkter Haftung
EKAG	Einheitliches Gesetz über den Abschluß von internationalen Kaufverträgen über bewegliche Sachen
EKG	Einheitliches Gesetz über den internationalen Kauf beweglicher Sachen
ER	Einheitliche Richtlinien und Gebräuche für Dokumenten-Akkreditive
EV	Eigentumsvorbehalt
e.V.	eingetragener Verein
EVO	Eisenbahn-Verkehrsordnung
EWG	Europäische Wirtschaftsgemeinschaft
ff	folgende
FGG	Gesetz über die Angelegenheiten der freiwilligen Gerichtsbarkeit
GebrMG	Gebrauchsmustergesetz
GenG	Gesetz betreffend die Erwerbs- und Wirtschaftsgenossenschaften
GeschmMG	Geschmacksmustergesetz
GewO	Gewerbeordnung
GG	Grundgesetz
GmbH	Gesellschaft mit beschränkter Haftung
GmbHG	Gesetz betreffend die Gesellschaften mit beschränkter Haftung
GRUR	Gewerblicher Rechtsschutz und Urheberrecht (Jahr und Seite)
GüKG	Güterkraftverkehrsgesetz
GVG	Gerichtsverfassungsgesetz
GWB	Gesetz gegen Wettbewerbsbeschränkungen
HandwO	Gesetz zur Ordnung des Handwerks
HausratsVO	Hausratsverordnung
HGB	Handelsgesetzbuch
hL	herrschende Lehre
hM	herrschende Meinung
HMA	Haager Abkommen über die internationale Hinterlegung gewerblicher Muster und Modelle
HR	Handelsregister
IPR	Internationales Privatrecht
i.S.d.	im Sinne des/der
i.V.m.	in Verbindung mit
JR	Juristische Rundschau (Jahr und Seite)
JuS	Juristische Schulung (Jahr und Seite)
JZ	Juristen-Zeitung (Jahr und Seite)

KG	Kommanditgesellschaft
KGaA	Kommanditgesellschaft auf Aktien
KO	Konkursordnung
KVO	Kraftverkehrsordnung
LG	Landgericht
LM	Lindenmaier-Möhring (Hrsg.), Das Nachschlagewerk des Bundesgerichtshofs in Zivilsachen
LuftVG	Luftverkehrsgesetz
MA	Der Markenartikel (Jahr und Seite)
MaBV	Makler- und Bauträgerverordnung
MDR	Monatsschrift für Deutsches Recht (Jahr und Seite)
MHA	Madrider Abkommen über die Unterdrückung falscher oder irreführender Herkunftsangaben
MMA	Madrider Abkommen über die internationale Registrierung von Marken
NJW	Neue Juristische Wochenschrift (Jahr und Seite)
OHG	offene Handelsgesellschaft
OLG	Oberlandesgericht
OLGZ	Entscheidungen der Oberlandesgerichte in Zivilsachen (Jahrgang und Seite)
PatG	Patentgesetz
PflVersG	Gesetz über die Pflichtversicherung für Kraftfahrzeughalter
PFv	Positive Forderungsverletzung
PVÜ	Pariser Verbandsübereinkunft zum Schutze des gewerblichen Eigentums
resp.	beziehungsweise
RG	Reichsgericht
RGBl	Reichsgesetzblatt
RGZ	Entscheidungen des Reichsgerichts in Zivilsachen (Jahrgang und Seite)
RICO	Internationale Ordnung für die Beförderung von Behältern
RKG	Reichsknappschaftsgesetz
Rspr	Rechtsprechung
RVO	Reichsversicherungsordnung
s.	siehe
S.	Satz
StGB	Strafgesetzbuch
str.	streitig
StVG	Straßenverkehrsgesetz
SVS	Speditions-Versicherungsschein
UWG	Gesetz gegen den unlauteren Wettbewerb
VAG	Gesetz über die Beaufsichtigung der privaten Versicherungsunternehmen und Bausparkassen
VersR	Versicherungsrecht (Jahr und Seite)
VO	Verordnung

VOB (B)	Verdingungsordnung für Bauleistungen, Teil B
VVaG	Versicherungsverein auf Gegenseitigkeit
VVG	Gesetz über den Versicherungsvertrag
VwGO	Verwaltungsgerichtsordnung
WE	Willenserklärung
WG	Wechselgesetz
WKSchG	Zweites Gesetz über den Kündigungsschutz für Mietverhältnisse über Wohnraum
WM	Wertpapier-Mitteilungen (Jahr und Seite)
WoVermG	Gesetz zur Regelung der Wohnungsvermittlung
WZG	Warenzeichengesetz
ZPO	Zivilprozeßordnung
ZVG	Gesetz über die Zwangsversteigerung und Zwangsverwaltung

1. Kapitel: Die Rechtsquellen

Teil 1 Der Fall (Sachverhalt)

A, B und C wohnen in Dortmund. Sie spielen regelmäßig miteinander Skat. Als B eines Tages behauptet, nach der „Altenburger Skatordnung" sei der „Grand" nicht mit 20, sondern mit 24 Punkten anzusetzen, widersprechen A und C. Schließlich kündigt B an, er werde beim Altenburger Skatgericht den Antrag auf Feststellung stellen, der „Grand" sei mit 24 Punkten zu reizen. A und C sind der Ansicht, ein Spruch des Altenburger Skatgerichts sei für sie nicht bindend; allenfalls sei das Bielefelder Skatgericht zuständig. B fragt, ob er von A und C nach einer entsprechenden Entscheidung verlangen kann, den Faktor 24 zugrundezulegen.

Teil 2 Die Darstellung der Rechtsmaterie

I. Allgemeines

Rechtsquellen sind alle Fundstellen für geltendes Recht. Positives Recht verkörpert sich in den schriftlich gefaßten oder immerhin formulierbaren Rechtsnormen, die in einem bestimmten Bereich Geltungsanspruch erheben und von einer staatlichen Gewalt in Auslegung, Anwendung und Vollzug garantiert werden.

Das Recht besteht aus einzelnen Anordnungen, den Rechtsnormen. Zu den Rechtsnormen gehören die Gesetze. Gesetz bedeutet eine abstrakte (nicht auf einen Einzelfall beschränkte, ihn aber gleichwohl erfassende) und generelle (an eine unbestimmte Zahl von Personen gerichtete) Anordnung für menschliches Verhalten. Dabei kann die Anordnung zwingend sein (*ius cogens*). Sie kann aber auch eine anderslautende Vereinbarung der Beteiligten zulassen (*dispositives Recht*); die sog. Parteiautonomie läßt insofern eine Einschränkung des Geltungsanspruchs bestehenden Rechts zu.

In unserem Rechtsbereich sind das Privatrecht und das öffentliche Recht herkömmlich voneinander getrennt. Die Abgrenzung trifft man am besten vom öffentlichen Recht her; alles nichtöffentliche Recht ist Privatrecht. Ein öffentlichrechtliches Verhältnis liegt vor, wenn zwischen den Beteiligten ein Über- und Unterordnungsverhältnis besteht, weil ein Hoheitsträger beteiligt ist[1]. Nach der Subjektstheorie[2] ist der Rechtscharakter der jeweils anzuwendenden Norm maßgeblich: Ist eine Rechtsnorm anzuwenden, die ausschließlich einem Träger hoheitlicher Gewalt Rechte und Pflichten gibt, dann gehört sie dem öffentlichen Recht an. Zum öffentlichen Recht zählt z.B. das Straf- und Ordnungswidrigkeitenrecht, das Verfassungs- und das Verwaltungsrecht, das Prozeßrecht, ein Teil des Arbeitsrechts (z.B. das Betriebsverfassungsgesetz) und ein Teil des Wirtschaftsrechts (z.B. das Außenwirtschaftsgesetz).

---

1 BGHZ 35, 177

2 Wolff-Bachof I § 22 IIc

II. Die Arten der Rechtsquellen

Das positive Recht kann verschiedenen Ursprung haben. Als Rechtsquellen sind unterscheidbar:

1. Die Rechtsgrundsätze

Rechtsgrundsätze sind fundamentale Ableitungen aus dem allgemeinen Gerechtigkeitsgebot. Ein solcher Rechtsgrundsatz ist z.B. das Willkürverbot. Rechtsgrundsätze besitzen noch nicht die Qualität eines auf einen konkreten Streitfall anwendbaren Rechtssatzes. Aus ihnen lassen sich aber Rechtsnormen ableiten. Diese Aufgabe kann der Verfassungsgeber, der Gesetzgeber und auch – in begrenztem Umfang – der Richter wahrnehmen.

2. Die Verfassungsrechtlichen Grundsatznormen

Hierbei handelt es sich um grundlegende Gestaltungsprinzipien der staatlichen Ordnung. Ihr besonderer Typ ist dadurch gekennzeichnet, daß sie politisch-zielgerichtete, rechtlich maßgebliche **Wertungen** enthalten. Die Wertungen, die den Normen des Grundgesetzes zugrunde liegen, sind bei der Auslegung niederrangigen Rechts (vgl. dazu unten III) zu beachten.

Im Grundgesetz finden sich zahlreiche Grundsatznormen, die auch für das Wirtschaftsrecht Bedeutung haben, z.B. die Grundentscheidung für die Berufs- und damit auch Gewerbefreiheit in Art. 12 GG. Konkret anwendbar auf einen anstehenden Streitfall sind die Grundsatzentscheidungen hingegen nur in Ausnahmefällen. Das BVerfG hat gerade bei Art. 12 GG eine Ausnahme gemacht, indem es die Gültigkeit dieses Grundrechts auch zwischen Privaten untereinander (sog. Drittwirkung der Grundrechte) anerkannt hat. Für die Wirtschaftsverfassung der BRD an sich gibt es nach hM jedoch keine verfassungsrechtliche Grundsatzentscheidung[1].

3. Die materiellen Gesetze und die formellen Gesetze

Materielles Gesetz ist eine konkret anwendbare, abstrakte Anordnung, die von dafür berufenen, staatlichen Organen nach festgelegtem Verfahren erlassen ist.

Formelles Gesetz ist jeder in einem festgelegten Gesetzgebungsverfahren zustande gekommene Willensakt der Gesetzgebungsorgane ohne Rücksicht auf den inneren Charakter. Inhalt eines formellen Gesetzes braucht also nicht ein Gesetz im materiellen Sinn zu sein. Ein nur formelles Gesetz ist z.B. das in Art. 110 Abs. 2 GG vorgesehene Haushaltsgesetz, wodurch das Parlament seine Zustimmung zum Haushaltsplan der Regierung gibt.

Hat ein materielles Gesetz das Gesetzgebungsverfahren durchlaufen, ist es zugleich formelles Gesetz. Man spricht nun vom förmlichen Gesetz. Der größte Teil des Wirtschaftsrechts ist in förmlichen Gesetzen zu finden.

„Gesetz" ist nach dem Sprachgebrauch ferner ein einheitliches, gleichzeitig erlassenes Gefüge von Rechtsnormen, z.B. das Stabilitätsgesetz.

Zu den staatlichen Gesetzen gehören ohne weitere Transformation die förmlichen Rechtsetzungsakte der supranationalen europäischen Gemeinschaften EWG, EGKS und EAG[2].

4. Das Gewohnheitsrecht

a) Das Gewohnheitsrecht ist ungesetztes Recht. Wenn eine bestehende Übung wie eine Anordnung formulierbar ist, spricht man unter zwei Voraussetzungen von Gewohnheitsrecht:

- Die Übung muß lange Zeit und gleichmäßig angedauert haben (*longa diuturna consuetudo*), und
- die Beteiligten müssen diese Übung für rechtens gehalten haben (*opinio iuris*).

---

1 vgl. zu den Grundproblemen des Wirtschaftsverfassungsrechts Badura JuS 1976, 205

2 vgl. dazu M. Zuleeg, Das Recht der europäischen Gemeinschaften im innerstaatlichen Bereich, 1969

An der zweiten Voraussetzung fehlt es bei bestehenden Gewohnheiten häufig. Gewohnheitsrecht kann sich neben bestehendem Recht bilden und sich auch entgegen geschriebenem dispositiven Recht entwickeln. Hier muß aber sorgfältig geprüft werden, ob die zweite Voraussetzung erfüllt ist. Eine ständige, gleichbleibende Rechtsprechung und auch eine gleichbleibende Verwaltungsübung schaffen für sich allein noch kein Gewohnheitsrecht. Sie können aber die Entstehung eines Gewohnheitsrechts beschleunigen, vor allem z.B. bei der Auslegung einer Generalklausel und bei der entsprechenden (analogen) Anwendung von Rechtsnormen auf ähnliche Fälle. Auch hier kommt es besonders darauf an, daß die Beteiligten der Ansicht sind, die Spruchpraxis sei rechtens. Daran kann es bereits dann fehlen, wenn eine ständige Rechtsprechung in der Fachliteratur kritisiert wird.

Ungeschriebene Rechtssätze, die den obigen Voraussetzungen gerecht werden, sind vollwertige Rechtsquellen. Ein Beispiel für solches Gewohnheitsrecht ist der Rechtssatz, daß derjenige, der bei der Vertragsanbahnung dem Partner schuldhaft Schaden zufügt, nach vertraglichen Maßstäben schadensersatzpflichtig ist.

b) Eine besondere Form des Gewohnheitsrechts ist die Observanz (Herkommen). Dies ist örtlich begrenztes Gewohnheitsrecht. Es tritt meist im öffentlich-rechtlichen Bereich auf. Typisch sind dafür die Wegerechte, die als „unvordenkliche Rechte" sogar gesetztes Ortsrecht (Satzungen) verdrängen können.

c) Eine Wirksamkeitsbegrenzung auf bestimmte Personengruppen, Berufe und Geschäftszweige ist Wesensmerkmal für den Handelsbrauch. Ein Handelsbrauch ist eine Regel, die Kaufleute in einem mehr oder weniger großen räumlichen Bereich einheitlich und freiwillig einhalten und die dort von einer einheitlichen Verkehrsauffassung der beteiligten Kreise getragen wird. Im Unterschied zu den Voraussetzungen des Gewohnheitsrechts kommt es also nicht unbedingt auf eine lange tatsächliche Übung an; ferner ist die Voraussetzung „opinio iuris" hier nur als billigende Verkehrsauffassung zu verlangen.

Ein Handelsbrauch ist für Kaufleute rechtlich verpflichtend, § 346 HGB. Kaufleuten stehen hier Personen gleich, die in ähnlicher Weise und Umfang am Wirtschaftsleben teilnehmen. Als „Verkehrssitte der Kaufleute"[1] ist er objektiver Maßstab bei der Auslegung von Willenserklärungen. Es kommt daher nicht darauf an, ob ein Kaufmann bei einem konkreten Rechtsgeschäft einen bestehenden Handelsbrauch gekannt hat oder nicht[2]. Ein Handelsbrauch geht nach heute hM dispositivem Recht in der Regel vor[3].

Wer sich auf einen Handelsbrauch beruft, ist für das Bestehen beweispflichtig. Insofern ist der Handelsbrauch kein vollwertiges Recht; denn eine Rechtsnorm zu kennen und zur Urteilsfindung anzuwenden, ist sonst Sache des Richters (*iura novit curia*).

Gewöhnlich wird im Prozeß über Existenz und Inhalt eines behaupteten Handelsbrauchs ein Gutachten der zuständigen Industrie- und Handelskammer oder der Branchenverbände eingeholt[4].

Zum Teil gibt es auch schriftliche Fixierungen der geltenden Handelsbräuche, besonders wenn sie überregional oder sogar international bestehen. Dazu gehört das „Merkblatt für die Feststellung von Handelsbräuchen" vom Deutschen Industrie- und Handelstag (DIHT). Internationale Regeln für den Handelskauf enthalten die Incoterms (International Commercial Terms) von 1936 bzw. 1953[5]. Die Incoterms gelten aber nur, wenn die Parteien das vereinbaren. Sie sind also (noch) nicht internationaler Handelsbrauch. In diesem Bereich ist übrigens die Internationale Handelskammer Paris federführend.

---

1 BGH NJW 1966, 250

2 vgl. Baumbach-Duden, HGB, § 346 Anm. 1 E

3 BGH LM Nr. 3 zu § 675 BGB

4 vgl. zur Feststellung eines Handelsbrauchs Wagner NJW 1969, 1282

5 abgedruckt bei Baumbach-Duden, HGB, § 382 Anh. I

Sofern im internationalen Verkehr Handelsbräuche existieren, die in internationale Übereinkommen und Verträge aufgenommen werden, wandelt sich der Handelsbrauch mit der Ratifizierung des Abkommens durch das Parlament zu nationalem gesetzten Recht[1].

Beispiele für überregionale Handelsbräuche sind[2]:

„Hamburger freundschaftliche Arbitrage“: Bei Rechtsstreitigkeiten soll nicht das an sich zuständige staatliche Gericht, sondern ein Schiedsgericht entscheiden (diese Vereinbarung ist nach den §§ 1025 ff ZPO statthaft).

„Freibleibend“ oder „Ohne Obligo“: Hier sind zwei Auslegungen möglich, wobei die weiteren Umstände des Einzelfalles entscheiden. Die Klausel bedeutet entweder, daß der Verkäufer (noch) kein Angebot macht, sondern nur eine Einladung zum Angebot (siehe dazu das 6. Kapitel). Sie kann aber auch als verbindliches Angebot zu werten sein, das bis zur Annahme zurückgenommen werden kann oder das ein Rücktrittsrecht gewährt[3].

Ein Beispiel für einen regional geltenden Handelsbrauch stellt folgende Einrede des Käufers dar: Auf die Klausel „Richtige und rechtzeitige Selbstbelieferung vorbehalten“ kann sich der Verkäufer nach einem in Hamburg geltenden Handelsbrauch nur berufen, wenn er einen kongruenten Deckungskauf abgeschlossen hat und dem Käufer sämtliche Ansprüche gegen den Vorlieferanten aus der nicht ordnungsgemäßen Erfüllung abtritt[4].

Ein Beispiel für einen nur in bestimmten Branchen geltenden Handelsbrauch ist der „Kauf in Kommission“ im Sortimentsbuchhandel und im Textilhandel. Hier wird der Kaufvertrag unter der aufschiebenden Bedingung der Weiterveräußerung abgeschlossen[5]. Der Käufer (Einzelhändler) erhält die Ware, bezahlt dann aber nur die veräußerten Teile. Den Rest darf er zurückgeben.

5. Das Richterrecht

In einigen gesetzlich geregelten Ausnahmefällen haben Entscheidungen höherer Gerichte Gesetzeskraft. Sie sind daher auch wie Gesetze zu veröffentlichen. Es handelt sich dabei um Entscheidungen der Verfassungs- oder Staatsgerichtshöfe über die Gültigkeit von Gesetzen und um Entscheidungen der Verwaltungsgerichtshöfe über die Gültigkeit untergesetzlicher landesrechtlicher Rechtsnormen. Solche Entscheidungen sind daher Rechtsquellen[6].

6. Die Rechtsverordnungen

Rechtsverordnungen sind abstrakte (eine unbestimmte Anzahl von Fällen regelnde) und meist generelle (an eine unbestimmte Anzahl von Personen gerichtete) Anordnungen von **Regierungs- oder Verwaltungsorganen**, die in bestimmter Form und auf Grund einer Ermächtigung durch Parlamentsgesetz erlassen werden, Art. 80 GG. Die gesetzliche Ermächtigung zum Erlaß einer Rechtsverordnung durch die Exekutive ist erforderlich, weil nach dem staatsrechtlichen Grundsatz der Gewaltentrennung und Gewaltenhemmung die Exekutive an sich nur zur Ausführung, nicht aber zum Erlaß von Rechtsnormen befähigt ist. Die entsprechende gesetzliche Ermächtigung vorausgesetzt, sind gesetzesergänzende und gesetzesdurchführende Verordnungen möglich[7]. Zum Erlaß kann jedes Verwaltungsorgan befähigt werden; es gibt z.B. Verordnungen der Bundesregierung und der Landesregierungen, der Regierungspräsidenten, der Ordnungsbehörden usw.

---

1 Diese Abkommen werden im Bundesgesetzblatt (BGBl) II veröffentlicht.

2 vgl. die Aufstellung bei Baumbach-Duden, HGB, § 346 Anm. 5 und Palandt-Heinrichs, BGB, § 157 Anm. 5c

3 BGHZ 1, 353

4 OLG Celle MDR 1975, 760

5 BGH NJW 1975, 776

6 vgl. z.B. § 31 Abs. 2 BVerfGG, § 11 hess. Ausführungsgesetz zur VwGO

7 Die Terminologie ist nicht einheitlich, vgl. Schack JZ 1964, 252

Eine besondere Art der Rechtsverordnungen sind die Ordnungen innerhalb besonderer Eingliederungsverhältnisse (sog. besondere Gewaltverhältnisse). Hier sind zu nennen die Schulordnungen, Prüfungsordnungen, Ordnungen zur Benutzung kommunaler Einrichtungen wie Friedhof, Bücherei, Schwimmbad, Verkehrsbetriebe usw. Auch diese Verordnungen bedürfen einer Ermächtigung. Dabei wird allerdings nicht eine **gesetzliche** Ermächtigung verlangt, sondern man läßt eine gewohnheitsrechtliche Legitimation ausreichen. In zunehmendem Maß werden diese Ordnungen bereits als – vor allem kommunale – Satzungen erlassen, wenn sich nicht ohnehin der Gesetzgeber dieser Materie annimmt.

7. Die Satzungen

Satzungen sind abstrakte und meist generelle Anordnungen bestimmter eigenständiger, staatlicher Verbände zur Regelung ihrer **eigenen** Tätigkeiten. Diesen Verbänden, z.B. den Gemeinden, Universitäten u.a.m., ist in der Regel durch Gesetz die Ermächtigung zum Erlaß von Satzungen eingeräumt. Man spricht hier von einer eigenen Rechtsetzungsgewalt der betreffenden Verbände (sog. Autonomie). Wenngleich die Satzungen nur die Angelegenheiten des Verbandes regeln und somit mehr internen Charakter haben, sind sie für alle wichtig, die mit diesen Verbänden zu tun haben.

8. Die Rechtsvereinbarungen

Für einen Vertrag ist Wesensmerkmal, daß er allein die Vertragspartner rechtlich erfaßt, nur sie also berechtigt oder verpflichtet. Bestimmte Verträge zwischen Trägern öffentlicher Verwaltung können aber wegen ihrer allgemeinen Wirkung Rechtsquellencharakter haben. Hier kommen z.B. Verträge zwischen Gebietskörperschaften zum Betrieb einer Schule o.ä. in Betracht. Diese Verwaltungsabkommen sind, sofern sie Außenwirkung haben, Rechtsquelle[1].

9. Die privatrechtlichen Verträge

Mag auch die Wirkung eines Vertrages auf die Vertragspartner beschränkt sein, so ist er für sie, für ihre Rechte und Pflichten, natürlich von allererstem Rang. Insofern ist der Vertrag zwischen Privaten eine selbstgeschaffene „Rechtsquelle". Verträge wirken zwischen den Parteien wie sonst Gesetze (so Art. 1134 *Code civil*, das französische Zivilgesetzbuch).

Die Rechtsordnung gewährt den Personen Privatautonomie. Privatautonomie ist die Befugnis, die Rechtsbeziehungen zu anderen Personen durch eigene Erklärungen, d.h. durch Verträge, zu regeln. Diese Befugnis geht so weit, daß nicht-zwingendes Recht (dispositives Recht) durch abweichende Einigung von den Vertragsparteien für ihre Rechtsbeziehungen außer Kraft gesetzt wird. Zwingendes Recht allerdings – dazu gehört durchweg das öffentliche Recht, z.B. Straf-, Verwaltungs-, Steuer-, Wehrrecht, und ein Teil des Privatrechts – steht nicht zur Disposition des einzelnen.

III. Die Rangordnung der Rechtsnormen

Bei der Vielfalt der Rechtsquellen kann es zu Überschneidungen und Widersprüchen zwischen Rechtsnormen kommen. Dann wirkt sich die **Rangordnung** innerhalb der Rechtsnormen aus. Bei Diskrepanzen weicht das rangniedrigere Recht.

Die Rangordnung nach dem räumlichen Geltungsbereich verläuft gemäß dem Prinzip: Bundesrecht – Landesrecht – autonomes Satzungsrecht. Bundesrecht bricht Landesrecht (Art. 31 GG); staatliches Recht bricht nichtstaatliches autonomes Recht.

---

1 vgl. dazu Wolff-Bachof I § 25 X

Die Rangordnung nach dem inneren Stellenwert einer Rechtsnorm verläuft wie folgt: Verfassungsrecht (das GG und das supranationale europäische Gemeinschaftsrecht) – Gesetze – Rechtsverordnungen – Satzungen. Ungeschriebenes Recht (Gewohnheitsrecht) kann auf allen Stufen auftreten.

Teil 3 Die Fallösung

A. Das Gutachten zum Fall

B könnte von A und C verlangen, den „Grand" mit 24 Punkten zu werten, wenn die Rechtsordnung eine entsprechende Anspruchsgrundlage bereithält. Eine gesetzliche Vorschrift ist nicht ersichtlich. Eine Regel der Skatordnung kommt nicht in Betracht. Sie ist kein staatliches Recht, sondern nur private Spielregel. Die „Skatgerichte" sind **private** Schiedsstellen, weil sie nicht vom Staat eingerichtet sind. Es gibt schließlich kein Gewohnheitsrecht, wonach eine Skatordnung allgemein beachtet werden müßte. Die Skatordnung ist also keine Rechtsquelle.

B könnte aber auf Grund vertraglicher Vereinbarung, § 305 BGB, einen Rechtsanspruch haben, wenn sich die drei vertraglich verpflichtet hätten, die Altenburger Skatordnung einzuhalten bzw. einen Spruch des zuständigen Skatgerichts anzuerkennen. Dann müßten sie Erklärungen abgegeben haben, aus denen objektiv ersichtlich war, daß jeder Erklärende sich entsprechend rechtlich binden und ein bestimmtes Rechtsgeschäft vornehmen wollte. Grundsätzlich kann zwar jedes Tun oder Unterlassen zum Inhalt einer rechtlichen Verpflichtung gemacht werden, § 241 BGB. Im vorliegenden Fall ist ein solcher Rechtsbindungswille jedoch nicht festzustellen. Die Parteien haben ihr Zusammenwirken beim Spiel nicht aus dem unverbindlichen gesellschaftlichen Bereich herausgehoben. Daran ändert auch ein möglicher Spruch einer privaten Schiedsstelle nichts. B hat daher keinen Anspruch.

B. Hinweise zum Lösungsgang[1]

Das Gutachten beginnt immer mit dem geltend gemachten Anspruch. Man muß sich also darüber klar werden, wer der Anspruchsteller (Kläger) ist. Die Verteidigung der Beteiligten wird – soweit sie rechtlich stichhaltig ist – erst später abgehandelt. Am Anfang des Gutachtens steht daher immer die Anspruchsgrundlage.

In seltenen Fällen gibt es keine **gesetzliche** Vorschrift, die den geltend gemachten Anspruch stützen könnte. Dann kann eine **vertragliche** Abmachung Anspruchsgrundlage sein. Es ist üblich, dabei § 305 BGB zu nennen. Es wird aber nicht erst geprüft, ob die Parteien ein Schuldverhältnis begründet haben. Vielmehr untersucht man gleich, ob es eine vertragliche Vereinbarung gibt, die den eingeklagten Anspruch stützen könnte.

---

1 Zur Lösungsmethode und Arbeitstechnik siehe Anhang 1 und Anhang 2

Teil 4 Lesekontrolle

1. Die Verfassungsrechtlichen Grundsatznormen sind
   a) keine Rechtsnormen, weil sie parteipolitische Programmsätze enthalten
   b) keine Rechtsnormen, weil sie zu allgemein gefaßt sind und daher auf einen konkreten Fall nicht angewendet werden können
   c) Rechtsnormen, die bei der Auslegung niederrangigen Rechts mit ihren Wertungen zu berücksichtigen sind
2. Von Gewohnheitsrecht spricht man,
   a) wenn Rechtsvorschriften den Gewohnheiten der Menschen entsprechen
   b) wenn ein rechtliches Verhalten lange und gleichmäßig angedauert hat und die Beteiligten diese Übung für rechtens gehalten haben
   c) wenn sich eine Gewohnheit gebildet hat, weil eine Verhaltensweise nachweislich praktikabel und zweckmäßig ist
3. Unter „Handelsbrauch" ist zu verstehen
   a) die Verkehrssitte der Kaufleute
   b) gewisse Gewohnheiten im Wirtschaftsleben, die der Verwirklichung des Interesses der Kaufleute gegenüber den Verbrauchern dienen
   c) äußere Verhaltensweisen, wie z.B. Formulierungen im Schriftverkehr, die rechtlich unbeachtlich sind
4. Satzungen sind
   a) die Verfassungen der Vereine, die das Vereinsgebaren regeln
   b) Anordnungen autonomer staatlicher Verbände zur Regelung ihrer eigenen Tätigkeiten
   c) Halbfertigfabrikate beim Fotodruck
5. Der Grundsatz „Bundesrecht bricht Landesrecht"
   a) stammt aus dem Mittelalter und gilt heute nicht mehr
   b) ist im Grundgesetz verankert und daher geltendes Recht

Richtig sind (die Klammern verweisen auf den Text im Teil 2):
1c (II.2); 2b (II.4.a); 3a (II.4.c); 4b (II.7); 5b (III).

2. Kapitel: Die Personen und ihre Eigenschaften im Recht

Teil 1 Der Fall (Sachverhalt)

G war Patient im psychiatrischen Landeskrankenhaus in Z. Wegen seiner Zuverlässigkeit betraute ihn der Anstaltsleiter A im Laufe der Jahre immer mehr mit der Erledigung von Rechtsgeschäften für die Anstalt. G verkehrte mit Sparkassen, kassierte Geld für die Anstalt und kaufte Materialien ein. Als er gestorben war, erfuhr die Öffentlichkeit durch einen Nachruf in der Tageszeitung, daß er schon seit vielen Jahren wegen Geisteskrankheit entmündigt war. Kurz vor seinem Tod hatte G mit Bauer B einen Kaufvertrag über 100 Festmeter Holz für die Werkstatt der Anstalt zu besonders niedrigem Preis geschlossen. B möchte von diesem Kaufvertrag Abstand nehmen. Er beruft sich auf die Geisteskrankheit des G. Kann A Lieferung an die Anstalt verlangen?

Teil 2 Die Darstellung der Rechtsmaterie

I. Die Rechtsfähigkeit

1. Eine Rechtsordnung hat den Zweck, die Beziehungen von Menschen zueinander zu klären. Sie soll für alle gelten, die im Geltungsbereich leben. Der Mensch steht also im Mittelpunkt des Rechts. Die generelle Fähigkeit, Träger von Rechten und Pflichten zu sein und diese vor Gericht geltend zu machen, bezeichnet man mit Rechtsfähigkeit. In unserem Kulturbereich geht man davon aus, daß jeder Mensch rechtsfähig ist. Hier kommt es nur noch auf den Zeitpunkt des Beginns an. § 1 stellt auf die Vollendung der Geburt ab.

2. Aber nicht nur der Mensch ist rechtsfähig. Aus einem praktischen Bedürfnis heraus wird durch Gesetz auch einigen Organisationsformen Rechtsfähigkeit zuerkannt. Solche Organisationsformen nennt man „juristische Personen". Rechtsträger ist dann die juristische Person als solche, nicht etwa die in ihr zusammengeschlossenen Personen. So lautet z.B. § 13 GmbHG: „Die Gesellschaft mit beschränkter Haftung als solche hat selbständig ihre Rechte und Pflichten; sie kann Eigentum und andere dingliche Rechte an Grundstücken erwerben, vor Gericht klagen und verklagt werden"[1]. Bei Organisationen geht es also um die Frage, ob, wie und wann Rechtsfähigkeit gegeben sein soll. Folgende Vorschriften erheben eine Organisation zur juristischen Person:

§§ 21–29: rechtsfähige Vereine (e.V.);
§§ 80–88: Stiftungen;
§ 89: juristische Person des öffentlichen Rechts;
§ 13 GmbHG: Gesellschaft mit beschränkter Haftung (GmbH);
§ 1 AktG: Aktiengesellschaft (AG);
§ 278 AktG: Kommanditgesellschaft auf Aktien (KGaA);
§§ 13 GenG: eingetragene Genossenschaft mit unbeschränkter oder beschränkter Haftung (eG, eGmbH, eGmuH);
VersicherungsaufsichtsG: Versicherungsverein auf Gegenseitigkeit (Verein a.G.);
Landesberggesetze (z.B. die §§ 94 ff Preuß. Allg. BergG): Bergrechtliche Gewerkschaft.

---

1 Zur rechtstheoretischen Begründung dieses Phänomens vgl. H.J. Wolff, Organschaft und juristische Person, Bd. 1, 1960

Keine juristischen Personen und also als Organisation nicht rechtsfähig sind die OHG, KG und kapitalistische KG[1].

3. Die gesetzlichen Vorschriften über die Organisationen sind zwingend. Es besteht aber Auswahlmöglichkeit. Soweit die Vorschriften es zulassen, sind auch Kombinationen verschiedener Gesellschaftsformen möglich (*Beispiel:* GmbH & Co. KG; hierbei handelt es sich um eine KG, deren Komplementär eine GmbH ist).

Bei der Gründung einer Gesellschaft oder bei der Frage eines Beitritts usw. kommt eine Reihe von Gesichtspunkten in Betracht, die bei den verschiedenen Gesellschaftsformen abweichend angelegt sind. Die Frage der Rechtsfähigkeit zielt in erster Linie auf die Haftung der Mitglieder für die Schulden der juristischen Person (vgl. § 1 AktG). Andere Gesichtspunkte sind nicht weniger wichtig, etwa Besteuerung, Pflicht zur Veröffentlichung der Bilanzen, Kreditwürdigkeit, Mitwirkungsrechte der Gesellschafter usw. Dieses Rechtsgebiet kann hier nicht dargestellt werden[2].

II. Die Handlungsfähigkeit

1. Es ist nicht alleiniges Interesse des Menschen, **Träger** von Rechten und Pflichten zu sein. Er möchte Rechte und Pflichten auch **verändern,** sie **begründen** oder **aufheben** können.

Die rechtliche Situation des Menschen wird durch sein Verhalten gesteuert und beeinflußt. Nicht jedes Verhalten ist nun bereits für seine Rechtsverhältnisse bedeutsam. Das positive Recht (die Rechtsnormen also) erfaßt nur bestimmte, vom Gesetzgeber für rechtlich wichtig erachtete Verhaltensweisen.

2. Rechtlich relevant ist ein Verhalten dann, wenn es die im Gesetz enthaltenen Rechtsfolgen auslöst.

In der Privatrechtsordnung ist wie folgt zu unterscheiden:

a) Ein bestimmter Rechtserfolg kann eintreten, weil er vom Handelnden **gewollt** ist (Respektierung der Willenserklärung, Privatautonomie). Hier spricht man von **rechtsgeschäftlichem** Verhalten. Der Handelnde hat ein **Rechtsgeschäft** vorgenommen.

b) Ein bestimmter Rechtserfolg kann eintreten, weil er von einer Rechtsvorschrift angeordnet wird und nicht deswegen, weil er gewollt ist. Es kommt nicht darauf an, ob der Handelnde den Rechtserfolg erreichen wollte. Hier muß man folgende Fälle unterscheiden:

1) Geschäftsähnliche Handlungen. Ein Wille des Handelnden ist erforderlich, er braucht sich aber nur auf den tatsächlichen – und nicht rechtlichen – Erfolg zu richten. Hier liegt zwar eine Erklärung vor, aber **keine Willenserklärung**. Beispiele sind die Mahnung (§ 284), Fristsetzungen (z.B. § 326), Mitteilungen (z.B. § 416), Weigerungen (z.B. § 179).

2) Realakte. Sie sind nicht einmal eine Erklärung. Beispiele sind Verarbeitung (§ 950), Besitzerwerb, -aufgabe, -übertragung. Ein Wille des Handelnden ist überhaupt nicht nötig.

3) Rechtswidrige Handlungen. Hierbei ist der Wille des Handelnden zwar im Rahmen des Schuldvorwurfs von Bedeutung. Es wird aber jedenfalls kein Rechtserfolg gewollt, sondern ein rechtswidriger Erfolg.

c) Ein bestimmter Rechtserfolg kann eintreten, obwohl er weder gewollt noch von Gesetzes wegen angeordnet ist. Einige besondere Verhaltensweisen und Situationen sind von Literatur und Rechtsprechung bestimmten Rechtsfolgen unterstellt worden (richterliche Rechtsfortbildung bei einer Gesetzeslücke). Es handelt sich inzwischen z.T. um Gewohnheitsrecht. Beispiele für solche Verhaltensweisen sind:

– Verschulden bei Vertragsanbahnung (Tatbestand: Schuldhafte Verletzung einer vorvertraglichen Sorgfaltspflicht; Rechtsfolge: Schadensersatzverpflichtung);

---

1 vgl. dazu H. Westermann, Vertragsfreiheit und Typengesetzlichkeit im Recht der Personengesellschaft, 1970, S. 249 ff

2 Aus der umfangreichen Literatur zum Gesellschaftsrecht vgl. etwa G. Hueck, Gesellschaftsrecht, 17. Aufl. 1975

- Wegfall der Geschäftsgrundlage (Tatbestand: Bestimmte außervertragliche Umstände haben sich wider Erwarten verändert; Rechtsfolge: Neufestsetzung der gegenseitigen Leistungen);
- faktischer Vertrag (Tatbestand: Unwirksamer Vertragsschluß beim Arbeitsvertrag, aber Beginn der Erfüllung; Rechtsfolge: Bestehen des Vertrages wird fingiert).

3. Im Bereich der Rechtsänderungen genügt der Rechtsordnung die Rechtsfähigkeit nicht. Soll der Handelnde wirksam eine Rechtsänderung herbeiführen, benötigt er die sog. **Handlungsfähigkeit.** Es gibt im BGB, besonders im Allgemeinen Teil, eine Anzahl von Vorschriften, die die Handlungsfähigkeit regeln, z.B. die §§ 104 ff. Je nach anstehender Verhaltensweise bezeichnet man die Handlungsfähigkeit **Geschäftsfähigkeit** (bei Rechtsgeschäften) und **Deliktsfähigkeit** (bei unerlaubten Handlungen).

a) Ein **Rechtserfolg auf Grund des Willens** des Handelnden (Rechtsgeschäft) tritt nur ein, wenn der Handelnde **geschäftsfähig** ist.

Die Definition des Begriffes Geschäftsfähigkeit lautet: Geschäftsfähigkeit ist die Fähigkeit, auf Grund einer Willenserklärung rechtsgeschäftliche Rechtsfolgen auszulösen. Die Geschäftsfähigkeit hängt von bestimmten Voraussetzungen ab, z.B. von dem Mindestalter 18 Jahre.

b) Für den Fall, daß ein **Rechtserfolg kraft Gesetzes** eintreten soll, gilt:

1) Bei geschäftsähnlichen Handlungen ist im allgemeinen Geschäftsfähigkeit vonnöten. Es gelten grundsätzlich die Vorschriften des BGB über die Willenserklärung entsprechend, also auch die über die Geschäftsfähigkeit. Je nach Art der geschäftsähnlichen Handlung sind aber u.U. geringere Anforderungen, speziell hinsichtlich des Alters, zu stellen. Die Einwilligung eines nur beschränkt Geschäftsfähigen zu einem ärztlichen Eingriff z.B. ist wirksam, wenn er die Tragweite seiner Einwilligung zu übersehen vermag[1].

2) Bei Realakten tritt der Rechtserfolg ein, ohne daß der Handelnde geschäftsfähig sein muß.

3) Bei rechtswidrigen Handlungen ist nur dann ein rechtswidriger Erfolg beachtlich, wenn der Handelnde **deliktsfähig** ist. Die Deliktsfähigkeit ist in den §§ 827 ff geregelt.

c) Bei den oben unter II.2.c erwähnten besonderen Verhaltensweisen, die kraft Gewohnheitsrechts einen Rechtserfolg herbeiführen, muß im allgemeinen Geschäftsfähigkeit des Handelnden vorliegen. Je nach Sinn und Zweck des betreffenden Rechtsinstituts kann ein konkretes Verhalten aber auch rechtlich vollwertig sein, wenn keine Geschäftsfähigkeit vorliegt. Beim faktischen Vertrag ist Geschäftsfähigkeit erforderlich.

4. Die Regeln über die Handlungsfähigkeit gelten auch bei juristischen Personen. Da juristische Personen als fingierte Wesen nicht selbst handeln können und für sie die **Organe** (z.B. Geschäftsführer) handeln, kommt es auf die Handlungsfähigkeit dieser Organe an. Soll also ein Rechtsgeschäft für und gegen Rechnung der juristischen Person zustandekommen, muß ein geschäftsfähiger Geschäftsführer gehandelt haben.

Bei einer in Frage stehenden unerlaubten Handlung muß der Handelnde deliktsfähig sein. Ist das der Fall, ist die Tat eine unerlaubte Handlung dieser – menschlichen – Person und nicht eine der juristischen Person. Die juristische Person selbst kann nach der in Deutschland vorherrschenden Ansicht nicht eine verbotene (ebensowenig eine strafbare) Handlung vollziehen.

III. Die Geschäftsfähigkeit im einzelnen

1. Geschäftsfähigkeit ist die Eigenschaft einer Person, Rechte und Pflichten durch eigene Willenserklärungen zu erlangen und zu verändern. Geschäftsfähigkeit ist vonnöten, wenn ein Rechtsgeschäft zustandekommen soll. Die Geschäftsfähigkeit ist die im BGB und in anderen Gesetzen (z.B. im Sozialgesetzbuch) von bestimmten Voraussetzungen (meist Alter) abhängig gemachte Fähigkeit, durch Willenserklärungen rechtsgeschäftliche Rechtsfolgen herbeizuführen. Nur ein Geschäftsfähiger kann durch seine Willenserklärung ein Rechtsgeschäft zustandebringen.

---

1 Bott NJW 1964, 1177; Trockel NJW 1972, 1493

Im BGB sind die **Geschäftsunfähigkeit**, die **beschränkte Geschäftsfähigkeit** und die **Teilgeschäftsfähigkeit** geregelt, und zwar hauptsächlich in den §§ 104–115, aber auch sonst bei bestimmten Materien, z.B. in § 131, § 165, § 179 Abs. 3 S. 2. Greift keine der betreffenden Vorschriften ein, besteht volle Geschäftsfähigkeit.

2. Geschäftsunfähig sind

- Kinder bis zu sieben Jahren, § 104 Nr. 1,
- Geisteskranke, § 104 Nr. 2 (in lichten Augenblicken besteht aber volle Geschäftsfähigkeit),
- wegen Geisteskrankheit Entmündigte, § 104 Nr. 3.

Wegen Geisteskrankheit Entmündigte sind geschäftsunfähig, auch wenn feststeht, daß sich die Geisteskrankheit zeitweilig nicht auswirkt. Die Geschäftsfähigkeit ist erst wieder gegeben, wenn die Entmündigung aufgehoben ist, vgl. § 6 Abs. 2.

Die Erklärung eines Geschäftsunfähigen ist endgültig nichtig, § 105 Abs. 1.

3. Beschränkt geschäftsfähig ist

- wer sieben, aber noch nicht 18 Jahre alt ist, §§ 106–111,
- der wegen Geistesschwäche, Verschwendung oder Trunksucht Entmündigte und unter vorläufige Vormundschaft Gestellte, § 114.

Die Willenserklärung eines beschränkt Geschäftsfähigen ist in jedem Falle wirksam, wenn der gesetzliche Vertreter einwilligt. Sofern die Einwilligung erforderlich ist, führt ihr Ausbleiben zur Nichtigkeit der Willenserklärung. Die Einwilligung ist nicht erforderlich, wenn der Minderjährige einen rechtlichen (nicht wirtschaftlichen) Vorteil erlangte, § 107. Ferner ist eine Willenserklärung, die zu einem Vertragsschluß führt, auch ohne Einwilligung wirksam, wenn der Minderjährige die vertragsgemäße Leistung mit Mitteln bewirkt, über die er mit Zustimmung des gesetzlichen Vertreters verfügen kann, § 110. Diese Erfüllung des Vertrages rückt die Wirksamkeit der Willenserklärung des Minderjährigen also außer Diskussion. Die Zustimmung kann im allgemeinen auch als konkludent erklärte Einwilligung des gesetzlichen Vertreters zur Willenserklärung des Minderjährigen und nicht nur zur Verfügung gewertet werden[1].

4. Teilgeschäftsfähigkeit gibt es bei Minderjährigen, die gemäß § 112 zum selbständigen Betrieb eines Erwerbsgeschäfts ermächtigt sind oder die mit Zustimmung des gesetzlichen Vertreters einen Dienst- oder Arbeitsvertrag schließen. In diesen Lebensbereichen ist der Minderjährige dann voll geschäftsfähig, in anderen Lebensbereichen nach wie vor beschränkt geschäftsfähig.

5. Sinn der Einschränkungen der vollen Geschäftsfähigkeit ist es, bestimmte Personen von den Rechtsfolgen, die sie an sich durch ihre Willenserklärung auslösen würden, freizustellen. Hier wird die Bewertung des Gesetzgebers erkennbar, daß ein noch nicht Volljähriger oder ein geistig nicht voll leistungsfähiger Mensch in rechtsgeschäftlichem Kontakt mit anderen von vornherein unterlegen sein dürfte. Diese Vorschriften dienen also dem Schutz der betroffenen Personen. Die Schutzfunktion hat eine weitere Folge: Der gute Glaube, der andere sei geschäftsfähig, die Rechtsgeschäfte seien also wirksam, wird nicht geschützt. Den Nachteil, der wegen der Nichtigkeit einer abgegebenen Willenserklärung eintreten kann, trägt der voll Geschäftsfähige auch dann, wenn er an der Geschäftsfähigkeit des anderen keinen Zweifel hatte.

IV. Die Verfügungsfähigkeit

Außer den Begriffen Rechtsfähigkeit und Handlungsfähigkeit mit den Unterbegriffen Geschäftsfähigkeit und Deliktsfähigkeit findet sich vereinzelt der Begriff „Verfügungsfähigkeit". Das ist die Fähigkeit, Rechtsänderungen an Gegenständen herbeizuführen. Grundsätzlich hat nur der Eigentümer oder Inhaber des Rechts die Befugnis, das Recht zu verändern, nämlich zu übertragen, zu belasten, aufzuheben usw. Die Verfügungsfähigkeit ist im 3. Buch des BGB, dem Sachenrecht,

1 Palandt-Heinrichs, BGB, § 110 Anm. 1

in einzelnen Vorschriften für das betreffende Verfügungsgeschäft angesprochen. So ist z.B. die Eigentumsübertragung bei beweglichen Sachen (§ 929) u.a. von der Voraussetzung abhängig, daß sich gerade der Rechtsinhaber mit dem Erwerber einigt. Die Verfügungsfähigkeit ist differenziert ausgestaltet. Man kann Eigentum auch von dem erwerben, der die Verfügungsfähigkeit nicht besitzt, falls der Verfügungsberechtigte zustimmt, § 185. Sogar ohne die Zustimmung kommt die Verfügung kraft guten Glaubens wirksam zustande, wenn der Erwerber den übertragenden Nichtberechtigten für verfügungsbefugt hält, sofern diese Unkenntnis der wirklichen Lage nicht auf grober Fahrlässigkeit beruht, § 932.

V. Die Prozeßfähigkeit

Die Prozeßfähigkeit ist ein weiterer wichtiger Begriff, der auf eine rechtliche Eigenschaft eines Menschen abstellt. Er bedeutet, daß eine Person in einem Prozeß wirksam Prozeßhandlungen vornehmen kann. Voraussetzung dafür ist zunächst überhaupt die **Parteifähigkeit**, d.h. die Fähigkeit, Kläger oder Beklagter in einem Prozeß sein zu können. Diese beiden Fähigkeiten mögen bei einer natürlichen Person noch selbstverständlich sein, sie sind es aber sicherlich nicht immer bei Personenvereinigungen. Einzelheiten zu diesem Bereich gehören zum Prozeßrecht[1].

Teil 3 Die Fallösung

A. Das Gutachten zum Fall

A könnte für die Anstalt die Lieferung des Holzes von B auf Grund von § 433 Abs. 1 verlangen. Voraussetzung für diese Anspruchsgrundlage ist das Bestehen eines Kaufvertrages. Ein Kaufvertrag beruht auf der Einigung der Parteien über die wesentlichen Bestandteile des Kaufvertrages. Die Einigung besteht aus zwei sich entsprechenden Willenserklärungen, dem Antrag und der Annahme. Hier könnte der Antrag von A ausgegangen sein. A ist nicht persönlich aufgetreten. Man kann sich aber auch eines Vertreters bedienen; dessen Willenserklärung wirkt gem. § 164 für und gegen den Vertretenen.

Da der Vertreter eine eigene Willenserklärung abgibt, wenn auch für Rechnung des Vertretenen, muß er geschäftsfähig sein. Nur ein Geschäftsfähiger kann durch Abgabe einer Willenserklärung Rechtsfolgen auslösen. § 165 bestimmt nun, daß vollwertiger Vertreter auch der beschränkt Geschäftsfähige ist. Im vorliegenden Fall handelt es sich bei dem Vertreter G aber um einen nach § 104 Nr. 3 Geschäftsunfähigen, für welchen § 165 dem Wortlaut nach nicht gilt. Hier taucht die Frage auf, ob eine **entsprechende** Anwendung des § 165 am Platze ist. § 165 berücksichtigt, daß bei Willenserklärungen eines in der Geschäftsfähigkeit beschränkten Vertreters ein Schutz des Vertreters nicht erforderlich ist, weil die Rechtsfolgen den Vertretenen treffen. Es ist eben nur wichtig, daß der Vertreter eine Willenserklärung abgeben kann, was ein beschränkt Geschäftsfähiger vermag. Seine Willenserklärung ist nicht nichtig, sondern bedarf wegen des Schutzzwecks noch der Einwilligung des gesetzlichen Vertreters; bis zur Einwilligung herrscht ein Schwebezustand. Bei einem Geschäftsunfähigen ist die Situation aber anders. Das Gesetz ordnet an, daß die Willenserklärung eines Geschäftsunfähigen nichtig ist, § 105 Abs. 1. Daher kann § 165 nicht auf den geschäftsunfähigen Vertreter angewandt werden. Der Rechtsschein, es handle sich um ordnungsgemäße Vertretung, führt nicht zu einer rechtlichen Wirksamkeit der Willenserklärung des geschäftsunfähigen Vertreters, da der Schutz des Geschäftsunfähigen vorgeht[2]. Auch eine

---

1 vgl. dazu J. Baumann, Grundbegriffe und Verfahrensprinzipien des Zivilprozeßrechts, 1970

2 BGHZ 53, 215. Einzelheiten zur Vertretung durch Geschäftsunfähige bei Ostheim AcP 169, 193

evtl. berechtigte Annahme des B, G sei jedenfalls beschränkt geschäftsfähig, ist ohne Bedeutung, da der gute Glaube an die Geschäftsfähigkeit nicht geschützt ist.

Ein anderes Ergebnis ist auch auf Grund von § 131 Abs. 1 nicht zu erzielen. In § 131 Abs. 1 ist geregelt, daß eine Willenserklärung, die einem Geschäftsunfähigen gegenüber abgegeben wurde, erst wirksam wird, wenn sie dem gesetzlichen Vertreter zugeht. Daraus darf man nicht schließen, daß es möglich sei, einem geschäftsunfähigen **Vertreter** gegenüber eine Erklärung abzugeben. § 131 betrifft den Fall, daß eine Willenserklärung an den Geschäftsunfähigen selbst vorliegt. Dann bestimmt § 131, daß es, was den **Zugang** der Willenserklärung angeht, auf den Zugang beim gesetzlichen Vertreter ankommt.

Eine andere Frage ist es, ob ein Geschäftsunfähiger zur Entgegennahme und Überbringung einer Willenserklärung in der Lage ist (sog. Empfangsbote). Dabei handelt es sich um ein tatsächliches Verhalten und nicht um eine Willenserklärung. Folglich ist dabei Geschäftsfähigkeit nicht vonnöten. Diese Frage kann in dem vorliegenden Fall unerörtert bleiben, da G als Vertreter und nicht als Empfangsbote gehandelt hat.

Da weder die Erklärung des G noch die des B rechtliche Bedeutung hat, ist keine Einigung zustandegekommen. Es fehlt also an der Voraussetzung für die Anspruchsgrundlage (§ 433 Abs. 1), dem Kaufvertrag. Der Anstaltsleiter A kann daher keinen Anspruch geltend machen.

B. Hinweise zum Lösungsgang[1]

1. Sind – wie hier – mehrere Personen am Geschehen beteiligt, empfiehlt es sich, sie in der Lösungsskizze durch einen Buchstaben oder sonstwie aufzuführen. Es kann sein, daß Personen im Sachverhalt erwähnt sind, die bei der rechtlichen Lösung später keine Rolle spielen. Das wird man aber nur selten sofort überblicken können. Selbstverständlich sollte man sich in der Skizze kenntlich machen, wer Anspruchsteller (Kläger) und wer Anspruchsgegner (Beklagter) ist.

Diese „Personenskizze" ist besonders wichtig, wenn ein Vertreter auftritt. Da die rechtlichen Wirkungen des Vertreterhandelns den Vertretenen treffen, ist dieser rechtlich die Hauptperson. Im Sachverhalt wird hingegen hauptsächlich das Handeln des Vertreters dargestellt sein

2. Das Gutachten mußte in erster Linie eine Rechtsfrage abhandeln. Die rechtlichen Problemstellungen, die im Verlauf des Gutachtens anzustellen sind, sollte der Gutachter möglichst erschöpfend darstellen. Darum wird es nämlich schließlich auch in einem Prozeß entscheidend gehen. Man erwartet von einem Gutachten nicht, daß es hastig einem Ergebnis zustrebt. Bei der Erörterung eines Rechtsproblems kommt es allerdings nicht auf wissenschaftliche Vollständigkeit und Vertiefung an. Es soll nur der konkrete Fall begutachtet werden. Der Gutachter darf nicht der Gefahr erliegen, sich in einer theoretischen Fragestellung zu verlieren. Daher war in der Fallösung der Aspekt, ob G etwa eine Erklärung des B als Empfangsbote dem A überbringen konnte, wohl noch zu erwähnen, aber nicht mehr zu erörtern.

Teil 4 Lesekontrolle

1. Unter „Rechtsfähigkeit" versteht man die Fähigkeit,
   a) Rechtsgeschäfte abschließen zu können
   b) ein Rechtsgutachten erstellen zu können
   c) Träger von Rechten und Pflichten im Privatrechtsverkehr sein zu können
   d) im Rechtsstaat Beamter werden zu können

---

[1] Zur Lösungsmethode und Arbeitstechnik siehe Anhang 1 und Anhang 2

2. Juristische Personen sind
   a) alle, die zwei juristische Staatsexamen abgelegt haben
   b) die Vollzugsbeamten im Justizdienst
   c) Organisationsformen, denen durch Gesetz Rechtsfähigkeit zuerkannt ist
3. Der „Verein a.G." ist
   a) ein Verein auf Gegenseitigkeit
   b) ein Verein auf genossenschaftlicher Basis
   c) ein Verein am Generalstab, der die Pflege des Offiziersnachwuchses betreibt
4. Bei der GmbH & Co. KG liegt folgende Gesellschaftsstruktur vor:
   a) der GmbH ist eine KG angegliedert
   b) der GmbH sind eine Companie und eine Kommanditgesellschaft angegliedert
   c) es handelt sich um eine GmbH mit einem historischen Zusatz, der nur firmenrechtlich Bedeutung hat
   d) es handelt sich um eine KG, deren Komplementär eine GmbH ist
5. Eine KG ist
   a) juristische Person
   b) keine juristische Person, es bestehen aber einige gesetzliche Vorschriften, die sie in einzelnen Beziehungen gleichwertig behandeln
6. Ein Realakt ist rechtlich
   a) eine tatsächliche Handlung, die nicht von einem rechtserheblichen Willen getragen ist, an die die Rechtsordnung aber Rechtsfolgen knüpft
   b) eine Gerichtshandlung, ein Grundstück betreffend
   c) eine Handlung, die wirklich geschehen ist
7. Geschäftsfähigkeit ist die Fähigkeit,
   a) gemäß den gewerberechtlichen Zulassungsvoraussetzungen ein Geschäft eröffnen zu können
   b) in einem Geschäftsbetrieb fachgerechtes Auftreten zu zeigen
   c) einen Geschäftsbetrieb zu leiten
   d) aufgrund einer Willenserklärung Rechtsfolgen auszulösen
8. Parteifähigkeit bedeutet:
   a) Eine Person hat die erforderliche politische Einstellung, um einer politischen Partei beitreten zu können
   b) Eine politische Partei hat ihre Leistungsfähigkeit unter Beweis gestellt
   c) Jemand besitzt die Fähigkeit, Kläger oder Beklagter in einem Prozeß sein zu können

Richtig sind (die Klammern verweisen auf den Text im Teil 2):
1c (I.1); 2c (I.2); 3a (I.2); 4d (I.3); 5b (I.2); 6a (II.2.b.2 und II.3.b.2); 7d (II.3.a); 8c (V).

3. Kapitel:
Der Kaufmann – Die Firma – Das Handelsregister

Teil 1 Der Fall (Sachverhalt)

A besitzt einen Steinbruch. Er verkauft die Steine als Schotter. Zum Transport unterhält er einen Wagenpark von etwa einem Dutzend Lastkraftwagen. Im Handelsregister ist er nicht eingetragen. Im Juni 1975 bestellt er beim Hersteller B neue Förderbänder für seine Anlage, die B anfertigt. Bei Empfang der Bänder stellt A fest, daß sie teilweise spröde sind. Er beanstandet diesen Fehler sofort schriftlich und stellt die Bänder dem B zur Verfügung. Versehentlich geht das Schreiben erst sechs Wochen später an B ab. B räumt die Fehlerhaftigkeit ein, ist aber der Ansicht, daß A zu spät gerügt habe. A betont, das Schreiben sei auf Grund eines Irrtums so lange liegen geblieben. Er ficht den Irrtum an und meint, B müsse die Bänder zurücknehmen. Hat er Recht?

Teil 2 Die Darstellung der Rechtsmaterie

A. Der Kaufmann

I. Das Sonderrecht des HGB

Für Kaufleute gilt neben dem BGB das Sonderrecht des Handelsgesetzbuchs (HGB). Das HGB ergänzt das BGB in bestimmten Bereichen oder ändert es teilweise ab. Das HGB ist daher ohne die Kenntnis der Grundvorschriften im BGB nicht voll verständlich.

Das HGB gilt nicht nur für Kaufleute. Die Kaufmannseigenschaft löst die Anwendbarkeit des HGB zwar aus; es muß aber jeder, der im Handelsverkehr für einen Kaufmann tätig wird, diese Regeln beachten. Das HGB gilt also praktisch für den Bereich der Wirtschaft und für die kaufmännischen Berufe, ganz gleich, ob sie selbständig oder unselbständig ausgeübt werden.

II. Der Rechtsbegriff „Kaufmann"

1. Der Begriff des Kaufmanns wird im HGB in den §§ 1–6 im einzelnen festgelegt. Man unterscheidet üblicherweise zwischen Mußkaufmann, Sollkaufmann, Kannkaufmann, Formkaufmann, Kaufmann kraft unrichtiger Eintragung und Scheinkaufmann. Ferner gibt es im HGB die generelle Unterscheidung zwischen Vollkaufmann und Minderkaufmann. Diese Bezeichnungen erklären allerdings nur wenig. Sie sind in der Wirtschaftspraxis zudem unüblich.

2. Eine grundlegende Vorschrift ist § 1 Abs. I HGB. Kaufmann im Sinne des HGB ist, wer ein Handelsgewerbe betreibt. Was ein Handelsgewerbe ist, zählt § 1 Abs. 2 abschließend auf. Wer unter die Aufzählung fällt, ist Kaufmann (sog. Mußkaufmann), sofern er diese Tätigkeit als Gewerbe ausübt. Der Begriff „Gewerbebetrieb" bedeutet inhaltlich: jede auf materielle Gewinnerzielung gerichtete Tätigkeit, die selbständig, auf eigene Rechnung und auf Dauer ausgeübt wird. Es kommt also nicht darauf an, ob der Betrieb durch äußere Ausstattungen, etwa Gebäude und Einrichtungen, sichtbar wird. Die freien Berufe, z.B. Arzt, Anwalt und Architekt, betreiben kein Gewerbe.

3. Nach § 1 Abs. 2 HGB sind Mußkaufleute: die Warenkaufleute, die Lohnindustrie, die Versicherungsunternehmen, die Bankiers, die Beförderungsunternehmen, die Kommissionäre, die Spediteure und Lagerhalter, die Handelsvertreter und Handelsmakler, die Verleger und die Druckindustrie. Erfordern Art und Umfang des Gewerbebetriebs einen in kaufmännischer Weise eingerichteten Geschäftsbetrieb nicht, handelt es sich zwar um einen Mußkaufmann, aber in der Form des Minderkaufmanns, § 4 Abs. 1 HGB. Er hat keine Firma, braucht keine Handelsbücher zu führen und kann keine Prokura erteilen.

4. Wer nicht ein in § 1 Abs. 2 HGB aufgezähltes Gewerbe betreibt, für sein Gewerbe aber nach Art und Umfang kaufmännische Einrichtungen braucht, ist nach § 2 HGB Kaufmann, sofern er im Handelsregister eingetragen ist (sog. Sollkaufmann).

Gemäß § 2 HGB ist jemand also unter folgenden Voraussetzungen Kaufmann:
- Es wird ein Gewerbe betrieben, und zwar nicht eines nach § 1 Abs. 2 (sonst kommt § 2 nicht zum Zuge);
- Das Unternehmen erfordert nach Art und Umfang kaufmännische Einrichtungen. Wann diese Voraussetzung gegeben ist, hängt von einer wertenden Beurteilung ab. Im allgemeinen wird man sagen können: Die Art des Gewerbes erfordert eine kaufmännische Organisation (Einrichtung), wenn eine Vielzahl relativ verschiedener Rechtsgeschäfte abgewickelt wird. Der Umfang des Gewerbes erfordert eine kaufmännische Organisation, wenn insbesondere der Umsatz eine beachtliche Größenordnung erreicht;
- Die Firma (des Unternehmens) ist in das Handelsregister eingetragen. Die Eintragung ist hier konstitutiv, also rechtsbegründend und nicht nur deklaratorisch.

Man könnte § 2 HGB als die grundlegende Vorschrift für die Kaufmannseigenschaft ansehen. Dann ist § 1 HGB eine Näheres regelnde Vorschrift. Die Bezeichnung „Sollkaufmann" für diese Art Kaufmann ist eigentlich nicht zutreffend. Ein solcher Kaufmann **muß** bei vorliegenden Voraussetzungen die Eintragung herbeiführen, § 2 S. 2 HGB. Er wird Kaufmann allerdings erst mit der Eintragung, also kraft Eintragung. § 2 HGB zeigt übrigens, daß die rechtliche Kaufmannseigenschaft nicht von einer Zugehörigkeit zum „Handelsstand" abhängt, wie ihn Kaufmannskreise vielleicht selbst verstehen.

5. § 3 HGB erfaßt die Betriebe der Land- und Forstwirtschaft. Nach der früheren Rechtslage waren sie nicht Kaufmann, falls sie ein Unternehmen nur als Nebenbetrieb der Land- oder Forstwirtschaft führten (beispielsweise eine Ziegelei). Sie konnten aber unter den Voraussetzungen des § 2 mit Eintragung in das Handelsregister für den Nebenbetrieb Kaufmann werden (sog. Kannkaufmann). Seit dem 1.7.76 gilt für land- oder forstwirtschaftliche Unternehmen lt. § 3 Abs. 2 HGB gleichfalls § 2, ohne daß ein Nebenunternehmen betrieben werden müßte. Dem Land- oder Forstwirt steht es frei, die Eintragung herbeizuführen und damit Kaufmann zu werden. Erfordert also ein landwirtschaftlicher Betrieb nach Art und Umfang eine kaufmännische Organisation, kann der Unternehmer die Eintragung seiner Firma ins Handelsregister beantragen. Die Kaufmannseigenschaft wird für land- und forstwirtschaftliche Unternehmen vor allem deswegen erstrebenswert sein, weil sie den Weg zu den Handelsgesellschaften eröffnet, die u.a. größere Betriebe ermöglichen[1].

6. § 6 HGB trifft eine Regelung über den sog. Formkaufmann. Formkaufleute sind die AG, KGaA, GmbH und eingetragene Genossenschaft (eG), und zwar unabhängig davon, ob sie ein Handelsgewerbe betreiben oder nach Art und Umfang des Gewerbebetriebs eine kaufmännische Organisation brauchen, § 3 AktG, § 13 Abs. 3 GmbHG, § 17 Abs. 2 GenG. Sie sind wegen ihrer Gesellschaftsform als juristische Person Kaufleute.

Das gilt nicht für die Personengesellschaften des Handelsrechts, die OHG und KG; diese Gesellschaften müßten also ein Handelsgewerbe betreiben. Tun sie es nicht, stuft man die betreffende Gesellschaft als Gesellschaft nach §§ 705 ff BGB (sog. BGB-Gesellschaft) ein.

---

[1] vgl. dazu Hofmann NJW 1976, 1297

7. Schließlich sind zwei Kaufmannsarten zu erwähnen, die eigentlich keine sind. Der Kaufmann, dessen Firma im Handelsregister eingetragen ist, obwohl er weder Mußkaufmann noch Sollkaufmann ist, gilt als Kaufmann, sofern er überhaupt ein Gewerbe betreibt (Kaufmann kraft unrichtiger Eintragung).

Ferner ist gewohnheitsrechtlich[1] anerkannt, daß jemand, der den Eindruck erweckt, Inhaber eines kaufmännischen Unternehmens zu sein, sich von denjenigen, die diesem Rechtsschein vertrauen und darauf ihr Verhalten abstellen, als Kaufmann behandeln lassen muß (sog. Scheinkaufmann).

III. Vollkaufmann und Minderkaufmann

Die Unterscheidung zwischen Minder- und Vollkaufmann hat folgende Bedeutung: Für den Minderkaufmann gilt das HGB wie für den Vollkaufmann, aber mit einigen Ausnahmen:

1. Er kann keine Firma führen, kann also nicht in das Handelsregister eingetragen werden, § 4 Abs. 1 HGB.
2. Er kann keine Prokura, aber wohl Vollmacht und Handlungsvollmacht erteilen, § 4 Abs. 1 HGB.
3. Er ist nicht verpflichtet, Handelsbücher zu führen, also z.B. Inventar und Bilanz zu erstellen, § 4 Abs. 1 HGB. Buchführungspflichtig ist er aber auch, §§ 160 ff Abgabenordnung.
4. Eine Gesellschaft, die ein minderkaufmännisches Gewerbe betreibt, kann nicht OHG oder KG sein, § 4 Abs. 2 HGB. Es liegt dann eine Gesellschaft nach § 705 BGB vor.
5. Die §§ 348–350 HGB, die Abweichungen vom BGB für Vertragsstrafe, Bürgschaft, Schuldversprechen und Schuldanerkenntnis enthalten, gelten nicht für Minderkaufleute, § 351 HGB. Für sie bleibt es also bei den Vorschriften des BGB.
6. Für den Minderkaufmann gibt es außerdem folgende besondere Bestimmungen:

§ 8 Abzahlungsgesetz: Der Minderkaufmann wird bei Abzahlungsgeschäften wie jeder andere Käufer geschützt; § 109 GVG: Er kann nicht Handelsrichter, d.h. Laienrichter in der Kammer für Handelssachen beim Landgericht werden; § 1027 Abs. 2 ZPO: Es bleibt bei dem Erfordernis der Schriftform für einen Schiedsvertrag, wenn einer der Beteiligten Minderkaufmann ist.

B. Die Firma

I. Die Bedeutung der Firma

Die Firma eines Kaufmanns ist der Name, unter dem er im **Handel** Geschäfte betreibt. Soweit es um einen Vorgang aus dem Handelsgeschäft geht, kann er „unter der Firma" klagen und verklagt werden, § 17 Abs. 1 und 2 HGB. Die Firma ist keine juristische Person. Ein Kaufmann kann seinen Firmennamen nur bei Angelegenheiten seines Geschäftes zur Geltung bringen. Im Grundbuch z.B. muß der personenrechtliche Name des Kaufmanns eingetragen werden. Handelt es sich bei dem Kaufmann um eine juristische Person, also um eine Handelsgesellschaft, ist der Name der Gesellschaft der einzutragende Name. Es kann aber ein Kaufmann „unter seiner Firma" als Gesellschafter in eine Handelsgesellschaft eintreten; denn das ist ein Vorgang, der zum Handelsverkehr zählt.

Es liegt durchweg allein schon aus Werbegesichtspunkten im Interesse des Kaufmanns, unter seiner Firma aufzutreten. Rechtlich ist es ihm aber nicht verwehrt, trotz bestehender Firma Geschäfte unter seinem Eigennamen abzuschließen.

Nur Vollkaufleute können eine Firma führen, § 4 Abs. 1 HGB. Keine Firmen sind Geschäftsbezeichnungen, die in bestimmten Gewerben herkömmlich sind, z.B. bei Gaststätten und Apotheken. Diese Bezeichnungen können daher auch von Minderkaufleuten geführt werden.

---

[1] Rechtsanalogie zu den §§ 5, 15 HGB

II. Die Bezeichnung der Firma

Die §§ 18, 19 HGB regeln, wie die Firma lauten muß. Hier gelten drei Prinzipien: die Grundsätze der **Firmenwahrheit, Firmenklarheit** und **Firmenbeständigkeit.**

1. Der Grundsatz der Firmenwahrheit

Vorweg sei gesagt, daß er sich praktisch nur noch bei einer Neugründung auswirkt. Der Firmenname ist gem. § 18 Abs. 1 HGB mindestens ein ausgeschriebener Vorname und der Familienname des Kaufmanns. Zum Familiennamen zählt auch der Doktortitel, wenn der Kaufmann diesen akademischen Titel erworben hat und führen darf.

Zum Vor- und Zunamen kann der Kaufmann Zusätze wählen, die zur Unterscheidung der Person oder des Geschäfts dienen und inhaltlich zutreffen, z.B. „Modehaus Petra Müller". Bestehen bereits am selben Ort Firmen, die mit dem Namen des Kaufmanns verwechselbar sind, **muß** die Neugründung einen Zusatz verwenden, § 30 Abs. 2 HGB. Die Firma besteht dann aus Name und Zusatz. Es ist grundsätzlich nicht zulässig, nur einen Teil des Firmennamens dort zu verwenden, wo üblicherweise der Firmenname erwartet wird. Es wäre z.B. nicht statthaft, aus der Firma „Modehaus Petra Müller" nur den Vornamen Petra als einzig sichtbaren Namen an der Außenfront eines Einzelhandelsgeschäfts anzubringen. Auch die Personenhandelsgesellschaften (OHG und KG) sind in diesem Punkt nicht wesentlich ungebundener. Hier muß gem. § 19 HGB der Firmenname wenigstens eines Gesellschafters mit einem Zusatz geführt werden, der auf die Gesellschaft hinweist. Bei der AG muß die Firma zum Gegenstand des Unternehmens passen, vgl. § 4 AktG. Für die KGaA ist es ebenso, § 279 Abs. 1 S. 1 AktG. Bei der GmbH gilt das gleiche, wenn nicht die Firma nach Art der OHG geführt wird, § 4 GmbHG. Wie § 4 AktG ist auch § 3 GenG konstruiert.

Nicht zulässig sind Firmenzusätze, die geeignet sind, eine irrige Vorstellung über Art und Umfang des Geschäfts oder über die Inhaberschaft herbeizuführen. Zu diesem Punkt ist es nicht möglich und vielleicht auch nicht wünschenswert, gesetzliche Grenzen festzulegen. Es ist Aufgabe der Rechtsprechung, die Zulässigkeit eines Zusatzes im Einzelfall zu beurteilen. Über die bereits vorliegenden Erkenntnisse geben die Kommentare Auskunft. Ist ein irreführender Zusatz bei der Eintragung in das Handelsregister nicht beanstandet worden – etwa weil es noch keine Überprüfungsmöglichkeit gab – kann die Führung dieser Firma unlauterer Wettbewerb im Sinne des § 3 UWG sein. Dessen Tatbestand liegt in der Regel vor, wenn ein Kaufmann einen unzutreffenden Zusatz, z.B. „Großhandel", verwendet; denn das wird er nicht etwa aus Eitelkeit tun, sondern wegen der Chancen im Wettbewerb.

Die Vorschriften für die Firma berücksichtigen das Werbeinteresse somit nicht. Einen möglichen Weg, im Handelsverkehr mit einer werbewirksamen Bezeichnung aufzutreten, eröffnet das Warenzeichen (s. das 16. Kapitel). Außer dem Herstellungsbetrieb kann auch der Handelsbetrieb ein Warenzeichen, die Handelsmarke, führen. Bei der Wahl eines Warenzeichens sind dem Einfallsreichtum wenig Grenzen gesetzt. Gerade eine Kombination von Wort und Bild ist hier zulässig. Die Art der Verwendung des ordnungsgemäßen Warenzeichens steht dem Inhaber frei. Es ist also beispielsweise möglich, das Warenzeichen an Gebäuden usw. wiederzugeben, soweit etwa bestehende öffentlichrechtliche Vorschriften beachtet werden.

2. Der Grundsatz der Firmenklarheit

Er steht in engem Zusammenhang mit dem Grundsatz der Firmenwahrheit und beinhaltet, daß ein Kaufmann grundsätzlich nur **eine** Firma führen darf. Eine Ausnahme von diesem Grundsatz ist möglich, wenn die Betriebe organisatorisch voneinander getrennt sind und verschiedenen Branchen angehören. Dieser Grundsatz kommt ebenfalls nur bei Neugründungen zum Zuge, nicht bei Geschäftsübernahmen, und zwar wegen des Grundsatzes der Beständigkeit der Firma. Er hat daher in der Praxis geringe Bedeutung.

3. Der Grundsatz der Beständigkeit der Firma

Er wird bei der Übertragung der Firma aktuell. Nach § 23 HGB kann eine Firma nur zusammen mit dem dazugehörigen Handelsgeschäft übertragen werden. Enthält sie den Personennamen, ist ferner eine Übertragung nur mit dem Einverständnis des Namensträgers möglich. Daran kann es z.B. im Konkurse fehlen.

Der Grundsatz der Beständigkeit der Firma steht mit den beiden vorgenannten Prinzipien in einem Spannungsverhältnis. Er besagt, daß bei der Übernahme eines Handelsgeschäfts die bisherige Firma fortgeführt werden darf. Der Grundsatz trägt dem Faktum Rechnung, daß eine Firma im Laufe der Jahre einen beachtlichen Werbewert erhalten kann. Dieser "good will" ist durch § 22 HGB positivrechtlich anerkannt. Der Firmenname bleibt grundsätzlich auch dann erhalten, wenn die übertragene Firma neben dem Personennamen einen Doktortitel aufweist, es sei denn, dieser Zusatz wäre geeignet, eine Täuschung herbeizuführen[1].

Die Firma kann auch fortgeführt werden, wenn jemand in das Geschäft eines Einzelkaufmanns als Gesellschafter eintritt, § 24 Abs. 1 HGB, und sogar, wenn eine Personenhandelsgesellschaft (OHG oder KG) die Firma eines Einzelkaufmanns übernimmt. Die Rechtsprechung hat ferner für den Fall des Eintritts einer GmbH als persönlich haftende Gesellschafterin in eine bestehende OHG – wodurch der Sache nach eine GmbH & Co. KG entsteht – die unveränderte Fortführung der früheren Firma für rechtens erachtet[2]. Anders ist es nur bei den juristischen Personen des Handelsrechts (für die AG vgl. § 4 Abs. 2 AktG, für die GmbH vgl. § 4 Abs. 2 GmbHG, für die KGaA vgl. § 279 Abs. 2 AktG, für die Genossenschaft vgl. § 3 Abs. 2 GenG).

Übernimmt aber ein Einzelkaufmann eine Handelsgesellschaft, gilt § 22 HGB nicht, sondern es bleibt bei der Regelung des § 18 Abs. 2 S. 1 HGB: der Einzelkaufmann muß den Zusatz fallenlassen. Der Grund für diese verschiedene Regelung liegt darin, daß die Fortführung der Firma einer Handelsgesellschaft durch einen Einzelkaufmann bei Außenstehenden den Eindruck erwecken kann, es würden mehrere in dieser Firma haften oder immerhin Finanzkraft einbringen.

Der Grundsatz der Beständigkeit der Firma wirkt sich in der Praxis am meisten aus. Die dadurch geschaffene rechtliche Möglichkeit, eine eingeführte, zugkräftige Firma beizubehalten, führt nicht selten dazu, daß Handelsgeschäfte des Firmennamens wegen gekauft werden.

Die Übertragungsregeln gelten nicht für die bereits erwähnten herkömmlichen Geschäfts- und Lokalbezeichnungen. Hier ist die Rechtslage noch ungebundener. Nicht zutreffend ist der Schluß, der Übernehmer dürfe sie nicht fortführen, weil § 22 HGB nur für Firmen gelte[3]. Diese Geschäftsbezeichnungen sind weder über das Namensrecht, noch über das Firmenrecht, noch nach Warenzeichenrecht, sondern allenfalls mittelbar durch § 16 UWG (dazu unten III 2) geschützt. Die Frage einer Fortführung wird ohnehin nicht allzu häufig auftauchen, weil bei der Veräußerung die konkrete Einwilligung zur Weiterführung der Geschäftsbezeichnung erklärt werden kann.

Der Grundsatz der Beständigkeit der Firma wirkt sich ebenfalls bei Umwandlung der Rechtsform eines Handelsgeschäfts in eine andere Rechtsform aus. Auch hier bestehen Möglichkeiten, den alten Firmennamen fortzuführen, und zwar sogar für den Fall, daß eine Aktiengesellschaft als OHG fortgeführt wird (vgl. § 6 des Umwandlungsgesetzes, der übrigens generelle Bedeutung hat und z.B. auch bei der Umwandlung einer GmbH in eine KG anzuwenden ist[4]).

4. Die Sanktionen gegen unzulässige Firmenbezeichnungen

Wird eine Firma entgegen den in den §§ 18 ff HGB, § 4 oder § 279 AktG, § 4 GmbHG oder § 3 GenG enthaltenen Vorschriften geführt, hat der Registerrichter von Amts wegen – also ohne

---

1 vgl. zu akademischen Titeln in der Firma Wessel BB 1965, 1379

2 LG Oldenburg NJW 1976, 152; a.A. LG Frankfurt NJW 1975, 1522

3 So aber im Ergebnis OLG Frankfurt NJW 1969, 330 mit zust. Anm. Welsch

4 vgl. OLG Hamm BB 1976, 1043

Antrag der Beteiligten und Betroffenen – die Unterlassung durch Ordnungsstrafen zu erwirken. Das Verfahren richtet sich nach den §§ 140 ff FGG. Ist eine Firma unzulässigerweise eingetragen, kann sie der Registerrichter von Amts wegen löschen, § 142 FGG.

III. Der Schutz der Firma

1. Ein Firmeninhaber kann sich gem. § 30 Abs. 1 HGB dagegen wehren, daß an demselben Ort eine verwechslungsfähige Firma aufgemacht wird. Nach § 30 Abs. 1 HGB muß sich jede neue Firma von den in das Handels- oder Genossenschaftsregister eingetragenen Firmen deutlich unterscheiden. Liegt die Verwechslungsgefahr in den gleichlautenden Personennamen, muß der noch nicht eingetragene Kaufmann einen Zusatz in den Firmennamen aufnehmen, der die Unterscheidbarkeit herstellt, § 30 Abs. 2 HGB. Diese Vorschriften berücksichtigen das Interesse des Geschäftsverkehrs. Sie sind aus dem Grundsatz der Firmenklarheit herzuleiten. Der eingetragene Firmeninhaber kann gem. § 37 Abs. 2 HGB auf Unterlassung und eventuell Schadensersatz klagen. Der Schadensersatzanspruch setzt gemäß § 823 ein schuldhaftes Verhalten des Verletzers voraus, der Unterlassungsanspruch hingegen nicht.

2. Da die Firma im Wettbewerb eine Rolle spielt, gewährt auch das Gesetz gegen den unlauteren Wettbewerb (UWG) dem Firmeninhaber in § 16 einen Anspruch auf Unterlassung des Gebrauchs einer verwechslungsfähigen Firma. Unter den Voraussetzungen des Abs. 2 – Kenntnis des Verletzers oder grob fahrlässige Nichtkenntnis der Verwechslungsgefahr – hat er auch einen Schadensersatzanspruch. Voraussetzungen für diese Ansprüche sind:

- Es besteht eine ordnungsgemäß eingetragene Firma oder eine sonstige Geschäftsbezeichnung,
- Die spätere Firma oder Geschäftsbezeichnung – mag sie selbst auch firmenrechtlich zulässig sein – begründet eine Verwechslungsgefahr im Verkehr,
- Der Wortlaut der späteren Firma ist nach Firmenrecht nicht zwingend vorgeschrieben.

Nach § 16 UWG sollen also Firmen an verschiedenen Orten unterscheidbar sein. Der Umfang dieser Vorschrift ist insofern weiter als § 30 HGB, als sie auch Geschäftsbezeichnungen und andere Geschäftseinrichtungen erfaßt.

Nicht eingeschlossen ist lt. § 16 Abs. 3 S. 2 UWG der widerrechtliche Gebrauch eines Warenzeichens, einer Warenausstattung oder einer Firmenbezeichnung bei der Ware. Diese weisen auf die Herkunft aus einem Unternehmen hin. Dafür gibt es besondere Anspruchsgrundlagen, nämlich die §§ 24, 25 WZG. Die Firma wird also mittelbar auch durch § 24 WZG geschützt.

3. Schließlich fällt die Firma als Name des Kaufmanns (§ 17 HGB) unter den Namensschutz des § 12 BGB. Diese Vorschrift gewährt über den Unterlassungsanspruch hinaus einen vorbeugenden Unterlassungsanspruch, der auf Unterlassung künftiger Störungen gerichtet ist. Die Voraussetzungen des § 12 sind wie bei § 16 UWG. Der Unterlassungsanspruch besteht also nicht, wenn die später gekommene Firma nach zwingendem Firmenrecht im Wortlaut festliegt.

4. Besondere Schutzbestimmungen bestehen für die Bezeichnungen „Bank“, „Sparkasse“, „Volksbank“, „Spar- und Darlehenskasse“ und „Bausparkasse“ nach den §§ 39 ff des Gesetzes über das Kreditwesen.

IV. Die Haftung beim Erwerb einer Firma

1. Nach § 23 HGB kann eine Firma nur zusammen mit dem Handelsgeschäft, für welches sie geführt wird, übertragen werden. Eine Veräußerung des Handelsgeschäfts ohne die Firma ist hingegen möglich.

Wer ein Handelsgeschäft durch Rechtsgeschäft erwirbt und die Firma fortführt, übernimmt damit auch die bestehenden **Geschäftsverbindlichkeiten,** wenn nicht der Haftungsausschluß mit dem Veräußerer vereinbart, im Handelsregister eingetragen und bekanntgemacht oder dem Forderungsinhaber vom Erwerber oder Veräußerer mitgeteilt worden ist, § 25 Abs. 1 S. 1 HGB. Der Erwerber kann die entstandenen **Forderungen** geltend machen, wenn die Haftung nicht ausgeschlossen ist und er die Firma mit Einwilligung des Veräußerers fortführt, § 25 Abs. 1 S. 2 HGB.

Die Übernahme der Aktiva und Passiva ist also der Einigung des Veräußerers und des Erwerbers anheimgestellt. Diese Entscheidung wird sich regelmäßig auf die Höhe des Kaufpreises auswirken. Die Gläubiger des Veräußerers haben hier aber keinerlei Einflußmöglichkeiten. Sie würden sich nach der Übernahme vor allem dann schlechter stehen, wenn der Veräußerer zu billig verkauft hat und sein Geschäftsbetrieb im wesentlichen sein ganzes Vermögen war, so daß die Gläubiger nur auf den Kaufpreis angewiesen sind. Für diesen Sachverhalt ist § 419 eine wichtige Vorschrift. Übernimmt jemand rechtsgeschäftlich – also nicht auf Grund Gesetzes – das Vermögen eines anderen und weiß er, daß der Übertragungsgegenstand praktisch das ganze Vermögen darstellt, können die Gläubiger nach Maßgabe des § 419 Abs. 2 auch gegen den Übernehmer vorgehen. Diese gesetzliche Haftung kann – anders als bei § 25 HGB – nicht durch eine Einigung zwischen Veräußerer und Erwerber ausgeschlossen oder beschränkt werden, § 419 Abs. 3.

2. Führt der Übernehmer die Firma nicht fort, haftet er gem. § 25 Abs. 3 HGB für die früheren Geschäftsverbindlichkeiten nur, wenn er die Übernahme des Geschäftes in handelsüblicher Weise bekanntgemacht hat. Der Übernehmer haftet ferner, wenn ein besonderer Verpflichtungsgrund vorliegt. Dazu zählt die wissentliche Vermögensübernahme nach § 419. Es kommen aber auch andere rechtsgeschäftliche Übernahmetatbestände in Betracht, wie Schuldübernahme (§ 414) oder Schuldversprechen gegenüber dem Gläubiger (§ 780), das für Vollkaufleute gem. § 350 HGB nicht der Schriftform bedarf.

3. Beerbt jemand einen Kaufmann, gelten für ihn zunächst die bürgerlichrechtlichen Haftungsvorschriften. Nach § 1967 haftet der Erbe für die Nachlaßverbindlichkeiten. Nach den §§ 1975 ff kann er die Haftung beschränken. § 1942 eröffnet ihm ferner die Möglichkeit, die Erbschaft auszuschlagen. Diese Haftungssituation besteht auch dann, wenn der Erbe ein zum Nachlaß gehörendes Handelsgeschäft nicht fortführt.

Führt der Erbe das Handelsgeschäft fort, gilt zusätzlich zu den Vorschriften des BGB § 27 HGB, der auf § 25 HGB verweist. In diesem Fall kommt es darauf an, ob der Erbe das Handelsgeschäft unter der bisherigen oder unter neuer Firma fortführt.

Behält er die alte Firma bei, haftet er für die früheren Geschäftsverbindlichkeiten gemäß § 27 Abs. 1 i.V.m. § 25 Abs. 1 HGB, wenn er nicht den Haftungsausschluß gemäß § 27 Abs. 2 HGB durch Betriebseinstellung innerhalb von drei Monaten herbeiführt. Den Haftungsausschluß erzielt er ferner durch **einseitige** Erklärung mit Eintragung und Bekanntmachung, § 27 Abs. 1 i.V.m. § 25 Abs. 2 HGB analog.

Übernimmt er das Handelsgeschäft ohne die bisherige Firma, haftet er beschränkbar nach den Vorschriften des BGB.

V. Die Haftung beim Eintritt in das Geschäft eines Einzelkaufmanns

Gemäß § 28 HGB kommt es für die Haftung beim Eintritt in ein bestehendes Handelsgeschäft nicht darauf an, ob die bisherige Firma fortgeführt wird oder nicht. Wenn durch den Eintritt eine Handelsgesellschaft entsteht, haftet der neue Gesellschafter gem. §§ 128, 28 HGB für die noch bestehenden Schulden des Einzelkaufmanns – auch eines Minderkaufmanns – sofern die Haftung nicht ausgeschlossen worden ist. Dieser Haftungsausschluß wirkt sich den Gläubigern gegenüber nur aus, wenn er im Handelsregister eingetragen und bekanntgemacht ist, vgl. § 28 Abs. 2 HGB.

Bei Eintritt in eine bestehende Gesellschaft kann die Haftung für die bestehenden Verbindlichkeiten **den Gläubigern gegenüber** nicht ausgeschlossen werden, vgl. §§ 130, 173 HGB. Interne Vereinbarungen bleiben unberührt.

C. Das Handelsregister

I. Übersicht

Im geschäftlichen Verkehr können viele Fakten eine Rolle spielen, die den jeweiligen Verhandlungs- oder Vertragspartnern von außen nicht erkennbar sind, die sie aber kennen müßten, um beim rechtlichen Kontakt mit dem Kaufmann ihre Interessen zu wahren. Das Handelsregister (HR) soll hier abhelfen. Wer z.B. Inhaber eines Handelsgeschäftes ist, wer vertretungsbefugt ist usw., soll sich für jeden Interessierten aus dem Register ergeben. Man spricht von „Publizität" des Handelsregisters. Dazu ist das HR öffentlich, § 9 Abs. 1 HGB.

Die gesetzliche Bestimmung für das HR, § 15 HGB, will für ein funktionsfähiges Register sorgen. Es wird bei den Amtsgerichten geführt, § 8 HGB. Das Verfahren ist im einzelnen geregelt, vgl. §§ 9–16 HGB, Abschnitt 1 und 7 FGG und die Handelsregisterverfügung. Das Handelsregister überläßt es aber den Beteiligten einerseits, für die richtige und vollständige Eintragung und Bekanntmachung zu sorgen und andererseits, dem Register die nötige Beachtung zu schenken. So erleidet nach § 15 Abs. 1 HGB derjenige einen Rechtsnachteil, der eine eintragungspflichtige Tatsache nicht eintragen und bekanntmachen läßt[1]. Nach § 15 Abs. 2 HGB ist derjenige schlechtergestellt, der eine eingetragene und bekanntgemachte Tatsache 15 Tage nach Bekanntmachung noch nicht kennt.

Abs. 3 der Vorschrift enthält einerseits eine Gutglaubensregel: Das Handelsregister besitzt öffentlichen Glauben insofern, als es das Vertrauen auf die Richtigkeit der Bekanntmachung der Eintragung respektiert (sog. positive Publizität). Der gute Glaube eines Dritten an die inhaltliche Richtigkeit der Bekanntmachung wird geschützt, soweit es sich in der Bekanntmachung um eine eintragungspflichtige Tatsache handelt. Andererseits hat der Eintragungspflichtige aber nur dann den Nachteil zu tragen, wenn er wenigstens den Eintragungsantrag gestellt hatte, sei er richtig oder falsch (Veranlassungsprinzip). Abs. 3 legt es dem Antragsteller also nahe, den Fortgang seines Antrags und die Bekanntmachung zu überprüfen. § 15 HGB ist daher nicht schlichtweg eine Gutglaubensvorschrift[2]. Er ist vielmehr als Obliegenheitsregel zu verstehen[3]. Es ist nämlich praktisch nicht durchführbar, die Unternehmen irgendwie zur Bekanntgabe der für den Geschäftsverkehr wichtigen Tatsachen zu zwingen. Diese Fakten würden sich schon wegen ihrer Zahl durch Außenstehende nicht ermitteln lassen. Für den Gesetzgeber war es daher attraktiver, dem Eintragungspflichtigen einen Rechtsnachteil aufzubürden, wenn er die betreffenden Tatsachen nicht anmeldet und sich um Eintragung und Bekanntmachung nicht kümmert. Diese Sanktion muß natürlich maßvoll sein. Der Eintragungspflichtige darf nur soweit haften, als ihm ein Vorwurf zu machen ist.

Wegen des komplizierten Aufbaus der Vorschrift werden im folgenden die einzelnen Absätze – außer Absatz 4 – nach Tatbestand und Rechtsfolge dargestellt.

II. § 15 Abs. 1 HGB

1. Tatbestand:

a) Es liegt eine Tatsache vor, und zwar eine Tatsache im Geschäftsverkehr. Eine Tatsache kommt also in Betracht, die für Rechtsgeschäfte Bedeutung hat. Für gesetzliche Schuldverhältnisse, den Anspruch aus unerlaubter Handlung etwa, gilt § 15 HGB nur dann, wenn ein Zusammenhang mit rechtsgeschäftlichem Handeln besteht.

b) Diese Tatsache ist nicht eingetragen und bekanntgemacht. Die Eintragung allein genügt nicht.

c) Diese Tatsache ist **eintragungspflichtig**. Eintragungs**fähige** Tatsachen bleiben außer Betracht.

---

[1] Die übliche Kennzeichnung für den Abs. 1 „negative Publizität des Handelsregisters" sagt demgegenüber nichts aus; sie eignet sich nicht einmal als Gedächtnisstütze.

[2] a.A. Baumbach-Duden, HGB, § 15 Anm. 1

[3] vgl. Steckhan NJW 1971, 1595

Eintragungspflichtige Tatsachen enthalten z.B. die §§ 2, 13, 31, 34, 53, 106, 107, 125 Abs. 4, 143, 144 Abs. 2, 161 Abs. 2, 162 HGB. Eintragungsfähige Tatsachen sind z.B. in den §§ 25 Abs. 2 und 28 Abs. 2 HGB enthalten.

d) Der Dritte weiß vom Bestehen der Tatsache nichts.

2. Rechtsfolge: Derjenige, der die Eintragung zu betreiben hatte, kann sich nicht auf das Vorliegen der wirklich existenten Tatsache berufen.

Beispiel: Der ausgeschiedene Gesellschafter kann sich nicht auf die Beendigung der Haftung für Verbindlichkeiten der Gesellschaft berufen, wenn sein Ausscheiden im HR nicht eingetragen und bekanntgemacht ist.

III. § 15 Abs. 2 HGB

1. Tatbestand:

a) Es liegt eine Tatsache des Geschäftsverkehrs vor.

b) Diese Tatsache ist eingetragen und bekanntgemacht.

2. Rechtsfolge: Auf die Unkenntnis des Dritten bezüglich der Tatsache kommt es grundsätzlich nicht an. Er kann sich aber auf seine Unkenntnis berufen, wenn er seine Rechtshandlung innerhalb von 15 Tagen nach der Bekanntmachung vorgenommen hatte und die Tatsache nicht kannte und nicht kennen mußte (§ 15 Abs. 2 S. 2 enthält, genau genommen, zwei verschiedene Tatbestände und Rechtsfolgen). Das Gesetz räumt also 15 Tage Zeit ein, um sich über Bekanntmachungen aus dem HR bzw. über Eintragungen zu informieren.

Beispiel: A schließt mit Prokurist P des B, dessen Prokura erloschen ist, am 10. Tag nach der Eintragung und Bekanntmachung des Erlöschens einen Kaufvertrag, ohne das Erlöschen zu kennen. Der Kaufvertrag kommt mit B zustande.

IV. § 15 Abs. 3 HGB

1. Tatbestand:

a) Es ist eine Tatsache bekanntgemacht. Für solche Tatsachen besteht Eintragungspflicht.

b) Diese Tatsache existiert nicht.

c) Der Dritte wußte nicht, daß die Tatsache nicht existiert.

d) Der Dritte hat angenommen, die Tatsache existiere wirklich (er vertraute der Bekanntmachung also), und diese Annahme hat bei der Vornahme seiner Rechtshandlung eine Rolle gespielt.

Auch § 15 Abs. 3 schützt nur einen guten Glauben an die Richtigkeit des Handelsregisters. Er greift nicht ein, wenn der Dritte unbeeinflußt von der irreführenden Bekanntmachung seine Rechtshandlung vornimmt. Das gilt auch nach der Novelle 1969[1].

e) Der Eintragungspflichtige hat mit einem Eintragungsantrag – auch mit einem richtigen[2] – die falsche Bekanntmachung jedenfalls mitausgelöst (Veranlassungsprinzip).

Das Veranlassungsprinzip ist von der Rechtsprechung in einer Gesetzesauslegung *praeter legem* (d.h. über den Wortlaut hinausgehend) zu § 15 Abs. 1 HGB im Rahmen der Entwicklung von Rechtsscheinstatbeständen zu einer tatbestandlichen Haftungsvoraussetzung ausgeformt worden, als es den Abs. 3 noch nicht gab. Nachdem durch die Novelle 1969 der Abs. 3 eingeführt wurde, taucht die Frage auf, ob dieses Prinzip fortgilt. Die Frage ist streitig[3]. Außer der bei der Auslegung letztlich nicht maßgebenden amtlichen Begründung zur Novelle ist nichts ersichtlich, was für den Fortfall des Veranlassungsprinzips sprechen könnte[4].

---

1 vgl. Baumbach-Duden, HGB, § 15 Anm. 4 B

2 vgl. Beuthien NJW 1970, 2284

3 Gegen diese Voraussetzung Steckhan NJW 1971, 1595; dafür die hM, vgl. von Olshausen NJW 1971, 968

4 vgl. Steckhan NJW 1971, 1595

2. Rechtsfolge: Der Dritte kann sich dem Eintragungspflichtigen gegenüber auf die unrichtige Bekanntmachung berufen. Zwischen den Parteien gilt die unrichtige Sachlage laut Bekanntmachung.

Beispiel: A stellt den Eintragungsantrag, P sei Prokura erteilt. Bekanntgemacht wird, V sei Prokurist. B hält den V für vertretungsberechtigt, weil er die Bekanntmachung (aber nicht deren Unrichtigkeit) kannte. B schließt mit V einen Kaufvertrag. Dieser Vertrag wirkt gegenüber A.

Teil 3 Die Fallösung

A. Das Gutachten zum Fall

A könnte von B die Rückgängigmachung des Werklieferungsvertrags nach den §§ 634, 651 BGB verlangen. Da B die Bänder speziell für die Anlage des A herstellen sollte, handelt es sich um einen Werklieferungsvertrag über eine nicht vertretbare Sache, § 91 BGB. Voraussetzung für den Wandlungsanspruch ist die Lieferung eines mangelhaften Werkes. Gemäß § 633 Abs. 1 ist das Werk mangelhaft, wenn es mit Fehlern behaftet ist, die den Wert oder die Tauglichkeit zu dem gewöhnlichen oder dem nach dem Vertrag vorausgesetzten Gebrauch aufheben oder nicht unerheblich mindern. Nach hM beurteilt sich die Frage, ob im konkreten Fall ein Fehler vorliegt, nach der Vereinbarung der Parteien, wie das Werk beschaffen sein soll (sog. subjektiver Fehlerbegriff). Ein Fehler stellt sich somit als ungünstige Abweichung von der vertraglich vereinbarten Sache dar. Was vertraglich vereinbart ist, ergibt sich aus der Auslegung der Willenserklärungen. Im vorliegenden Fall ist weder beim Angebot noch bei der Annahme über die Qualität ausdrücklich gesprochen worden. A hat schlicht Förderbänder für seine Schotteranlage bestellt. Daraus ergibt sich aber immerhin, daß die Bänder für diesen Zweck tauglich sein mußten. Das ist bei sprödem Material nicht der Fall. Es liegt also eine ungünstige Abweichung vor.

A könnte sein Wandlungsrecht nach den §§ 381 Abs. 2, 377 HGB verloren haben, weil er das Schreiben erst nach sechs Wochen abgesendet hat. Eine verspätete Rüge bei offenen Fehlern gilt nämlich als Genehmigung des Werkes, § 377 Abs. 2 HGB. Dann müßte der Werklieferungsvertrag für beide Teile ein Handelsgeschäft sein. Nach § 343 Abs. 1 HGB sind Handelsgeschäfte alle Geschäfte eines Kaufmanns in seinem Handelsgewerbe. Die Rügepflicht hängt also u.a. davon ab, daß beide Parteien Kaufleute sind.

Das könnte für A fraglich sein. In Betracht käme bei ihm die Kaufmannseigenschaft nach § 1 Abs. 2 Nr. 1 HGB. Dann müßte sein Gewerbebetrieb die Anschaffung und Weiterveräußerung von beweglichen Sachen zum Gegenstand haben. Unter Anschaffung ist rechtsgeschäftlicher Erwerb zu verstehen. Das liegt bei der Selbstgewinnung (sog. Urproduktion) nicht vor. Die Veräußerung des Schotters an die Abnehmer allein reicht bei § 1 Abs. 2 Nr. 1 HGB nicht. Auch § 1 Abs. 2 Nr. 2 trifft auf A nicht zu: er verarbeitet die Steine zwar, aber im Rechtssinn nicht für andere. Die übrigen in § 1 Abs. 2 HGB genannten Gewerbezweige passen nicht auf den Betrieb des A.

A könnte dennoch Kaufmann sein. Jeder, der einen kaufmännisch eingerichteten Betrieb braucht, ist Kaufmann, wenn er in das Handelsregister eingetragen ist, § 2 HGB. Da A aber nicht eingetragen ist, ist er auch nach § 2 HGB nicht Kaufmann.

A ist ferner auch nicht Kaufmann auf Grund Rechtsscheins. Zwar mögen manche einen Steinbruchunternehmer als Kaufmann einschätzen. Scheinkaufmann ist man aber erst, wenn man durch zurechenbares Verhalten den Anschein erweckt, Kaufmann zu sein. Die Größe des Betriebes läßt diesen Rechtsschein nicht entstehen.

Da A demnach nicht Kaufmann ist, gilt § 377 HGB nicht für ihn, sondern das Kaufrecht des BGB. Dort ist eine Rügepflicht nicht vorgesehen. Er kann daher Wandlung verlangen.

B. Hinweise zum Lösungsgang[1]

1. Der Sachverhalt endet damit, daß Ansichten der Parteien wiedergegeben werden. Das mag den Gutachter dazu verleiten, in eine Diskussion über diese Ansichten einzutreten. Auf die Ansichten der Parteien kommt es aber nicht an, sondern auf die Aufbereitung der Rechtslage. Der Gutachter beginnt also seine Arbeit, indem er die Fragestellung ganz unabhängig von den Parteimeinungen festlegt. Diese richtet sich immer danach, welchen Anspruch der eine gegen den anderen geltend macht oder geltend machen könnte. Im Sachverhalt wiedergegebene Ansichten der Parteien können für den Gutachter allerdings ein Denkanstoß sein. Dahinter kann sich z.B. eine rechtlich existente Einwendung oder Einrede verbergen. Diese kommen im Gutachten an bestimmter Stelle zum Zuge, aber nicht deswegen, weil der Sachverhalt die Ansicht enthält. Man widerlegt also eine unzutreffende oder nicht verwertbare Ansicht im Gutachten nicht. Im vorliegenden Fall braucht zur Ansicht des B nichts gesagt zu werden, denn das Ergebnis des Gutachtens enthält zugleich die Antwort darauf. Ein Anfechtungsrecht des A bleibt ebenfalls unerörtert, weil für ihn kein Anlaß mehr besteht, wegen eines Irrtums anzufechten. Der Gutachter erwähnt also nicht, daß dem A kein Anfechtungsrecht zusteht (denn nur Willenserklärungen können angefochten werden, und die Vergeßlichkeit des A ist keine Willenserklärung).

2. Beim Suchen nach der richtigen Anspruchsgrundlage stößt man auf die Frage, ob nicht eine Leistungsstörung vorliegen könnte. Denn der Besteller möchte eine fehlerfreie Sache erhalten; wenn der andere nicht fehlerfrei liefert, könnte er seine Leistungspflicht noch gar nicht erfüllt haben. – Abgesehen davon, daß es für den Anwendungsbereich des BGB mangels gesetzlicher Aussage umstritten ist, ob überhaupt ein Anspruch auf Lieferung einer fehlerfreien Sache besteht (vgl. 10. Kapitel, Teil 2, VI), ist es ansonsten unstreitig, daß *nach* Gefahrübergang die Regeln über die Leistungsstörungen nicht anwendbar sind, sondern allein die Sachmängelregeln eingreifen. Daher brauchte der Gutachter dazu keine Ausführungen zu machen.

Teil 4 Lesekontrolle

1. Eine Aktiengesellschaft
   a) ist Kaufmann unabhängig davon, welcher Art die Tätigkeit der AG ist
   b) ist Kaufmann, wenn ein Handelsgewerbe betrieben wird
   c) ist juristische Person und daher nicht Kaufmann

2. Unter „Scheinkaufmann“ ist zu verstehen
   a) ein Schwindler, der den Eindruck eines seriösen Kaufmanns zu erwecken versucht
   b) jemand, der den Eindruck erweckt, Inhaber eines kaufmännischen Betriebes zu sein und daher als Kaufmann gilt

3. Eine Firma ist
   a) der Name des Kaufmanns, unter dem er im Handel Geschäfte betreibt
   b) ein Gewerbebetrieb, der seit längerer Zeit betrieben wird

[1] Zur Lösungsmethode und Arbeitstechnik siehe Anhang 1 und Anhang 2

c) ein Geschäftsbetrieb, der finanziell gesund ist
d) eine wettbewerbswirksame Warenbezeichnung

4. Der Grundsatz der Beständigkeit der Firma besagt,
   a) daß Firmen grundsätzlich auf lange Sicht planen müssen
   b) daß der Staat sich um den Bestand von Wirtschaft und Gewerbe kümmern muß
   c) daß bestehende Firmen einen Schutz vor neuen Firmen verdienen
   d) daß bei Übernahme eines Handelsgeschäftes die bisherige Firmenbezeichnung beibehalten werden darf

5. Das Handelsregister
   a) kann jedermann einsehen, weil es sich um ein öffentliches Register handelt
   b) kann nur derjenige einsehen, der die Erlaubnis des betreffenden Firmeninhabers vorlegt
   c) kann jeder einsehen, der ein berechtigtes Interesse glaubhaft macht

Richtig sind (die Klammern verweisen auf den Text im Teil 2):
1 a (A.II.5); 2 b (A.II.7); 3 a (B.I); 4 d (B.II.3); 5 a (C.I).

4. Kapitel: Die Stellvertretung

Teil 1 Der Fall (Sachverhalt)

Der sechzehnjährige Schüler S ist begeisterter Funkamateur. Ab und zu berät er im Geschäft seines Vaters V, der mit Rundfunkgeräten handelt, die technisch interessierte Kundschaft. In Abwesenheit des V verhandelt S mit dem Kunden A über den Kauf einer hochwertigen Stereoanlage. Schließlich verbleiben zwei Geräte in der engeren Auswahl. S schlägt vor, den endgültigen Hörtest in der Wohnung des A zu machen, um die dortigen akustischen Verhältnisse berücksichtigen zu können. Beim Hörtest entscheidet sich A für die Anlage des Herstellers F. S nimmt die zweite Anlage wieder mit zurück. Als A den Kaufpreis zahlen will, erklärt ihm V, er habe die Anlage leider schon am Tage zuvor an den guten Kunden B verkauft; den könne er nicht versetzen. Im übrigen sei es ungewiß, wann er wieder eine solche Anlage erhalte, jedenfalls werde das einige Zeit dauern. A erklärt dem V, das wolle er nicht abwarten. Kann V von A die Herausgabe der Anlage des Herstellers F verlangen?

Teil 2 Die Darstellung der Rechtsmaterie

I. Allgemeines

Im täglichen Leben braucht man Vertreter. Die Rechtsordnung berücksichtigt das Interesse, nicht jedes Rechtsgeschäft persönlich vornehmen zu müssen. Die Stellvertretung bringt naturgemäß eine gewisse Unsicherheit mit sich, weil der Dritte nicht mit dem eigentlichen Vertragspartner verhandelt und nicht immer weiß, wieweit die Befugnisse des Vertreters gehen. Diese Unsicherheit wird eine moderne Rechtsordnung möglichst begrenzen. Andererseits muß die Möglichkeit, sich vertreten zu lassen, generell jedem offenstehen.

Das geltende Recht der Vertretung ist im Allgemeinen Teil des BGB in den §§ 164–181 geregelt. Hier ist durchweg die Grundeinstellung des Gesetzgebers ablesbar, daß sich der Dritte bei unkorrekter Vertretung an den Vertreter halten muß. Hat der Vertreter seine Vertretungsmacht überschritten, und billigt der Vertretene das Geschäft nachträglich nicht – das ist ihm frei überlassen – ist er rechtlich nicht betroffen. Hat der Dritte einen Schaden, kann er diesen nur gegenüber dem vollmachtlosen Vertreter geltend machen, § 179. Der Gesetzgeber wählte diese Regelung, weil es dem Geschäftspartner freisteht, Unsicherheiten über die Vertretungsmacht durch Rückfrage beim Vertretenen zu beseitigen.

Im Handelsverkehr ist es allerdings u.a. wegen der Vielzahl der Rechtsgeschäfte dem Dritten schon viel weniger zumutbar, über das Bestehen und den Umfang der Vertretungsmacht des Vertreters, mit dem er verhandelt, Nachforschungen anzustellen. Daher legt das Handelsgesetzbuch den Umfang zweier rechtsgeschäftlich erteilten Vertretungsmachten fest (nämlich der Prokura und der Handlungsvollmacht). Es enthält ferner eine dritte Vollmacht, die kraft Gesetzes besteht, also nicht erteilt zu werden braucht: die Vertretungsmacht des Ladenangestellten. Daneben gibt es auch im Handelsverkehr die Vertreter nach BGB.

Sämtliche Personen, die für den Kaufmann zeitweilig oder ständig tätig werden, seien es eigene Angestellte, Aushilfen, „ausgeliehene" Kräfte, Handelsvertreter, Reisende, Kommissionäre, Agenten oder Makler, lassen sich rechtlich danach einstufen, ob und inwieweit sie Vertreter (i.S.d. § 164) sind. Es ist daher zunächst die Beschäftigung mit dem Vertretungsrecht des BGB geboten.

II. Die rechtliche Konstruktion der Vertretung

Die Grundvorschrift ist § 164. Danach sind die Voraussetzungen einer wirksamen Stellvertretung wie folgt zu prüfen (im einzelnen dazu unten III–XII):

- Ist Stellvertretung rechtlich zugelassen?
- Hat der Erklärende eine eigene Willenserklärung formuliert?
- Hat er sie im Namen eines anderen abgegeben?
- Besaß er Vertretungsmacht?

Die Rechtsfolge bei wirksamer Stellvertretung ist: die Willenserklärung wirkt unmittelbar für und gegen den Vertretenen, § 164 Abs. 1 S. 1. Sie wirkt nicht für und gegen den Vertreter, obwohl seine Willenserklärung die Rechtsfolgen auslöst. Die Stellvertretung gestattet es also, sich der Willenserklärung eines anderen zu bedienen.

III. Der Bereich der Stellvertretung

§ 164 ermöglicht die Stellvertretung bei Willenserklärungen. Diese Vorschrift gilt in entsprechender Anwendung auch für geschäftsähnliche Handlungen. Bei Realakten ist eine Stellvertretung nicht möglich. Ferner ist Stellvertretung kraft besonderer gesetzlicher Regelung bei einigen höchstpersönlichen Rechtsgeschäften ausgeschlossen, z.B. beim Testament, § 2064.

Die rechtliche Möglichkeit, sich vertreten zu lassen, kann selbstverständlich durch Einigung gegenüber dem Vertragspartner beschränkt oder ausgeschlossen werden. Die Vertragspartner können sich also auch darauf einigen, daß sie bei ihren Geschäftsbeziehungen sämtliche Willenserklärungen persönlich abgeben und niemanden bevollmächtigen werden. Einen solchen Fall scheint § 613 zu enthalten. Der Fall des § 613 hat aber mit einer derartigen Vereinbarung nichts zu tun. Dort ist bestimmt, daß der zur vereinbarten Dienstleistung Verpflichtete seine Leistungs mangels besonderer Vereinbarung persönlich zu erbringen hat. Es geht beim § 613 um die Dienstleistung, nicht um die Abgabe oder Entgegennahme von Willenserklärungen wie bei § 164.

IV. Die Abgrenzung zwischen Vertreter und Bote

Stellvertretung setzt voraus, daß der Vertreter eine eigene Willenserklärung abgibt. Das ist nicht der Fall, wenn ihm der Auftraggeber keinen Entscheidungsspielraum beläßt. Das Gesetz verlangt bei der Vertretung, daß der Vertreter eine eigene Willenserklärung bildet. Daher kommt es auch auf ihn an, wenn Willensmängel in Frage stehen, § 166 Abs. 1. Allerdings kann der Vertretene den Entscheidungsspielraum bei der rechtsgeschäftlichen Vollmachterteilung eingrenzen. Die Grenze für diese Bindung ist dann erreicht, wenn der Vertreter nicht mehr selbst entscheidet, sondern nur noch die Willenserklärung des anderen überbringt. Wer ausschließlich die Willenserklärung eines anderen übermittelt, ist Bote. Für die Abgrenzung des Vertreters vom Boten ist das Auftreten aus der Sicht eines vernünftigen Dritten entscheidend.

V. Handeln in fremdem Namen

Eine Willenserklärung ist im Namen eines anderen abgegeben, wenn der Erklärende zum Ausdruck gebracht hat, daß er seine Willenserklärung für den Vertretenen abgibt (Handeln in fremdem Namen). Hier gelten die allgemeinen Grundsätze über die Auslegung von Willenserklärungen (vgl. das 5. Kapitel). Aus dem ausdrücklichen oder konkludenten Verhalten muß ein vernünftiger Empfänger erkennen können, daß sein Gesprächspartner für einen anderen auftritt (sog. Offenkundigkeitsprinzip). § 164 Abs. 1 S. 2 bestätigt diese Auslegungsregel. In der Praxis wird häufig auf die Vertretungssituation nicht ausdrücklich hingewiesen. Es genügt eben ein Faktum, aus dem der andere bei vernünftiger Betrachtungsweise auf Stellvertretung schließen kann. Dafür könnte etwa die Verwendung von Formularen mit fremdem Namensaufdruck usw. ausreichen.

Versäumt es der Vertreter, ausdrücklich oder konkludent seine Vertretereigenschaft soweit herauszustellen, daß vom Empfängerhorizont her auf seine Vertreterrolle geschlossen werden kann, liegt keine Vertretung vor. In diesem Fall treffen die Wirkungen der Willenserklärung den „Vertreter" selbst; er kann sich nicht darauf berufen, daß er für den Vertretenen handeln wollte und dieses nur versehentlich nicht zum Ausdruck gebracht hätte, § 164 Abs. 2.

VI. Das „Geschäft mit dem, den es angeht"

Eine Ausnahme vom Offenkundigkeitsprinzip stellt das sog. „Geschäft mit dem, den es angeht", dar. Hier wird für eine wirksame Stellvertretung ein Verhalten, das auf den Vertretenen hinweist, nicht verlangt. Darauf kann verzichtet werden, wenn es dem Dritten gleichgültig ist, mit wem der Vertrag zustandekommt.

Die Voraussetzungen für ein „Geschäft mit dem, den es angeht", sind:

- Dem Dritten ist es nach dem objektiven Erklärungstatbestand seiner Erklärung gleichgültig, wer sein Vertragspartner wird;
- Der Vertreter hat den Willen, für den Vertretenen zu erwerben.

Rechtsfolge: Aus der Erklärung des Vertreters wird der Vertretene berechtigt und verpflichtet, obwohl der Dritte nicht wissen konnte, daß Vertretung vorlag.

Geschäfte mit dem, den es angeht, sind häufig die Verträge, die sofort erfüllt werden, z.B. die alltäglichen Handgeschäfte (bei denen die beiderseitigen Leistungen sofort nach Vertragsschluß von Hand zu Hand ausgetauscht werden).

VII. Handeln unter falschem Namen

Vom Handeln in fremdem Namen ist das Handeln unter falschem Namen (jemand gibt den Namen eines anderen als seinen eigenen an) zu unterscheiden.

Hier sind zwei Fallgestaltungen denkbar:

1. Dem Dritten sagt der Name nichts über eine Vertretungssituation (der objektive Erklärungstatbestand wird durch die Namensnennung nicht beeinflußt). Folge: Die Willenserklärung wirkt für und gegen den Handelnden.

2. Die Namensnennung muß der Dritte objektiv als Hinweis auf einen anderen werten. Folge: Hier liegt ein Handeln in fremdem Namen vor. Der Handelnde tritt also als Vertreter auf. In diesem Fall wird es regelmäßig nicht zur wirksamen Stellvertretung kommen, weil es an der Vertretungsmacht fehlt (dazu unten VIII). Hat der Handelnde aber Vertretungsmacht, liegt echte Stellvertretung vor, denn es sind sämtliche Voraussetzungen dafür gegeben. Die falsche Namensnennung wirkt sich folglich in denjenigen Fällen nicht aus, in denen die Erklärung des Handelnden den Hinweis auf einen Vertretenen enthält, der dem Handelnden Vollmacht erteilt hat.

VIII. Die Vertretungsmacht

1. Die Vertretungsmacht kann sich ergeben aus Rechtsgeschäft, aus Gesetz oder auf Grund der Eigenschaft als Organ einer juristischen Person.

2. Die rechtsgeschäftlich begründete Vertretungsmacht heißt Vollmacht, § 167. Die Vollmachtserteilung geschieht durch einseitige, empfangsbedürftige Willenserklärung. Sie setzt daher Geschäftsfähigkeit des Vollmachtgebers voraus. Es schadet hingegen nicht, wenn der *Vertreter* in der Geschäftsfähigkeit beschränkt ist, § 165. Geschäftsunfähige können aber nicht Vertreter sein[1].

---

1 BGHZ 53, 215; vgl. Ostheim AcP 169, 193

3. Bei der rechtsgeschäftlich begründeten Vertretungsmacht ist zwischen dem sog. Außenverhältnis und dem Innenverhältnis zu unterscheiden. Rechtlich sind sie voneinander weitgehend unabhängig (Abstraktheit der Vollmacht; Abstraktionsprinzip).

Das Außenverhältnis besteht zwischen dem Vertreter und Dritten. Durch Art und Umfang der Vollmacht bestimmt sich, wieweit der Vertreter Rechtsfolgen zwischen dem Dritten und dem Vertretenen auslösen kann. Der Vertretene hat es mit seiner Willenserklärung, der Vollmachtserteilung, in der Hand, welche Befugnisse der Vertreter haben soll. Standardvollmachten der Praxis sind: Generalvollmacht (Vertretungsmacht bei allen Rechtsgeschäften), Gattungsvollmacht (Vertretungsmacht für einen näher gekennzeichneten Geschäftskreis) und Spezialvollmacht (Vertretungsmacht für ein ganz bestimmtes Rechtsgeschäft). Diese Bezeichnungen besagen für den konkreten Fall nicht viel. Welche Willenserklärungen z.B. ein „Generalbevollmächtigter" im Namen der Firma abgeben darf, richtet sich allein nach der konkreten Vollmachtserteilung, wenn sich hinter der Bezeichnung nicht zugleich eine handelsrechtliche Vertretungsform verbirgt (s. dazu unten XVI).

Bei der Prokura, § 48 HGB, und dem OHG-Gesellschafter, § 126 HGB, ist der Umfang der Vollmacht gesetzlich festgelegt und gegenüber Dritten nicht abänderbar. Bei der Handlungsvollmacht, § 54 HGB, wirken sich Beschränkungen im Innenverhältnis auch im Außenverhältnis aus, wenn die Geschäftspartner die Beschränkungen kannten oder kennen mußten, § 54 Abs. 3 HGB. Hingegen ist die Vertretungsmacht des Ladenangestellten, § 56 HGB, überhaupt kein Fall der rechtsgeschäftlich erteilten Vertretungsmacht.

4. Das Innenverhältnis ist das Rechtsverhältnis zwischen Vertretenem (Vollmachtgeber) und Vertreter. Bei den Handelsgesellschaften wird das Innenverhältnis durchweg mit „Geschäftsführungsbefugnis" gekennzeichnet, vgl. z.B. § 115 HGB mit § 125 HGB, § 77 AktG mit § 78 AktG. Es besteht normalerweise in einem schuldrechtlichen Vertrag, dessen Umfang der Parteiautonomie anheimgegeben ist. Dieser Vertrag enthält möglicherweise auch den Grund, weshalb die Vollmacht erteilt wurde. Ferner sind in dem schuldrechtlichen Vertrag weitere Bindungen des Vertreters, die sich nicht schon aus dem Umfang der Vollmacht ergeben, möglich. Wenn z.B. A dem B die Vollmacht „Prokura" erteilt, schließt die Vertretungsmacht des B zwangsläufig alle geschäftlichen Willenserklärungen ein, auch bei ungewöhnlichen oder riskanten Geschäften, § 49 HGB. Es ist dem Vollmachtgeber A aber unbenommen, dem Prokuristen B im Innenverhältnis Grenzen zu setzen, z.B. ein Einkaufslimit nach Stückzahl oder Endsumme anzugeben. Diese Begrenzung gilt nur im Innenverhältnis zwischen A und B. Überschreitet B das Einkaufslimit, sind die Kaufverträge dennoch gültig; denn Beschränkungen des Umfangs der Prokura sind Dritten gegenüber (Außenverhältnis) unwirksam, § 50 Abs. 1 HGB. A muß seine Leistung aus den von seinem unbotmäßigen Prokuristen B geschlossenen Kaufverträgen erbringen, also die Ware abnehmen und die vereinbarten Preise zahlen. Er kann sich wegen eines Schadens dann an B halten. Es ist A unbenommen, die Prokura zu widerrufen.

5. Vom Abstraktionsprinzip gibt es zwei anerkannte Ausnahmen wegen Mißbrauchs der Vertretungsmacht, auch und gerade der gesetzlich festgelegten (z.B. der Prokura):

a) Die Willenserklärung des Vertreters, die von der Vertretungsmacht gedeckt ist, aber nicht nach dem Innenverhältnis, ist nach § 138 Abs. 1 BGB nichtig, wenn der Vertreter mit dem Dritten einverständlich zur Schädigung des Vertretenen zusammenwirkte (Kollusion).

b) Die Willenserklärung des Vertreters, die von der Vertretungsmacht, aber nicht nach dem Innenverhältnis gedeckt ist, wirkt nicht für und gegen den Vertretenen (§§ 177 ff analog), wenn der Dritte zwar an der Schädigung des Vertretenen nicht mitwirken will, den Mißbrauch der Vertretungsmacht aber erkannt hat oder hätte erkennen müssen.

6. § 168 regelt das Erlöschen der Vollmacht.

Nach Abs. 1 richtet sich das Erlöschen nach dem zugrundeliegenden Rechtsverhältnis, sei es, daß dieses den Ablauf der Vollmacht vorsieht (befristete Vollmachtserteilung), sei es, daß das Rechtsverhältnis selbst endigt.

Nach Abs. 2 ist eine Vollmacht widerruflich, auch wenn das zugrundeliegende Rechtsverhältnis fortbesteht (für die Prokura speziell gilt § 52 Abs. 1 HGB, der inhaltlich gleich ist).

Die Vollmacht kann allerdings unwiderruflich erteilt werden. In diesem Fall ist ein Widerruf trotzdem möglich, wenn ein wichtiger Grund vorliegt[1]. Auch bei einer unwiderruflichen Vollmacht bleibt der Vollmachtgeber – wie stets – verfügungsberechtigt[2]. Eine unwiderrufliche Vollmacht muß in der Form erteilt werden, die für die vorzunehmenden Rechtsgeschäfte gilt, anderenfalls ist die Vollmacht nichtig[3].

7. Die Vollmachtserteilung ist als Willenserklärung unter den Voraussetzungen des § 119 und des § 123 anfechtbar. Die Wirkung ist ähnlich wie sonst beim Erlöschen der Vollmacht: gemäß § 142 wird die Vollmacht als nie bestehend gewesen angesehen.

IX. Der Schutz Dritter, die auf das Bestehen einer Vollmacht vertrauen

1. Im Grundsatz ist ein guter Glaube an das Bestehen einer Vollmacht nicht geschützt. Der Dritte soll sich eben durch Rückfrage oder Anforderung einer Vollmachtsurkunde Gewißheit verschaffen. Eine Ausnahme gilt unter den Voraussetzungen des § 366 HGB: Nach hM schützt § 366 HGB auch den guten Glauben an die Vertretungsmacht.

2. Ein Vertrauen wird im übrigen wie folgt geschützt:

a) Das Vertretungsrecht schützt den Dritten bei einem für ihn überraschenden Erlöschen der Vollmacht, wenn er das Erlöschen also weder kannte noch kennen mußte, §§ 169, 173.

b) Ist die Vollmacht dem Dritten gegenüber erklärt (sog. Außenvollmacht, § 167 Abs. 1, 2. Variante), das Erlöschen ihm aber nicht mitgeteilt, gilt sie im Verhältnis zu ihm als fortbestehend, § 170.

c) Ist die Vollmachtserteilung dem Dritten mitgeteilt oder öffentlich bekanntgemacht, gilt sie bis zum Widerruf der Mitteilung bzw. bis zur Bekanntmachung dem Dritten bzw. jedem Dritten gegenüber als fortbestehend, § 171 Abs. 2.

d) Hat der Vollmachtgeber eine Vollmachtsurkunde ausgestellt, gilt die Vollmacht bis zur Rückgabe oder Kraftloserklärung als fortbestehend, § 172 Abs. 2.

3. Die §§ 170–173 regeln weitere Vertrauenstatbestände. Sie setzen tatbestandlich voraus, daß eine Vollmacht immerhin einmal existiert hat. Diese Vorschriften werden aber auch auf diejenigen Fälle entsprechend angewandt, in denen die Vollmachtserteilung unwirksam oder von Anfang an nichtig ist (z.B. bei der Anfechtung) und der Vollmachtgeber einen der Tatbestände der §§ 170–172 verwirklicht hat.

So wirkt sich z.B. die Anfechtung einer Vollmachtserteilung nur dann ohne weiteres aus, wenn die Erteilung entweder Dritten nicht kundgemacht war oder der Dritte das Erlöschen kannte oder kennen mußte.

4. Rechtsprechung und Lehre haben ferner weitere Rechtsscheinstatbestände entwickelt:

a) Die sog. **Duldungsvollmacht** führt wegen des Rechtsscheins dazu, daß eine nicht erteilte Vollmacht als bestehend angesehen wird.

Voraussetzungen:

- Jemand tritt als Vertreter auf, ohne – jedenfalls zu der Zeit – bevollmächtigt zu sein.
- Der Geschäftsherr weiß von dem unbefugten Auftreten, tut aber nichts dagegen.
- Der Dritte ist gutgläubig, § 173 analog.
- Der Rechtsschein, es sei Vollmacht erteilt, war für das Handeln des Dritten ursächlich.
- Der Rechtsschein ist dem Geschäftsherrn zuzurechnen (Er muß also geschäftsfähig sein, denn sonst kommt eine Vollmachtserteilung sowieso nicht in Betracht. Fehlende Geschäftsfähigkeit kann durch den guten Glauben des Dritten nicht ersetzt werden).

---

1 hM; BGH WM 1969, 1009

2 BGHZ 3, 358

3 BGH NJW 1952, 1210; Enneccerus-Nipperdey § 184 II 1

b) Bei der sog. **Anscheinsvollmacht** ist die Rechtsfolge ebenso wie bei der Duldungsvollmacht.

Voraussetzungen:

- Jemand tritt als Vertreter auf, ohne – jedenfalls zu der Zeit – bevollmächtigt zu sein.
- Das Auftreten des „Vertreters" kennt der Geschäftsherr nicht, er hätte es aber kennen und verhindern können.
- Der Dritte ist gutgläubig, § 173 analog.
- Der Rechtsschein, es sei Vollmacht gegeben, war für das Handeln des Dritten ursächlich.
- Der Rechtsschein ist dem Geschäftsherrn zuzurechnen (Er muß also geschäftsfähig sein, denn anderenfalls kommt eine Vollmachtserteilung von vornherein nicht in Betracht. Fehlende Geschäftsfähigkeit kann durch den guten Glauben des Dritten nicht ersetzt werden).

c) Die Regeln für die Duldungsvollmacht oder die Anscheinsvollmacht gelten sowohl für den Fall, daß niemals eine Vollmacht erteilt war als auch für den Fall, daß eine frühere Vollmacht erloschen ist und die Tatbestände der §§ 170–173 nicht gegeben sind.

X. Die gesetzliche Vertretungsmacht

Von der rechtsgeschäftlich erteilten Vertretungsmacht (Vollmacht) ist die gesetzliche Vertretungsmacht zu unterscheiden. Sie beruht auf einer gesetzlichen Vorschrift, die einen bestimmten Tatbestand berücksichtigt. Der Gesetzgeber hat die gesetzliche Vertretungsmacht in den Fällen normiert, in denen der Vertretene aus tatsächlichen oder rechtlichen Gründen nicht in der Lage ist, Rechtsgeschäfte selbst zu tätigen. Das Nähere über eine gesetzliche Vertretungsmacht ergibt sich aus den gesetzlichen Vorschriften. Es gelten aber auch die Vertretungsvorschriften aus dem Allgemeinen Teil des BGB, soweit sie eben nicht auf die rechtsgeschäftliche Vertretungsmacht, die Vollmacht, ausschließlich zugeschnitten sind. So haben z.B. § 166 Abs. 1 und § 181 allgemeine Gültigkeit.

Fälle der gesetzlichen Vertretung sind z.B. die elterliche Gewalt (§ 1626), die Vormundschaft (§ 1793) und die Pflegschaft (§§ 1915, 1793). Zwangsverwalter, Konkursverwalter und Testamentsvollstrecker sind nach hM nicht gesetzliche Vertreter, sondern sog. Parteien kraft Amtes.

XI. Die organschaftliche Stellvertretung

Die organschaftliche Stellvertretung ermöglicht das Handeln der juristischen Person. Die Organe haben die „Stellung" eines gesetzlichen Vertreters, § 26 Abs. 2 S. 1 (Grundvorschrift für alle privatrechtlichen juristischen Personen). Die Vertretungsmacht der Organe ist grundsätzlich unbeschränkt, kann aber in der Satzung oder dergleichen beschränkt werden. Wenn für die betreffende juristische Person nicht Sondervorschriften bestehen (so für den eingetragenen Verein in § 70), gilt diese Festlegung auch im Außenverhältnis, § 26 Abs. 2 S. 2. Generell ist die Vertretungsmacht der Organe nicht gegeben, wenn sie ganz außerhalb des Zwecks der juristischen Person tätig werden (Ultra-Vires-Theorie; streitig vor allem für die AG und GmbH). Für Organe der öffentlich-rechtlichen juristischen Personen gilt § 26 nicht. Die Vertretungsmacht dieser Organe ergibt sich aus dem öffentlichen Recht.

XII. Das Insichgeschäft

1. Einen gesetzlich geregelten Fall der Begrenzung der Vertretungsmacht, und zwar der rechtsgeschäftlichen, gesetzlichen oder organschaftlichen[1], enthält § 181 (Verbot des Insichgeschäfts).

Die Vertretungsmacht besteht grundsätzlich nicht, wenn der Vertreter auf beiden Seiten des Rechtsgeschäfts tätig wird.

---

1 BGH JZ 1961, 631

Der Tatbestand des § 181 führt zwei Fälle auf:

a) Bei einem zweiseitigen Rechtsgeschäft (z.B. Vertrag) stammen die Willenserklärungen von nur einer Person, nämlich vom Vertreter; auf der einen Seite ist er Vertreter, auf der anderen Seite handelt er im eigenen Namen (sog. Selbstkontrahieren).

b) Bei einem zweiseitigen Rechtsgeschäft stammen die Willenserklärungen von einer Person, nämlich vom Vertreter; auf der einen Seite ist er Vertreter des A, auf der anderen Seite ist er Vertreter des B (Mehrvertretung).

Die gesetzliche Begrenzung hat ihren Sinn darin, daß in diesen Fällen die Gefahr einer Interessenkollision zwischen Vertretenem und Vertreter besteht. Es kommt jedoch nicht darauf an, ob im konkreten Fall ein Interessenwiderstreit vorliegt[1].

2. a) § 181 enthält tatbestandlich zwei Ausnahmen, nämlich:

- Beim Rechtsgeschäft, das der Vertreter vornimmt, handelt es sich ausschließlich um die Erfüllung einer Verbindlichkeit.
- Der Vertretene bzw. die Vertretenen haben dem Insichgeschäft des Vertreters zugestimmt. Eine solche Zustimmung (meist vorherige, also Einwilligung) wird in der Praxis oft gegeben, weil man sich Zeitersparnis erhofft.

b) Dem Schutzzweck des § 181 entsprechend, sind in Rechtsprechung und Lehre darüber hinaus zwei weitere Ausnahmen anerkannt. Die Vertretungsmacht ist vollwertig,

- wenn das Rechtsgeschäft für den Vertretenen vorteilhaft ist;
- bei Rechtsgeschäften des geschäftsführenden Alleingesellschafters einer GmbH mit sich selbst[2].

c) Der Schutzzweck erfordert hingegen eine entsprechende Anwendung des § 181 für Rechtsgeschäfte, die der Vertreter mit einem von ihm bevollmächtigten Untervertreter schließt. Es kommt auch hier nicht auf einen konkreten Interessenwiderstreit an, sondern die Gefahr des Widerstreits genügt, die durch die Umgehung des Tatbestandes des § 181 selbstverständlich nicht beseitigt ist[3].

XIII. Die Rechtsfolgen der ordnungsgemäßen Stellvertretung

1. Die Rechtsfolgen einer Willenserklärung, die im Namen des Vertretenen mit Vertretungsmacht abgegeben wird, treffen den Vertretenen, nicht den Vertreter. Ein Vertrag kommt mit dem Vertretenen zustande.

Bei der Vertragsanbahnung entsteht unter Umständen bereits ein vertragsähnliches Vertrauensverhältnis (sog. *culpa in contrahendo*, Verschulden bei der Vertragsanbahnung), und zwar zwischen Vertretenem und dem Dritten (vgl. dazu das 10. Kapitel). Fügt der Vertreter im Rahmen dieses Verhältnisses dem Dritten schuldhaft Schaden zu, ist der Vertretene ohne Rücksicht auf den Umfang der Vollmacht gemäß § 278 schadensersatzpflichtig.

2. Ob der Vertreter selbst wegen *culpa in contrahendo* (c.i.c.) haftet (sog. Eigenhaftung), ist streitig. Die Rechtsprechung erkennt auf Eigenhaftung, wenn der Vertreter wirtschaftlich der eigentliche Geschäftsnutznießer ist oder ein überwiegendes eigenes Interesse am Rechtsgeschäft hat[4]. Die Lehre stellt darauf ab, zwischen wem das Vertrauensverhältnis im konkreten Fall zustandegekommen ist.

Begeht der Vertreter eine unerlaubte Handlung (§§ 823 ff) gegenüber dem Dritten, haftet er grundsätzlich selbst. Unter Umständen haftet neben ihm auch der Vertretene[5].

---

1 BGHZ 50, 11

2 BGHZ 64, 72

3 hM, OLG Frankfurt OLGZ 74, 347; Blomeyer AcP 172, 15

4 BGHZ 14, 318

5 RGZ 120, 249

XIV. Die Rechtsfolgen der nicht-ordnungsgemäßen Stellvertretung (Vertretung ohne Vertretungsmacht)

1. Das Gesetz unterscheidet hier den unbefugten Vertragsschluß und die unbefugte einseitige Willenserklärung.

2. Schließt jemand ohne Vertretungsmacht im Namen eines anderen einen **Vertrag**, so ist dieser nicht wirksam, sondern schwebend unwirksam.

Der Vertrag wird wirksam, wenn der Geschäftsherr gegenüber dem Vertreter oder dem Dritten seine Genehmigung erteilt (§§ 177 Abs. 1, 184 Abs. 1). Tut er das nicht, ist der Vertrag endgültig unwirksam.

Der Dritte kann bis zur Genehmigung seine Willenserklärung widerrufen. Das Widerrufsrecht besteht nicht, wenn er das Fehlen der Vertretungsmacht kannte, § 178 S. 1. Ferner kann er den Vertretenen zur Genehmigung auffordern, § 177 Abs. 2. Das hat zur Folge, daß eine Genehmigung nur ihm gegenüber erteilt werden kann, und zwar innerhalb von zwei Wochen. Danach gilt sie als verweigert. Damit ist der Vertrag endgültig unwirksam.

Der Vertreter haftet dem gutgläubigen Dritten gemäß § 179, wenn der Geschäftsherr die Genehmigung verweigert oder wenn sie wegen Fristablaufs als verweigert gilt. Der Dritte hat gegenüber dem Vertreter den Anspruch auf Erfüllung des Vertrages oder auf Schadensersatz, wenn der Vertreter wußte, daß er keine Vertretungsmacht besaß. Wußte er das nicht, war ihm z.B. das Erlöschen unbekannt, hat der Dritte nur einen Anspruch auf Ersatz des Schadens, weil er auf die Gültigkeit des Vertrages vertraute (Vertrauensschaden, Gegensatz: Erfüllungsinteresse). § 179 sagt nichts darüber, ob der Vertreter in diesem Fall seinerseits einen Schadensersatzanspruch gegenüber dem Vertretenen hat. Das richtet sich nach dem Innenverhältnis. Meist wird sich der Vertretene wenigstens eine schuldhafte Sorgfaltspflichtsverletzung vorhalten lassen müssen.

3. Die vom Vertreter ohne Vertretungsmacht abgegebene **einseitige, nicht empfangsbedürftige** Willenserklärung (z.B. die Eigentumsaufgabe, § 959) ist unheilbar unwirksam, § 180 S. 1. Einseitige, **empfangsbedürftige** Willenserklärungen (z.B. die Kündigung) sind grundsätzlich unwirksam; wenn aber der Dritte die behauptete Vertretungsmacht nicht beanstandet hat oder damit einverstanden war, daß der Vertreter ohne Vertretungsmacht handelte, gelten gemäß § 180 S. 2 die §§ 177–179 entsprechend. Das bedeutet, daß der Vertretene die Unwirksamkeit durch seine Genehmigung heilen kann. Die Haftung des Vertreters kann in diesem Fall durch § 179 Abs. 3 S. 1 ausgeschlossen sein. Wenn der Dritte das Fehlen der Vertretungsmacht kannte oder kennen mußte, haftet der Vertreter nicht.

XV. Das Handeln mehrerer Vertreter

1. Die Gesamtvertretung

Hat der Geschäftsherr mehreren Vollmacht erteilt, sind zwei Fälle denkbar: die Vertreter sollen im Rahmen ihrer Vollmacht jeder allein auftreten (voneinander unabhängige Einzelvertreter) oder nur gemeinsam für den Vertretenen handeln können (sog. Gesamtvertretung), vgl. dazu z.B. die §§ 125 Abs. 2 S. 1, 161 Abs. 2, 48 Abs. 2, 78 Abs. 2 HGB.

Die Gesamtvertretung ist im Wirtschaftsleben verbreitet, da sich der Geschäftsherr davon eine Kontrollwirkung erhofft. Diese Koppelung der Vertreter ist in der Praxis andererseits häufig lästig, wenn ein Gesamtvertreter an der Mitwirkung verhindert ist. Selbstverständlich können die Gesamtvertreter zeitlich nacheinander handeln. Es stellt sich nur die Frage, wieweit ein Gesamtvertreter im Außenverhältnis allein handeln kann. Die Rechtsprechung räumt diese Möglichkeit ein, sofern alle Gesamtvertreter ihn entsprechend bevollmächtigt haben oder später genehmigen[1]. Eine Bevollmächtigung durch den Vertretenen wird nicht verlangt; sie käme einer Bevollmächtigung zur Einzelvertretung gleich. Bei den Handelsgesellschaften liegt in der Bevoll-

---

1 RGZ 112, 215; Enneccerus-Nipperdey § 184 FN 47

mächtigung durch alle Gesamtvertreter allerdings die Bevollmächtigung durch die vertretene Gesellschaft. Anerkannt ist ferner, daß für die **Entgegennahme** von Willenserklärungen ein Gesamtvertreter allein genügt[1]. Wenn es im Rahmen von § 166 Abs. 1 auf subjektive Momente ankommt, zählt bereits ein Gesamtvertreter, der aber dann auch tätig geworden sein muß[2].

Schließlich kann ein Gesamtvertreter auf Grund einer Anscheins- oder Duldungsvollmacht im Außenverhältnis alleinvertretungsberechtigt sein[3]. Besondere Voraussetzungen dafür sind:

- Ein gesamtvertretungsberechtigter Vertreter (in der Regel ein Organ) tritt als Einzelvertreter auf, ohne von den anderen Gesamtvertretern ermächtigt zu sein,
- der oder die übrigen Gesamtvertreter hätten das eigenmächtige Verhalten des allein handelnden Gesamtvertreters erkennen und verhindern können (Anscheinsvollmacht) oder unternehmen nichts dagegen, obwohl er bzw. sie es wissen (Duldungsvollmacht),
- der Dritte ist gutgläubig, nimmt also an, der Gesamtvertreter sei zur Einzelvertretung ermächtigt, § 173 analog,
- der Rechtsschein war für das Handeln des Dritten ursächlich.

Diese Rechtslage trägt der Bewertung Rechnung, daß der Geschäftsherr schließlich die Kontrolle über seine Vertreter selbst in die Hand nehmen soll und kann.

2. Die Untervertretung

Drei Fälle sind möglich:

a) Der Nachfolgevertreter. Hier liegt folgende rechtliche Situation vor: Die Vollmacht des Vertreters endigt. Er ist bevollmächtigt, seinen Nachfolger zu bevollmächtigen (sog. Substitution)[4].

b) Der Zusatzvertreter. Der Vertreter ist bevollmächtigt, einen weiteren Vertreter zu bevollmächtigen, der im Namen des Geschäftsherrn tätig werden soll (unmittelbare Untervertretung).

c) Der Hilfsvertreter (mittelbare Untervertretung). Der Vertreter ist nicht zu persönlichem Tätigwerden für den Vertretenen verpflichtet. Er bevollmächtigt seinerseits einen Vertreter. Der Hilfsvertreter besitzt nicht die Vollmacht des Geschäftsherrn, sondern des Vertreters. Er tritt im Namen des Vertreters auf. Dadurch wird dem Vertragspartner klar, daß der Vertrag mit dem Geschäftsherrn über den Hilfsvertreter und den Vertreter zustandekommt.

Beispiel. Der „Untervertreter" eines Handelsvertreters ist als „Reisender" Angestellter des Handelsvertreters und tritt in dessen Namen auf.

XVI. Die handelsrechtlichen Vertretungsformen

1. Hilfspersonen und Vertreter des Kaufmanns

Im Handelsgewerbe ist der Einmannbetrieb nicht typisch. Normalerweise braucht der Kaufmann Hilfskräfte, die bei einer entwickelten Wirtschaft bestimmte Qualifikationen aufweisen müssen. Man kann diese Hilfspersonen des Kaufmanns generell in die Gruppen selbständige und unselbständige Hilfspersonen unterteilen. Das ist vor allem aus arbeitsrechtlichem Aspekt von Belang. Die unselbständigen Hilfspersonen sind Arbeitnehmer. Zwischen ihnen und dem Kaufmann besteht ein Arbeitsvertrag. Sie treten bei dieser Tätigkeit nicht in eigenem Namen auf. Es handelt sich dabei um die Prokuristen, die Handlungsbevollmächtigten, die Ladenangestellten, die sonstigen Handlungsgehilfen, die Handlungslehrlinge (Auszubildende) und die übrigen Arbeitnehmer. Die selbständigen Hilfspersonen – der Handelsvertreter (§ 84 HGB), der Kommissionär (§§ 383, 406 HGB), der Handelsmakler (§ 93 HGB), der Vertragshändler – stehen nicht in einem Arbeits-

---

1 BGHZ 20, 149

2 RGZ 110, 145

3 BGHZ 5, 111; BGH BB 1964, 1391; OLG München BB 1972, 113; BGH BB 1976, 902

4 Die Bezeichnung „Substitut" gehört nicht hierher. Sie ist nur eine Funktionsbeschreibung und hat rechtlich keinen bestimmten Inhalt.

verhältnis zu dem Kaufmann. Hier liegt entweder ein Geschäftsbesorgungsvertrag (§ 675, z.B. der Handelsvertretervertrag) oder ein Vertrag eigener Art (z.B. beim Vertragshändler) zugrunde (vgl. dazu das 12. Kapitel).

Im Rahmen dieses Kapitels interessiert, inwieweit der Kaufmann im Handelsverkehr rechtswirksam vertreten werden kann. Generell gilt, daß alle Hilfspersonen auf Grund einer Vollmacht „gewöhnliche" Vertreter nach § 164 sein können. Um im Handelsverkehr den Geschäftspartnern größte Sicherheit hinsichtlich der Befugnisse des Vertreters zu geben, enthält das Handelsrecht gesetzliche Festlegungen (Standardisierungen) bezüglich des Umfangs der Vertretungsmacht. Hier kann sich der Dritte auf das Vorliegen einer bestimmten Vertretungsmacht verlassen. Es handelt sich dabei um die Prokura, die Handlungsvollmacht und die Vertretungsmacht der Ladenangestellten. Diese drei Arten der Vertretungsmacht schaffen keinen Berufsstand – die Berufsbezeichnung „Prokurist" ist allenfalls soziologisch eine verwertbare Angabe.

Es kommt auch letztlich nicht darauf an, ob die Hilfsperson selbständig oder unselbständig ist. Zwar wird die handelsrechtliche Vertretungsmacht im allgemeinen bei unselbständigen Handlungsgehilfen (kaufm. Angestellten) anzutreffen sein. Rechtlich besteht hier keine Grenze. Es kann z.B. ein selbständiger Handelsvertreter Handlungsbevollmächtigter sein, § 55 Abs. 1 HGB.

2. Die Besonderheiten der handelsrechtlichen Vertretungsformen im einzelnen

a) Die Prokura, § 48 HGB

Sie ist eine **rechtgeschäftlich** begründete Vertretungsmacht. Ihr Umfang ist jedoch gesetzlich festgelegt, §§ 49 f HGB. Es gelten ansonsten aber die §§ 164 ff BGB. Sie muß von einem Vollkaufmann, § 4 HGB, persönlich und ausdrücklich erteilt werden und ist von ihm zur Eintragung in das Handelsregister anzumelden, §§ 48, 53 HGB. Die Prokura ist – unabhängig vom Innenverhältnis zwischen Geschäftsinhaber und Prokurist – jederzeit widerruflich, § 52 Abs. 1 HGB. Sie ist nicht übertragbar und erlischt nicht mit dem Tod des Geschäftsinhabers, § 52 Abs. 2 und 3 HGB.

Die §§ 49, 50 HGB regeln den Umfang der Prokura. Bei der Prokura umfaßt die Vertretungsmacht alle Rechtshandlungen, die im Handelsgewerbe auftreten, wobei keine Begrenzung auf die Branche gegeben ist, in der der Prokurist tätig ist. Der Prokurist ist außerdem zur Prozeßführung befugt. Die Vertretungsmacht besteht nicht

- bei privaten Angelegenheiten des Inhabers,
- zur Einstellung des Handelsgeschäfts, zur Beantragung des Konkurses und zur Veräußerung[1],
- bei Veräußerung und Belastung von Grundstücken, sofern die konkret erteilte Vollmacht nicht auch diese Tätigkeiten einschließt, § 49 Abs. 2 HGB.

Die Prokura hat Dritten gegenüber immer den gesetzlichen Umfang. Will der Inhaber die Befugnisse des Prokuristen einschränken, wirkt das grundsätzlich nur im Innenverhältnis, § 50 Abs. 1 und 2 HGB. Eine Einschränkung, die auch im Außenverhältnis wirkt, enthält jedoch § 50 Abs. 3 HGB. Danach kann der Inhaber die Vertretungsmacht auf eine von mehreren Niederlassungen beschränken, wenn die Niederlassungen unter verschiedenen Firmen betrieben werden, wobei ein Zusatz zur Firma bereits genügend differenziert.

Nach §§ 48 Abs. 2, 53 Abs. 1 S. 2 HGB kann die Prokura mehreren Personen gemeinschaftlich erteilt werden (Gesamtprokura). Hier gelten die Grundsätze der Gesamtvertretung. Eine gemeinschaftliche Bindung läßt sich auch zwischen Prokuristen und Handlungsbevollmächtigten herstellen. Eine Koppelung zwischen Prokurist und Inhaber, also als Gesamtvertretung Prokurist-Inhaber, wird hingegen von der hM abgelehnt, da der Inhaber sich nicht selbst vertreten kann[2].

Dagegen ist die Kombination zwischen dem Gesellschafter einer OHG oder KG und einem Prokuristen gesetzlich vorgesehen, § 125 Abs. 3 HGB, ferner die Gesamtvertretung in der Form:

---

1 BGH BB 1965, 1373

2 vgl. OLG Hamm BB 1971, 492

vertretungsberechtigtes Vorstandsmitglied und Prokurist, § 78 Abs. 3 AktG. Bei diesen „erwünschten Gesamtvertretungen" erweitert sich die Vertretungsmacht inhaltlich auf den Umfang der Vertretungsmacht des Gesellschafters[1].

b) Die Handlungsvollmacht, § 54 HGB

Sie ist ebenfalls eine **rechtsgeschäftlich** erteilte Vertretungsmacht. Der Handlungsbevollmächtigte ist wie der Prokurist Vertreter im Sinne der §§ 164 ff. Zusätzlich zu den Vorschriften des BGB legt § 54 HGB den Umfang der Vertretungsmacht gesetzlich fest.

Die Handlungsvollmacht kann auch von einem Minderkaufmann erteilt werden. Eine persönliche und ausdrückliche Erteilung ist nicht erforderlich. Sie ist nicht eintragungspflichtig. Die Erteilung kann widerrufen werden; der Widerruf kann jedoch vertraglich ausgeschlossen sein.

Die Handlungsvollmacht ist nicht übertragbar, wohl aber kann der Handlungsbevollmächtigte im Einzelfall einen anderen bevollmächtigen, § 58 HGB.

Ist jemand ohne Prokura zum Betrieb eines Handelsgeschäftes bevollmächtigt (Generalhandlungsvollmacht), so erstreckt sich die Vertretungsmacht auf alle Rechtshandlungen, die in der betreffenden Branche bei der Betriebsführung gewöhnlich anfallen. Das gleiche gilt, wenn die Vollmacht für eine bestimmte Art von Geschäften (Arthandlungsvollmacht) oder für einzelne Geschäfte (Spezialhandlungsvollmacht) erteilt ist.

Der Umfang dieser Vertretungsmacht bemißt sich also wie folgt:

- Sie beschränkt sich auf branchenübliche Geschäfte, die vor allem finanziell den Rahmen des Gewöhnlichen einhalten;
- ohne besondere Vollmacht kann der Handlungsbevollmächtigte keine Wechselverbindlichkeiten eingehen, Darlehen aufnehmen und Prozesse führen, § 54 Abs. 2 HGB;
- die Beschränkungen der Prokura gelten auch hier: private Angelegenheiten des Geschäftsherrn, Veräußerung und Belastung von Grundstücken, Einstellung und Veräußerung des Handelsgeschäfts deckt die Vertretungsmacht nicht.

Beschränkungen der Handlungsvollmacht sind im Innenverhältnis selbstverständlich wirksam. Im Unterschied zur Prokura wirken sie sich auch im Außenverhältnis aus, falls der Dritte die konkrete Einschränkung der Vollmacht kannte oder fahrlässig nicht kannte, § 54 Abs. 3 HGB.

Wird Personen, die ständig im Außendienst tätig sind (selbständige Handelsvertreter, § 84 HGB, oder angestellte Reisende, § 59 HGB), Handlungsvollmacht erteilt, gilt für diese Handlungsvollmacht zusätzlich zu § 54 der § 55 HGB, der die Vertretungsmacht teilweise einschränkt. Diese Personen können mit rechtlicher Wirkung für den Geschäftsinhaber Zahlungen nicht entgegennehmen und bestehende Verträge nicht abändern, § 55 Abs. 2 und 3 HGB.

In der Praxis werden sowohl Handelsvertreter als auch Reisende meist mit „Vertreter" bezeichnet. Viele von ihnen besitzen keine Handlungsvollmacht, die die Befugnis zum üblichen Vertragsabschluß einschließt (die Vertreter mit Handlungsvollmacht sind „Abschlußvertreter"), sondern sind damit betraut, Geschäfte zu vermitteln. Die Tätigkeit der Vermittlungsvertreter besteht darin, „Aufträge" einzuholen. Das sind rechtlich Angebote des Kunden auf Abschluß eines Kaufvertrages (s. das 6. Kapitel). Der Kaufvertrag kommt erst durch die Annahme des Geschäftsherrn, die „Auftragsbestätigung", zustande. Diese „Vermittlungsvertreter" (vgl. §§ 91 Abs. 2, 75 g HGB) geben für den Geschäftsherrn normalerweise also keine Willenserklärung ab, obwohl sie in seinem Namen auftreten. Ihre Tätigkeit besteht vielmehr in der „Provokation" der Angebotserklärung des Kunden. Der Unternehmer haftet unter Umständen wegen Verschuldens bei der Vertragsanbahnung (c.i.c.).

c) Kombinationsformen

Die Handlungsvollmacht kann als Gesamthandlungsvollmacht erteilt werden. Sie kann auch zusammen mit der Prokura bestehen, so daß der Handlungsbevollmächtigte nur zusammen mit dem Prokuristen vertretungsberechtigt ist. Der Prokurist ist jedoch nach wie vor allein vertretungs-

---

1 RGZ 134, 306

befugt, da die Bindung an den Handlungsbevollmächtigten keine Gesamtprokura darstellt und eine eventuelle Beschränkung seiner Vollmacht ansonsten nur im Innenverhältnis wirkt, § 50 Abs. 1 HGB.

3. Die Vertretungsmacht des Ladenangestellten, § 56 HGB

Sie ist eine **gesetzliche** Vertretungsmacht. Es bedarf daher keiner rechtsgeschäftlichen Vollmachtserteilung. Vielmehr genügt es, daß jemand Ladenangestellter ist, wobei es nicht einmal auf einen wirksamen Anstellungsvertrag ankommt.

Im Laden angestellt ist allerdings nur derjenige, der mit Wissen und Wollen des Inhabers im Verkauf tätig wird. Alle anderen im Betriebe Beschäftigten, z.B. ein Dekorateur, sind keine Ladenangestellten. Der gute Glaube des Kunden, er habe es mit einem Verkäufer zu tun, wird grundsätzlich nicht geschützt. Wenn aber der Inhaber fahrlässig zuläßt, daß jemand als Ladenangestellter auftritt, gilt dieser in gleicher Weise als vertretungsberechtigt.

Die Vertretungsmacht des Ladenangestellten erstreckt sich auf übliche Geschäfte beim Verkauf oder bei Empfangnahmen, die in den Verkaufsräumen (nicht etwa in irgendwelchen Betriebsräumen) abgewickelt oder angebahnt werden. Sie schließt den Einkauf nicht mit ein. Andererseits erstreckt sie sich auch auf das Erfüllungsgeschäft des Kaufvertrages, die Übereignung der Kaufsache[1]. Abmachungen des Inhabers mit dem Ladenangestellten, die dessen Befugnis einschränken, wirken nicht gegenüber Dritten, es sei denn, diese kannten die Beschränkungen aus dem Innenverhältnis oder mußten sie kennen[2].

Teil 3 Die Fallösung

A. Das Gutachten zum Fall

V könnte von A die Herausgabe der Stereoanlage auf Grund von § 985 BGB verlangen. Dann müßte V Eigentümer sein. V war ursprünglich Eigentümer. Denn aus dem Sachverhalt ist nicht ersichtlich, daß V selbst nicht Eigentümer des Gerätes geworden wäre, weil etwa der Hersteller F mangels Zahlung das Eigentum nicht übertragen hätte. V könnte das Eigentum rechtsgeschäftlich nach § 929 BGB, nämlich durch Einigung und Übergabe, auf den A übertragen haben. V hat mit A persönlich nicht verhandelt. Er könnte aber durch S vertreten worden sein. Da V dem S keine Vollmacht zum Verkauf und zur Übereignung von Waren erteilt hat, kann sich eine Vertretungsmacht nur auf § 56 HGB stützen. § 56 HGB betrifft dem Wortlaut nach zwar Verkäufe und Empfangnahmen, erstreckt sich aber auch auf die Übereignung.

Voraussetzung des § 56 HGB ist, daß der Handelnde im Laden angestellt ist. Ladenangestellte sind alle, die mit Wissen und Wollen des Inhabers im Laden bei üblichen Verkäufen tätig werden. Es handelt sich um eine Vertretungsmacht kraft Gesetzes, nicht auf Grund rechtsgeschäftlich erteilter Vollmacht. Auf die Existenz eines entsprechenden Anstellungsvertrages kommt es nicht an. Wer ohne Wissen und Wollen des Inhabers im Laden beim Verkauf oder bei Empfangnahmen tätig wird, gilt ebenfalls als Ladenangestellter, sofern der Inhaber diese Tätigkeit kennen konnte und dennoch nicht verhindert hat.

---

1 Weimar MDR 1968, 902

2 Baumbach-Duden, HGB, § 56 Anm. A; str.

Da S mit Wissen und Wollen im Laden des V tätig war, ist er dessen Ladenangestellter und besitzt Vertretungsmacht zum Abschluß von Verkaufsgeschäften. Jedenfalls hätte V die Verkaufstätigkeit des S kennen und verhindern können. Es schadet nicht, daß S als Sechzehnjähriger in der Geschäftsfähigkeit beschränkt ist, § 165.

Fraglich könnte sein, ob S einen Verkauf **im Laden** getätigt hat. Nach dem Sachverhalt kam der Kaufvertrag in der Wohnung des A zustande. Es genügt jedoch, wenn der Ladenangestellte die Verkaufsverhandlungen in den Verkaufsräumen begonnen hat. Das ist hier der Fall. Es handelt sich ferner um ein übliches Verkaufsgeschäft, selbst wenn im Laden des V kostspielige Geräte selten verkauft würden.

S hat somit im Namen des V und mit Vertretungsmacht den Kaufvertrag geschlossen und sich mit A über den Eigentumsübergang geeinigt. Da der Tatbestand des § 929 auch im übrigen – Übergabe und Berechtigung – vorliegt, ist A Eigentümer geworden. V kann sich auf § 985 nicht berufen.

Eine andere Anspruchsgrundlage für V ist nicht ersichtlich. Insbesondere ist § 812 nicht einschlägig, da A das Eigentum mit Rechtsgrund, nämlich auf Grund eines wirksamen Kaufvertrages, erlangt hat.

B. Hinweise zum Lösungsgang[1]

1. Im Fall ist nicht danach gefragt, ob V Anspruch auf den Kaufpreis hat. Dieser Anspruch ist aus § 433 Abs. 2 problemlos gegeben. Er wird auch nicht dadurch zunichte gemacht, daß V das ihm angebotene Geld (noch) nicht nimmt. Er befindet sich in Annahmeverzug, § 293. Die Erörterung gehört jedoch nicht in das Gutachten, welches den Herausgabeanspruch untersuchen muß.

Diese Beschränkung im Gutachten ist nötig, weil das Gutachten die rechtliche Beurteilung der Streitfrage ermöglichen soll. In einem Prozeß steht nur der geltend gemachte Anspruch zur Debatte. Der Richter nimmt im Urteil ausschließlich zum Klageanspruch Stellung.

2. Für den erhobenen Anspruch sind andererseits alle Anspruchsgrundlagen, die in Betracht kommen, auch durchzuprüfen. Sollte eine Anspruchsgrundlage aber wegen Fehlens einer Voraussetzung nicht zum Zuge kommen, wie in obigem Gutachten der § 812, genügt eine knappe Ablehnung. Wenn eine Anspruchsgrundlage offensichtlich nicht eingreift, braucht sie unter Umständen überhaupt nicht erwähnt zu werden. So hätte der Gutachter hier hinsichtlich § 812 auch verfahren können.

3. Bei der Lektüre des Sachverhaltes mußte dem Gutachter auffallen, daß S die Anlage des Herstellers F bei A ließ. Deshalb kam es dann zum Herausgabeverlangen des V.

Teil 4 Lesekontrolle

1. Bei der Stellvertretung gibt der Stellvertreter
   a) eine eigene Willenserklärung ab
   b) eine Willenserklärung des Vertretenen ab
   c) gar keine Willenserklärung ab; er vollzieht vielmehr einen Realakt für den Vertretenen
2. Der Bote ist dadurch gekennzeichnet,
   a) daß er eine Sache für einen anderen überbringt
   b) daß er eine Willenserklärung eines anderen überbringt

---

[1] Zur Lösungsmethode und zur Arbeitstechnik siehe Anhang 1 und Anhang 2

3. Bei einer Vollmacht handelt es sich
   a) um eine weitreichende Machtfülle
   b) um eine Funktionsstelle in einem Unternehmen oder Geschäftsbetrieb
   c) um die rechtsgeschäftlich erteilte Vertretungsmacht
4. Bei der Prokura ergibt sich die Vertretungsmacht im Außenverhältnis
   a) aus Gesetz
   b) aus Gewohnheitsrecht
   c) aus der konkret erteilten Vollmacht
5. Von einer „Duldungsvollmacht" spricht man unter folgenden Voraussetzungen:
   a) Jemand hat einen Vertreter bestellt / der Vertreter überschreitet seine Befugnisse / der Vertretene widerruft daraufhin die Vollmacht
   b) Jemand tritt als Vertreter auf, ohne bevollmächtigt zu sein / der Geschäftsherr weiß nichts davon, hätte es aber wissen können / Dritte verhandeln mit dem „Vertreter" im Vertrauen darauf, der Geschäftsherr werde sich einverstanden erklären
   c) Jemand tritt als Vertreter auf, ohne bevollmächtigt zu sein / der Geschäftsherr weiß davon, tut aber nichts dagegen / gutgläubige Dritte lassen sich wegen des äußeren Scheins der Vertretung mit dem „Vertreter" ein
6. Mit „Selbstkontrahieren" meint man folgenden Sachverhalt:
   a) Jemand hat zwar einen Vertreter bestellt, schließt ein bestimmtes Geschäft dann aber doch persönlich ab
   b) Ein Produzent kümmert sich selbst um die Verträge zwischen Vertragshändler und Endverbraucher
   c) Bei einem zweiseitigen Rechtsgeschäft stammen die Willenserklärungen von nur einer Person, nämlich vom Vertreter, der in dieser Funktion und für sich selbst je eine Willenserklärung abgibt
7. Eine „Mehrvertretung" liegt vor,
   a) wenn ein Handelsvertreter mehrere Hersteller vertritt
   b) wenn bei einem zweiseitigen Rechtsgeschäft die Willenserklärungen vom Vertreter stammen (einerseits ist er Vertreter des A, andererseits ist er Vertreter des B)
8. Bei der umstrittenen „Eigenhaftung" des Vertreters geht es um folgende Frage:
   a) Es geht um Ausnahmen von § 179, wonach der vollmachtlose Vertreter dem Dritten haftet, wenn es zum Vertragsschluß kam
   b) Es geht um die Ansprüche des Vertreters gegenüber dem Vertretenen, wenn der Vertreter aus § 179 haftet
   c) Es geht um die Verantwortlichkeit des Vertreters gegenüber dem Dritten, wenn es zum Vertragsschluß nicht kam
9. Der Ladenangestellte
   a) besitzt Vertretungsmacht aufgrund des konkreten Arbeitsvertrages
   b) ist für bestimmte Geschäfte Vertreter kraft gesetzlicher Vertretungsmacht
   c) ist kein Vertreter, sondern auf Einzelweisungen des Inhabers angewiesen

Richtig sind (die Klammern verweisen auf den Text im Teil 2):

1a (II und IV); 2b (IV); 3c (VIII.2); 4a (VIII.3); 5c (IX.4.a); 6c (XII.1.a); 7b (XII.1.b); 8c (XIII.2); 9b (XVI.3).

5. Kapitel: Der Vertrag und die Willenserklärung

Teil 1 Der Fall (Sachverhalt):

Prokurist P legt dem Großhandelskaufmann G kurz vor dessen Abreise noch schnell die Unterschriftsmappe vor. Darin befindet sich u.a. ein Vertrag über die Anmietung eines Geschäftslokals ab 1. April zu einem Mietzins von 7.000 DM monatlich. Der Eigentümer V hat den Vertrag bereits unterschrieben. G meint in der Eile, es handle sich um einen Speditionsauftrag, und unterschreibt, ohne genau hinzusehen. Dabei hatte er den P schon darauf hingewiesen, daß dieser Mietvertrag wegen der hohen Miete nicht abgeschlossen werden dürfe. V freut sich, als er in der Post den von G unterschriebenen Mietvertrag findet. Als G ihm einige Tage später am Telefon erklärt, aus der Miete könne nichts werden und seine Unterschrift sei wegen des Irrtums belanglos, ist er empört. Kann er ab 1.4. den Mietzins von G verlangen?

Teil 2 Die Darstellung der Rechtsmaterie

I. Das Wesen des Vertrages

1. Vertrag bedeutet Einigung. Der Vertrag ist die durch übereinstimmende (kongruente) Willenserklärungen erzielte Einigung von Personen über einen von ihnen beabsichtigten rechtlichen Erfolg (zu den Ausnahmen s. das 7. Kapitel). Ein Vertrag kommt zustande, sobald sich die Partner über die Rechte und Pflichten und die wesentlichen Vertragsbestandteile geeinigt haben. Die Einigung benötigt grundsätzlich keine äußere Form (dazu unten VI).

2. Der Vorgang des Vertragsschlusses wird durch die Initiative einer Partei eingeleitet. Sie macht der anderen Partei ein Angebot. Dabei handelt es sich um eine Willenserklärung; das BGB nennt sie „Antrag", § 145. Ist die andere Partei damit einverstanden, nimmt sie das Angebot (Antrag) an. Die Annahme ist die zweite Willenserklärung. Mit der wirksamen Annahme ist die Einigung und damit der Vertrag zustandegekommen, § 151 S. 1. Es ist schließlich gleichgültig, wer von beiden die erste Willenserklärung abgegeben hat. Auf die Kongruenz der Willenserklärungen, die Einigung also, kommt es an. Die Einigung ist maßgebend für den Entstehungszeitpunkt und den Inhalt des Vertrages.

Wenn es in einem konkreten Fall um das Zustandekommen eines Vertrages geht, ist demnach stets zu untersuchen, ob die Parteien zwei kongruente Willenserklärungen abgegeben haben.

3. Die Einigung muß ihrem Umfang nach alle Punkte einschließen, über die nach der Willenserklärung auch nur einer Partei eine Einigung zustandekommen sollte, § 154 Abs. 1 S. 1. Jede der Parteien kann also beeinflussen, was alles zu dem konkreten Vertrag nach Inhalt und Form gehören soll. Erklären die Parteien nichts besonders, lautet die Erklärung auf den normalen Vertragstyp. Die in Betracht kommenden Vertragsarten sind im BGB weitgehend geregelt.

4. Im Vertragsrecht gilt der Grundsatz der Vertragsautonomie. Er besagt, daß jede geschäftsfähige Person grundsätzlich frei entscheiden kann, ob sie überhaupt mit einem anderen eine vertragliche Bindung eingehen will (Abschlußfreiheit) und welchen konkreten Inhalt der Vertrag haben soll (Gestaltungsfreiheit). Einige gesetzliche Vorschriften schränken die Abschlußfreiheit ein oder beseitigen sie völlig (z.B. § 453 HGB, sog. Kontrahierungszwang). Darüber hinaus erkennt die hM einen Kontrahierungszwang an, wenn ein Inhaber einer Monopolstellung, der öffentliche Gelder

erhält, den Vertragsabschluß zu seinen normalen Konditionen ohne zwingenden Grund verweigert; umstritten ist noch, ob ein solcher Kontrahierungszwang nur bei lebensnotwendigen Gütern zu bejahen ist[1]. Die Gestaltungsfreiheit wird ebenfalls durch zahlreiche gesetzliche Vorschriften eingeengt (z.B. § 616 Abs. 2).

5. Das Zivilrecht räumt der Willenserklärung die maßgebliche Funktion ein. Das Recht gewährleistet dem einzelnen die freie Entscheidung, wie er die Rechtslage der von ihm beeinflußbaren Güter gestalten will. Im Interesse der übrigen, in gleicher Weise berechtigten Rechtsgenossen kommt es aber nicht auf den inneren Willen, sondern auf den **erklärten** Willen an. Entscheidend ist die Willens**erklärung**; denn nur sie ist für die Umwelt erkennbar.

Der Wortlaut des § 133 scheint dem zu widersprechen. Es ist jedoch allgemein anerkannt, daß dem Gesetzgeber die Fassung dieser Vorschrift mißglückt ist. Sie lautet berichtigt: Bei der Auslegung einer Willenserklärung ist der erklärte Wille maßgeblich; die verwendeten Formulierungen sind zwar beachtlich, aber nicht immer ausschlaggebend.

Die Definition des Begriffs „Willenserklärung" (WE) lautet daher: Willenserklärung ist der geäußerte Wille, einen bestimmten Rechtserfolg herbeizuführen.

II. Die Bestandteile der Willenserklärung

Die Bestandteile einer Willenserklärung sind Wille (innerer Tatbestand einer WE) und Erklärung (äußerer Tatbestand einer WE).

Eine WE setzt einen (inneren) Willen voraus. Der Wille besteht aus

- dem Handlungswillen: ein bewußter, tatsächlicher Willensakt, der sich auf die Verwirklichung des äußeren Tatbestandes richtet (Wille zu einem Verhalten im physikalischen Sinne);
- dem Erklärungsbewußtsein: das Bewußtsein des Handelnden, eine Erklärung irgendwie rechtserheblichen Inhalts abzugeben (Wille, sich rechtlich relevant zu verhalten). Umstritten ist, welche rechtliche Bedeutung ein Fehlen des Erklärungsbewußtseins hat. Nach hM[2] liegt in diesem Fall überhaupt keine Willenserklärung vor. Die Gegenmeinung[3] nimmt auch beim Fehlen des Erklärungsbewußtseins eine Willenserklärung an, die aber anfechtbar sei;
- dem Geschäftswillen: der Wille zu einem bestimmten Rechtsgeschäft.

Eine WE setzt ferner die Erklärung voraus (äußerer Tatbestand einer WE). Sie entsteht durch jedes äußere Verhalten – nicht nur durch mündliche oder schriftliche Formulierungen – das aus der Sicht eines gedachten objektiven Dritten, der sich in der Rolle des Empfängers befindet, unter Berücksichtigung der Verkehrssitte und Treu und Glauben den Schluß auf einen bestehenden Geschäftswillen beim anderen zuläßt (vgl. dazu § 155).

III. Der Inhalt der Willenserklärung

Eine WE liegt daher immer dann vor, wenn Handlungswille, Erklärungsbewußtsein und der äußere Erklärungstatbestand gegeben sind.

Zum inneren Tatbestand gehört zwar auch der Geschäftswille. Eine WE liegt aber schon vor, wenn allein der objektive Schluß auf einen bestehenden Geschäftswillen möglich ist. Sollte sich der innere Geschäftswille von dem **geäußerten** Geschäftswillen unterscheiden oder ein innerer Geschäftswille überhaupt fehlen, kommt es für die Bestimmung des Inhalts der WE ausschließlich auf den geäußerten Geschäftswillen, also die Erklärung, an.

Es geht somit zu Lasten des Erklärenden, wenn ihm bei der Umsetzung seines inneren Geschäftswillens in die äußere Erklärung ein Fehler unterläuft. Die WE erhält den objektivierten Inhalt,

---

1 vgl. RGZ 48, 127; 142, 93; BGHZ 49, 90; Larenz I § 4 I

2 Enneccerus-Nipperdey § 145 II A 4; Staudinger-Coing § 119 Anm. 4

3 Flume § 23, 1; Schmidt-Salzer JR 1969, 284

wie ein objektiver Dritter ihn unter Berücksichtigung aller vorliegenden objektiven Fakten des Sachverhalts feststellen muß.

Von einer mißratenen WE kann sich der Erklärende durch Anfechtung wegen Irrtums (dazu unten VII) lossagen. Die WE ist aber zunächst existent. Sie bleibt es auch, wenn der Erklärende nicht anficht, etwa weil er sich nicht der dann möglichen Schadensersatzforderung des anderen (§ 122) aussetzen will.

IV. Auslegungsregeln

Diese Struktur der Willenserklärung enthält folgende wichtige Aussagen:

1. Der innere Wille und die Erklärung des Willens können differieren. Das Recht stellt auf die Willens**erklärung** ab.

2. Der Inhalt einer Willenserklärung wird danach bestimmt, wie ein gedachter objektiver Dritter, der sich in der Situation des Empfängers befände, das Verhalten des Erklärenden verstehen muß (Kennwort: Empfängerhorizont).

Es kommt daher bei der Bestimmung des Inhalts einer WE nicht darauf an,
- was der Erklärende wirklich wollte,
- ob der Erklärende etwas ausdrücklich erklärt oder nur ein auslegungsfähiges Verhalten an den Tag gelegt hat,
- wie der konkrete Empfänger die Erklärung wirklich verstanden hat.

3. Eine Willenserklärung liegt vor, wenn vom Empfängerhorizont her auf einen bestehenden Geschäftswillen im Zeitpunkt der Abgabe der Erklärung geschlossen werden kann. Es ist für die Existenz und den Inhalt der WE ohne Bedeutung, wenn der Empfänger bei einer konkreten Erklärung durchschaut, daß der Erklärende diesen Geschäftswillen bei vernünftiger Überlegung vermutlich nicht gebildet hätte (das ist kein Fall des Irrtums nach § 119).

4. Bei der Inhaltsbestimmung einer WE muß das gesamte äußere Verhalten des Erklärenden ausgewertet werden. Der Gutachter stellt also alle Fakten, die zum äußeren Verhalten des Erklärenden zählen, unter Berücksichtigung der Gesamtsituation zusammen. Anschließend bewertet er sie. Diese Bewertung ergibt den „äußeren Erklärungstatbestand". Wörtliche Formulierungen des Erklärenden sind nur **ein** Faktum, das durch Mitbeurteilung weiterer Fakten einen anderen Inhalt bekommen kann, vgl. § 133. Eine Willenserklärung kann also auch vorliegen, wenn der Erklärende nichts gesprochen oder geschrieben oder sonst formuliert hat (Willenserklärung durch schlüssiges, konkludentes Verhalten).

V. Die Wirksamkeitsvoraussetzungen für die Willenserklärung

1. Es gibt empfangsbedürftige und nicht-empfangsbedürftige Willenserklärungen. Empfangsbedürftige Willenserklärungen sind „einem anderen gegenüber abzugeben", vgl. § 130 Abs. 1 S. 1. Das heißt genau genommen, daß zur Erklärung mehr als die Umsetzung des inneren Geschäftswillens in die äußere Erklärung gehört: Die Willenserklärung wird erst dann rechtswirksam, wenn sie von einem anderen vernommen werden kann. Hier bedarf es also der **Existenz** einer WE (Vorliegen des äußeren und – verkürzten – inneren Tatbestandes), der **Abgabe** der Willenserklärung (*Definition:* Willentliche Entäußerung der Erklärung durch den Erklärenden) und des **Zugangs** der Willenserklärung bei einem anderen (*Definition:* Eintritt der Willenserklärung in den Machtbereich des Erklärungsempfängers).

Die empfangsbedürftige Willenserklärung ist der Normalfall. Alle vertraglichen Willenserklärungen zählen dazu. Beispiele für nicht-empfangsbedürftige Willenserklärungen sind die Auslobung (§ 657) und die Eigentumsaufgabe (§ 959).

2. Abgegeben ist eine Willenserklärung, wenn der Erklärende alles getan hat, was unter normalen Umständen für den Zugang beim Empfänger erforderlich war. Hat nicht der Erklärende, sondern ein unbefugter Dritter die Willenserklärung in Verkehr gebracht, und geht sie dem Empfänger zu,

so liegt keine Abgabe und damit keine wirksame Willenserklärung vor. § 130 Abs. 1 S. 1 darf für diesen Fall nicht mißverstanden werden. Nach § 130 wird eine empfangsbedürftige WE mit dem Zugang wirksam. Diese Vorschrift legt den Zeitpunkt des Wirksamwerdens der WE fest. Der Zugang ersetzt aber nicht eine fehlende Abgabe der WE.

3. Zugegangen ist eine Willenserklärung, die einem Anwesenden gegenüber abgegeben ist, wenn er die Erklärung vernimmt. Ist die Willenserklärung einem Abwesenden gegenüber abgegeben, ist sie in dem Zeitpunkt dem Empfänger zugegangen, zu dem sie derart in seinen Machtbereich gelangt ist, daß er bei normaler Gestaltung seiner Verhältnisse unter Berücksichtigung der Verkehrssitte von ihr Kenntnis nehmen konnte. Ein Brief beispielsweise, der um 22 Uhr in den Briefkasten eines Privatmanns geworfen wird, geht erst am folgenden Vormittag zu. Eine tatsächliche Kenntnisnahme ist nicht erforderlich. Andererseits ist eine abgegebene Willenserklärung selbstverständlich spätestens dann zugegangen, wenn der Empfänger tatsächlich Kenntnis von ihr erhält.

Bei nicht-empfangsbedürftigen Willenserklärungen kommt es auf den Zugang nicht an. So liegt es auch bei empfangsbedürftigen Willenserklärungen in dem Sonderfall des § 151 S. 1: Eine Annahmeerklärung braucht nicht zuzugehen, wenn ein Zugang – praktisch eine Rückantwort – nicht der Verkehrssitte entspricht oder der Antragende auf die Rückantwort verzichtet hat. Ein Beispiel ist die Zimmerreservierung im Hotel: Hier erwartet man keine Rückantwort, wenn das Hotel reserviert, sondern nur, wenn es ablehnt. Zu beachten ist aber, daß § 151 nicht etwa die Annahmeerklärung selbst ersetzt[1]. Es müssen also jedenfalls der innere und äußere Tatbestand der Annahmeerklärung vorliegen. Nur Abgabe und Zugang dürfen fehlen.

Im Rahmen des Zugangs sind bei Annahmeerklärungen noch bestimmte Fristen zu beachten. Hat der Antragende nicht selbst eine Frist für die Annahme gesetzt (§ 148), kann der einem Anwesenden gemachte Antrag nur sofort angenommen werden. Beim Antrag unter Abwesenden muß die Annahmeerklärung in dem Zeitraum zugehen, in dem eine Rückantwort normalerweise eintreffen kann, § 147 Abs. 2. Eine verspätet zugegangene Annahmeerklärung führt nicht zum Vertragsschluß, sondern stellt einen neuen Antrag dar, § 150 Abs. 1. War sie immerhin rechtzeitig abgesendet, kann sie unter Umständen noch den Vertragsschluß bewirken, vgl. § 149.

VI. Formerfordernisse

1. Das Zustandekommen eines Vertrages ist grundsätzlich an keine bestimmte Form gebunden. Es ist zwar Tatsache, daß viele Verträge schriftlich geschlossen werden. Das hat aber generell mit dem Zustandekommen nichts zu tun. Die Gründe liegen dafür häufig in dem Interesse an möglichst eindeutiger und nachlesbarer Vereinbarung oder an einem Beweismittel. Bei Formularverträgen spielen zudem interne Organisationsaspekte eine Rolle, aber auch die vereinfachte Aushandlung des Vertragsinhalts u.a.m.

Wenn die Parteien vor der vertraglichen Einigung Schriftform vereinbart haben, ist damit der Vertrag formbedürftig, § 154 Abs. 2. Hier ist im Einzelfall jedoch festzustellen, ob die Einigung ohne die vereinbarte Schriftform unvollständig ist oder ob die Parteien die Schriftform nur zu Beweiszwecken wünschten[2].

In einigen Fällen ordnet das Gesetz Schriftform oder notarielle Beurkundung an. Ohne diese **gesetzlich** vorgeschriebene Form ist der Vertrag nichtig, § 125.

2. Der Schriftform bedürfen u.a.:

- die Erklärungen beider Teile beim Mietvertrag und Pachtvertrag, die länger als ein Jahr laufen sollen (§§ 566, 581);
- die Erklärung einer Vertragspartei beim Leibrentenversprechen (§ 761); bei der Bürgschaftserklärung (§ 766); beim Schuldversprechen und Schuldanerkenntnis (§§ 780, 781 BGB, § 350 HGB); bei der Annahme der Anweisung (§ 784); bei der Inhaberschuldverschreibung (§ 793).

1 RGZ 117, 314

2 vgl. BGH NJW 1964, 1269

3. Notarielle Beurkundung ist erforderlich für den ganzen Vertrag:

- beim Vertrag über die Übertragung des gegenwärtigen Vermögens (§ 311);
- beim Vertrag über die Übertragung oder den Erwerb des Eigentums an einem Grundstück (§ 313);
- für die Erklärung des einen Teils beim Schenkungsversprechen (§ 518).

VII. Das Anfechtungsrecht

Wenn einem Erklärenden bei der Übertragung seines inneren Geschäftswillens in die Erklärung ein Fehler unterläuft, steht ihm gemäß § 119 Abs. 1 ein Anfechtungsrecht zu Gebote. Mit anderen Worten gesagt: Wenn der innere Geschäftswille und der äußere Erklärungstatbestand sich nicht decken, darf der Erklärende die mißratene WE anfechten. Nur bei dieser Konstellation gewährt die Rechtsordnung ein Anfechtungsrecht, nicht aber, wenn Kongruenz zwischen Geschäftswille und äußerem Erklärungstatbestand besteht, der Geschäftswille aber fehlerhaft gebildet ist (vgl. oben III). Vom Anfechtungsrecht kann der Erklärende durch die Anfechtungserklärung Gebrauch machen. Erklärt er die Anfechtung (bei bestehendem Anfechtungsrecht), beseitigt er damit die WE. Gemäß § 142 Abs. 1 ist die Rechtslage nun so, als wäre die angefochtene WE nie vorhanden gewesen. Soweit der Empfänger der WE auf deren Bestand vertraut hat, muß der Anfechtende ihm den durch den Wegfall der WE entstandenen Schaden ersetzen, § 122.

VIII. Arten der Verträge

Die Verträge teilt man je nach den Verpflichtungen in folgende Arten ein:

1. Der **einseitig verpflichtende Vertrag.** Hier bestehen Verpflichtungen nur des einen Vertragspartners. Beispiele dafür sind der Bürgschaftsvertrag (§ 765) und der Schenkungsvertrag (§ 518).

2. Der **zweiseitig verpflichtende Vertrag.** In diesen Verträgen sind die Verpflichtungen der einen Partei charakteristisch. Verpflichtungen der anderen Seite entstehen nicht immer; dazu bedarf es bestimmter tatsächlicher Vorgänge. Beispiele für solche Verträge sind der Auftrag (§ 662), die Leihe (§ 598) und die unentgeltliche Verwahrung (§ 688). Bei diesen Verträgen steht mit der Einigung nur die Verpflichtung des einen fest. Beim Auftrag z.B. kann es sein, daß nur der Beauftragte Verpflichtungen hatte.

3. Der **gegenseitige Vertrag.** Ein solcher Vertrag ist geschlossen, wenn wenigstens eine der beiderseitigen Leistungen ein Entgelt für eine Leistung des anderen sein soll[1]. Der eine Vertragspartner verspricht jedenfalls eine seiner Leistungen um eine Leistung des anderen willen[2]. Es kommt nicht darauf an, ob die Parteien den Leistungsaustausch als gleichwertig ansehen[3]. Vielmehr ist entscheidend, ob der konkrete Austausch von beiden gewollt ist.

Es ist für den gegenseitigen Vertrag nicht erforderlich, daß sämtliche Verpflichtungen, die auf beiden Seiten eingegangen worden sind, gerade deswegen übernommen wurden, damit der andere sich zu einer Leistung verpflichtete. Im gegenseitigen Vertrag kann es also auch Verpflichtungen geben, die am Gesamtcharakter des Vertrages nicht teilhaben. Einige Vorschriften des BGB, insbesondere die §§ 320 ff, setzen aber tatbestandlich sowohl einen gegenseitigen Vertrag als auch Gegenseitigkeit der angesprochenen Verpflichtungen bzw. Leistungen voraus[4]. Dort ist

---

1 Larenz I § 15 I

2 RGZ 147, 342

3 a.A. RGZ 107, 127. Larenz spricht von einer „subjektiven Äquivalenz", I § 15 I

4 Palandt-Heinrichs, BGB, Einf. v. § 320 Anm. 1 c) cc; Dopjans NJW 1976, 898

also gesondert festzustellen, ob die angesprochenen Rechte und Pflichten gerade im Gegenseitigkeitsverhältnis stehen. Das ist nur der Fall, wenn sie übernommen wurden, damit der andere ebenfalls eine bestimmte Verpflichtung einging.

IX. Der Vorvertrag

Der Vorvertrag ist ein vollwertiger Vertrag, durch den die Verpflichtung zum späteren Abschluß des Hauptvertrages begründet wird[1]. Ein Vorvertrag kann nur wirksam sein, wenn der Inhalt des Hauptvertrages wenigstens bestimmbar ist[2]. Ist für den Hauptvertrag eine Form, z.B. Schriftform, gesetzlich vorgeschrieben, muß auch der Vorvertrag diese Form einhalten, wenn die Formvorschrift vor übereilter Bindung schützen soll[3], so z.B. im Fall des Grundstücksverkaufs, § 313. Ist der Vorvertrag wegen Formmangels unwirksam, kommt eine Schadensersatzverpflichtung nur aus dem Gesichtspunkt des Verschuldens bei der Vertragsanbahnung (c.i.c., vgl. das 10. Kapitel) in Betracht.

Teil 3 Die Fallösung

A. Das Gutachten zum Fall

1. V könnte von G auf Grund der §§ 580, 535 S. 2 BGB den Mietzins verlangen, wenn ein gültiger Mietvertrag zustandegekommen ist. Voraussetzung dafür ist die Einigung der Parteien über die wesentlichen Bestandteile des Mietvertrages, nämlich Mietsache und Mietzins. Die Einigung besteht aus zwei übereinstimmenden Willenserklärungen, die üblicherweise mit Angebot (Antrag, § 145) und Annahme bezeichnet werden.

Das Angebot des V zum Abschluß des Mietvertrages ist aus der Sicht eines vernünftigen Dritten in der Zusendung des unterschriebenen Mietvertrages zu sehen. Dieses Angebot müßte G angenommen haben. G hat den Mietvertrag unterschrieben und ihn dem V zurücksenden lassen. Das kann man unter Zugrundelegung einer objektiven Betrachtungsweise nur als Äußerung eines Geschäftswillens mit dem Inhalt „Annahme des Mietvertrages" werten. Der äußere Erklärungstatbestand lautet daher: Annahme des Mietvertrages. Ferner ist zu untersuchen, ob auch der innere Tatbestand einer entsprechenden Willenserklärung gegeben ist. Da G willentlich unterschrieben hat, hat er mit Handlungswillen gehandelt. Für das Erklärungsbewußtsein reicht es aus, daß der Erklärende das Bewußtsein allgemein rechtserheblichen Handelns hat. Dieses Bewußtsein hatte G beim Unterschreiben. Damit ist auch der innere Tatbestand gegeben. Es liegt also eine Willenserklärung des G mit dem Inhalt „Annahme des Mietvertrages" vor. Damit ist eine Einigung über die Überlassung bestimmter Räume zu einem bestimmten Mietzins zustandegekommen. Ein Mietvertrag liegt daher vor. Der Anspruch des V ist entstanden.

2. Der Anspruch könnte wieder erloschen sein. Dem G fehlte der Geschäftswille, einen Mietvertrag abzuschließen. Wenn der Erklärende einen anderen Geschäftswillen hatte, als gemäß dem äußeren Erklärungstatbestand anzunehmen ist, liegt ein Anfechtungsgrund nach § 119 Abs. 1 vor. Der innere Geschäftswille des G lautete: Annahme eines Speditionsangebotes; der äußere Erklärungs-

1 BGH NJW 1962, 1812

2 BGH BB 1968, 12

3 BGHZ 61, 48

tatbestand ist festzusetzen mit: Annahme eines Mietangebotes. G kann daher seine Willenserklärung anfechten.

Bei Dauerschuldverhältnissen – die Miete gehört dazu – wird von einigen Literaturstimmen ein Anfechtungsrecht verneint, weil bei Dauerschuldverhältnissen die Möglichkeit zur Kündigung bestehe. Es dürfte jedoch richtig sein, die Anfechtung zuzulassen, wobei dem besonderen Charakter des Dauerschuldverhältnisses dadurch Rechnung getragen wird, daß die Anfechtung sich nicht für die vor der Anfechtungserklärung liegende Zeit auswirkt.

Außer einem Anfechtungsgrund gehört zur Anfechtung die Anfechtungserklärung. Die Frage, ob G eine WE mit dem Inhalt „Anfechtung der Annahmeerklärung des Mietangebotes" abgegeben hat, ist aus der Sicht eines objektiven Dritten zu beurteilen. Laut Sachverhalt hat G von einer Anfechtung nicht ausdrücklich gesprochen. Er hat aber bei dem Telefongespräch die Wirkungskraft seiner Unterschrift verneint. Dem konnte ein Empfänger vernünftigerweise nur entnehmen, daß G sich von seiner Annahmeerklärung lösen wollte. Damit liegt die Anfechtungserklärung vor.

Die Rechtsfolge der Anfechtung ist, daß die angefochtene WE – hier die Annahmeerklärung – als nie vorhanden gewesen angesehen wird, § 142 Abs. 1. Damit ist, mangels eines notwendigen Bestandteils der Einigung, der Mietvertrag weggefallen. Daher ist der Anspruch des V aus dem Mietvertrag ab Anfechtungszeitpunkt erloschen. V kann von G den Mietzins nicht verlangen.

B. Hinweise zum Lösungsgang[1]

Mit dem Ergebnis, daß V den Mietzins nicht verlangen kann, ist nicht geklärt, ob er nicht einen anderen Anspruch gegenüber G haben könnte. Nach irgendeinem anderen Anspruch ist aber nicht gefragt. Daher darf der Gutachter dazu keine Äußerungen machen.

Das wäre anders, wenn die Frage des Falles etwa lauten würde: Welche Ansprüche hat V gegen G? Dann muß der Gutachter alle denkbaren Ansprüche durchprüfen, im vorliegenden Fall also auch einen Schadensersatzanspruch, der nach § 122 Abs. 1 übrigens grundsätzlich gegeben ist.

Teil 4 Lesekontrolle

1. Ein Vertrag ist die
   a) schriftliche Zusammenfassung zuvor stattgefundener Verhandlungen
   b) durch übereinstimmende Willenserklärungen erzielte Einigung zweier (oder mehrerer) Personen über die Erzielung eines bestimmten rechtlichen Erfolges
   c) gesetzlich nach Inhalt, Umfang und Form festliegende Verpflichtungsmöglichkeit für Privatpersonen
2. Ein Vertrag kommt zustande durch
   a) die Absicht der Parteien, einen Vertrag schließen zu wollen
   b) die Unterschrift unter den Vertragstext
   c) Verwendung im Rechtsverkehr üblicher Formulierungen
   d) die Einigung der Parteien über die wesentlichen Vertragsbestandteile
3. Unter „Abschlußfreiheit" ist zu verstehen
   a) die unbegrenzte Einkaufsfreiheit bei Prokuristen und Handlungsbevollmächtigten

1 Zur Lösungsmethode und Arbeitstechnik siehe Anhang 1 und Anhang 2

b) die rechtliche Ungebundenheit nach Abschluß des Vertrages
c) die grundsätzliche Freiheit, darüber zu entscheiden, ob und mit wem man einen Vertrag eingehen will

4. Unter „Kontrahierungszwang" versteht man
a) eine zwingende rechtliche Bindung nach Abschluß eines Vertrages
b) die Verpflichtung, für einen verschuldeten Schaden bei der Vertragsabwicklung aufzukommen
c) eine Einschränkung der Vertragsfreiheit unter bestimmten Voraussetzungen mit der Folge, daß eine Verpflichtung zum Abschluß eines Vertrages besteht
d) eine aufdringliche Art des Verkäufers, der den Käufer zum Kauf zwingen will

5. Der Inhalt einer empfangsbedürftigen Willenserklärung wird bestimmt
a) danach, wie der Empfänger die Willenserklärung wirklich verstanden hat
b) nach dem Willen des Erklärenden, wie er sich objektiv aus der Sicht des Empfängers, als vernünftige und sorgfältige Empfangsperson gedacht, darstellt
c) danach, was der Erklärende wirklich mit seiner Willenserklärung ausdrücken wollte

6. Eine Anfechtung nach § 119 Abs. 1 ist möglich,
a) wenn innerer Geschäftswille und äußerer Erklärungstatbestand differieren
b) wenn der Erklärende sich wirklich geirrt hat und das beweisen kann
c) wenn der Erklärende nach ruhiger Überlegung etwas anderes erklärt hätte, als er erklärt hat

7. Ein gegenseitiger Vertrag setzt voraus,
a) daß die vereinbarten Leistungen objektiv annähernd gleichwertig sind
b) daß wenigstens eine der vereinbarten Leistungen ein Entgelt für eine Leistung des anderen sein soll

8. Im Gegenseitigkeitsverhältnis stehen diejenigen Pflichten,
a) deren Gegenseitigkeit verbürgt ist
b) die die Parteien gegeneinander geltend machen können
c) die eine Partei übernommen hat, damit die andere Partei ebenfalls eine bestimmte Leistungspflicht übernahm

9. Beim Vorvertrag handelt es sich um
a) einen vollwertigen Vertrag, der die Verpflichtung zum Abschluß des Hauptvertrages begründet
b) ein vertragsähnliches Schuldverhältnis
c) einen Rahmenvertrag, der für eine Vielzahl von später abzuschließenden Verträgen Grundsätzliches regelt

Richtig sind (die Klammern verweisen auf den Text im Teil 2):
1b (I.1); 2d (I.2); 3c (I.4); 4c (I.4); 5b (I.5 und IV.2); 6a (VII); 7b (VIII.3); 8c (VIII.3); 9a (IX).

6. Kapitel: Unverbindliche Erklärungen (Einladungen zum Angebot und Gefälligkeitserklärungen)

Teil 1 Der Fall (Sachverhalt)

Handlungsgehilfe A macht sich selbständig und eröffnet eine Mode-Boutique. Er möchte u.a. auch das Fabrikat T führen. B ist Handelsvertreter für die Firmen M und T. Er macht bei A seine Offerte und notiert einen Auftrag über 245 Blusen mit Größe, Preis und Lieferzeit, wovon er A eine Durchschrift überläßt. Nach 14 Tagen erhält A von T ein Schreiben folgenden Inhalts: Leider könne man den Auftrag nicht bestätigen, da auf Grund ungünstiger Umstände die Kapazität um 20 % verringert sei. Das habe auch B bei der Kollektionsvorlage gewußt. Überhaupt wolle man die Verkaufsorganisation auf Reisende umstellen, die man besser „an der Leine" habe. A vermutet, daß eine Auskunftei eine ungünstige Information über seine Zahlungsfähigkeit gegeben hat und verlangt Lieferung. Er meint, dem B einen verbindlichen, genau spezifizierten Auftrag erteilt zu haben. Ist er im Recht?

Teil 2 Die Darstellung der Rechtsmaterie

I. Die Einladung zum Angebot (*invitatio ad offerendum*)

1. Wer eine Willenserklärung abgibt, äußert – objektiv gesehen – seinen Rechtsbindungswillen. Ist eine vertragliche Willenserklärung zugegangen, ist man daran gebunden, §§ 145, 130 Abs. 1 S. 2. Man kann sie nur unter den engen Voraussetzungen der Anfechtung nach § 119 und § 123 wieder aus der Welt schaffen.[1]

Diese rechtliche Bindung ist in vielen Bereichen des täglichen Lebens auch für diejenigen, die an sich einen Vertrag schließen möchten, der Interessenlage nicht angepaßt. Im Wirtschaftsleben tritt häufig folgende Situation auf: Der Vertragswillige muß mit vielen Personen Kontakte anknüpfen, um zum Vertragsschluß mit einigen zu kommen. Wer in dieser Situation zu erkennen gibt, daß er generell bereit ist, Verträge abzuschließen, bindet sich noch nicht. Man nennt diese Art von Erklärung „Einladung (an andere) zum Angebot" (*invitatio ad offerendum*).

Es sei daran erinnert, daß hinsichtlich der Existenz und des Inhalts einer Willenserklärung weder das Selbstverständnis des Erklärenden noch das Verständnis des konkreten Erklärungsempfängers maßgeblich ist. Es ist daher möglich – und in der Praxis ist es sogar häufig – daß der Urheber einer solchen „Kontakterklärung" selbst meint, er habe sich bereits rechtlich gebunden, oder daß die Empfänger der Ansicht sind, es läge ein verbindliches Angebot vor. Dennoch ist gemäß dem objektiven Empfängerhorizont keine Willenserklärung gegeben.

2. Eine *invitatio ad offerendum* liegt z.B. in folgendem Verhalten: Ein Gastwirt hängt die Tagesspeisekarte in den Kasten außen am Lokal, wo sie allen Passanten zugänglich ist. Darauf steht u.a. „Forelle blau 10,50". Vom Empfängerhorizont her ist zu entscheiden, ob es sich dabei um den Antrag auf Abschluß eines Kaufvertrages (genauer: eines gemischten Vertrages, der Elemente des Kaufs, des Werkvertrags und des Mietvertrags enthält) handelt. Objektive Fakten sind hier, daß der Wirt über eine bestimmte Anfertigungskapazität, eine bestimmte Zahl von Sitzplätzen und einen

---

1 Ein Sonderfall ist das Widerrufsrecht nach § 1 b AbzG.

bestimmten Warenvorrat verfügt, was sich nur begrenzt ausweiten läßt. Es steht ferner objektiv fest, daß eine unvorhersehbar große Anzahl von Gästen die Speisekarte lesen könnte (es halten z.B. unangemeldet Reisebusse vor der Gaststätte). Wäre die Ankündigung auf der Speisekarte ein Angebot im Sinne des § 145, also rechtsverbindlich, käme mit der Annahmeerklärung ohne weiteres jeweils ein Vertrag zustande. Die Zahl der Verträge richtet sich in diesem Fall keineswegs nach den Möglichkeiten des Gastwirts. Soweit er die Verträge erfüllen kann, ist er dazu verpflichtet; soweit er sie nicht erfüllen kann, ist er schadensersatzpflichtig, § 325. Wegen dieser ungünstigen Lage, in der sich der Gastwirt befände, wenn er ein schriftliches, verbindliches Angebot an alle abgegeben hätte, ist das schlichte Anheften der Speisekarte objektiv nicht als Angebot des Gastwirts zu werten, sondern als Einladung, als Aufforderung oder – wenn man so will – als Verlockung einzustufen, ihm ein Angebot auf Abschluß eines Vertrages zu machen. Diese Folge des Grundsatzes, daß vom Standpunkt eines vernünftigen Dritten aus ein Geschäftswille im Sinne der obigen Definition (vgl. das 5. Kapitel) erkennbar werden muß, ist allein sachgerecht. Der Wirt kann nun seine Kapazität berücksichtigen, bevor er eine „Bestellung" annimmt. Er kann auch persönliche Eigenschaften des vor ihm stehenden Vertragswilligen beurteilen, etwa die Zahlungsfähigkeit oder die Geschäftsfähigkeit. Eine Entrüstung der Gäste über eine bis auf einen kleinen Rest zusammengestrichene Speisekarte ist daher unberechtigt. Die Gäste können sich nur dann beklagen, wenn die Bestellungen entgegengenommen, aber nicht ausgeführt werden.

Vom Empfängerhorizont her ist ebenso zu entscheiden, wenn auf der Speisekarte ausdrücklich das Wort „Angebot" auftaucht, etwa „Der Küchenchef bietet heute an", „Unser Angebot für Autofahrer" usw. Denn an den objektiv zu verwertenden Fakten hat sich nichts geändert. Sie sind durch die Werbesprüche auch nicht relativiert worden. Diese rechtliche Aussage bestätigt das BGB in § 133: Man darf nicht bei den ausdrücklichen Formulierungen stehen bleiben, sondern muß den Inhalt der Erklärung objektiv ermitteln.

Daher ist auch die Auslage von Ware im Schaufenster kein Antrag auf Abschluß eines Kaufvertrages. In objektiver Sicht muß der Inhaber seine Kapazität und die Leistungsfähigkeit des Kunden noch prüfen. Der Kunde, der den Laden betritt und sein Interesse an einer Kaufsache äußert, ist also meist derjenige, der die erste Willenserklärung abgibt[1]. Das tut allerdings der Kunde – objektiv betrachtet – nicht, wenn er kein Kaufinteresse äußert, sondern sich nur einmal umsehen will.

Auch bei Ware, die im Schaufenster mit den Bezeichnungen „Angebot", „Sonderangebot" usw. angeboten wird, liegt keine Willenserklärung des Inhabers vor. Andererseits ist die Vorlage von Ware bei einem Verkaufsgespräch im Laden objektiv als Angebot zu werten. Denn hier muß ein vernünftiger Dritter feststellen, daß der Inhaber (oder sein Ladenangestellter als sein Vertreter) mit diesem Kunden über die vorgelegte Ware einen Kaufvertrag schließen möchte.

Bei Zeitungsinseraten, die von „Angeboten" sprechen, ist frühestens die Reaktion eines Lesers eine Willenserklärung. Es wäre grotesk, wenn ein Wareninserat in einer Zeitung, die vielleicht Tausende von Lesern hat, als Antrag auf Abschluß eines Kaufvertrages gewertet würde. Der Inserent müßte gewärtig sein, sich innerhalb kurzer Zeit tausendmal zur Lieferung verpflichtet zu haben. Das gleiche gilt für Werbefunk und -fernsehen.

In anderen Vertriebsebenen gibt es die gekennzeichnete Situation ebenfalls. Der Hersteller eines Serienproduktes wird irgendwann die Grenzen seiner Produktion erreichen. Wären seine Angaben auf den Listen usw., wonach die Bestellungen eingehen, als Willenserklärung zu werten, hätte der Hersteller nicht den Spielraum, den er objektiv benötigt. Er muß noch untersuchen können, ob es nicht Aspekte wie Zahlungsfähigkeit, Alleinvertriebsrechte, gewünschte Lieferzeit u.ä. gibt, die einem Vertragsschluß mit einem kaufwilligen Abnehmer entgegenstehen. Die Listen enthalten daher nur Kontakterklärungen. Sie sollen aus den Abnehmerkreisen die Willenserklärungen „herauslocken". Der Hersteller entscheidet dann anhand der eingehenden „Bestellungen", „Aufträge", „Orders", welche er „bestätigt", also annimmt. Die Auftragsbestätigung ist, vom Empfänger-

---

[1] Sollte der Einzelhändler im Fenster ausgestellte Ware nicht verkaufen wollen, kann ein Wettbewerbsverstoß (Lockvogelangebot) gegeben sein. Daraus kann der Kunde aber keinen Anspruch herleiten.

horizont aus gesehen, die verbindliche Annahmeerklärung. So ist es z.B. häufig beim Autokauf: Trotz des äußeren Anscheins ist der „Kauf" des PKW beim Vertragshändler erst das Angebot des Kunden auf Abschluß des Kaufvertrages. Der Automobilhersteller kann noch entscheiden, ob er die so fixierte Bestellung annimmt. Tut er es hinsichtlich einzelner Punkte wie Lieferzeit usw. nicht, hat der Kunde rechtlich die Möglichkeit, wegen der abweichenden Annahmeerklärung des Herstellers vom Kauf Abstand zu nehmen, vgl. § 150 Abs. 2.

3. Aus dem Vorangegangenen ist deutlich geworden, daß eine schematische Einteilung, welches Verhalten (nur) eine Einladung zum Angebot und was bereits einen verbindlichen Antrag darstellt, nicht möglich ist. Vom Empfängerhorizont her sind eben alle Fakten des konkreten Falles zu bewerten. Ein Zeitungsinserat kann z.B. auch verbindliche Angebote enthalten. Das Inserat eines Lebensmittelhändlers anläßlich seines 50jährigen Geschäftsjubiläums „Alle, die heute vor 50 Jahren geboren sind, erhalten beim Einkauf 1 Flasche Sekt zum halben Preis" enthält eine verbindliche Erklärung. Denn vom Empfängerhorizont her spricht alles für die Verbindlichkeit: der Adressatenkreis ist genau begrenzt und sicherlich klein, Jubiläumsvergünstigungen in kleinerem Rahmen sind üblich usw.

Sind Vertreter tätig, muß im Einzelfall unterschieden werden: Es gibt Vertreter, deren Vollmacht nur soweit reicht, Angebote entgegenzunehmen (§ 91 Abs. 2 HGB). Die Vollmacht kann aber auch den Abschluß des Vertrages miteinschließen (§ 55 HGB).

4. Aus dem Gesagten wird ersichtlich, daß es der in der Wirtschaft üblichen Klauseln wie „Freibleibend", „Zwischenverkauf vorbehalten", „Solange Vorrat reicht", „Änderungen im Interesse des technischen Fortschritts vorbehalten" usw. im Normalfall nicht bedarf, weil noch kein verbindliches Angebot (Antrag auf Abschluß eines Vertrages) vorliegt. Mag ein solcher Zusatz auch klärend sein, so hat er bisweilen den Charakter einer Angstklausel. Dann kann man ohne rechtlichen Nachteil darauf verzichten. Sollen solche Zusätze zu einem schnellen Kaufentschluß anregen, bringen sie andererseits aber keine rechtlichen Nachteile.

II. Erklärungen aus Gefälligkeit

1. Soll eine Willenserklärung vorliegen, muß aus dem äußeren Erklärungstatbestand objektiv der Schluß möglich sein, der Erklärende wolle ein bestimmtes Rechtsgeschäft vornehmen und sich rechtlich binden. Das ist nicht der Fall, wenn sich jemand zwar zu einem Tun bereiterklärt, aus seinem Verhalten aber objektiv ersichtlich ist, daß der Rechtsbindungswille fehlt. So ist es bei den Gefälligkeitserklärungen. Wirtschaftlich gesehen kann eine Gefälligkeitserklärung für den anderen von Bedeutung sein, rechtlich ist sie es nicht.

Beispiele für Gefälligkeitserklärungen sind: die private Zusage, bei bestimmter Gelegenheit eine Person oder Sache im PKW mitzunehmen; die Erklärung, man werde einem anderen einen Sitzplatz freihalten, den Wagen anschieben, an einer gesellschaftlichen Veranstaltung teilnehmen usw.

Diese sozial durchaus ernstzunehmenden Beziehungen ergeben also keine Verträge. Demgemäß kommt auch keine vertragliche Haftung in Betracht, sondern nur die Haftung aus Delikt.

2. Auch in diesem Lebensbereich ist jedoch im konkreten Fall zu untersuchen, ob nicht trotz der mitwirkenden Gefälligkeit der Schluß auf einen bestehenden Geschäftswillen möglich ist. Es kann eben sein, daß die Gefälligkeit das auslösende Moment (Motiv) für einen Geschäftswillen war. Dafür folgendes *Beispiel:* Der Architekt erklärt sich gefälligerweise bereit, für das gerade fertiggestellte Privathaus des Bauherrn aus seinem Urlaub in Spanien passende Antiquitäten für die Raumausstattung mitzubringen. Das gehört zwar nicht zum Inhalt des Architektenvertrages. Es handelt sich aber um eine Gefälligkeit im beruflichen Bereich. Objektiv ist es nicht nur eine Nettigkeit, wenn der Architekt seine früheren Auftraggeber weiter betreut und auf diese Weise beruflich Kontakt behält, sondern hier verpflichtet er sich regelrecht.

Teil 3 Die Fallösung

A. Das Gutachten zum Fall

A könnte von T die Lieferung von 245 Blusen auf Grund von § 433 Abs. 1 BGB verlangen. Voraussetzung dafür ist ein gültiger Kaufvertrag. Ein Kaufvertrag liegt vor, wenn sich A und T über die wesentlichen Bestandteile eines Kaufvertrages, mindestens also über Kaufsache und Kaufpreis, geeinigt haben. Die Einigung besteht aus zwei kongruenten Willenserklärungen, nämlich Angebot (Antrag) und Annahme. T hat selbst keine Erklärung abgegeben. Er könnte aber durch B vertreten worden sein. Dann müßte B im Namen des T aufgetreten sein und Vertretungsmacht gehabt haben. Mit der Vorlage der Kollektion des T ist deutlich geworden, daß B im Namen des T auftrat. Daran ändert es nichts, daß B als selbständiger Gewerbetreibender zugleich im eigenen Namen handelt. B hatte von T auch Vollmacht erhalten, Aufträge einzuholen. Die Vertretungsmacht bestand, obwohl T die Verkaufsorganisation auf angestellte Reisende umstellen möchte.

T könnte aber nur dann durch B verpflichtet worden sein, wenn B eine **Willenserklärung** für T abgegeben hat. Von B könnte das Angebot auf Abschluß eines Kaufvertrages ausgegangen sein.

Aus dem Sachverhalt geht nicht hervor, welche Erklärungen der B im einzelnen abgegeben hat. Jedenfalls hat er die Kollektion des T vorgelegt und einen Auftrag notiert. Dabei würde es sich um eine Willenserklärung (Angebot) handeln, wenn daraus auf einen bestehenden Geschäftswillen geschlossen werden könnte. Nach der Verkehrssitte und unter Berücksichtigung von Treu und Glauben ist in der Vorlage der Kollektion – in der Fachsprache zwar Offerte, also Angebot genannt – und in der Entgegennahme eines Auftrages objektiv kein Antrag auf Abschluß eines Kaufvertrages zu sehen. Legt ein Vertreter im Namen des Herstellers dessen Kollektion vor, liegt darin aus vernünftiger Sicht eine Einladung zum Angebot. Der Hersteller wird erst nach Eingang aller Aufträge prüfen können, ob er die georderten Mengen zu den gewünschten Zeiten und Preisen liefern kann u.a.m. Daher ist in diesem Stadium der Schluß auf einen Rechtsbindungswillen bei ihm vernünftigerweise nicht möglich.

Aus dem Sachverhalt ergibt sich kein Anhaltspunkt dafür, daß B ausnahmsweise im Namen des T ein verbindliches Angebot gemacht hätte. Zwar ist es möglich – wenn auch nicht der Normalfall – daß ein Handelsvertreter zum Abschluß von Geschäften und damit auch zur Abgabe von vertraglichen Willenserklärungen bevollmächtigt ist (Abschlußvertreter, §§ 55, 91 Abs. 1 HGB). Will er aber in dieser Rolle tätig werden, muß er eine entsprechende Erklärung abgeben. In der Kollektionsvorlage und der Entgegennahme des Auftrags liegt diese Erklärung nicht.

Der Antrag könnte von A ausgegangen sein. Aus objektiver Sicht wollte A die 245 Blusen fest kaufen. Daher hat er ein Angebot gemacht.

Der Kaufvertrag wäre zustandegekommen, wenn T diesen Antrag angenommen hätte. T hat den Auftrag nicht bestätigt, sondern erklärt, er könne nicht liefern. Das ist eine Ablehnung des Antrags. Der Kaufvertrag ist damit nicht zustandegekommen. A kann sich daher nicht auf § 433 Abs. 1 BGB berufen. Eine andere Anspruchsgrundlage für einen Lieferungsanspruch ist nicht ersichtlich. A kann daher die Ware nicht verlangen.

B. Hinweise zum Lösungsgang[1]

1. Eine andere Frage ist es, ob A evtl. Schadensersatz erlangen könnte. Danach ist im vorliegenden Fall aber nicht gefragt. Die Erörterung, ob die Voraussetzungen der *culpa in contrahendo* vorliegen, gehört nicht in das Gutachten, weil die Rechtsfolge der c.i.c. Schadensersatz ist. Dieser Anspruch bliebe auch im Prozeß unberücksichtigt.

---

1 Zur Lösungsmethode und Arbeitstechnik siehe Anhang 1 und Anhang 2

2. Bei der Fallösung sind die Ansichten der Parteien über ihre Rechte nicht zu erörtern. Die Stellungnahme des T, die Verkaufsorganisation solle umgestellt werden, ist aber Anlaß für die Überlegung, ob etwa B bereits bei der Kollektionsvorlage keine Vertretungsmacht mehr gehabt hat. Im Gutachten werden dazu dann nicht viele Worte gemacht, weil die Antwort unproblematisch ist.

3. Die Fragestellung im Fall verlockt vielleicht dazu, eine Betrachtung über die rechtliche Situation der Parteien anzustellen. Mögen dann auch viele gute Gedanken zu Papier gebracht werden – ein Rechtsgutachten wäre das nicht. Ein solcher Aufsatz besäße wahrscheinlich nur geringe Überzeugungskraft. Denn dem Kontrahenten fiele wohl auch noch ein Gegenargument ein, das er als durchschlagend bezeichnen könnte. Das Gutachten ist also aus der Klägerposition heraus aufzubauen. Es ist mit den Ansprüchen zu beginnen, die eine Partei geltend macht, und zwar anhand einer Rechtsvorschrift, die einen solchen Anspruch vorsieht.

Teil 4 Lesekontrolle

1. Eine Aufforderung, Angebote zu machen (invitatio ad offerendum) ist
   a) grundsätzlich ein Realakt
   b) eine Willenserklärung, wenn die Aufforderung ernstlich gemeint ist
   c) keine Willenserklärung und auch kein Reakakt
2. Eine Willenserklärung bindet den Erklärenden grundsätzlich erst,
   a) wenn der andere angenommen hat
   b) sobald sie zugegangen ist
3. Bei der „Auftragsbestätigung" handelt es sich rechtlich
   a) um die Annahmeerklärung des in der Bestellung liegenden Angebots
   b) um ein kaufmännisches Bestätigungsschreiben, wodurch dem Schweigen des anderen der Erklärungswert „Zustimmung" zukommt
4. Bei einer Gefälligkeitserklärung liegt
   a) eine Willenserklärung vor, die aus Gefälligkeit abgegeben wurde
   b) keine Willenserklärung vor, da auf einen Rechtsbindungswillen objektiv nicht geschlossen werden kann

Richtig sind (die Klammern verweisen auf den Text im Teil 2):
1 c (I.1); 2 b (I.1); 3 a (I.2); 4 b (II.1)

7. Kapitel: Irreguläres Zustandekommen eines Vertrages

Teil 1 Der Fall (Sachverhalt)

Nach dem Tode des Einzelhändlers A verwaltet Rechtsanwalt R den Nachlaß. Da das Geschäft des A nicht weitergeführt wird, ersucht R die Lieferanten um Stornierung der noch nicht ausgeführten Aufträge. Mit dem Lieferanten B trifft er am Telefon die Vereinbarung, daß die **in der Auslieferung befindliche** Ware entgegengenommen und bezahlt wird; der Rest soll nicht mehr geliefert werden. Da die Telefonverbindung nicht gut war, schreibt R am folgenden Tag: „Ich fasse noch einmal unsere gestrige Vereinbarung zusammen: Die gestern bereits **ausgelieferte** Ware nehme ich bei sofortiger Zahlung entgegen. Den übrigen Auftrag werden Sie nicht mehr ausführen". Infolge eines Versehens des Auszubildenden L geht der Brief bei B verloren. Als R nach 10 Tagen noch Ware erhält, stellt er fest, daß sie erst drei Tage nach dem Telefongespräch abgeschickt wurde. B erklärt, diese Ware habe sich bereits in der Expedition befunden, sei also gemäß der Vereinbarung entgegenzunehmen. Hat B Recht?

Teil 2 Die Darstellung der Rechtsmaterie

I. Die rechtliche Bedeutung des Schweigens

1. Allgemeines

Schweigen ist wesensmäßig keine Erklärung. Wenn jemand in einer bestimmten Situation weder ein auslegungsfähiges Verhalten an den Tag legt noch ausdrücklich etwas äußert, erklärt er nichts. Das gilt auch im kaufmännischen Verkehr[1].

Das Schweigen erhält nur in folgenden Fällen rechtliche Bedeutung:

- wenn eine gesetzliche Vorschrift an ein Schweigen eine Rechtsfolge knüpft (unten 2),
- wenn Schweigen gewohnheitsrechtlich einer Willenserklärung gleichgestellt wird (unechte Willenserklärung; unten 3),
- wenn das Schweigen eine Willenserklärung darstellt, weil besondere Umstände den Schluß auf einen bestehenden Geschäftswillen zulassen, wobei auch der subjektive Tatbestand – Handlungswille und Erklärungsbewußtsein – vorliegt (unten 4).

Man darf bei diesem Thema eines nicht aus den Augen verlieren: Die Frage, ob Schweigen im konkreten Fall rechtlich Bedeutung hat, taucht erst dann auf, wenn der Sachverhalt ansonsten kein auslegungsfähiges Verhalten enthält.

2. Schweigen als gesetzliche Voraussetzung für eine Rechtsfolge

a) In einer Reihe von gesetzlichen Vorschriften ist Schweigen tatbestandlich erfaßt, und zwar wird es auf der Rechtsfolgeseite entweder als Ablehnung oder als Genehmigung bzw. Annahme gewertet.

---

1 BGHZ 61, 285

Schweigen bedeutet Ablehnung bei folgenden Tatbeständen: Schweigen nach Aufforderung zur Erklärung bei Vertragsschluß durch Minderjährige (§ 108 Abs. 2); Schweigen nach Aufforderung zur Erklärung bei Vertragsschluß durch Vertreter ohne Vertretungsmacht (§ 177 Abs. 2 S. 2); Schweigen nach Aufforderung zur Erklärung bei Schuldübernahme (§ 415 Abs. 2 S. 2); Schweigen nach Aufforderung zur Erklärung bei Kauf trotz Kaufverbots (§ 458 Abs. 1 S. 2).

Schweigen bedeutet Genehmigung oder Annahme bei folgenden Tatbeständen: Schweigen nach Mitteilung der Übernahme einer Hypothekenschuld (§ 416 Abs. 1 S. 2); Schweigen des Besitzers der Sache beim Kauf auf Probe (§ 496 S. 2); Schweigen bei ungewollter Schenkung (§ 516 Abs. 2 S. 2); Schweigen beim Erbschaftsanfall (§ 1943); Schweigen des Kaufmanns bei Antrag auf Geschäftsbesorgung (§ 362 HGB); Schweigen des Kaufmanns bei offenem Mangel der Ware (§ 377 Abs. 2 HGB).

b) Diese gesetzlichen Vorschriften sind jeweils eng auszulegen, da sie gesetzlich sanktionierte Ausnahmen vom Grundsatz darstellen, daß reines Schweigen keinen Erklärungswert hat.

c) Die Frage, ob die Vorschriften über die Willenserklärungen (§§ 116 ff) und die Geschäftsfähigkeit (§§ 104 ff) auch auf diese „fingierten" Willenserklärungen anzuwenden sind, beantwortet die hM[1] wie folgt:

Soweit Schweigen als Ablehnung normiert ist, kommt es auf Geschäftsfähigkeit nicht an. Das Recht der Willenserklärungen und damit eine Irrtumsanfechtung sind ausgeschlossen.

Soweit Schweigen als Genehmigung oder Annahme gilt, sind die Vorschriften über die Geschäftsfähigkeit und Willensmängel hingegen entsprechend anzuwenden. Eine Anfechtung, man habe nicht gewußt, daß das Schweigen die in der betreffenden gesetzlichen Vorschrift normierte Rechtsfolge hat, ist aber auch dann nicht möglich[2].

3. Schweigen als unechte Willenserklärung

a) In zwei gewohnheitsrechtlich anerkannten Fällen wird das Schweigen als (unechte) Willenserklärung gewertet, obwohl der subjektive Tatbestand (Handlungswille und Erklärungsbewußtsein) nicht vorliegt. Der objektive Erklärungstatbestand ist hingegen vorhanden. Eine solche unechte Willenserklärung kommt in Betracht, wenn nach Treu und Glauben und der Verkehrssitte eine **Gegenerklärung** erwartet werden konnte (so liegt der Fall übrigens auch bei den gesetzlichen Vorschriften, die Schweigen als Erklärung werten).

1) Schweigen auf eine verspätete oder modifizierte Annahmeerklärung (§ 150) ist in der Regel als Willenserklärung mit dem Inhalt „Annahme" der verspäteten oder modifizierten Erklärung zu werten[3].

2) Gewohnheitsrechtlich bzw. als Handelsbrauch nach § 346 HGB ist anerkannt, daß das Schweigen auf ein kaufmännisches Bestätigungsschreiben als Zustimmung zum Inhalt des Bestätigungsschreibens zu werten ist.

Voraussetzungen für ein solches Bestätigungsschreiben sind:

- Beide Parteien sind Kaufleute oder nehmen in größerem Umfang am Wirtschaftsleben teil oder wickeln von einem Kaufmann angebahnte Geschäfte für diesen ab[4].
- Die Parteien standen in Vertragsverhandlungen, die jedenfalls teilweise mündlich oder fernmündlich geführt wurden (dann existiert nämlich ein Bestätigungsgrund[5]).
- Das bestätigende Schreiben geht kurz nach den Verhandlungen dem anderen Verhandlungspartner zu[6]. Auf tatsächliche Kenntnisnahme kommt es nicht an.

---

1 vgl. Palandt-Heinrichs, BGB, Einf. v. § 116 3) b cc

2 BGH NJW 1969, 177

3 Larenz, Allg. Teil § 27 II 1; abl. Bickel NJW 1972, 609

4 BGHZ 40, 42

5 BGHZ 54, 239

6 BGH NJW 1967, 2189

- Es liegt ein echtes Bestätigungsschreiben vor. Aus ihm muß also ersichtlich sein, daß der Absender annimmt, ein Vertrag sei geschlossen[1]. Ferner muß das Schreiben den Inhalt des Vertrages im wesentlichen vollständig wiedergeben.
- Das Schreiben weicht nicht derartig von den Verhandlungen ab, daß der Bestätigende vernünftigerweise mit einer Billigung nicht rechnen konnte. Als eine solche Abweichung gilt eine absichtlich falsche Bestätigung[2].
- Der Empfänger hat nicht widersprochen. Haben beide Parteien Bestätigungsschreiben mit verschiedenem Inhalt abgesandt und erhalten, gelten beide nicht; ein Widerspruch ist nicht erforderlich.

b) Ein diesen Voraussetzungen genügendes Schreiben nennt man **konstitutives** Bestätigungsschreiben. Es hat Änderungswirkung, wenn der Vertrag (mit anderem Inhalt) schon geschlossen war. Es hat Abschlußwirkung, wenn der Vertrag noch nicht geschlossen war.

Sollte ein Bestätigungsschreiben inhaltlich exakt mit der Wirklichkeit übereinstimmen, bewirkt es rechtlich nichts Neues. Es ist nur bestätigend (deklaratorisch). Ein **deklaratorisches** Bestätigungsschreiben besitzt als Beweismittel allerdings seinen Wert.

c) Für die Auswirkung einer evtl. Geschäftsunfähigkeit und einer Anfechtung gilt das gleiche wie für die gesetzlich normierten Tatbestände, die beim Schweigen Genehmigung oder Annahme festlegen. Die Regeln über die Geschäftsfähigkeit und die Willensmängel sind beim konstitutiven Bestätigungsschreiben entsprechend anzuwenden. Eine Anfechtung mit der Begründung, man habe nicht gewußt, daß Schweigen hier Zustimmung bedeutet, ist ausgeschlossen[3].

4. Schweigen als normale Willenserklärung

In ganz seltenen Fällen wird auch bei reinem Schweigen eine echte Willenserklärung abgegeben, wenn nämlich der subjektive und objektive Tatbestand gegeben sind. Die Probleme liegen hier beim subjektiven Tatbestand. Die Vorstellung mutet etwas kurios an, es könne beim Schweigen Handlungswille und Erklärungsbewußtsein vorliegen. Die Denkmöglichkeit einer echten Willenserklärung durch Schweigen ist daher umstritten[4].

Als Beispiel für eine echte Willenserklärung durch Schweigen möge folgender Sachverhalt dienen: Der anwesende Vertretene äußert sich nicht, als sein Vertreter in seinem Namen eine Willenserklärung gegenüber einem Dritten abgibt. Hier kommt es zu zwei Willenserklärungen: eine des Vertreters und eine des Vertretenen, nämlich Zustimmung zur Willenserklärung des Vertreters[5]. Dabei liegt keine Willenserklärung des Vertretenen durch konkludentes Verhalten vor. In Betracht käme dafür nur das Faktum Anwesenheit; das ist aber nicht weiter auslegungsfähig. Daher taucht eben die Frage auf, ob sein Schweigen etwas bedeutet.

Ferner könnte man sich als Beispielsfall vorstellen, daß die Parteien vereinbaren, eine ausdrückliche oder konkludente Antwort solle nicht gegeben werden, sondern Schweigen während eines gewissen Zeitraums solle die Annahme signalisieren[6].

Da es sich bei den zuletzt besprochenen Fällen um echte Willenserklärungen handelt, gelten die Vorschriften über die Geschäftsfähigkeit und die Willensmängel unmittelbar.

---

1 BGHZ 18, 215. Das ist bei der „Auftragsbestätigung" nicht der Fall.

2 BGHZ 40, 42

3 BGH NJW 1969, 1711

4 ablehnend z.B. Bickel NJW 1972, 607 ff; bejahend z.B. Flume § 5,2; § 35 II 4; Larenz, Allg. Teil § 19 IV

5 Palandt-Heinrichs, BGB, Einf. vor § 116 3)b)aa

6 Flume § 5, 2; § 23, 1

II. Der sogenannte faktische Vertrag

1. Die Lehre vom faktischen Vertrag befaßt sich mit folgenden Sachverhalten:

Jemand erklärt ausdrücklich, keinen Vertrag abschließen zu wollen, richtet sein tatsächliches Verhalten aber so ein, daß er die Leistung des anderen erhält. Zum Beispiel: Ein Fahrgast besteigt einen städtischen Omnibus und erklärt dabei, die Stadt sei nicht berechtigt, einen Fahrpreis zu verlangen. Er lehne die Zahlung daher ab. Am Ziel steigt er aus, ohne bezahlt zu haben. Ähnliche Fälle lassen sich bei der Inanspruchnahme eines Stromanschlusses, eines Parkplatzes u.a.m. denken.

Das Problem liegt hier rechtlich in folgendem: Das schlichte Besteigen des Beförderungsmittels enthält an sich bereits die Willenserklärung, einen Beförderungsvertrag schließen zu wollen (Willenserklärung durch schlüssiges Handeln). Dieser Erklärungswert ist aber durch die gleichzeitige ausdrückliche Äußerung, man wolle eine solche Erklärung gerade nicht abgeben, in Frage gestellt.

2. Die Lehre vom faktischen Vertrag besagt, daß in bestimmten Fällen eine Einigung für das Zustandekommen eines Vertrages nicht erforderlich sei. Der Vertrag komme hier durch „sozialtypisches Verhalten", nämlich der tatsächlichen Inanspruchnahme trotz gegenteiliger Erklärung zustande[1]. Die Rechtsprechung ist dieser Auffassung gefolgt[2].

3. Die herrschende Meinung lehnt diese Konstruktion ab, weil sie sich nicht in die vom BGB vorgegebene Systematik des Rechts der Willenserklärungen einpassen läßt[3]. Sie löst das Problem, welche Erklärung den Ausschlag gibt, wie folgt: Die tatsächliche Inanspruchnahme sei konkludentes Verhalten mit dem objektiven Erklärungswert „Annahme". Die entgegengesetzte mündliche Äußerung wird nicht verwertet, da sie mit dem tatsächlichen Verhalten unvereinbar sei (*protestatio facto contraria*).

Diese Auffassung überzeugt insofern nicht ganz, weil es ja dem Erklärenden offenstehen muß, den Erklärungswert selbst zu bestimmen. Es ist ihm anheimgestellt, den aus seinem Verhalten folgenden Erklärungswert durch eine ausdrückliche Erklärung zu korrigieren[4]. Das illustriert folgender Beispielsfall: A erhält durch ein Versehen der Post einen Kanarienvogel. Er füttert ihn liebevoll. Das bedeutet Annahme durch konkludentes Verhalten. A erklärt aber ausdrücklich, das tue er nur, um den Vogel am Leben zu erhalten, behalten wolle er ihn nicht. Der objektive Erklärungswert ist damit: Ablehnung. – Die herrschende Auffassung müßte daher noch Maßstäbe geben, in welchen Fällen eine Differenz zwischen konkludentem Verhalten und mündlicher Erklärung unbeachtlich sein soll.

Eine weitere Unstimmigkeit liegt noch darin, daß die Rechtsprechung beim faktischen Vertrag nicht Geschäftsfähigkeit, sondern nur konkrete Einsichtsfähigkeit in die Bedeutung des sozialtypischen Verhaltens verlangt. Der Schutz des nicht voll Geschäftsfähigen wird im BGB aber ansonsten sehr streng durchgeführt.

4. In vielen Fällen dieser Art erscheint es sachgerecht und dem System des BGB entsprechend, überhaupt keinen Vertrag anzunehmen. Die Verpflichtung, den Gegenwert für die inanspruchgenommene Leistung zu erbringen, ergibt sich nämlich jedenfalls wegen ungerechtfertigter Bereicherung (§ 812). Evtl. hat der andere Teil auch einen Schadensersatzanspruch, den er nach § 823 realisieren kann.

---

1 Larenz NJW 1958, 862; einschränkend ders. Allg. Teil § 28 II

2 BGHZ 21, 334; 23, 175; einschränkend BGH NJW 1965, 387

3 Enneccerus-Nipperdey § 163 VII; Flume § 8, 2

4 kritisch auch Teichmann, Festschrift Michaelis, 1972, S. 295 ff

5. Bei Dauerschuldverhältnissen wie dem Gesellschaftsvertrag oder dem Arbeitsvertrag gilt für den Fall, daß der Vertrag infolge Anfechtung oder anderweitiger Nichtigkeit von Anfang an wegfällt (§ 142), folgendes:

Nach hM wirkt sich die Anfechtung oder Nichtigkeit nur auf die beiderseitigen Ansprüche für die Zukunft aus[1]. Ist also ein Arbeitsvertrag aus irgendeinem Grunde nichtig, hat der Arbeitnehmer dennoch einen vertraglichen Anspruch auf Arbeitslohn für die bereits geleistete Arbeit bis zu dem Zeitpunkt, in dem sich die Nichtigkeit herausstellte.

Für solche Fälle macht die Vertragslehre es nicht erforderlich, für eine „vertragslose" Zeit einen faktischen Vertrag anzunehmen. Aus der speziellen Art des Dauerschuldverhältnisses folgt vielmehr, daß die Wirkung der betreffenden Gestaltungsrechte hinsichtlich der gegenseitigen Ansprüche erst für die Zukunft gilt (das gleiche trifft übrigens für den Mietvertrag zu, soweit man dort die Anfechtung überhaupt für zulässig erachtet[2]).

Teil 3 Die Fallösung

A. Das Gutachten zum Fall

B könnte von R Abnahme und Zahlung der drei Tage nach dem Telefongespräch abgeschickten Ware nach § 433 Abs. 2 BGB verlangen. Über diese Ware hatte er mit A einen Kaufvertrag abgeschlossen. B und R haben sich später telefonisch darauf geeinigt, daß nur die in der Auslieferung befindliche Ware gegen Kasse abgenommen werden sollte. Eine Änderung eines wirksamen Vertrages ist möglich, wenn die Parteien sich darauf einigen. Das ist hier der Fall. R war als Nachlaßverwalter des A auch zu dieser Abmachung befugt.

Fraglich ist, welchen Inhalt die Einigung hat. Es könnte eine Einigung mit dem Inhalt des Schreibens des R zustandegekommen sein. Gewohnheitsrechtlich bzw. als Handelsbrauch ist anerkannt, daß Schweigen auf ein kaufmännisches Bestätigungsschreiben Zustimmung zum Inhalt des Schreibens bedeutet. Dann müßte es sich dabei um ein kaufmännisches Bestätigungsschreiben gehandelt haben. Erste Voraussetzung für ein solches Bestätigungsschreiben ist, daß die Parteien Kaufleute sind oder in größerem Umfang am Wirtschaftsleben teilnehmen. Das ist hier hinsichtlich des R nicht der Fall. Die Rechtsprechung hat es jedoch genügen lassen, daß jemand von einem Kaufmann angebahnte Geschäfte für diesen abwickelt[3]. Das trifft auf R als Nachlaßverwalter zu.

Weitere Voraussetzung ist, daß die Parteien in Vertragsverhandlungen standen, die jedenfalls teilweise mündlich oder fernmündlich geführt wurden. Auch diese Voraussetzung ist erfüllt.

Ferner mußte das Schreiben dem anderen zugehen. Das ist der Fall. Es spielt keine Rolle, daß B von dem Schreiben wegen des Versehens des L keine Kenntnis hatte. Die nächste Voraussetzung, daß nämlich das Schreiben von der Tatsache ausging, ein Vertrag sei geschlossen, liegt ebenfalls vor.

Ein kaufmännisches Bestätigungsschreiben darf nicht derartig vom wirklichen Inhalt der Verhandlungen abweichen, daß mit einer Billigung vernünftigerweise nicht gerechnet werden kann. Die

---

1 vgl. für den Gesellschaftsvertrag BGHZ 3, 285; für den Arbeitsvertrag BAGE 14, 186

2 str., a.A. Palandt-Heinrichs, BGB, Einf. vor § 145 5 c) aa)

3 BGHZ 40, 42; BGH NJW 1976, 1402

vorliegende Abweichung besteht darin, daß lt. der Einigung am Telefon die bereits auslieferungsfertige Ware ausgeliefert werden sollte, während im Schreiben nur von der am Tage des Telefongesprächs ausgelieferten Ware gesprochen wird. Diese Abweichung ist nicht so erheblich, daß R mit einer Billigung nicht hätte rechnen können.

Schließlich setzt ein wirksames kaufmännisches Bestätigungsschreiben voraus, daß der Empfänger nicht widersprochen hat. So ist es hier. Es spielt keine Rolle, daß B mangels Kenntnis von dem Schreiben keine Gelegenheit zum Widerspruch gehabt hat.

Da somit ein wirksames kaufmännisches Bestätigungsschreiben vorliegt, richtet sich der Inhalt der Vereinbarung nach dem Bestätigungsschreiben. Dieses lautet auf Abnahme der Ware, die am Tag des Telefongesprächs ausgeliefert wurde. Damit hat die Einigung diesen Inhalt. B kann also Abnahme und Zahlung nicht für die später ausgelieferte Ware verlangen.

B. Hinweise zum Lösungsgang[1]

1. Hat eine Rechtsnorm oder ein gewohnheitsrechtlicher Rechtssatz mehrere Voraussetzungen, kann das Gutachten auf zwei Arten aufgebaut werden. Man zählt entweder alle Voraussetzungen der Reihe nach auf und subsumiert erst danach, oder man führt die Voraussetzungen einzeln auf und subsumiert sofort. Beim obigen Gutachten wurde der zweite Weg gewählt, weil keine der Voraussetzungen längere Erörterungen erforderlich machte. In den Fällen, in denen eine oder mehrere Voraussetzungen umfangreiche Ausführungen nach sich ziehen, wird das Gutachten aber verständlicher, wenn zunächst sämtliche Voraussetzungen genannt werden.

Sollte eine Voraussetzung einer Vorschrift vom Sachverhalt nicht erfüllt werden, ist es ebenfalls im Interesse des Lesers, wenn ihm alle Voraussetzungen genannt werden. Die Prüfung der betreffenden Vorschrift endet zwar mit negativem Ergebnis. Es kann aber sein, daß der Leser dem Gutachter nicht zustimmt, was die Ausführungen zu der betreffenden Voraussetzung angeht. Dann ist es vorteilhaft, wenn ihm der Gutachter die Möglichkeit zum Weiterdenken eröffnet hat, indem er ihm sämtliche Voraussetzungen nannte. Mehr kann der Gutachter nicht tun. Ist er der Auffassung, daß es z.B. von drei Voraussetzungen an der Voraussetzung Nr. 2 im Fall fehlt, endet damit die Prüfung. Der Verfasser sollte nicht „hilfsweise" seine soeben geäußerte Ansicht durch weitere Überlegungen in Frage stellen. Ein Hilfsgutachten ist nur bei einem wirklich unklaren und mehrdeutigen **Sachverhalt** am Platze.

Will der Gutachter bei der Behandlung einer Voraussetzung eine gewagte Ansicht vertreten, muß er damit rechnen, daß man ihm nicht zustimmt. Dann tut er gut daran, zuvor die übrigen Voraussetzungen vollständig durchzuprüfen. Der Leser wird bei der letzten Voraussetzung vielleicht nicht zustimmen. Er hat aber vom Gutachter ansonsten hinreichende Aufklärung erhalten.

2. Sollten Voraussetzungen problemlos gegeben sein – wie im Fall der Punkt „Zugang des Briefes des R" – muß das Gutachten knapp bleiben. Es wäre also zuviel des Guten, wenn ausgeführt würde, was man unter „Zugang" versteht und daß eine empfangsbedürftige Willenserklärung zugehen muß, soll sie wirksam sein. Allenfalls hätte man noch erwähnen können, daß es am Zugang nicht deswegen fehlt, weil der Brief durch ein Versehen des L verlorenging.

3. Bei der Lösung kam es auf einen Vergleich der exakten Formulierungen der Parteien an. In solchen Fällen darf im Gutachten der betreffende Teil des Sachverhalts wiederholt werden. Ansonsten ist es unzulässig, Teile des Sachverhalts im Gutachten wiederzugeben oder gar mit einer Nacherzählung des Sachverhaltes zu beginnen.

---

[1] Zur Lösungsmethode und Arbeitstechnik siehe Anhang 1 und Anhang 2

Teil 4 Lesekontrolle

1. Im einfachen Schweigen einer Person ist eine Willenserklärung enthalten, wenn
   a) der Antragende auf eine Annahmeerklärung verzichtet hat oder eine solche Erklärung nach der Verkehrssitte nicht zu erwarten ist
   b) Schweigen aufgrund einer gesetzlichen Bestimmung oder gewohnheitsrechtlich als Willenserklärung gilt
2. In einer Reihe von gesetzlichen Vorschriften wird dem Schweigen rechtliche Bedeutung zugemessen, und zwar
   a) wird es als Annahme deklariert
   b) wird es entweder als Annahme oder als Ablehnung deklariert
3. Der Erklärungswert „Annahme“ ist gewohnheitsrechtlich anerkannt:
   a) bei einem Schweigen auf eine verspätete (§ 149) oder modifizierte (§ 150) Annahmeerklärung
   b) wenn der Antragende auf die Erklärung der Annahme ihm gegenüber verzichtet hat (§ 151)
4. Ein echtes Bestätigungsschreiben kommt in folgendem Fall in Betracht:
   a) Es ist objektiv ersichtlich, daß der Verfasser eine Bestellung ausführen will (Auftragsbestätigung)
   b) Im Schreiben taucht das Wort „Bestätigung“ auf
   c) Es ist objektiv ersichtlich, daß der Verfasser annimmt, ein Vertrag sei geschlossen
5. Bei einem Dauerschuldverhältnis (z.B. Miete) wirkt sich eine Anfechtung wie folgt aus:
   a) überhaupt nicht
   b) ab Anfechtungserklärung fällt das Dauerschuldverhältnis weg
   c) das Dauerschuldverhältnis ist von Anfang an unwirksam (§ 142)

Richtig sind (die Klammern verweisen auf den Text im Teil 2):
1b (I.1); 2b (I.2.a); 3a (I.3.b); 4c (I.3.c.4); 5b (II.5)

8. Kapitel: Allgemeine Geschäftsbedingungen (AGB)

Teil 1 Der Fall (Sachverhalt)

Unternehmer A hat beim Buchversand B für die Werksbücherei einen größeren Posten Bücher bestellt. B bestätigt den Auftrag dankend und fügt der Bestätigung seine „Versandbedingungen" bei. Gemäß Nr. 7 der Versandbedingungen liefert B ausschließlich unter Eigentumsvorbehalt. A schreibt zurück, er könne fremde Versandbedingungen u.a. aus organisatorischen Gründen leider nicht akzeptieren. B liefert kommentarlos. A zahlt auch nach Mahnung nicht. Er fällt kurze Zeit später in Konkurs. B verlangt die Bücher vom Konkursverwalter heraus. Muß der Konkursverwalter die Bücher herausgeben?

Teil 2 Die Darstellung der Rechtsmaterie

A. AGB im Verhältnis AGB-Verwender – Kunde (Nichtverwender)

I. Das äußere Erscheinungsbild der AGB

1. Allgemeine Geschäftsbedingungen begegnen uns im täglichen Leben unter vielfältigen Bezeichnungen. Sie tragen etwa die Überschrift: Lieferbedingungen, Einkaufsbedingungen, Reparaturbedingungen, Einheitsbedingungen, Garantiebestimmungen, Versicherungsbedingungen u.a.m. Ein sehr großer Teil der Verträge wird heutzutage von ihnen betroffen. In Industrie und Handel, bei Versicherungen und Banken ist die Verwendung von AGB die Regel.

2. Äußerlich sind AGB häufig durch folgende Merkmale gekennzeichnet:

a) Die Überschrift weist auf eine allgemeine Geltung hin.

b) Vertragliche Regelungen sind in gedruckter Form vorformuliert.

c) Die Form folgt der Form der Gesetze. Die AGB sind generell und abstrakt abgefaßt. Häufig finden sich Abschnitte und Paragraphen. Hin und wieder enthalten sie auch ein Datum des Geltungsbeginns und eine Aussage über das Außerkrafttreten. Mit einem Wort: Der Nichtfachmann wird sie oft für einen Gesetzestext halten.

3. Inhaltlich enthalten sie Regelungen, die sich mit Zustandekommen und Abwicklung der Geschäfte des betreffenden Unternehmens befassen. Sie behandeln z.B. Gefahrtragung, Zahlungsart, Gewährleistungsbeschränkung, Gerichtsstandvereinbarung, Eigentumsvorbehalt, Schiedsgerichtsklausel, Vertragsstrafe, Preisgleitklausel und Schadenspauschalierung. Dabei sind vorwiegend die Interessen des Verwenders ausgestaltet. Dies kann auch in der Weise geschehen sein, daß die Rechte des Vertragspartners des Verwenders eingeschränkt werden. Es gibt aber AGB, die von Interessenvertretern beider Parteien aufgestellt wurden (z.B. die Verdingungsordnung für Bauleistungen (VOB) Teil B). Der Inhalt kann von staatlichen Aufsichtsbehörden überprüft sein (z.B. im Versicherungsgewerbe), weil eine gesetzliche Vorschrift das anordnet (z.B. § 4 Abs. 1 S. 2 PflVersG). AGB finden sich für alle Vertragstypen.

4. Verfasser und Verwender der AGB sind im allgemeinen die Gewerbetreibenden resp. deren Verbände. Bei den AGB handelt es sich um vorgefertigte Regelungen, die eine spezielle Vereinbarung des Vertragsinhalts mit einem konkreten Vertragspartner überflüssig machen sollen.

5. Die Handhabung ist dadurch gekennzeichnet, daß die von einem Unternehmer verwendeten AGB im allgemeinen für alle Verträge gelten sollen, die er schließt. Das läuft darauf hinaus, daß er keine Willenserklärung – Angebot oder Annahme – mit anderem Inhalt als der von ihm verwendeten AGB abgibt, wenn seine AGB gelten.

Beim Vertragsschluß verweist man nicht immer ausdrücklich auf die AGB. Hier überwiegt konkludentes Handeln, z.B. durch Aushang (z.B. bei Banken, Reparaturwerkstätten usw.), durch Anlage zu Schriftstücken (z.B. bei Versicherungen) oder durch Abdruck irgendwo – beliebt sind Rückseiten – auf einem Formular, das einen Vertragsvordruck darstellt (sog. Formularverträge). Nicht selten findet ein Hinweis auf AGB erst nach Vertragsschluß statt, z.B. auf Lieferscheinen und Rechnungen. Häufig wird auch auf AGB anderer Handelsstufen (Vorlieferanten) verwiesen oder es werden deren AGB in irgendeiner Form übernommen.

6. Die generelle Verwendung bedeutet, daß der betreffende Unternehmer seine AGB nicht nur bei Vertragspartnern zugrundelegen möchte, die selbst nicht Gewerbetreibende, also praktisch Verbraucher sind, sondern auch gegenüber anderen Unternehmern, die in einer mehr oder weniger ähnlichen wirtschaftlichen Situation stehen und selbst eigene AGB verwenden. Die rechtlichen Aspekte sind bei diesen verschiedenen Adressaten unterschiedlich gelagert (dazu unten B).

II. Die Interessenlage auf Seiten des AGB-Verwenders

1. Die Regeln des Schuldrechts über die dort behandelten Verträge sind durchweg nicht-zwingender Natur (dispositiv). Es sind daher auch Verträge möglich, die andere Regelungen enthalten als die des BGB. Dann ersetzen die Parteien eben dispositives Recht durch ihre eigenen Abmachungen. Sie gestalten den Inhalt des Vertrages und dessen Pflichten selbst (Gestaltungsfreiheit). Das ist selbstverständlich auch möglich, wenn keine gesetzlichen Vorschriften für einen von den Parteien gewollten Vertrag existieren. Diese Gestaltung wird durch die Verwendung von AGB erleichtert. AGB dienen damit der Rationalisierung in der Wirtschaft. Wenn sie zudem eine Risikoverlagerung auf den Kunden enthalten, ermöglichen sie – jedenfalls theoretisch – eine günstigere Preisgestaltung.

2. Es ist im Wirtschaftsleben unumgänglich, AGB zu verwenden:
- wenn passende gesetzliche Regelungen überhaupt fehlen;
- wenn die bestehenden gesetzlichen Regelungen in das planerische Konzept des Unternehmens nicht passen, weil z.B. die Rechtsfolgen bei Fehlern der Kaufsache wirtschaftlich nicht tragbar sind (*Beispiel:* wegen eines schadhaften Kleinteiles wird eine hochwertige Maschine zurückgegeben);
- wenn bestehende gesetzliche Regelungen unklar oder unvollständig sind, z.B. hinsichtlich eines Mangelfolgeschadens;
- wenn die große Zahl der Geschäfte ein immer wieder neues Formulieren der Vertragseinzelheiten zeitlich nicht zuläßt.

3. Gleichbleibende Vertragsinhalte sind an sich schon für unternehmerische Planungen vorteilhaft. Wenn dabei gleichzeitig die Interessenlage des Verwenders der AGB so weit wie möglich berücksichtigt ist, wird es verständlich, daß er Verträge nur zu diesen Bedingungen abschließen will. Wenn aber einige Unternehmer AGB verwenden, sind auch ihre Mitbewerber veranlaßt, sich ebenso günstige Chancen zu verschaffen. Das führt dazu, daß ganze Gewerbezweige nur noch inhaltlich durch AGB festgelegte Verträge schließen. Der Wettbewerb bewirkt aber keineswegs die Ausmerzung derjenigen Klauseln, die die Verwender unangemessen begünstigen.

4. Von einem Aushandeln des Vertragsinhalts kann in zahlreichen Gewerbezweigen keine Rede mehr sein. Das wird vor allem dann zu unerwünschten Zwangslagen führen, wenn sich Unternehmer und Verbraucher als Vertragsschließende gegenüberstehen. Letztere haben oft nur noch die Wahl, die AGB des anderen zu akzeptieren oder auf den Vertrag ganz zu verzichten.

III. Die Rechtsnatur der AGB

1. AGB sind vorgefertigte Vertragsregelungen, die ein Unternehmer (Verwender) beim Vertragsschluß ausnahmslos zugrundelegt, so daß für den anderen Teil insoweit kein Verhandlungsspielraum verbleibt. § 1 Abs. 1 des seit dem 1.4.1977 geltenden Gesetzes zur Regelung des Rechts der Allgemeinen Geschäftsbedingungen (AGBG) definiert wie folgt:

> Allgemeine Geschäftsbedingungen sind alle für eine Vielzahl von Verträgen vorformulierten Vertragsbedingungen, die eine Vertragspartei (Verwender) der anderen Vertragspartei bei Abschluß eines Vertrages stellt.

2. Eine besondere Betonung trägt das Wort „stellt". Damit wird eine charakteristische Eigenart der AGB angedeutet. „Stellen" ist als Gegensatz zu „Aushandeln" zu verstehen[1]. AGB setzen begrifflich voraus, daß die eine Vertragspartei ihre vorgefertigten Vertragsinhalte der anderen Partei beim Vertragsschluß einseitig und kompromißlos auferlegt[2].

Dementsprechend erläutert § 1 Abs. 2 AGB:

> Allgemeine Geschäftsbedingungen liegen **nicht** vor, soweit die Vertragsbedingungen zwischen den Vertragsparteien im einzelnen **ausgehandelt** sind.

3. Die Formulierung „Vertragsbedingungen" in § 1 Abs. 1 AGBG darf nicht dahin mißverstanden werden, als handele es sich bei den AGB um Bedingungen im Sinne der §§ 158 ff. AGB sind nicht Bedingungen in einem Vertrag. Vielmehr schließt der Verwender einen Vertrag überhaupt nur, wenn der andere seine AGB akzeptiert (AGB sind *conditio sine qua non* für den Vertragsschluß überhaupt).

4. AGB haben nicht den Charakter von Rechtsnormen, da sie von Privatpersonen aufgestellt sind[3]. AGB zählen nicht zu den Rechtsquellen. Sie erlangen auch nicht etwa in denjenigen Fällen den Rang von Rechtsnormen, in denen eine behördliche Genehmigung einzuholen ist (z.B. für Allgemeine Versicherungsbedingungen nach § 4 Abs. 1 S. 2 PflVersG[4]).

Daher gelten die AGB nicht schon deswegen, weil sie existieren (wie das bei Rechtsnormen aber der Fall ist). Der Verwender kann sie dem anderen rechtlich auch nicht aufzwingen; er kann sie nur „stellen" (diktieren) und damit dem anderen den Verhandlungsspielraum nehmen.

Bedenklich stimmt unter diesem Aspekt die Rechtsprechung des BGH, die zwischen „einseitigen" AGB (die überwiegend die Interessen des Verwenders berücksichtigen) und AGB mit paritätischem Interessenausgleich (was durch die Beteiligung aller Beteiligten bei der Aufstellung gewährleistet sein soll) unterschieden hat. So will der BGH die „Verdingungsordnung für die Ausführung von Bauleistungen" (VOB-B) nicht in allen Punkten wie AGB einstufen[5]. Es dürfte aber bereits ein gewagtes Unterfangen sein, auf einen gerechten Interessenausgleich zu hoffen, wenn nur alle Beteiligten mitgewirkt haben. Jedenfalls fällt auch bei den VOB (B) ins Gewicht, daß die Vertragsfreiheit beim konkreten Vertragsschluß im Kern beseitigt ist. Es bleibt abzuwarten, ob die Rechtsprechung in dieser Frage etwas zurücksteckt, nachdem das AGBG die VOB als AGB einstuft (§ 23 Abs. 2 Nr. 5), sie allerdings in zwei Bereichen (fingierte Erklärungen und Verkürzung von Gewährleistungsfristen) gesondert behandelt.

5. Andererseits sind „Allgemeine Bedingungen" (oder wie immer ihre Überschrift lauten mag), die auf Grund einer gesetzlichen Ermächtigung von einem zuständigen Staatsorgan im Wege einer Verordnung aufgestellt werden, Rechtsnormen und keine AGB. Diese Regelungen hätten nämlich auch

---

1 Zu den Anforderungen, die an ein „Aushandeln" zu stellen sind, vgl. BGH NJW 1977, 624 und Heinrichs NJW 1977, 1507

2 vgl. Palandt-Heinrichs, BGB, § 1 AGBG Anm. 2 d; A. Stein, Gesetz zur Regelung des Rechts der Allgemeinen Geschäftsbedingungen, 1977, § 1 Rdn. 15–18

3 BGHZ 17, 2; Palandt-Heinrichs, BGB, § 145 Anm. 6 A c

4 Palandt-Heinrichs, BGB, § 1 AGBG Anm. 1

5 BGHZ 55, 200; vgl. dazu auch Hesse BB 1973, 546

in dem betreffenden Gesetz getroffen werden können und sind lediglich aus Zweckmäßigkeitsgründen auf die Exekutive mit eingehender Maßgabe (Art. 80 GG) delegiert worden. Das bestätigt das AGBG in § 26 für die allgemeinen Bedingungen der Energieversorgungsunternehmen (die mit den Abnehmern im übrigen aber privatrechtliche Verträge abschließen).

6. Die Regeln für AGB gelten jedoch nicht für diejenigen Verträge, bei denen fertige Formulare (Bestellscheine, Kaufanträge usw.) verwendet werden, soweit in dem Formularvertrag inhaltlich keine vorgefertigten Vertragsregelungen auftauchen[1]. Zwar wird – jedenfalls bislang – beides in der Praxis oft gekoppelt. Selbstverständlich kommt es für die Klassifizierung bestimmter Klauseln als AGB auch nicht darauf an, ob sie einen gesonderten Bestandteil des Vertrages bilden, welchen Umfang sie haben und welche Form der Vertrag hat, § 1 Abs. 1 S. 2 AGBG.

Die Verwendung eines Vertragsformulars braucht aber keineswegs zu einem Diktat des Vertragsinhalts zu führen. Ein Unternehmer wird unter Umständen deswegen ein Formular bereithalten, um etwa die innerbetriebliche Organisation (z.B. die Datenverarbeitung) und die Vertragsabwicklung (z.B. durch Mehrfachausfertigung) zu erleichtern. Bei Abzahlungsgeschäften dürfte wegen der in § 1 a AbzG vorgeschriebenen zahlreichen Angaben (vgl. dazu das 12. Kapitel Teil 2 C. III) nur ein Formular gewährleisten, daß eine notwendige Angabe niemals unterbleibt.

Die evtl. massierte Verwendung von „reinrassigen" Formularen wird ihrerseits Probleme aufwerfen; AGB und Formularverträge sind aber nicht gleichzustellen.

Bei kombinierten Formularverträgen (Vordruck und AGB) kommt es entscheidend auf das „Aushandeln" des Vertragsinhalts an. Ist das der Fall, liegen trotz Vorfertigung keine AGB vor, § 1 Abs. 2 AGBG.

7. Das AGBG geht von der tatsächlichen Situation aus, daß sich beim Vertragsschluß Verwender (Unternehmer) und Nichtverwender (Endverbraucher, aber auch Zwischenhändler usw.) gegenüberstehen, vgl. § 1 AGBG. Das beruht darauf, daß dieses Gesetz zunächst ausschließlich als Verbraucherschutz-Gesetz konzipiert war[2]. Zum Schutz des Verbrauchers besteht genügend Anlaß: er ist nicht in der Lage, den Verwender zur Abänderung der AGB zu veranlassen, versteht häufig nicht einmal den Inhalt und muß sich ansonsten ins Unabänderliche fügen. Diese Aufgabenstellung ist im Gesetzgebungsverfahren allerdings modifiziert worden. Das AGBG beschäftigt sich aber nicht mit der Problematik der AGB im Verhältnis Verwender – Verwender (dazu unten B) und mit den AGB als Träger einseitig–wirksamer Erklärungen (dazu unten C).

IV. Die Einbeziehung von AGB in den Vertrag

1. AGB gelten für die Vertragspartner nur, wenn sie Inhalt des zwischen ihnen geschlossenen Vertrages geworden sind[3], nicht etwa wegen ihrer Existenz.

2. Inhalt eines Vertrages ist grundsätzlich nur das, was die Einigung enthält, worüber sich die Parteien also mit ihren Willenserklärungen geeinigt haben. Für das Zustandekommen von Verträgen gelten die §§ 145–157 auch dann, wenn AGB vorgelegt werden. Hinzu kommen die Vorschriften des AGBG (die gemäß § 24 AGBG nicht uneingeschränkt gegenüber Kaufleuten und nicht gegenüber juristischen Personen des öffentlichen Rechts und öffentlich-rechtlichen Sondervermögen gelten).

3. Die objektivierte Auslegung der Willenserklärungen ist daher bei der Untersuchung maßgeblich dafür, ob die AGB Vertragsinhalt geworden sind. § 2 Abs. 1 AGBG (Einbeziehung in den Vertrag) enthält dazu zum Teil klärende, zum Teil – vor allem im Hinblick auf die bisherige Rechtsprechung – zusätzliche Bestimmungen:

> Allgemeine Geschäftsbedingungen werden nur dann Bestandteil eines Vertrages, wenn der Verwender bei Vertragsabschluß

---

1 BGH NJW 1974, 850; Löwe NJW 1974, 1105

2 vgl. Schmidt-Salzer NJW 1977, 129

3 BGHZ 17, 1; OLG München NJW 1973, 1560

1. die andere Vertragspartei ausdrücklich oder, wenn ein ausdrücklicher Hinweis wegen der Art des Vertragsabschlusses nur unter unverhältnismäßigen Schwierigkeiten möglich ist, durch deutlich sichtbaren Aushang am Ort des Vertragsabschlusses auf sie hinweist und

2. der anderen Vertragspartei die Möglichkeit verschafft, in zumutbarer Weise von ihrem Inhalt Kenntnis zu nehmen

und wenn die andere Vertragspartei mit ihrer Geltung einverstanden ist.

4. Nach § 2 AGBG genügt daher nicht mehr (wie für die Zeit vor Geltung dieser Bestimmung) jedes schlüssige Verhalten des Verwenders, woraus sich ergibt, daß er nur zu seinen AGB kontrahieren wolle. Hinsichtlich der anderen Vertragspartei reicht es nach § 2 AGBG nicht mehr aus, daß sie sich „stillschweigend den AGB unterwirft". Diese Auffassung hatte bislang der BGH vertreten[1], wobei er zum Ausgleich für diese großzügige Haltung bei der Frage der Einbeziehung eine strenge Kontrolle des Inhalts der AGB vornahm.

Die Parteien müssen die AGB aber nicht im einzelnen besprechen; tun sie das, kann ein „Aushandeln" vorliegen – dann gilt das AGBG nicht, § 1 Abs. 2 AGBG[2].

Es darf nicht übersehen werden, daß § 2 AGBG eine **ausdrückliche** Einverständniserklärung des Nichtverwenders nicht verlangt. Es reicht also aus, wenn sein Verhalten aus objektiver Sicht (Empfängerhorizont) ergibt, daß er mit den AGB einverstanden ist. Es spielt dabei grundsätzlich keine Rolle, ob er Kenntnis von den AGB genommen hat, solange er die Möglichkeit dazu hatte. Das einfache Schweigen kann jedoch nicht als Einverständnis gewertet werden[3].

5. Kommt es also auch nach Inkrafttreten des AGBG darauf an, daß sich die Vertragsparteien auf die Geltung der AGB geeinigt haben, sind Verweisungen auf die AGB *nach* dem Vertragsabschluß grundsätzlich nicht geeignet, den Inhalt des abgeschlossenen Vertrages noch zu verändern (solch ein verspäteter ausdrücklicher Hinweis kann als Antrag auf Abänderung des Vertrages gewertet werden). Eine Ausnahme von diesem Grundsatz besteht, wenn die Partner in langer Geschäftsbeziehung stehen[4]. Diese nach den allgemeinen Auslegungsgrundsätzen ohnehin gebotene Feststellung hat der Gesetzgeber in § 2 Abs. 2 AGBG mit berücksichtigt: demnach kann die Geltung von AGB im voraus für eine bestimmte Art von Rechtsgeschäften vereinbart werden, d.h. der frühere ausdrückliche Hinweis wirkt sich auch bei den Folgegeschäften aus und braucht nicht jeweils wiederholt und vom anderen neu akzeptiert zu werden.

Die grundsätzliche Unwirksamkeit verspäteter Hinweise (wenn die Einigung also schon zustandekam) gilt ohnehin nicht für die Erklärungen, die ohne Einigung wirksam werden. Enthalten die AGB solche einseitig-wirksamen Erklärungen (z.B. die Eigentumsvorbehaltserklärung), teilen sie das Schicksal der vertraglichen Klauseln nicht.

6. Hält der Verwender die Erfordernisse des § 2 AGBG ein, so werden Bestimmungen in den AGB, die nach den Umständen so ungewöhnlich sind, daß der Vertragspartner des Verwenders mit ihnen nicht zu rechnen brauchte, nicht Vertragsbestandteil, § 3 AGBG (überraschende Klauseln). § 3 AGBG verhindert die Einbeziehung auch dann, wenn die Klausel inhaltlich durchaus angemessen ist.

Das Überraschungsmoment fehlt, wenn der Nichtverwender die Klausel kannte. Dann sperrt § 3 AGBG also nicht. Fraglich könnte sein, ob das Wissen von der Klausel auch ein Verstehen des Inhalts voraussetzt; z.B.: der Endverbraucher liest die AGB zwar, erkennt aber die wirkliche Tragweite der Klausel nicht. Hier wird man die von der Rechtsprechung entwickelte und vom Gesetzgeber nunmehr in § 5 AGBG zum Gesetz erhobene Unklarheitsregel entsprechend anwenden müssen. Sind die AGB also unklar, unvollständig oder mißverständlich abgefaßt, kann sich der Nichtverwender zu seinen Gunsten darauf berufen. Ist das nicht der Fall, darf man andererseits

---

1 BGHZ 3, 200; 42,55

2 Zu den Anforderungen, die an ein Aushandeln zu stellen sind, vgl. BGH NJW 1977, 624

3 vgl. Schmidt-Salzer NJW 1977, 134

4 BGHZ 42, 55

dem Nichtverwender nicht die Einwendung geben, er habe die Klausel trotz eindeutiger Fassung nicht richtig verstanden und sei nun von ihrem wahren Inhalt überrascht.

7. Mittelbare Grenzen für die Einbeziehung bestimmter Klauseln in den Vertrag enthalten die §§ 9–11 AGBG. Diese Vorschriften gelten nur für diejenigen Regelungen in AGB, die von Rechtsvorschriften abweichen oder sie ergänzen, § 8 AGBG.

Nach § 9 Abs. 1 AGBG sind Bestimmungen in AGB unwirksam, wenn sie den Vertragspartner des Verwenders entgegen den Geboten von Treu und Glauben unangemessen benachteiligen. Im Anschluß an diese Generalklausel folgt dann ein – nicht abschließender – Katalog von unwirksamen Klauseln, die wertausfüllungsbedürftige Begriffe enthalten (§ 10 AGBG) und ein weiterer Katalog von Klauseln, die ohne eine richterliche Bewertung auskommen sollen (§ 11 AGBG). Diese Aufteilung ist ohne Belang und nicht einmal ganz zutreffend; auch in § 11 AGBG finden sich wertungsbedürftige Begriffe (z.B. § 11 Nr. 5 a: „gewöhnlicher Lauf der Dinge"; Nr. 5b: „Schaden wesentlich niedriger"; Nr. 10c „Zum Zweck der Nachbesserung erforderlich"; Nr. 10d: „unverhältnismäßig hoher Teil"; Nr. 10e: „nicht offensichtlicher Mangel" u.a.m.). Immerhin erfaßt der Katalog sehr viele Fälle, die bisher von der Rechtsprechung (vor allem der unteren Gerichte) nicht einheitlich beurteilt wurden.

Liegt keiner der Fälle der §§ 10, 11 AGBG vor, ist anhand der Generalklausel des § 9 AGBG zu entscheiden, ob die betreffende AGB-Bestimmung unwirksam, nämlich unangemessen ist. Die Rechtsprechung hat bisher bei der Inhaltskontrolle den Maßstab zu Hilfe genommen, wie sehr die AGB von den gesetzlichen, dispositiven Vorschriften des betreffenden Vertragstyps abweichen (sog. Leitbildfunktion des dispositiven Rechts[1]). Dieser Grundsatz ist nunmehr Gesetz. § 9 Abs. 2 AGBG bestimmt, daß eine unangemessene Benachteiligung im Zweifel anzunehmen ist, wenn eine Bestimmung

1. mit wesentlichen Grundgedanken der gesetzlichen Regelung, von der abgewichen wird, nicht zu vereinbaren ist oder
2. wesentliche Rechte oder Pflichten, die sich aus der Natur des Vertrages ergeben, so einschränkt, daß die Erreichung des Vertragszwecks gefährdet ist.

Nr. 2 des Abs. 2 ist eine Konkretisierung des eigentlichen Grundsatzes, der in Nr. 1 aufgeführt ist. Was „wesentliche" Rechte und Pflichten sind, kann nur im Einzelfall gesagt werden. Diese Bewertung ist auch anderswo, etwa bei der Trennung zwischen Haupt- und Nebenleistungspflichten und weiteren Nebenpflichten vonnöten und betritt daher kein Neuland. Nicht auf die „Natur" des Vertrages kommt es an, sondern auf Art und Inhalt des gesamten Vertrages. Die „Gefährdung des Vertragszwecks" kann jedenfalls nicht der „Verhinderung oder Erschwerung des vom Vertragspartner erstrebten Enderfolgs" gleichgesetzt werden. Denn der mit dem Vertrage letztlich erstrebte (wirtschaftliche) Enderfolg muß auch bei Geltung von AGB im Risikobereich des Vertragspartners verbleiben. Auf einem ganz anderen Blatt steht, daß der andere den vom Vertragspartner erstrebten Enderfolg nicht verhindern darf (Sorgfaltspflichtverletzung); das ist kein Problem der AGB (vgl. das 9. Kapitel Teil 2 I 3).

8. Sind AGB ganz oder teilweise nicht Vertragsbestandteil geworden (§§ 2, 3 AGBG) oder sowieso unwirksam (§§ 9–12 AGBG), bleibt der Vertrag im übrigen wirksam, § 6 AGBG. Darin liegt eine deutliche Abweichung von der Grundregel des § 139, die das Zivilrecht sonst beherrscht. Für einen Sonderfall ordnet § 6 Abs. 3 AGBG jedoch die Nichtigkeit des ganzen Vertrages an, nämlich dann, wenn das Festhalten am Vertrage für einen Vertragspartner trotz des Eingreifens der einschlägigen gesetzlichen Vorschriften eine unzumutbare Härte darstellen würde. Unwirksamkeit des ganzen Vertrages ist auch für den Fall anzunehmen, daß die AGB ganz wegfallen und dispositives Recht nicht oder nur unter entsprechender Anwendung herangezogen werden kann, weil die Parteien einen Vertrag geschlossen hatten, der keinem Vertragstyp entspricht[2].

1 BGHZ 41, 153

2 vgl. Schmidt-Salzer NJW 1977, 140

V. Die Auslegungsgrundsätze für AGB

1. Ausgangspunkt bei der Auslegung ist die allgemeine Regel, daß alle Willenserklärungen vom Standpunkt eines vernünftigen, sorgfältigen Dritten, in der Rolle des Erklärungsempfängers gedacht, inhaltlich zu bestimmen sind, §§ 133, 157.

2. Eine Auslegung der AGB in der Art, wie sie bei Gesetzen geboten ist, scheidet aus, weil AGB keine Rechtsnormen sind. Es gibt daher keine Auslegung der AGB nach deren Sinn und Zweck[1]. Allerdings bewirkt die generelle Verwendung der AGB, daß bei der Auslegung nicht allein die Rolle des jeweiligen Empfängers maßgebend ist, sondern die Rolle des gesamten Adressatenkreises. Das führt dazu, daß auf die Situation des "Normalverbrauchers" abzustellen ist[2].

3. Sollten auch bei vernünftiger Betrachtungsweise die AGB Unklarheiten enthalten, ist nach Auffassung der Rechtsprechung zum Nachteil des Verwenders der AGB zu entscheiden[3]. Hierbei handelt es sich bereits nicht mehr um einfache Auslegung, sondern um ergänzende Vertragsauslegung unter Berücksichtigung der Interessenlage der Parteien. Diese Regel ist nunmehr in § 5 AGBG Gesetz geworden.

4. § 4 AGBG stellt eine weitere zwingende Auslegungsregel auf: Individuelle Vertragsabreden haben Vorrang vor den Bestimmungen in den AGB. Kommt es also zu Widersprüchen oder Überschneidungen, überwiegen die ausgehandelten (Individual-)Vereinbarungen.

VI. Die Rechtsmittel gegen unangemessene AGB

1. Der Vertragspartner des Verwenders kann gegenüber dem geltend gemachten Anspruch des Verwenders die Nicht-Einbeziehung oder die Unwirksamkeit der AGB einwenden. Soweit ein Rechtsschutzinteresse besteht, wird dem Vertragspartner auch ein Feststellungsantrag zustehen, die AGB seien ganz oder teilweise unwirksam.

Ergeht ein Urteil, das die Unwirksamkeit der betreffenden AGB bejaht, so wirkt sich dieses rechtlich nur zwischen den Prozeßparteien aus. Der Verwender ist durch den Urteilsspruch nicht gehindert, die beanstandete Klausel anderen gegenüber weiterzubenutzen. Der (Einzel-)Prozeß ist daher nicht geeignet, die Verwendung unangemessener AGB generell zu verhindern.

2. Dem Ziel des Verbraucherschutzes Rechnung tragend, hat das AGBG in § 13 Abs. 2 AGBG einigen Verbänden die Klagebefugnis zuerkannt. Ansprüche auf Unterlassung und auf Widerruf (im Fall des Empfehlens von AGB) können geltend gemacht werden von rechtsfähigen Verbraucherverbänden, von rechtsfähigen Verbänden zur Förderung gewerblicher Interessen und von den Industrie- und Handelskammern und den Handwerkskammern. Voraussetzung ist, daß die AGB nach den §§ 9–11 unwirksam sind. Diese Ausweitung der Klagebefugnis (zur Klage ist gemäß dem Zivilprozeßrecht grundsätzlich nur der unmittelbar Betroffene befugt) besitzt ein Vorbild in § 13 UWG zwecks Bekämpfung unlauteren Wettbewerbs. Die durch § 13 AGBG und § 13 UWG erfaßten Sachverhalte weisen ähnliche Züge auf: Der Verwender unangemessener AGB (die ihn also mehr als gerechtfertigt begünstigen) verschafft sich durch die AGB zugleich einen rechtswidrigen Vorsprung gegenüber Konkurrenten im Wettbewerb.

3. Verwirft das Gericht die nach § 13 AGBG angegriffenen AGB, besitzt der Kläger auf Antrag das Recht, die Urteilsformel (den Urteilstenor) zu veröffentlichen und dabei den Namen des unterlegenen Beklagten zu nennen, und zwar auf dessen Kosten im Bundesanzeiger, ansonsten auf eigene Kosten, § 18 AGBG. Das Gericht teilt dem Bundeskartellamt von Amts wegen gemäß § 13 AGBG anhängige Klagen, rechtskräftige Urteile daraus und eine sonstige Erledigung zur Eintragung in ein öffentliches Register mit, § 20 AGBG.

---

1 hM; a.A. Schmidt-Salzer NJW 1977, 134; abw. Emmerich JuS 1972, 365

2 BGHZ 33, 218

3 BGHZ 62, 89

4. Darüber hinaus mißt § 21 AGBG rechtskräftigen Urteilen auf Unterlassung (§ 13 AGBG) Drittwirkung zu, indem sich auch Vertragspartner des Verwenders auf die Unwirksamkeit der betreffenden AGB berufen können. Die gerichtliche Feststellung der Unwirksamkeit erwächst damit in materielle Rechtskraft. Hat also einer der in § 13 Abs. 2 AGBG genannten Verbände ein Urteil auf Unterlassung erstritten, kann sich ein konkreter Vertragspartner des Verwenders (dem der Unterlassungsantrag selbst nicht zusteht) auf das Urteil berufen. Sollte ein Verwender ein Urteil auf Unterlassung nicht beachten und die beanstandeten AGB weiter verwenden, ist der Anspruch des Verwenders auf die vertragliche Leistung im Prozeß nicht durchsetzbar, wenn der Vertragspartner die Einwendung rechtskräftiger Unterlassungsentscheidung erhebt.

5. Die Unterlassungs- und Widerrufsansprüche samt den Sanktionen und der Drittwirkung bestehen für Verbraucherverbände nicht, wenn die AGB **ausschließlich**[1] gegenüber Kaufleuten verwendet werden, § 13 Abs. 3 AGBG.

B. AGB im Verhältnis Verwender – Verwender

I. Der problematische Sachverhalt

Verwenden beide Vertragspartner eigene, voneinander abweichende AGB, spricht man von **kollidierenden** AGB. Der rechtspolitische Gesichtspunkt wirtschaftlicher Unterlegenheit fällt hier weniger ins Gewicht (das AGBG gilt daher in einigen Kernbereichen nicht für Kaufleute, § 24 Nr. 1 AGBG). Bei kollidierenden AGB taucht vielmehr die Frage auf, ob die AGB des einen oder des anderen Verwenders Vertragsinhalt werden oder keine von beiden oder ob eine Mixtur von beiden gilt. Das AGBG enthält hierzu nichts.

II. Die rechtliche Problemlösung

1. Die Lösung gemäß § 150 Abs. 2

Bei kollidierenden AGB ergeben sich rechtliche Schwierigkeiten, weil ein Vertragsschluß zwei übereinstimmende (kongruente) Willenserklärungen (Einigung) voraussetzt. Ein genereller Wille zum Vertragsschluß auf beiden Seiten reicht nicht aus. Demzufolge legt § 150 Abs. 2 fest, daß eine Annahmeerklärung unter Erweiterungen, Einschränkungen oder sonstigen Änderungen als Ablehnung des Antrages gilt und als neues Angebot einzustufen ist (gesetzliche Auslegungsregel). Wenn also der Anbietende auf seine AGB verweist und der andere an sich einverstanden wäre, aber seine abweichenden AGB anführt, ist es gemäß § 150 Abs. 2 zu einem Vertragsschluß mangels Einigung noch nicht gekommen. Es liegt vielmehr ein neues Angebot vor. Dann kommt es darauf an, ob der ehemals Anbietende annimmt. Eine ausdrückliche Annahme dürfte selten vorkommen. Ein Schweigen kann als Annahme zu werten sein, falls die Voraussetzungen des kaufmännischen Bestätigungsschreibens gegeben sind. Jedenfalls wird die Annahme aber konkludent durch eine widerspruchslose Entgegennahme der vertraglichen Leistung des anderen erklärt.

Die Rechtsprechung hat diese Konstruktion des Reichsgerichts zunächst übernommen[2], ohne jedoch die Nachteile zu verkennen. Wenn die Parteien vor dem Vertragsschluß mehrmals korrespondieren und dabei jeweils auf ihre eigenen AGB verweisen, werden diejenigen AGB Vertragsinhalt, auf die zuletzt verwiesen wurde, wenn der Vertrag abgewickelt wird. Dabei steht außer Frage, daß der unterlegene Vertragspartner nach wie vor seine AGB wünscht. Die Auslegungsregel des § 150 Abs. 2 verhilft also der Hartnäckigkeit des anderen zum Siege.

---

1 Palandt-Heinrichs, BGB, § 13 AGBG Anm. 4a) ee; a.A. Schmidt-Salzer NJW 1977, 140

2 RGZ 123, 100; BGH NJW 1966, 1070

2. Die Lösung über die Regeln des Dissenses

Nicht jede „modifizierte" Annahme fällt unter § 150 Abs. 2. Es kann vorkommen, daß der andere teilweise annimmt, einen Teil des Angebots – hier also: die AGB – aber noch für verhandlungsbedürftig erklärt. Für einen solchen Einigungsmangel gelten die §§ 154 und 155.

Danach hat die Rest-Vereinbarung Bestand, wenn die Parteien den Vertrag – auch ohne den streitigen Punkt – als geschlossen ansehen, § 155. Für den Rest-Vertrag gelten dann die gesetzlichen Regeln.

Soll aber nach der Erklärung einer Partei eine Vereinbarung über den noch offenen Punkt getroffen werden, kommt der Vertrag ohne die Einigung darüber nicht zustande, § 154.

Auch diese rechtlichen Möglichkeiten hat die Rechtsprechung bei entsprechendem Sachverhalt anerkannt[1].

3. Die Lösung anhand der Ermittlung des Parteiwillens

Die Literatur hat sich den Konstruktionen der Rechtsprechung nicht angeschlossen. Sie wendet die gesetzlichen Auslegungsregeln nicht an und stellt vielmehr auf die Ermittlung des objektiven Parteiwillens ab.

Wenn die beiderseitigen AGB voneinander abweichen und keine der Parteien auf ihre AGB verzichten will, den Vertrag (den Austausch der Leistungen) aber wollen, gelten die AGB nicht, soweit sie sich widersprechen, dagegen wohl, soweit sie in Einklang stehen[2]. Nach dieser Auffassung lehnen die Vertragspartner nur die den eigenen AGB entgegenstehenden Bestimmungen ab.

Dieser Auffassung ist auch wegen folgender Überlegung zuzustimmen: Sollte man zu dem Ergebnis kommen, daß weder die AGB des einen noch die des anderen vereinbart sind, kann der Vertrag eine Lücke aufweisen (nämlich eine ohne die AGB des einen oder des anderen unvollständige, nicht sinnvolle Vereinbarung), die im Wege der ergänzenden Vertragsauslegung zu schließen ist (Feststellung des hypothetischen Parteiwillens). Dabei dürfen die AGB als Vertragsinhalt angesehen werden, soweit sie übereinstimmen, denn insoweit sind die Parteien ja einer Meinung. Auch eine Mixtur aus beiden AGB ist möglich, wenn der Vertrag dadurch sinnvoll wird.

C. AGB als Träger einseitiger Erklärungen

1. Wenn feststeht, daß die von einem oder von beiden Vertragspartnern verwendeten AGB mangels Einigung (Einbeziehung) nicht Vertragsinhalt geworden sind, sind sie deswegen noch nicht immer n vollem Umfang rechtlich bedeutungslos. Soweit AGB Erklärungen des Verwenders enthalten, uber die eine Einigung nicht zustandezukommen braucht, ist die Reaktion des anderen Vertragspartners für deren Wirksamkeit unbeachtlich. Werden also die AGB nicht Vertragsinhalt, sind die **einseitig** abzugebenden Erklärungen immerhin abgegeben und wirksam; Probleme des Zugangs ergeben sich nicht, da es dafür auf die Kenntnisnahme nicht ankommt.

2. Hierzu zählen alle Erklärungen zur Ausübung bestehender Gestaltungsrechte (Anfechtung, Kündigung usw.) wie auch Vorbehalte von Rechten, so der Vorbehalt des Urheberrechts oder der Eigentumsvorbehalt (nicht aber der verlängerte EV, vgl. dazu das 15. Kapitel Teil 2 IV 2).

Durch diese Klauseln wird nicht erreicht, daß der Vertragspartner etwas gegen sich gelten lassen muß, sondern der Erklärende verhindert, daß sein Verhalten als bestimmte Erklärung gewertet werden kann. In diesem Teil reichern die AGB den Vertrag nicht durch weitere Bestimmungen an,

1 Lösung unter Anwendung von § 155, wenn die Parteien den Vertrag an sich durchführen wollten: BGHZ 61, 288; Lösung nach § 154, wenn die Streitfrage nicht unerledigt bleiben sollte: BGH WM 1974, 842

2 Palandt-Heinrichs, BGB, Einf. vor § 145 Anm. 6 B b) dd

sondern sie haben begrenzende Wirkung. Es gilt der auch in § 6 AGBG zum Ausdruck gekommene Grundsatz, daß die Unwirksamkeit der übrigen AGB-Bestimmungen sich auf die einseitig-wirksamen Erklärungen nicht auswirkt.

Teil 3 Die Fallösung

A. Das Gutachten zum Fall

B könnte vom Konkursverwalter Herausgabe der Bücher nach den §§ 43 KO, 985 BGB verlangen. Dann müßte B Eigentümer der Bücher sein. Er war seinerzeit Eigentümer. Er könnte sein Eigentum im Wege der rechtsgeschäftlichen Übertragung nach § 929 verloren haben. Lt. § 929 ist dafür zunächst die Einigung über den Eigentumsübergang erforderlich. B müßte also ein Angebot auf Eigentumsübertragung gemacht haben. Ausdrücklich hat er in dieser Hinsicht nichts erklärt. An konkludentem Handeln ist die Lieferung der Ware beachtlich. Wer Ware auf Grund eines Kaufvertrages liefert, erklärt damit, Eigentum übertragen zu wollen.

Dieser Erklärungswert wird aber zerstört, wenn sich aus dem Verhalten des Absenders objektiv ergibt, daß die Zusendung hinsichtlich der Eigentumslage noch nichts bedeuten solle. Eine solche Wirkung hat grundsätzlich die Erklärung des Eigentumsvorbehalts bei der Lieferung. Im vorliegenden Fall ist zu prüfen, ob die Erklärung des Eigentumsvorbehalts wirksam ist. Sie ist Teil der AGB, die wegen der ausdrücklichen Zurückweisung durch A nicht Bestandteil der Einigung der Parteien geworden sind. Die Unwirksamkeit erstreckt sich aber nur auf die Teile der AGB, über die eine Einigung erforderlich war. Das ist hinsichtlich eines Eigentumsvorbehalts nicht der Fall. Er ist daher wirksam erklärt und auch zugegangen, da es dafür auf die wirkliche Kenntnisnahme durch den Empfänger nicht ankommt. A ist nicht Eigentümer geworden, weil es an dem Angebot auf Eigentumsübertragung nach § 929 fehlt. B ist also noch Eigentümer. Sein Anspruch ist entstanden. Da die Ausübung des Vorbehaltsrechts zugleich eine Rücktrittserklärung vom Kaufvertrag beinhaltet (das Rücktrittsrecht besteht wegen Verzuges), kann sich A nicht mehr auf ein Recht zum Besitz wegen bestehenden Kaufvertrages (§ 986) berufen. Der Anspruch des B besteht also.

B. Hinweise zum Lösungsgang[1]

1. Bei der Lektüre des Sachverhalts wird man vielleicht zunächst den Eindruck haben, es handle sich um einen Fall aus dem Konkursrecht. Bei der Lösung zeigt sich dann, daß nur der Einstiegsparagraph aus der Konkursordnung benötigt wird. Es mag hin und wieder besonders viel Zeit kosten, bis der Gutachter eine ihm unbekannte Rechtsnorm findet. Noch länger kann es dauern, bis er sicher ist, daß es eine besondere Vorschrift nicht gibt. Diese Mühe lohnt sich aber. Der Aufwand, der bei einem Rechtsfall im täglichen Leben beim unqualifizierten Streiten getrieben wird, liegt meist viel höher und bringt gar nichts ein.

2. Das Gutachten darf nicht eine Antwort auf die Frage versuchen, ob der Konkursverwalter die Bücher herausgeben muß. Die Frage muß vielmehr umgestellt werden (Kann A die Bücher herausverlangen?). Inhaltlich ändert sich dadurch nichts. Aber erst nach der Umstellung ist das

---

1 Zur Lösungsmethode und Arbeitstechnik siehe Anhang 1 und Anhang 2

Aufsuchen der Anspruchsgrundlage erleichtert. Das BGB ist nämlich vom System her auf die Anspruchsberechtigung und nicht auf Verpflichtungslagen ausgerichtet (obwohl es Anspruchsgrundlagen gibt, die nur von der Verpflichtung der anderen Seite sprechen, z.B. § 280 Abs. 1).

Teil 4 Lesekontrolle

1. AGB sind
   a) den Rechtsnormen ähnliche Vertragsbestimmungen, die in bestimmten Wirtschaftszweigen verbindlich vorgeschrieben sind
   b) schriftliche Festlegungen der Dienstleistungen des Dienstleistungsgewerbes
   c) vorformulierte Vertragsregelungen, die eine Vertragspartei den von ihr angestrebten Verträgen generell zugrundelegen möchte
2. AGB gelten in einem Vertrage,
   a) wenn sich die Parteien darauf geeinigt haben, was auch durch schlüssiges Verhalten möglich ist
   b) wenn der Verwender ausdrücklich darauf verwiesen hat
   c) wenn der Nichtverwender die Möglichkeit hatte, sie einzusehen
3. Bei der Auslegung von AGB kommt es
   a) auf die Sicht eines vernünftigen Dritten an, der sich in der Rolle des konkreten Empfängers befindet
   b) auf den Empfängerhorizont an, der auf den gesamten in Betracht kommenden Adressatenkreis abstellt
4. Gegen unangemessene AGB
   a) kann jedermann Klage erheben
   b) kann nur der benachteiligte Nichtverwender klagen
   c) können der benachteiligte Vertragspartner, aber auch bestimmte Verbände klagen
5. AGB können sich rechtlich nur auswirken im Verhältnis
   a) Verwender und Nichtverwender
   b) Verwender und Nichtverwender sowie Verwender und Verwender
6. Wird der Eigentumsvorbehalt in AGB aufgeführt, so ist er wirksam,
   a) wenn die AGB in den Vertrag einbezogen sind
   b) wenn die AGB dem anderen zugegangen sind
   c) wenn der andere sich mit dem Eigentumsvorbehalt einverstanden erklärt

Richtig sind (die Klammern verweisen auf den Text im Teil 2):
1c (A.III.4); 2a (A.III.4 und A.IV.); 3b (A.V.2); 4c (A.VI.2); 5b (B.II); 6b (C.1)

9. Kapitel: Die Bestimmung des Vertragsinhalts

Teil 1 Der Fall (Sachverhalt)

Versandhandelskaufmann B in Bayreuth ordert beim Hemdenfabrikanten A in Herford 10 000 Sommerhemden. Auf der Auftragsbestätigung des A ist aufgedruckt: „Bei Zahlung innerhalb von 10 Tagen nach Erhalt der Ware 3 % Skonto, 30 Tage 2 %. Bis zur vollständigen Zahlung besteht Eigentumsvorbehalt". A liefert termingerecht am 1.3. Zwei Tage nach Lieferung der Ware berichtet ihm Handelsvertreter V, er habe von Zahlungsschwierigkeiten des B gehört. Da A selbst Kredit in Anspruch nimmt, weist er seine Mahnbuchhaltung an, von B Zahlung bis zum 13.3. zu fordern. Am 20.3. muß A zu ungünstigen Bedingungen Kredit aufnehmen. B zahlt am 30.3. unter Abzug von 2 %. Kann A von B die bis zum 30.3. auf den Nennbetrag seiner Forderung angefallenen Zinsen verlangen?

Teil 2 Die Darstellung der Rechtsmaterie

I. Die rechtliche Konstruktion des Vertrages

1. Ein Vertrag ist ein komplexes Gebilde. Sein Inhalt kann sehr vielschichtig sein. Es hängt vom Willen der Parteien ab, wie weitgehend sie ihren Vertrag ausgestalten. Aber bereits der Vertragsgrundtyp stellt sich rechtlich als Gefüge dar.

Man unterscheidet bei einem Vertrag Hauptleistungspflichten, Nebenleistungspflichten und Sorgfaltspflichten. Ferner gehören zum Vertragsgefüge besondere Rechtsstellungen wie Gestaltungsrechte, Auswahlrechte und Gläubigerobliegenheiten. Im folgenden werden zunächst die Strukturelemente aufgeführt.

2. Leistungspflichten sind diejenigen Pflichten, die ein Tun, Dulden oder Unterlassen zum Inhalt haben, § 241 S. 2. Sie sind dafür maßgeblich, welchem Vertragstyp der konkrete Vertrag zugehört (z.B. ob Kaufvertrag oder Werkvertrag). Die Pflichten entstehen kraft Einigung. Mit ihrer Erfüllung erlischt der Vertrag. Hauptleistungspflichten sind diejenigen Leistungspflichten, denen nach dem erklärten Willen einer Partei oder nach den Umständen besondere Bedeutung beizumessen ist[1]. Die übrigen Leistungspflichten sind Nebenleistungspflichten.

Viele gesetzliche Vorschriften setzen tatbestandlich eine Leistung voraus (z.B. § 284). Damit sind sowohl Haupt- als auch Nebenleistungspflichten gemeint. Eine wichtige Ausnahme macht § 326: diese Vorschrift gilt nur bei Verzug mit einer Hauptleistungspflicht.

Im Rahmen der Leistungspflicht sind im einzelnen zu besprechen: Die Bestimmung der Leistungspflicht; die Gattungsschuld, Leistungshandlung und Leistungserfolg; Leistungsort; Leistungszeit; Leistung durch Dritte (dazu unten II–VII).

3. Sorgfaltspflichten sind begleitende Pflichten. Über sie einigt man sich in aller Regel nicht. Sie ergeben sich aus dem Prinzip von Treu und Glauben, § 242, soweit sie nicht in gesetzlichen Vorschriften enthalten sind (z.B. in § 545). Bei einem Vertrag genügt es nach unserer Rechtsordnung noch nicht, daß die Leistungen erbracht und ausgetauscht werden. Die Vertragspartner müssen

---

1 RGZ 101, 431

dabei in gewissem Umfang auf die Interessen des anderen Rücksicht nehmen. Die Sorgfaltspflichten können daher zeitlich schon vor dem eigentlichen Vertragsschluß bestehen und auch noch über die Erfüllung des Vertrages hinauswirken.

Zwei Gruppen von Sorgfaltspflichten sind anerkannt:

Gruppe 1: Der Schuldner hat alles zu unterlassen, was den Vertragszweck und den vom Gläubiger verfolgten Enderfolg beeinträchtigen könnte. Der Schuldner schuldet zwar nur den Leistungserfolg. Was der Gläubiger mit der Leistung erzielen will (Enderfolg), **schuldet** der Vertragspartner nicht. Er darf diesen Enderfolg aber andererseits nicht verhindern. Das ist eine vertragliche Sorgfaltspflicht, die sich im allgemeinen als Unterlassungspflicht darstellt. Es kann auch eine positive Tätigkeit wie Benachrichtigung, Warnung usw. geschuldet sein. *Beispiel:* A verkauft dem B komplizierte technische Geräte und übereignet sie. Danach stellt er fest, daß wegen eines Übersetzungsfehlers in der Gebrauchsanweisung eine Fehlbedienung eintreten kann, die die Geräte beschädigt. Wenn A sich nicht rührt, verletzt er eine auch nach Erfüllung des Vertrages noch bestehende vertragliche Sorgfaltspflicht.

Gruppe 2: Der Schuldner hat bei der Abwicklung des Vertrages vermeidbare Schädigungen an Rechtsgütern des anderen zu unterlassen oder zu verhindern. Durch den Vertrag wird die Möglichkeit einer Einwirkung auf Rechtsgüter des anderen unter Umständen erst geschaffen oder vergrößert. Solche „Kontaktschäden" hat der Schuldner möglichst zu vermeiden.

Welche Sorgfaltspflichten bei einem Vertrage bestehen, läßt sich nur für den Einzelfall sagen. Dabei ist die Beziehung, die die Vertragspartner angeknüpft haben, nach den Umständen des Falles zu bewerten. Bei einigen Schuldverhältnissen, die durch eine starke soziale Bindung charakterisiert sind, gibt es weitgehende Sorgfaltspflichten, so z.B. beim Arbeitsvertrag die sog. Treuepflicht und die Fürsorgepflicht.

4. Die Unterscheidung von Leistungspflichten und Sorgfaltspflichten ist vor allem von Bedeutung für die Rechtsbehelfe, die bei einer Vertragsstörung zur Verfügung stehen. Sie entscheiden über die Klagemöglichkeit. Hier kommen generell in Betracht die Klage auf Erfüllung (des Vertrages) oder – evtl. zusätzlich – auf Schadensersatz.

a) Wenn eine Leistung nicht wie vereinbart erbracht wird, kann man stets auf Erfüllung der Leistungspflicht klagen.

Leistungspflichten lassen sich logisch umformen (wenn eine Ware dem B zu liefern ist, ist eine Lieferung an C zu unterlassen); diese Kehrseite der Leistungspflicht ist nicht einklagbar.

Sorgfaltspflichten sind grundsätzlich nur einklagbar, wenn eine Verletzung erfolgte; denn dann steht im konkreten Fall erst fest, daß ein Verhalten eine Nichtbeachtung einer Sorgfaltspflicht darstellt. Man kann eben nicht im voraus auf die Einhaltung aller nur denkbaren Sorgfaltspflichten klagen. Sie stehen ja im allgemeinen nicht kraft Vereinbarung oder kraft Gesetzes fest, sondern ergeben sich erst im Verlauf der Vertragsabwicklung, und zwar mehr oder weniger durch das tatsächliche, zufällige Geschehen. Einklagbar auf Einhaltung sind Sorgfaltspflichten nur dann, wenn die Existenz einer Sorgfaltspflicht außer Frage steht und eine Verletzung zu befürchten ist. Das ist denkbar, wenn es bereits zu einer Verletzung gekommen war und eine weitere Verletzung droht.

b) Für eine **Schadensersatzklage** gilt folgendes:

Bei Nichteinhaltung einer Leistungspflicht kann sich eine Schadensersatzforderung bei Verschulden je nach Störung aus Unmöglichkeit, Verzug oder Positiver Forderungsverletzung herleiten lassen (vgl. zu den Vertragsstörungen das 10. Kapitel). Bei Verletzung einer Sorgfaltspflicht gibt es eine Klage wegen Positiver Forderungsverletzung. Sofern Sorgfaltspflichten schon bei der Vertragsanbahnung entstanden sind (s.o. 3), führt ihre schuldhafte Verletzung zu einem Anspruch aus *culpa in contrahendo* (Verschulden bei der Vertragsanbahnung, gewohnheitsrechtlicher Anspruch). Desgleichen gibt es einen Schadensersatzanspruch bei Verletzung einer Sorgfaltspflicht, die zeitlich über die Erfüllung des Vertrages hinaus besteht (*culpa post contrahendum*). Die praktische Bedeutung der Sorgfaltspflichten wird noch dadurch unterstrichen, daß das Verschulden von Hilfspersonen (Vertreter und andere Beauftragte) bei der Verletzung einer Sorgfaltspflicht dem Geschäftsherrn zugerechnet wird, da nach hM § 278 auch Sorgfaltspflichten umfaßt.

5. Bestandteil eines Vertrages können auch Gestaltungsrechte sein. Durch sie kann der Berechtigte das Vertragsverhältnis einseitig verändern. Darunter fallen z.B. die Anfechtung einer Willenserklärung (§ 142), der Rücktritt vom Vertrag (§ 346), die Kündigung des Vertragsverhältnisses (z.B. § 620 Abs. 2) und die Aufrechnung (§ 388). Die Rechtswirkung tritt in der Regel ohne weiteres mit dem Zugang der Erklärung ein (vgl. z.B. § 349). Daher können Gestaltungserklärungen nicht unter einer Bedingung abgegeben werden, es sei denn, die Bedingung hinge allein vom Willen des Erklärungsempfängers ab (sog. Potestativbedingung). Die gestaltende Wirkung hat aber zwei Voraussetzungen: das Gestaltungsrecht muß bestehen und ausgeübt, also – ohne Bedingung – wirksam erklärt werden. Ein ausgeübtes Gestaltungsrecht schafft keine neue vertragliche Verpflichtung, sondern verändert den Vertrag.

Von den einseitigen Gestaltungsrechten unterscheiden sich die zweiseitigen Verfügungsgeschäfte. Dazu zählen z.B. der Erlaß (§ 397), die Abtretung (§ 398) und die befreiende Schuldübernahme (§ 414). Hier tritt zwar ebenfalls eine Rechtsänderung ein. Sie beruht aber auf einem neuen Vertrag mit dem Schuldner oder einem Dritten. Es handelt sich also um eine gesetzlich vorgesehene Vertragsänderung.

6. Zum Vertrag zählen ferner gewisse Wahlrechte, z.B. die Befugnis zu wandeln oder zu mindern (§ 462), eine Einrede geltend zu machen (vgl. z.B. § 273 und § 320), bei einer Vertragsstörung Schadensersatz zu verlangen oder zurückzutreten (vgl. z.B. § 326 Abs. 1 S. 2 und 3). Hierbei handelt es sich nicht um Gestaltungsrechte, weil dadurch keine Rechtsänderung eintritt. Teilweise ist auch noch die Mitwirkung des anderen Teils erforderlich (z.B. bei der Wandelung oder Minderung, § 467).

7. Eine Sonderrolle spielen im Vertrag die Obliegenheiten, auch Gläubigerobliegenheiten genannt. Die Obliegenheit ist weder ein Recht noch eine Pflicht. Es geht um eine „Verpflichtung" gegen sich selbst. Der Adressat einer Obliegenheit erleidet einen Rechtsnachteil, wenn er sie nicht wahrt. Der andere hat aber weder einen Anspruch auf Erfüllung der Obliegenheit noch einen Schadensersatzanspruch. Die Obliegenheit hat auch nicht den Charakter einer Vertragsstrafe[1]. Beispiele für solche Obliegenheiten im Vertrag sind: Die Anzeige, daß die Annahmeerklärung wegen Beförderungsfehlers verspätet zugegangen ist (§ 149), die Erklärung beim Fixhandelskauf auf Erfüllung (§ 376 Abs. 1 HGB), die Mängelanzeige beim Handelsgeschäft (§ 377 Abs. 2 HGB) und die Anzeigen im Versicherungsverhältnis (vgl. § 6 Versicherungsvertragsgesetz, VVG).

Es kann daher der Warenlieferant vom Einzelhändler nicht verlangen, daß er die Ware nach Ablieferung untersucht. Der Wortlaut des § 377 HGB ist in diesem Punkt etwas irreführend („so hat der Käufer die Ware ... zu untersuchen"). Bei einem offenen Fehler der Ware verliert andererseits der Käufer (Einzelhändler) das Wandelungs- oder Minderungsrecht, wenn er nicht rügt.

Für die Obliegenheiten gilt § 278 nicht uneingeschränkt. Es kommt auf die Art der Obliegenheit an. § 278 gilt aber kraft ausdrücklicher Vorschrift (§ 254 Abs. 2 S. 2) für die zur Vermeidung eines Mitverschuldens bestehenden Obliegenheiten. Nach ständiger Rechtsprechung muß sich der Versicherungsnehmer eine Obliegenheitsverletzung seines Repräsentanten – er handelt selbständig für den Versicherungsnehmer, wobei Vertretungsmacht nicht einmal erforderlich ist – anrechnen lassen[2].

II. Die Bestimmung der Leistungspflicht

1. Die Leistungspflichten sind das Kernstück eines jeden Vertrages. Sie charakterisieren den Vertragstyp, d.h. sie sind maßgeblich für die Frage, welchem im BGB geregelten Vertragstyp ein konkreter Vertrag zuzurechnen ist. Die Leistungspflicht muß nach der Einigung wenigstens bestimm-

1 BGHZ 52, 90

2 BGHZ 11, 122

bar sein, sonst liegt noch keine vertragliche Einigung vor. Die Parteien schließen einen Vertrag wegen des Leistungsaustauschs und werden daher normalerweise die Leistungspflichten genau festlegen.

2. Eine von den Parteien noch nicht hinreichend bestimmte Leistungspflicht läßt sich in folgenden Fällen exakt bestimmen:

- wenn die Parteien eine Wahlschuld vereinbart haben, §§ 262 ff;
- wenn die Parteien vereinbart haben, daß eine Partei allein die Leistung später bestimmen soll, §§ 315 f, oder daß ein Dritter das tun soll, §§ 317 ff;
- wenn der Käufer beim Handelskauf Form, Maß, Quantität oder ähnliche Verhältnisse der Kaufsache später bestimmen soll (Spezifikationskauf, § 375 HGB);
- wenn eine gesetzliche Vorschrift mit ihrem Tatbestand den Fall erfaßt, und zwar auch dann, wenn es sich um eine dispositive Vorschrift handelt, an die die Parteien also nicht gebunden gewesen wären. Einer gesetzlichen Vorschrift steht ein gewohnheitsrechtlich anerkanntes, aus § 242 hergeleitetes Prinzip gleich.

3. Die Leistungspflicht in einem konkreten Vertrage wird daher nach folgender Methode bestimmt:

a) Zunächst ist die Einigung der Parteien maßgeblich. Die Willenserklärungen werden, soweit sie sich decken, gemäß dem Empfängerhorizont unter Berücksichtigung der Verkehrssitte, des Handelsbrauchs und des Prinzips von Treu und Glauben ausgelegt. Bestehen zwingende gesetzliche Regelungen – das ist im Schuldrecht nicht typisch – gehen diese vor.

b) Führt die Auslegung der Willenserklärungen der Parteien noch nicht zu einer Bestimmung der Leistungspflicht, kommen dispositive gesetzliche Vorschriften zum Zuge.

c) Schließlich kann sich aus dem Prinzip von Treu und Glauben (§ 242) ergeben, was zu leisten ist und wie das zu geschehen hat. Auch die Wahrnehmung des Anspruchs des anderen Teils muß im Einklang mit § 242 stehen. Das Prinzip von Treu und Glauben ist allerdings nur mit großer Vorsicht anwendbar. Der Anwendungsbereich ist bei weitem nicht so groß, wie es nach dem Wortlaut denkbar wäre. Die Hauptbedeutung im Vertragsrecht erlangt es bei der Auslegung der Willenserklärungen und bei der Bestimmung der Sorgfaltspflichten. Es empfiehlt sich, nur auf die von der Rechtsprechung anerkannten Konkretisierungen des § 242 zurückzugreifen. Kann die Leistung auch hiernach nicht bestimmt werden, liegt keine vollwertige Einigung und damit kein Vertrag vor.

III. Die Gattungsschuld

1. Einige Sachen pflegt man im praktischen Leben nur nach allgemeinen Merkmalen zu bezeichnen. Eine Kaufsache wie z.B. Kartoffeln, ein Serienprodukt wie Schrauben soll der Schuldner aus dem Bestand der Sachen mit den vereinbarten Merkmalen selbst aussuchen. Der Gesetzgeber hat es für richtig gehalten, solche Gattungsschulden in einigen wichtigen Bereichen anders zu behandeln als Sachen, die von den Parteien mit der Einigung ganz individuell festgelegt sind (Speziessachen).

Eine Gattungsschuld liegt vor, wenn die geschuldete Sache nicht individuell bezeichnet ist, sondern wenn der Schuldner die Sache aus irgendeinem mehr oder weniger großen Bestand, der gemeinschaftliche Merkmale aufweist, aussuchen darf, vgl. § 243 Abs. 1 BGB, § 369 HGB. Meist handelt es sich bei Gattungssachen zugleich um vertretbare Sachen im Sinne des § 91, die man im Verkehr nur nach Zahl, Maß oder Gewicht bezeichnet. Die beiden Begriffe decken sich aber nicht vollständig.

2. Es richtet sich nach der konkreten Einigung der Parteien, ob eine Gattungsschuld vereinbart ist oder nicht. Eine Sache, die eigentlich jedermann beim Kauf sorgfältig aussucht, kann von einem bestimmten Käufer auch einmal *en gros* gewünscht werden. Andererseits kann eine typische Gattungssache wie ein geringwertiges Massenprodukt von einem konkreten Käufer ganz individuell bezeichnet werden, etwa wegen einer Serienabweichung, die den Käufer als Sammler interessiert. Es

gilt daher der Grundsatz: was Gattungssachen sind, bestimmt sich nach der Einigung der Parteien. Auch bei dieser Frage sind also die Willenserklärungen vom Standpunkt eines vernünftigen Dritten in der Rolle des Erklärungsempfängers unter Berücksichtigung von Verkehrssitte und Treu und Glauben auszulegen.

3. Wichtige Besonderheiten für Gattungsschulden enthält das Gesetz in § 243 Abs. 1 (Lieferpflicht zu mittlerer Qualität), § 243 Abs. 2 (durch Leistungshandlung Konkretisierung der Gattungsschuld zur Speziesschuld), § 279 (unbeschränkte Nachlieferungspflicht), §§ 480, 491 (Nachlieferungsanspruch bei Fehler der Kaufsache), § 346 HGB mit "telle quelle"-Klausel (Lieferpflicht in unterster Qualität der Gattung ist vertragsgemäß).

IV. Leistungshandlung und Leistungserfolg

1. Die von den Parteien beabsichtigte Leistung kann inhaltlich in einer Leistungshandlung oder in einem Leistungserfolg bestehen. Bei bestimmten Verträgen wird eine **Handlung** als Leistung vereinbart. Das ist z.B. beim Dienstvertrag und Arbeitsvertrag der Fall. Hier besteht die geschuldete Leistung in der Dienstleistung und in der Arbeit als Tätigkeit. Ein Erfolg wird nicht geschuldet. Der andere muß die Gegenleistung erbringen, sobald die Leistungshandlung zur rechten Zeit und am rechten Ort vollzogen ist. Daher hat ein Arbeitnehmer auch dann einen Anspruch auf Lohnzahlung, wenn seine Arbeit ergebnislos war. Bei den Verträgen, die eine Unterlassung als Leistung enthalten, kommt es nur auf diese Leistungshandlung an.

Andere Verträge enthalten Leistungspflichten, die einen Leistungs**erfolg** beinhalten. Hier ist die Leistung erbracht, wenn der Erfolg eingetreten ist. Erst dann ist gemäß § 362 erfüllt. Beim Kaufvertrag ist die Verkäuferleistung erbracht, wenn der Käufer die Kaufsache erhalten hat und Eigentümer geworden ist (vgl. § 433 Abs. 1). Beim Werkvertrag ist geleistet, wenn das Werk fertig ist und vom anderen abgenommen wurde.

2. Der Parteiwille ist entscheidend dafür, welchen Inhalt die Leistungspflicht haben soll. Die Auslegung der Willenserklärungen ergibt also auch, ob nur eine Leistungshandlung geschuldet – mag auch ein Erfolg eingetreten sein – oder ob ein Erfolg als Leistung geschuldet war. Äußerlich ist häufig kein Unterschied erkennbar. Die Parteien schließen z.B. einen Vertrag über die Behandlung eines Körperleidens (Leistungshandlung ist geschuldet) oder sie schließen einen Vertrag über die Beseitigung eines Körperschadens (Leistungserfolg ist geschuldet).

3. Diese Unterscheidung ist bei der Zuordnung eines konkreten Vertrages zu einem Vertragstyp wichtig. Zuordnungsfragen ergeben sich häufig hinsichtlich der Vertragstypen Kaufvertrag, Werkvertrag und Dienstvertrag.

Ferner gibt es Vorschriften, die tatbestandlich die Leistungshandlung und nicht den Leistungserfolg voraussetzen. Unter diesen ist § 243 Abs. 2 besonders wichtig. Die Vorschrift ist wie folgt zu lesen: „Hat der Schuldner die zur Leistung einer Gattungssache nötige Leistungshandlung vollzogen, ohne daß der Leistungserfolg eingetreten ist (dann wäre nämlich schon erfüllt), schuldet er nicht mehr eine Sache der Gattung, sondern die von ihm ausgesuchte konkrete Sache." Hiermit hat es folgende weitere Bewandtnis: Bei Sachen, die die Parteien im Vertrage nur nach allgemeinen Merkmalen bestimmt haben (Gattungssachen), besteht nach § 279 ein praktisch unbegrenzter Nachlieferungsanspruch, ohne daß es auf ein Verschulden des Schuldners – wie sonst, vgl. § 325 – ankäme. Das ist für den Schuldner eine riskante Situation. Er hat es aber in der Hand, dieses Risiko zu beseitigen, indem er die Leistungshandlung vornimmt. Die Gattungssache konkretisiert sich durch die Vornahme der Leistungshandlung zur Speziesschuld (Stückschuld).

4. Vom Leistungserfolg ist der sog. Enderfolg abzugrenzen. Der Leistungserfolg ist ein rechtlicher Erfolg, der im Gesetz vorgesehen ist. Der Enderfolg ist in erster Linie ein wirtschaftlicher Erfolg, nämlich der, den der Gläubiger mit der Leistung bezweckt. Ihn schuldet der Schuldner normalerweise nicht; er hat meist gar keinen Einfluß darauf, was der Gläubiger mit der Leistung weiter anfängt und erreicht. Die Vertragsautonomie schließt natürlich ein, daß die Parteien den vom Gläubiger ins Auge gefaßten Enderfolg mit zum Inhalt der Einigung machen können (dann wird man die Gegenleistung entsprechend vereinbaren). Der Enderfolg kann rechtlich auch als Verein-

barung einer bestimmten Eigenschaft der Sache usw. vertraglich gesichert werden. Das bedeutet im allgemeinen die Zusicherung einer bestimmten Eigenschaft im Sinne des § 463. Diese Vertragsmodalität bezeichnet man mit „unselbständige Garantie“[1].

V. Der Leistungsort

1. Den Ort, an dem die Leistungshandlung vorzunehmen oder jedenfalls zu beenden ist, nennt man Leistungsort. Diese Bezeichnung wählt auch das BGB in dafür maßgeblichen Normen (§§ 269, 270). Gleichbedeutend verwendet das BGB in einigen Vorschriften, z.B. in den §§ 447, 448, 644 Abs. 2, das Wort „Erfüllungsort“. Dort müßte „Leistungsort“ stehen. Taucht das Wort „Erfüllungsort“ sonst im Rechtsverkehr auf, z.B. auf Formularen usw., kann damit zugleich auch „Gerichtsstand“ gemeint sein.

2. Der Ort, an dem der Leistungserfolg eintritt, wird mit Erfolgsort bezeichnet[2]. Mit diesem Ort befaßt sich das Zivilrecht nicht. Das BGB gibt vielmehr dem Leistungsort die maßgebliche Bedeutung für den Austausch der Leistungen. Wenn jemand eine Leistung zu beanspruchen hat, wird er Wert darauf legen, daß sie dort erbracht wird, wo er sie wirtschaftlich verwerten kann. Der Gläubiger möchte die Leistung meist noch nach seinem wirtschaftlichen Plan einsetzen und so den erwünschten Enderfolg erreichen. Für ihn ist es grundsätzlich am besten, wenn der Schuldner die Leistungshandlung bei ihm, in seinem Betrieb vornimmt und dazu dann auch verpflichtet ist. Umgekehrt ist es normalerweise für den Schuldner am einfachsten, wenn er am Ort seines Betriebes handeln muß.

3. In § 269 hat der Gesetzgeber als Leistungsort grundsätzlich den Wohnsitz des Schuldners vorgesehen. Wie sich aber aus dem Wortlaut des Abs. 1 ergibt, können die Parteien auch einen anderen Leistungsort vereinbaren. Die Frage, wo für eine Verpflichtung aus einem konkreten Vertrage der Leistungsort sein soll, beantwortet sich gemäß § 269 wie folgt:

a) Zunächst kommt die Einigung der Parteien in Betracht. Sie ist, vor allem was Willenserklärungen durch schlüssiges Handeln angeht, hinsichtlich eines vereinbarten Leistungsortes auszulegen. Dabei gelten die allgemeinen Auslegungsregeln (Empfängerhorizont).

b) Der Leistungsort kann sich aus den Umständen, insbesondere aus der Natur des Schuldverhältnisses ergeben (ein Privathaus kann nur auf dem Grundstück des Bauherrn errichtet werden). Diese in § 269 gesondert aufgeführte Modalität gehört eigentlich zu a), denn diese objektiven Umstände sind vom Empfängerhorizont aus ohnehin zu berücksichtigen[3].

c) Im Gesetz gibt es eine Reihe von Vorschriften, die den Leistungsort bezeichnen, so z.B. die §§ 697, 811, 1194 BGB, 36 VVG. Dabei handelt es sich um dispositive Vorschriften, von denen die Parteien also abweichen können[4].

d) Wenn Buchst. a), b) und c) nichts ergeben, ist gemäß § 269 Abs. 1 der Wohnsitz des Schuldners Leistungsort.

4. Im Zusammenhang mit dem Leistungsort haben sich drei Schlagwörter eingebürgert:

- Holschuld: Der Leistungsort ist beim Schuldner. Seine Leistungshandlung besteht darin, daß er in seinem Betrieb dem Gläubiger Entgegennahme oder Abholung der Leistung ermöglicht. Transportrisiken usw. trägt der Gläubiger.
- Schickschuld: Der Leistungsort ist beim Schuldner. Er hat sich aber mit dem Gläubiger – meist durch schlüssiges Handeln – darauf geeinigt, daß er den Transfer seiner Leistung zum Gläubiger in Gang setzt. Die Leistungshandlung besteht darin, daß er beispielsweise bei einer Warenschuld die Ware versandfertig macht und an die Adresse des Gläubigers abschickt. Das Transportrisiko trägt der Gläubiger, im allgemeinen auch die Kosten der Verpackung und des Transportes.

---

1 vgl. Eimer NJW 1973, 590

2 Esser-Schmidt, Bd. I/1 § 15 I 1

3 Blomeyer § 7 III 1

4 str., a.A. Esser-Schmidt, Bd. I/1 § 15 I 3; wie hier für § 36 VVG: BGH NJW 1971, 380

– Bringschuld: Der Leistungsort ist beim Gläubiger. Die Leistungshandlung besteht darin, daß der Schuldner die Entgegennahme der Leistung im Betrieb des Gläubigers ermöglicht. Der Schuldner trägt demzufolge auch das Transportrisiko und die Kosten.

5. In den meisten Verträgen wird eine Vereinbarung über die Transportmodalitäten getroffen. Das braucht nicht einmal ausdrücklich zu geschehen. Hier spielen bei der Auslegung der Willenserklärungen Verkehrssitte und Handelsbrauch, die von Branche zu Branche verschieden sein können, eine wichtige Rolle. Es gibt aber auch ausdrückliche Erklärungen, die z.T. formelhaft knapp gehalten sind und sowohl eine Aussage über den Leistungsort als auch über die Art und Weise des Transports enthalten. Wird z.B. ein Preis „ab Werk" angegeben, so ist der objektive Erklärungswert, sofern keine anderen Umstände auslegungsfähig sind, wie folgt: Der Leistungsort ist beim Schuldner (lokalisiert mit dem Werksgelände), das Transportrisiko samt Kosten trägt der Gläubiger (Käufer). Die Verpackungskosten sind von der Formel nicht erfaßt; wer sie trägt, ergibt sich meist aus der Verkehrssitte.

Ausdrückliche Erklärungen finden sich verbreitet auf Formularen wie Bestellschein, Auftragsbestätigung und Rechnung. Diese Klauseln wirken sich allerdings rechtlich auf den Vertrag nicht mehr aus, wenn das betreffende Formular dem anderen Teil zeitlich für eine Einigung zu spät zugeht, etwa erst nach dem Erfüllungsakt. Die Klausel auf einer Rechnung „Wir sandten Ihnen auf Ihre Rechnung und Gefahr" kann sich rechtlich bei der Frage, wer das Transportrisiko zu tragen hat, nicht mehr auswirken. Eine nachträgliche Einigung wäre denkbar (soweit nicht schon § 447 eingreift), aber sehr ungewöhnlich.

6. Eine Einigung auf Schickschuld ist am meisten verbreitet. Bei der Auslegung sollte man die Auslegungsregel des § 133 beherzigen. Wenn z.B. ein Verkäufer sich bereiterklärt, die gekaufte Ware zu „bringen", so liegt darin noch nicht die Vereinbarung einer Bringschuld. Es muß sich aus den Erklärungen schon ergeben, daß Leistungsort der Wohnsitz des Gläubigers sein soll. Die Abmachung allein, daß der Schuldner die Verpackungs- und Transportkosten übernimmt, kann noch nicht als Vereinbarung einer Bringschuld gewertet werden. Denn diese Kostenübernahme findet vielleicht zur Kosteneinsparung oder sonst aus rationellen Erwägungen heraus statt, soll aber nach der richtig ausgelegten Einigung nicht zu einer gravierenden Risikoverlagerung auf den Schuldner führen. Diese Auslegung wird durch die gesetzliche Auslegungsregel des § 269 Abs. 3 bestätigt.

7. Der **Leistungsort für Geldschulden** ist in § 270 geregelt. Nach § 270 Abs. 4 bleibt es bei der grundsätzlichen Regelung des § 269, wonach der Leistungsort mangels abweichender Vereinbarung beim Schuldner ist. Die Leistungshandlung ist demnach am Wohnsitz des Schuldners vorzunehmen. Nach Abs. 1 der Vorschrift hat der Schuldner aber das Geld auf seine Gefahr und seine Kosten dem Gläubiger an dessen Wohnsitz zu übermitteln. Das Wort „übermitteln" würde die Annahme einer Bringschuld rechtfertigen. Das aber stünde mit § 270 Abs. 4 nicht in Einklang (bei der Bringschuld ist die Leistungshandlung am Wohnsitz des Gläubigers vorzunehmen).

Eine Geldschuld ist vielmehr Schickschuld; der Schuldner trägt aber die Übermittlungskosten und die Gefahr der Übermittlung. Damit meint § 270 nur die Verlust- und nicht die Verzögerungsgefahr[1]. Würde nämlich der Schuldner auch die Verzögerungsgefahr tragen, gäbe es keinen Unterschied mehr zur Bringschuld. Das läßt § 270 Abs. 4 nicht zu.

Der Schuldner hat also das Geld auf seine Kosten zu übermitteln. Sollte es ohne sein Verschulden oder das seiner Erfüllungsgehilfen (Bank o.ä.) zu spät beim Gläubiger ankommen, hat er dennoch erfüllt; sollte es ohne sein Verschulden oder das seiner Erfüllungsgehilfen gar nicht ankommen, muß er noch einmal zahlen. Unberührt von § 270 bleibt, daß der Schuldner *bei Verschulden* wegen Verzuges oder Unmöglichkeit zum Schadensersatz verpflichtet ist. Diese Fälle sind vom Begriff „Gefahr" (vgl. dazu das 10. Kapitel Teil 2 II 5) nicht erfaßt.

Eine vertragliche Abänderung des § 270 ist möglich. Sie ist in der Praxis jedoch selten. Eine Vereinbarung, daß Leistungsort beim Gläubiger sein soll, kann anzunehmen sein, wenn der Schuldner

---

1 Larenz I § 14 IV c

bei einem Distanzgeschäft im Betrieb des Gläubigers mit Bargeld oder mit Scheck zahlen soll. Im allgemeinen beschäftigen sich die Parteien allerdings nur mit der Frage, ob bestimmte Zahlungsmittel (z.B. Scheck, Wechsel) vollwertig sein sollen. Es versteht sich jedoch, daß der Gläubiger Interesse daran hat, den Schuldner zur vertraglichen Übernahme auch der Verzögerungsgefahr zu bewegen. Das geschieht vereinzelt, vor allem in Versicherungsbedingungen, z.B. mit der Klausel „Für die Rechtzeitigkeit der Zahlung kommt es nicht auf die Absendung, sondern auf den Eingang an".

VI. Die Leistungszeit

1. Der Begriff „Leistungszeit" enthält die Unterbegriffe „Fälligkeit" und „Erfüllbarkeit".

Ist Fälligkeit eingetreten, muß der Schuldner leisten. Grundsätzlich besteht die Fälligkeit ab Vertragsschluß, § 271 Abs. 1. Sie wird aber im Wirtschaftsleben oft anders geregelt (z.B. durch Liefertermine oder Klauseln wie „Kasse gegen Faktura").

Die Erfüllbarkeit einer Schuld gibt den Zeitpunkt an, wann der Schuldner frühestens leisten darf. Nach § 271 Abs. 1 ist eine Schuld grundsätzlich mit ihrer Entstehung auch erfüllbar, und zwar selbst dann, wenn sie kraft Vereinbarung noch nicht fällig ist, Abs. 2. Eine zu frühe Leistung kann dem Gläubiger jedoch unter Umständen ungelegen sein (z.B. bei Saisonware). In manchen Branchen ist es üblich, die Rechnungsstellung auf den Fälligkeitszeitpunkt oder noch später vorzunehmen – sog. Valutierung – wenn die Ware zu früh ausgeliefert wurde.

2. Es ist den Parteien anheimgestellt, ob sie von der Regelung des § 271 abweichen wollen.

Dafür kommen die folgenden Möglichkeiten in Betracht:

a) Auch ohne Fälligkeitsvereinbarung können die Parteien den Leistungszeitpunkt unabhängig vom Zeitpunkt des Vertragsschlusses festlegen, indem sie das **Entstehen** des Anspruchs an eine aufschiebende Bedingung oder eine Zeitbestimmung knüpfen, § 158 und § 163.

b) Die Parteien können die **Fälligkeit** einer Schuld auf **später** festsetzen (Betagung), und zwar sowohl bei Vertragsschluß als auch noch danach. Im letzteren Fall liegt darin eine – einverständliche – Vertragsänderung. Sie ist möglich, obwohl die Schuld bereits fällig war.

c) Ferner kann der Gläubiger trotz der eingetretenen Fälligkeit der Forderung dem Schuldner **zeitweilig** ein **Leistungsverweigerungsrecht** einräumen (Stundung[1]). Da es sich bei der Stundung um eine Einrede handelt, muß der Schuldner sich auch darauf berufen, anderenfalls bleibt sie unberücksichtigt.

d) Ohne die Verpflichtungslage des Schuldners in irgendeiner Weise zu verändern, kann der Gläubiger **zeitweilig davon absehen**, seine Forderung geltend zu machen. Die Entstehung und die Fälligkeit des Anspruchs werden dann nicht berührt, und zwar auch dann nicht, wenn der Schuldner weiß, daß der Gläubiger voraussichtlich abwarten wird. Die Ankündigung, man werde bei Zahlung innerhalb eines bestimmten Zeitraums Skonto gewähren, fällt unter diese Variante[2], die damit von der rechtlichen Konstruktion des § 271 nicht abweicht[3].

3. Die vertragliche Bestimmung der Leistungszeit kann in einem Vertrag derartig in den Mittelpunkt gerückt sein, daß das gesamte Geschäft davon abhängt, oder, mit der Formulierung der Rechtsprechung gesagt, daß das Geschäft mit der Wahrung des vereinbarten Zeitpunktes stehen oder fallen soll[4]. Ist das der Fall, sieht man die später erbrachte Leistung nicht als die geschuldete

---

1 Die Terminologie ist nicht einheitlich. Nach einigen Auffassungen (z.B. Esser-Schmidt Bd. I/1 § 15 II 3) ist das Hinausschieben der Fälligkeit (2 b) Stundung. Gegen diese Ansicht spricht aber, daß der Gläubiger meist erst stundet, wenn der Schuldner nicht zahlen kann (RGZ 153, 345). Dann war die Schuld aber schon fällig, und der zum Zuwarten gezwungene Gläubiger hat keine Veranlassung, daran etwas zu ändern.

2 OLG Hamm BB 1957, 346

3 Die Skonto-Erklärung hat mit der sog. Skontration nichts zu tun: bei letzterer handelt es sich um die Vereinbarung mehrerer Personen, Forderungen untereinander zu verrechnen.

4 RGZ 51, 347; 108, 158

Leistung an und gibt dem Gläubiger die Ansprüche nicht wegen Verzug, sondern wegen Unmöglichkeit der Leistung. So ist es beim sog. absoluten Fixgeschäft[1] (zu diesem Begriff vgl. das 10. Kapitel Teil 2 III). Ist die Leistungszeit genau bestimmt, aber nicht elementar wichtig für den Leistungsaustausch, handelt es sich um ein Fixgeschäft im Sinne des § 361 (sog. „relatives" Fixgeschäft).

Bei verspäteter Leistung im Fixgeschäft kann der Gläubiger ohne Mahnung den Verzugsschaden verlangen, sofern dem Schuldner Verschulden angelastet werden kann, §§ 286, 284 Abs. 2, 285. Daneben besteht auch der Erfüllungsanspruch. – Statt dieser Rechte hat der Gläubiger gemäß § 361 ein Rücktrittsrecht. Hierbei ist ein Verschulden des Schuldners nicht Voraussetzung. Der Gläubiger muß den Rücktritt unverzüglich nach der Terminüberschreitung erklären, anderenfalls ist sein Recht verwirkt.

Die Fixgeschäfte bei einseitigen oder zweiseitigen Handelsgeschäften sind in § 376 HGB geregelt. Der Unterschied zwischen § 361 BGB und § 376 HGB besteht im wesentlichen darin, daß beim Handelsfixgeschäft der Erfüllungsanspruch nur dann erhalten bleibt, wenn der Gläubiger dem Schuldner sofort nach Ablauf der Frist mitteilt, er wünsche weiterhin Erfüllung, § 376 Abs. 1 S. 2 HGB. Hier wird die Tendenz des HGB zur schnellen Erledigung sichtbar.

Für die Praxis ist von Bedeutung, daß in Allgemeinen Geschäftsbedingungen Fixtermine häufig abgelehnt werden. Vertragsbestimmungen wie „15.3. fix", die an sich geeignet sind, eine Einigung über ein Fixgeschäft herbeizuführen, können wegen der AGB dann möglicherweise nicht Vertragsinhalt werden.

4. In einigen Bereichen ist die Leistungszeit gesetzlich geregelt, so für die Mietzahlung (§ 551), für die Rückgabe der Leihsache (§ 604), für Zinsen beim Darlehen (§ 608), für die Vergütung beim Dienstvertrag (§ 614), beim Werkvertrag (§ 641) und beim Verwahrungsvertrag (§ 699). Diese Vorschriften sind nicht zwingend. Die Parteien können also davon abweichen.

VII. Leistung durch Dritte

1. Wenn der Schuldner zu einer Leistung verpflichtet ist, bedeutet das im allgemeinen noch nicht, daß er die Leistung selbst erbringen muß. Es kann auch ein Dritter, d.h. weder der Schuldner noch sein Erfüllungsgehilfe, mit Erfüllungswirkung leisten, § 267 Abs. 1. Hauptsache ist eben, daß der Gläubiger die geschuldete Leistung überhaupt erhält.

Falls der Schuldner jedoch selbst leisten muß, eine Leistung durch Dritte also ausgeschlossen ist, bleibt es ihm unbenommen, Erfüllungsgehilfen einzusetzen. Diese Möglichkeit scheidet aus, wenn sich die Parteien auf ein persönliches Tätigwerden des Schuldners geeinigt haben (Beispiel: der Chefarzt soll die Operation persönlich vornehmen).

2. Das Gesetz sieht ein persönliches Tätigwerden in einigen Sonderfällen vor. Der Arbeitnehmer und der zu einer Dienstleistung Verpflichtete (§ 613), der Beauftragte (§ 664), der Verwahrer (§ 691) und der geschäftsführende Gesellschafter (§ 713) müssen grundsätzlich persönlich tätig werden. Von diesen Vorschriften können die Parteien allerdings kraft anderslautender Einigung abweichen.

3. Liegen diese Sonderfälle nicht vor, tritt mit der Leistung des Dritten Erfüllung ein, § 362. Voraussetzung ist nach hM jedoch, daß der Dritte die fremde Verbindlichkeit tilgen wollte[2].

Umstritten ist, ob diese Zuwendungsabsicht vom Empfängerhorizont eines sorgfältigen Gläubigers her erkennbar sein muß[3]. Das wird man bejahen, wenn man das Interesse des Gläubigers an der Durchsichtigkeit des Erfüllungsvorganges würdigt: Nach § 267 Abs. 2 kann der Gläubiger die Leistung durch den Dritten ablehnen, wenn der Schuldner widerspricht. Der Gläubiger braucht sich also nicht mit den Beziehungen zwischen Schuldner und dem Dritten abzugeben, wenn er nicht

1 BGHZ 60, 16

2 BGHZ 46, 325

3 bejahend anscheinend BGH NJW 1974, 1133

will. Damit ist rechtlich sein Interesse geschützt, vor Annahme der Leistung beim Schuldner rückzufragen, ob dieser widersprechen wolle. Eine solche Rückfrage setzt aber eine hinreichende Information über die Absicht des Dritten und seine Rolle bei der Erfüllung voraus (ob der Dritte also die Verbindlichkeit des Schuldners tilgen will).

Teil 3 Die Fallösung

A. Das Gutachten zum Fall

1. A könnte von B Zahlung des Zinsbetrages nach § 286 verlangen. Die für den Kredit aufzuwendenden Zinsen stellen sich aus der Sicht des A als Schaden dar. Voraussetzung des § 286 Abs. 1 ist, daß sich der Anspruchsgegner in Verzug befand. Die Voraussetzungen dafür enthalten die §§ 284f:

a) Erste Voraussetzung für den Verzug ist, daß ein Anspruch bestand. Im vorliegenden Fall muß B gemäß § 433 Abs. 2 den Kaufpreis zahlen. Es besteht also ein Anspruch.

b) Dieser Anspruch müßte fällig gewesen sein. Sofern keine gesetzliche Vorschrift besteht und die Parteien keine anderslautende Vereinbarung getroffen haben, ist ein Anspruch sofort fällig, § 271 Abs. 1.

2. Im vorliegenden Fall ist eine gesetzliche Vorschrift, die die Fälligkeit von § 271 abweichend regelt, nicht ersichtlich. Die Parteien können den Leistungszeitpunkt aber durch Vereinbarung abgeändert haben. Dazu käme in Betracht:

a) Das Entstehen des Anspruchs überhaupt wird durch einen Anfangstermin oder eine aufschiebende Bedingung auf später verschoben.

b) Der Anspruch entsteht sofort, aber kraft Vereinbarung soll er erst zu einem späteren Zeitpunkt fällig sein (Betagung).

c) Der Anspruch entsteht sofort. Eine Fälligkeitsvereinbarung wird nicht getroffen. Die Parteien vereinbaren aber, daß zeitweilig ein Leistungsverweigerungsrecht (Stundung) bestehen soll.

3. Bei der Skontoabrede handelt es sich jedenfalls nicht um eine Terminbestimmung oder aufschiebende Bedingung. Eine Betagung kommt nicht in Betracht, da die Skontovereinbarung dem Schuldner nicht vorschreibt, an welchem Tage er zahlen soll. Die Skontoabrede ist aber auch kein Fall der Stundung. Denn es ist üblich, die Skontovereinbarung zu staffeln (z.B. 10 Tage 3 %, 30 Tage 2 % usw.). Die Staffelung widerspricht der Annahme einer Stundung, weil diese nur einheitlich sein kann.

Ferner spricht gegen Stundung, daß eine solche Vereinbarung in der Regel erst dann getroffen wird, wenn sich in der Leistungsfähigkeit des Schuldners Schwierigkeiten abzeichnen und der Gläubiger ihm entgegenkommen will. Diese Situation ist bei der Skontogewährung nicht gegeben.

Der Skonto wird – wenn überhaupt – jedenfalls ohne Rücksicht auf die individuelle Situation eines Vertragspartners in Aussicht gestellt. Er ist Anreiz zu möglichst frühzeitiger Zahlung. Im Wirtschaftsleben vergeht nämlich trotz der Verpflichtung zur sofortigen Zahlung ein gewisser Zeitraum, ehe der Schuldner tatsächlich zahlt. Eine Zahlung innerhalb dieses Zeitraums könnte der Gläubiger praktisch nicht beanstanden. Ihm ist es aber unbenommen, dem Schuldner einen Rabatt einzuräumen, falls er relativ früh zahlt. Der Gläubiger will also weder den Fälligkeitszeitpunkt verschieben noch den Geschäftspartnern ein Leistungsverweigerungsrecht einräumen, wenn er Skonto verspricht. Die Skontoabrede ist daher keine Fälligkeitsvereinbarung. Auch während der Skontofristen kann der Gläubiger daher seine Forderung geltend machen. Erhält er sein Geld, muß er aber den versprochenen Skonto abziehen. Es ist zwar zu normalen Zeiten ungewöhnlich, daß der Gläubiger nicht bis zum Ablauf der Skontofristen wartet. Rechtlich ist er dazu jedenfalls nicht verpflichtet. Es besteht kein Handelsbrauch, den Ablauf der Skontofristen abzuwarten. Ein solcher Handelsbrauch könnte sich jedenfalls für den Fall der Vermögensverschlechterung auch nicht entwickeln; hier würde nämlich der Rechtsgedanke des § 321 entgegenstehen.

Die Forderung des A auf den Kaufpreis war daher fällig.

4. Dritte Voraussetzung ist Mahnung. Mahnung ist begrifflich eine dringende, unbedingte Aufforderung zur Leistung, die erkennen läßt, daß der Gläubiger ein weiteres Ausbleiben der Leistung als Pflichtwidrigkeit ansieht, die rechtliche Folgen nach sich ziehen kann. Eine Zahlungsaufforderung durch die Mahnabteilung erfüllt diese Voraussetzung.

5. Schließlich fordert § 285, daß der Schuldner das Ausbleiben der Leistung zu vertreten hat. Da es sich im vorliegenden Fall um eine Geldschuld handelt, kommt § 279 zum Zuge. B hat daher das Unterbleiben der Leistung selbst dann zu vertreten, wenn ihm ein Verschulden nicht zur Last fällt.

6. Da sämtliche Voraussetzungen des Verzugs vorliegen, befand sich B seit dem 13.3. im Verzuge mit seiner Leistung. Damit kann § 286 angewendet werden. B hat den Schaden des A zu ersetzen, §§ 286 Abs. 1, 288 Abs. 2. Der Schaden besteht in den bis zum 30.3. angefallenen Zinsen für den Nennbetrag der Forderung des A (Kaufpreis abzüglich 2 % Skonto).

B. Hinweise zum Lösungsgang[1]

1. Im Fall kommt der Aspekt des Eigentumsvorbehalts nicht zum Zuge, weil die Frage des Falles auf Schadensersatz gerichtet ist. Das Eigentumsvorbehaltsrecht hat die Wirkung, daß der Lieferant noch unbezahlter Ware mit der Lieferung kein Angebot auf Eigentumsübertragung im Sinne des § 929 gemacht hat. Daher ist er nach wie vor Eigentümer und kann das Eigentum nach § 985 herausverlangen.

2. Wenn ein Schadensersatzanspruch besteht, kann er evtl. durch ein Mitverschulden des Geschädigten gemindert sein (vgl. § 254), weil dieser es unterließ, ihm zustehende Rechte geltend zu machen u.a.m. Dieser Gedanke ist im Gutachten nicht abzuhandeln, weil er nach dem gegebenen Sachverhalt ganz entfernt liegt. Beim Durchdenken des Lösungsganges, bei der Lösungsskizze also, müßte der Gutachter aber kurz prüfen, ob diese Fährte weiter zu verfolgen ist oder nicht. Eine im Sande verlaufende Untersuchung wird der Gutachter nur dann in das Gutachten aufnehmen, wenn er meint, der Leser werde in diesem Punkte ausnahmsweise eine Fehlanzeige erwarten.

3. Den Sachverhalt dieses Falles versteht man nur sehr schwer, wenn man sich keine Zeittabelle anlegt. Enthält ein Sachverhalt Datumsangaben, ist es immer richtig, sie in der „Lösungsgraphik" aufzuführen, und zwar auch dann, wenn es einmal auf die genauen Tage nicht ankommt.

Teil 4 Lesekontrolle

1. Welche Sorgfaltspflichten bei einem Vertrag bestehen, ergibt sich
   a) aus der Beweisaufnahme im Prozeß
   b) ausschließlich aus Gesetz
   c) aus der Auslegung des konkreten Vertrages
   d) aus dem Sozialstaatsprinzip (Art. 20 GG)

---

1 Zur Lösungsmethode und Arbeitstechnik siehe Anhang 1 und Anhang 2

2. Eine Klage auf Erfüllung ist grundsätzlich möglich
   a) nur aus Leistungspflichten
   b) aus Leistungspflichten und Sorgfaltspflichten
   c) aus Leistungspflichten, Sorgfaltspflichten und unselbständigen Nebenpflichten
3. Sorgfaltspflichten können bestehen
   a) schon vor Vertragsschluß, während der Vertragsabwicklung und nach Vertragserfüllung
   b) nur während der Vertragsabwicklung
   c) nur vor Vertragsabschluß (culpa in contrahendo)
4. Soweit Sorgfaltspflichten verletzt wurden, haftet man rechtlich
   a) nur für eigenes Verhalten
   b) für eigenes Verhalten und für das Verhalten von Prokuristen und Handlungsbevollmächtigten
   c) für eigenes Verhalten und für das Verhalten aller, die man mit der Erfüllung der Verbindlichkeit betraut hat (§ 278)
5. Wird eine Gestaltungserklärung mit einer Bedingung verknüpft,
   a) wirkt sich die Gestaltungserklärung grundsätzlich nicht aus
   b) tritt die gestaltende Wirkung erst ein, wenn die Bedingung eintritt (§ 158)
   c) tritt die gestaltende Wirkung erst ein, wenn sich der andere mit der Bedingung einverstanden erklärt
6. Man spricht von einem Spezifikationskauf,
   a) wenn in einem Kaufvertrag sämtliche Verpflichtungen der Parteien ausdrücklich aufgeführt sind
   b) wenn eine Sachgesamtheit verkauft wird, wobei die einzelnen Teile gesondert aufgelistet sind
   c) wenn die Kaufsache nicht nach allgemeinen Merkmalen, sondern ganz speziell bezeichnet ist
   d) wenn vertraglich vereinbart ist, daß der Käufer Form, Maße oder andere Merkmale der Sache später bestimmen soll (§ 375 HGB)
7. Eine Gattungsschuld liegt vor,
   a) wenn Ehegatten gegeneinander Forderungen haben
   b) wenn die Parteien die Kaufsache nur nach allgemeinen Merkmalen bestimmt haben
   c) wenn die Schuld zu einer bestimmten Gruppe von typischen Verpflichtungen gehört
8. Was bedeutet „Konkretisierung" im Zusammenhang mit einer Gattungsschuld?
   a) Die Gattung war zunächst noch nicht bestimmt, ist aber bestimmbar
   b) Durch Vornahme der geschuldeten Leistungshandlung wird aus der Gattungschuld eine Stückschuld
   c) Die Parteien haben die zunächst nicht bestimmte Gattung nachträglich bestimmt
   d) Der Richter hat Art und Umfang der geschuldeten Leistung endgültig festgelegt
9. Die Leistungshandlung ist vorgenommen,
   a) wenn der Schuldner die geschuldete Tätigkeit zur rechten Zeit und am rechten Ort vorgenommen hat
   b) wenn der Schuldner alles getan hat, wozu er zur Zeit in der Lage war
   c) wenn der Schuldner die nötigen Vorbereitungen getroffen hat, um seinen Verpflichtungen nachzukommen, und wenn mit deren baldiger Erfüllung zu rechnen ist
10. Der Leistungsort ist bei Fehlen besonderer Abreden
    a) beim Wohnsitz des Schuldners
    b) beim Bestimmungsort
    c) beim Wohnsitz des Gläubigers
    d) beim Sitz des zuständigen Gerichtes

11. Geldschulden sind
   a) Holschulden; der Schuldner darf aber seine Bank einschalten, um das lästige Eintreiben des Geldes durch den Gläubiger zu vermeiden
   b) Holschulden; der Gläubiger kann das Geld aber bei der Bank des Schuldners einziehen lassen
   c) Schickschulden; der Schuldner trägt aber die sog. Verlustgefahr
   d) Bringschulden
12. Eine Vereinbarung über Skonto (ohne besondere Abreden) bedeutet rechtlich:
   a) Der Gläubiger korrigiert nachträglich den vereinbarten Preis, und zwar zugunsten des Schuldners
   b) Beide Parteien ändern einverständlich den zunächst vereinbarten Preis
   c) Der Gläubiger verpflichtet sich, während der Skontofrist von der Geltendmachung seiner um den Skonto reduzierten Forderung Abstand zu nehmen
   d) Der Gläubiger ist zur Gewährung des Skontos verpflichtet; er kann aber während der Laufzeit der Skontofrist seine um den Skonto reduzierte Forderung geltend machen

Richtig sind (die Klammern verweisen auf den Text im Teil 2):

1c (I.3); 2a (I.4.a); 3a (I.4.b); 4c (I.4.b); 5a (I.5); 6d (II.2); 7b (III.1); 8b (III.3 und IV.3); 9a (IV.1); 10a (V.3); 11c (V.7); 12d (VI.2.d)

10. Kapitel: Die Vertragsstörungen

Teil 1 Der Fall (Sachverhalt)

Auktionator S in Köln veranstaltet eine seiner vielbeachteten Kunstauktionen. A in Braunschweig steigert anhand der Auktionsliste telefonisch mit und ersteigert ein größeres Wandgemälde des Malers D mit altem Rahmen für 3.200 DM. Da A das Bild nicht abholen kann, bittet er den S um baldmöglichste Zusendung „unfrei" per Bahn. Er bespricht mit ihm die Art der Verpackung (Kiste) in allen Einzelheiten. Als A nach einigen Tagen die äußerlich unbeschädigte Kiste erhält, stellt er beim Auspacken auf dem Güterbahnhof fest, daß der Rahmen auseinandergebrochen ist und die Leinwand zerfetzt hat. Er schickt dem S die amtliche Schadensaufnahme. Nach 30 Tagen bittet S dringend um Zahlung. Als A erfährt, daß S von der Bahn Schadensersatz erhalten hat, will er nicht zahlen. Ist er im Recht?

Teil 2 Die Darstellung der Rechtsmaterie

I. Allgemeines

1. Eine Verpflichtung erlischt, wenn die dem Gläubiger geschuldete Leistung erbracht wird. Hat bei einem Vertrage jeder Vertragspartner das erhalten, worauf er durch den Vertrag einen Anspruch hatte, ist der Vertrag erfüllt und damit beendet, § 362.

Leistungsstörungen und Pflichtverletzungen können dieses Ergebnis vereiteln. Die Rechtsordnung muß sich ganz besonders mit den Vertragsstörungen befassen und dafür interessengerechte Regeln aufstellen. In Betracht kommt bereits die Zeit kurz vor Vertragsschluß (Störungen bei der Vertragsanbahnung), hauptsächlich natürlich nach Vertragsschluß (Störungen bei der Vertragsabwicklung) und schließlich auch kurz nach Vertragserfüllung (Störungen bei der Leistungsverwertung).

2. Wenn ein Vertragspartner einen Anspruch wegen einer Störung erhebt, ist zunächst zu untersuchen, ob die Parteien für den Fall einer Störung eine vertragliche Vereinbarung getroffen haben. So ist z.B. ein Ausgleich einer Störung durch eine in solchem Fall zu zahlende Vertragsstrafe möglich, vgl. § 339, und zwar grundsätzlich neben den gesetzlichen Ansprüchen bei Vertragsstörungen, vgl. §§ 340 Abs. 2, 341 Abs. 2 und 3. Streitig ist, ob die Verwirkung der Vertragsstrafe wie ansonsten die Vertragsstörungen Verschulden voraussetzt[1]. Die Parteien können für den Störungsfall auch ein Rücktrittsrecht vereinbaren u.a.m. – Es entspricht allerdings normalerweise nicht der psychologischen Situation der Parteien beim Vertragsschluß, auch für den Fall von Vertragsstörungen Vereinbarungen zu treffen. Wenn nämlich Anlaß zu einer pessimistischen Beurteilung des zukünftigen Vertragsverlaufs besteht, wird man in der Regel überhaupt nicht zum Vertragsschluß kommen.

3. Haben die Parteien keine eigenen Vereinbarungen getroffen, gelten die gesetzlichen Vorschriften uneingeschränkt. Das BGB enthält ausdrückliche Vorschriften für die Störungen „Unmöglichkeit", „Verzug" und „Sachmangel". In zum Teil analoger Anwendung der gesetzlichen Vorschriften haben Literatur und Rechtsprechung ferner die Störungen „Positive Forderungsverletzung", „Wegfall der Geschäftsgrundlage", „Verschulden bei Vertragsanbahnung" und „Verschulden nach Vertragsende" (culpa in contrahendo bzw. culpa post contrahendum) hinzuentwickelt.

---

1 verneinend BGH NJW 1971, 883; bejahend Lindacher, Vertragsstrafe, 1972, S. 90 ff.

4. Die Vertragsstörungen schließen einander aus. Es liegt z.B. entweder Unmöglichkeit oder Verzug vor; wenn es zum Vertragsschluß gekommen ist, tritt die Störung „c.i.c." zurück.

5. Die Rechtsfolgen der gesetzlichen Vorschriften und der übrigen Tatbestände sind verschieden: Sie reichen von Schadensersatz über Rücktritt bis zur Neuanpassung der gegenseitigen Verpflichtungen.

Wenn im folgenden die Vertragsstörungen in den Grundzügen besprochen werden, sollte nicht aus dem Blickfeld geraten, daß bei einem Gutachten der geltend gemachte Anspruch Ausgangspunkt ist (vgl. Anhang 1). Von der begehrten Rechtsfolge her sucht der Gutachter also eine Vorschrift, die eine Vertragsstörung regelt. Niemals geht es beim Gutachten um die vom konkreten Klagebegehren losgelöste Frage, welcher Art die Vertragsstörung sein könnte.

II. Die Unmöglichkeit der Leistung

1. Übersicht

Das BGB regelt in den §§ 275, 280, 281, 306, 307, 323, 324, 325 die Vertragsstörung „Unmöglichkeit der Leistung". Es handelt sich um eine Störung bei der Leistungspflicht. Sie gehört daher zu den „Leistungsstörungen". Unmöglich ist eine Leistung, die dauernd nicht erbracht werden kann, sei es aus tatsächlichen oder rechtlichen Gründen (Definition der Unmöglichkeit). Vorübergehende Leistungsstörungen sind in diesem Sinne dauernd, wenn abzusehen ist, daß der Schuldner das Hindernis nicht in einer dem Gläubiger zumutbaren Zeit beseitigen wird. Kann die Unmöglichkeit innerhalb eines zumutbaren Zeitraumes beseitigt werden, greift die Leistungsstörung „Verzug" ein.

Das BGB fächert den Begriff „Unmöglichkeit" weiter auf, und zwar unter dem Gesichtspunkt, ob das Leistungshindernis schon vor Vertragsschluß vorlag (anfängliche Unmöglichkeit) oder erst danach eintrat (nachträgliche Unmöglichkeit), ferner ob niemand die Leistung erbringen kann (objektive Unmöglichkeit) oder ob nur der Schuldner nicht leisten kann (subjektive Unmöglichkeit, in der Sprache des Gesetzgebers „Unvermögen") und schließlich, ob die Unmöglichkeit zu vertreten ist oder nicht. Da das nachträgliche Unvermögen der nachträglichen objektiven Unmöglichkeit kraft § 275 Abs. 2 gleichgestellt wird, verbleiben im BGB folgende verschiedene Unmöglichkeitstatbestände: die anfängliche objektive Unmöglichkeit, das anfängliche Unvermögen, die nachträgliche zu vertretende Unmöglichkeit und die nachträgliche nicht zu vertretende Unmöglichkeit.

2. Die anfängliche objektive Unmöglichkeit

Sie ist in § 306 geregelt. Tatbestand und Rechtsfolge des § 306 lauten vervollständigt: „Verpflichtet sich jemand zu einer Leistung, die schon vor Vertragsschluß niemand erbringen konnte, so ist der Vertrag nichtig". § 306 meint die dauernde Unmöglichkeit, wie sich deutlich aus einem Vergleich mit § 308 ergibt. Kannte ein Vertragspartner die Unmöglichkeit oder mußte er sie kennen (fahrlässige Unkenntnis), ist er dem anderen zu Schadensersatz verpflichtet, wenn die Unkenntnis nicht auch dem anderen vorzuwerfen ist, § 307.

Eine Ausnahmevorschrift zu § 306 ist § 437. Der Verkauf einer nicht bestehenden Forderung oder eines sonstigen Rechtes ist gültig. Ferner geht das Gewährleistungsrecht dem § 306 vor. Wenn eine Kauf- oder Mietsache schon vor Vertragsschluß nicht die Eigenschaften lt. Vertrag hatte, gilt nur Gewährleistungsrecht (dazu unten VI).

Ein Beispiel für anfängliche objektive Unmöglichkeit: Die Parteien schließen einen Kaufvertrag über eine Sache, die dem Käufer bereits gehört: Es ist schon vor Vertragsschluß aus rechtlichen Gründen niemandem möglich, die Leistung des Verkäufers, nämlich Übergabe und Eigentumsverschaffung (§ 433 Abs. 1), zu erbringen. Der Vertrag ist nichtig nach § 306, nicht etwa wegen Irrtums.

3. Das anfängliche Unvermögen

Wenn gerade der Schuldner, nicht aber Dritte, bereits vor Vertragsschluß (und selbstverständlich auch danach) nicht in der Lage war, die vertraglich geschuldete Leistung zu erbringen, spricht man von anfänglichem Unvermögen. Dieser in der Praxis oft auftretende Sachverhalt ist im Gesetz nicht geregelt. Unstreitig unterliegt der Fall nicht dem § 306[1]. Im übrigen ist die rechtliche Behandlung streitig. Nach hM ist der Schuldner zu Schadensersatz verpflichtet, und zwar ohne daß ihm Verschulden vorzuwerfen sein müßte[2]. In der Literatur wird vielfach in der Weise differenziert, daß der Schuldner ohne Verschulden für solche Umstände einstehen müsse, die in seinem Geschäftskreis liegen. Bei anderen Umständen sei ein Verschulden jedoch Voraussetzung für die Schadensersatzfolge[3]. Nach einer dritten Auffassung sind die §§ 275, 280, 323 entsprechend anzuwenden; danach ist zu prüfen, ob der Schuldner das anfängliche Unvermögen verschuldet hat[4].

Dieser Meinungsstreit ist ferner für das Kaufrecht von Bedeutung. Dort wird bei anfänglichem Unvermögen über die Verweisungsvorschrift § 440 der § 325 angewandt, der tatbestandlich Vertretenmüssen (= Verschulden) voraussetzt. Diese tatbestandliche Voraussetzung wird dann ebenfalls wie die Frage des Verschuldens bei anfänglichem Unvermögen außerhalb des Kaufrechts ausgefüllt. Nach hM kommt es also auf Verschulden nicht an: Der Verkäufer garantiert dafür, daß er vor und bei Vertragsschluß leistungsfähig ist. Besonders in diesem Bereich ist allerdings die Feststellung anfänglichen Unvermögens mit Vorsicht zu treffen. Anfängliches Unvermögen liegt nicht vor, wenn der Schuldner (Verkäufer) die Kaufsache bei Vertragsschluß zwar nicht hatte, sie sich aber beschäffen konnte. Wenn sich später die Beschaffung nicht realisieren läßt, liegt nachträgliches Unvermögen vor – dort kommt es immer auf Verschulden an[5].

4. Die nachträgliche (objektive und subjektive) Unmöglichkeit

a) Sofern die nachträgliche Unmöglichkeit nicht zu vertreten ist, gilt § 275: Der Schuldner wird von der Verpflichtung zur Leistung frei. Der Gläubiger verliert seinen Anspruch.

Hat der Schuldner die Unmöglichkeit zu vertreten, gilt § 280, soweit es sich nicht um Pflichten handelt, die im Gegenseitigkeitsverhältnis stehen. Der § 280 gewährt als Rechtsfolge Schadensersatz.

b) Für Pflichten, die im Gegenseitigkeitsverhältnis stehen, gelten die §§ 323–325.

1) Hat der Schuldner die Unmöglichkeit zu vertreten, gilt § 325. Voraussetzungen für § 325 sind:

- Gegenseitiger Vertrag,
- die Leistung, deren Unmöglichkeit in Betracht kommt, muß im Gegenseitigkeitsverhältnis stehen (vgl. dazu das 5. Kapitel Teil 2 VIII),
- nachträgliche Unmöglichkeit dieser Leistung,
- der Schuldner hat die Unmöglichkeit zu vertreten.

Der Gläubiger kann unter den Rechtsfolgen des § 325 auswählen zwischen Schadensersatz und Rücktritt. Statt dessen kann er die Rechte des § 323, nämlich Herausgabe des Surrogats nach § 281 oder Abstandnehmen vom Vertrag, geltend machen.

2) Hat der Gläubiger die Unmöglichkeit zu vertreten, gilt § 324. Die tatbestandlichen Voraussetzungen sind bis auf das Vertretenmüssen die gleichen wie bei § 325.

Die Rechtsfolge des § 324: Der Schuldner wird frei, braucht also seine Leistung nicht mehr zu erbringen. Er behält aber den Anspruch auf die Gegenleistung.

---

1 BGHZ 47, 269

2 sog. Garantiehaftung, BGHZ 8, 231; BGH NJW 1972, 1702

3 Larenz I § 8 II

4 Gudian NJW 1971, 1239

5 Palandt-Heinrichs, BGB, § 275 Anm. 2

3) Haben weder Schuldner noch Gläubiger die Unmöglichkeit zu vertreten, gilt § 323.
Voraussetzungen sind:

- Gegenseitiger Vertrag,
- die Leistung, deren Gegenleistung verlangt wird, ist unmöglich geworden,
- weder Schuldner noch Gläubiger haben die Unmöglichkeit zu vertreten.

Die Rechtsfolge des § 323: Der Schuldner verliert den Anspruch auf die **Gegen**leistung.

§ 323 bringt damit den Grundgedanken zum Ausdruck, daß kein Anspruch auf die Gegenleistung besteht, wenn der eine nicht (mehr) leisten kann und beide Parteien die Unmöglichkeit nicht zu vertreten haben. Für diesen Tatbestand gibt es im Gesetz einige Sonderregeln, die an die Stelle des § 323 treten. Man nennt sie Gefahrtragungsregeln. Sie sind in der Praxis von erheblicher Bedeutung.

5. Die Gefahrtragungsregeln

a) In einigen Lebensbereichen erschien dem Gesetzgeber die Regelung des § 323 nicht interessengerecht. Es handelt sich vor allem um den Kaufvertrag (§§ 446, 447), den Dienst- und Arbeitsvertrag (§ 616) und den Werkvertrag (§ 645).

Diese Regelungen enthalten eine dem § 323 gegenteilige Rechtsfolge (der Tatbestand des § 323 ist ansonsten ebenfalls erfüllt). Obwohl die Leistung des einen unmöglich ist, was beide Vertragspartner nicht zu vertreten haben, behält er den Anspruch auf die Gegenleistung. Dies liegt, mit den Worten des BGB gesagt, an dem zwischenzeitlich eingetretenen Übergang der Gefahr, und zwar der Gefahr des zufälligen Untergangs und der zufälligen Verschlechterung der Sache (vgl. § 446).

Der Tatbestand dieser Vorschriften ist etwas undeutlich gefaßt. Unter „zufällig" ist zu verstehen: „von beiden Vertragsparteien nicht zu vertreten"; mit „Gefahr des Unterganges" ist das Risiko gemeint, das sich mit der Vernichtung der Sache realisiert. Wenn die Kaufsache zufällig, also ohne daß es die Parteien zu vertreten haben, vernichtet wird, gibt es nur eine offene Frage im Sinne eines Risikos, nämlich die, wer den Verlust zu tragen hat.

b) § 446 bestimmt nun, daß vom Zeitpunkt der Übergabe an – mit der Übergabe ist noch nicht immer erfüllt – der Käufer einen eingetretenen Verlust tragen muß, d.h. der Käufer muß den Kaufpreis zahlen, obwohl feststeht, daß der Verkäufer seine Verpflichtung zur Eigentumsverschaffung nicht mehr erfüllen kann. Man spricht daher auch vom Übergang der Preis- oder Vergütungsgefahr. § 446 kann wie folgt umformuliert werden: „Wird es dem Verkäufer unmöglich, das Eigentum an der Kaufsache zu übertragen, was weder er noch der Käufer zu vertreten hat, behält er (abweichend von § 323) den Anspruch auf den Kaufpreis, sofern er die Kaufsache dem Käufer **übergeben** hat".

Praktisch von großer Bedeutung ist § 447, die Vorschrift über den Gefahrübergang beim Versendungskauf. Im Wirtschaftsleben wird bei den Distanzkäufen durchweg konkludent vereinbart, daß der Verkäufer zur Absendung der Ware verpflichtet ist (Schickschuld). § 447 lautet nach sprachlicher Umformung: „Wird es dem Verkäufer, der zur Absendung der Kaufsache verpflichtet ist, unmöglich, die Kaufsache dem Käufer zu übergeben und Eigentum daran zu übertragen, was weder er noch der Käufer zu vertreten hat, so behält er den Anspruch auf den Kaufpreis, sofern er die Kaufsache **abgesendet** hat".

Die §§ 446, 447 gelten nicht nur für den Fall des Untergangs der Sache (d.h. Unmöglichkeit), sondern auch bei einer Verschlechterung der Sache.

c) Eine wichtige Gefahrtragungsregel ist ferner § 616. Er gilt im gesamten Arbeitsrecht. In sprachlicher Umformung lautet die Vorschrift: „Konnte ein Arbeitnehmer während eines nicht erheblichen Zeitraumes seine Arbeitsleistung nicht erbringen (für diesen Zeitraum ist damit Unmöglichkeit eingetreten), was weder er noch der Arbeitgeber zu vertreten hat, behält er den Anspruch auf den Arbeitslohn".

d) Im Werkvertragsrecht interessieren hier die §§ 644, 645. Gemäß § 644 trägt der Unternehmer die Gefahr bis zur Abnahme (zu diesem Begriff vgl. das 12. Kapitel Teil 2 C. V) des Werkes, d.h. er hat keinen Anspruch auf die vereinbarte Vergütung, wenn das Werk ohne sein Verschulden vor Abnahme untergeht. Diese Vorschrift unterscheidet sich von der Grundregel des § 323 noch in weiterer Hinsicht. Ist der Besteller im Annahmeverzug, trägt er die Gefahr (so regelt es auch § 324 Abs. 2); ferner trägt der Besteller das Risiko, daß das von ihm gestellte Material ohne Verschulden des Unternehmers vernichtet oder verschlechtert wird.

§ 645 ist eigentlich ein Sonderfall zu § 324, da der Besteller in der Regel für mangelhaftes Material oder falsche Anweisungen einzustehen hat und gehört daher jedenfalls in diesen Fällen nicht zu den Gefahrtragungsregeln[1]. Diese Vorschrift gilt sowieso nur, wenn dem Unternehmer kein Verschulden zur Last fällt; bei Verschulden des Unternehmers hat der Besteller den Anspruch aus § 325[2]. Sollte gleichzeitig auch ein Verschulden des Bestellers vorliegen (*Beispiel:* der Unternehmer hat das angelieferte Material fahrlässig vernichtet, das Werk wäre aber auch wegen eines Materialfehlers vernichtet worden), wird abzuwägen sein, ob das Verschulden des Bestellers (dann gilt § 324) oder des Unternehmers überwiegt (dann gilt § 325[3]; bei gleichem Verschulden beider Teile gilt § 323 analog mit der Folge, daß der wirtschaftliche Schaden geteilt wird[4]).

III. Der Schuldnerverzug

1. Leistet der Schuldner nicht zur gesetzlich bestimmten oder vereinbarten Leistungszeit, kommt die Leistungsstörung „Verzug" in Betracht. Sie ist in den §§ 284–290 geregelt. Die §§ 284, 285 enthalten die Voraussetzungen, die §§ 286 ff die Rechtsfolge. Für den gegenseitigen Vertrag enthält § 326 zusätzliche tatbestandliche Voraussetzungen und eine besondere Rechtsfolge.

2. Voraussetzungen des Schuldnerverzuges gemäß den §§ 284, 285 sind:

- Fälliger Anspruch des Gläubigers,
- Mahnung,
- vom Schuldner zu vertretendes Nichtleisten,
- kein Verzugsausschluß durch Einreden.

a) Voraussetzung ist also zunächst, daß überhaupt ein Anspruch des Gläubigers besteht. Das ist nicht der Fall, wenn er (insbesondere wegen Unmöglichkeit) bereits erloschen ist. Liegt Unmöglichkeit vor, tritt die Leistungsstörung „Verzug", deren Voraussetzungen ebenfalls gegeben sein mögen, zurück[5]. Es kann aber zuerst Verzug eintreten und später Unmöglichkeit. Für diesen Fall enthält § 287 S. 2 eine Sonderregel.

Ein bestehender Anspruch muß ferner fällig sein.

b) Zweite Voraussetzung für den Schuldnerverzug ist normalerweise eine Mahnung des Gläubigers. Nicht jede Erinnerung an eine Verpflichtung ist eine Mahnung. Die Definition lautet: Mahnung ist die dringende Leistungsaufforderung, aus der sich ergibt, daß der Gläubiger eine (weitere) Verzögerung nicht hinnehmen will und daß die Verzögerung rechtliche Folgen haben kann.

Die Mahnung ist eine geschäftsähnliche Handlung. Für sie gelten die Regeln über Willenserklärungen entsprechend. Sie kann daher auch durch schlüssiges Handeln abgegeben werden[6], z.B. dadurch, daß der Gläubiger zum zweiten Mal eine Rechnung übersendet, Klage erhebt oder einen Zahlungsbefehl erwirkt. Grundsätzlich ist eine Mahnung erst nach Eintritt der Fälligkeit möglich. Sie kann aber auch zusammen mit der fälligkeitsbegründenden Handlung ausgesprochen werden.

---

1 a.A. Palandt-Thomas, BGB, § 645 Anm. 3

2 Palandt-Thomas, BGB, § 645 Anm. 3 cc

3 im einzelnen streitig, vgl. Palandt-Heinrichs, BGB, Vorbem. 2 vor § 323

4 RGZ 166, 150, a.A. Palandt-Heinrichs, BGB, Vorbem. 2 vor § 323: Ausgleich über § 254

5 vgl. Palandt-Heinrichs, BGB, § 284 Anm. 1a

6 RGZ 50, 261

Eine Mahnung ist nicht erforderlich, wenn die Leistungszeit kalendermäßig bestimmt ist (§ 284 Abs. 2). Nach Treu und Glauben ist sie entbehrlich, wenn der Schuldner seine Leistung endgültig verweigert oder die Leistung derartig in Aussicht stellt, daß dem Gläubiger eine Mahnung überflüssig erscheinen muß (sog. Selbstmahnung).

c) Voraussetzung ist ferner, daß der Schuldner sein Nichtleisten zu vertreten hat, § 285. Hierfür gelten die §§ 276, 278. Fahrlässig handelt er auch dann, wenn er irrig annimmt, er müsse (noch) nicht leisten, es sei denn, dieser Irrtum ist entschuldbar[1].

d) Verzug tritt nicht ein, wenn der Schuldner berechtigt ist, seine Leistung zu verweigern. Im Prozeß muß er sich auf die Einreden berufen (vgl. dazu das 11. Kapitel Teil 2 I).

Ein eingetretener Verzug wird beendet, wenn der Schuldner die Leistung anbietet oder leistet. Umstritten ist, ob auch die angefallenen Verzugszinsen und die Begleichung eines Verzugsschadens angeboten werden müssen[2].

3. Die Rechtsfolgen des Verzuges sind nach § 286:

Der Gläubiger kann weiter Erfüllung und zudem Ersatz des durch den Verzug entstandenen Schadens verlangen. Der Schadensersatzanspruch richtet sich nach den §§ 249–255. Dazu gehören nicht die Kosten der Mahnung[3] – diese werden in der Regel nicht erheblich sein – wohl aber die nach eingetretenem Verzug etwa noch erforderlichen weiteren Eintreibungskosten, auch die Kosten eines Rechtsanwaltes. Hat der Gläubiger an einer verspäteten Leistung kein Interesse, kann er die Leistung ablehnen und Schadensersatz wegen Nichterfüllung verlangen.

Nach § 288 Abs. 1 S. 1 stehen ihm bei Geldschulden 4 % Verzugszinsen zu. Ein höherer Zinssatz kann unter dem Gesichtspunkt des Verzugsschadens anfallen, wenn der Gläubiger selbst Kredit in Anspruch nimmt und dafür höhere Zinsen zahlen muß.

Sollte während des Verzuges die Leistung unmöglich werden, hat der Gläubiger auch dann den Anspruch wegen nachträglicher Unmöglichkeit aus § 280, wenn der Schuldner die Unmöglichkeit nicht zu vertreten hat, es sei denn, der Schaden wäre auch bei rechtzeitiger Leistung eingetreten, § 287 S. 2.

4. Für den gegenseitigen Vertrag gilt § 326. Voraussetzungen des § 326 sind:
- Es besteht ein gegenseitiger Vertrag,
- die verzögerte Leistung steht im Gegenseitigkeitsverhältnis und ist eine Hauptleistungspflicht,
- der Schuldner ist mit der Leistung in Verzug, §§ 284, 285,
- der Gläubiger hat eine Nachfrist gesetzt und dabei erklärt, er werde nach Ablauf der Frist die Leistung nicht mehr entgegennehmen. Das ist entbehrlich, wenn kein Interesse mehr besteht, § 326 Abs. 2, oder wenn der Schuldner die Leistung endgültig verweigert.

Die Rechtsfolgen des Verzuges beim gegenseitigen Vertrag sind:

Der Anspruch auf Erfüllung besteht nach Ablauf der Frist nicht mehr, § 326 Abs. 1 S. 2. Der Gläubiger kann zwischen Rücktritt und Schadensersatz wählen. Hat er den Rücktritt erklärt, kann er wegen der rechtsgestaltenden Wirkung dieser Erklärung nicht mehr zum Schadensersatzanspruch übergehen, wohl aber umgekehrt, da das Schadensersatzverlangen keinerlei Rechtsgestaltung enthält. Die bindende Wirkung des Rücktritts tritt aber noch nicht ein, wenn der Gläubiger bei Nachfristsetzung und Ablehnungsandrohung ankündigt, er werde nach ergebnislosem Fristablauf zurücktreten[4].

5. Eine Sonderregelung bei verspäteter Leistung gilt beim Fixgeschäft. Fixgeschäfte sind Verträge, in denen die Leistungszeit genau zu einem fest bestimmten Zeitpunkt oder innerhalb einer fest bestimmten Frist vereinbart ist, § 361 BGB und § 376 HGB. Die Leistungszeit muß für den Ver-

---

1 vgl. Erman-Battes, BGB, § 285 Anm. 2 d

2 vgl. dazu Eisenhardt JuS 1970, 489

3 str., ob diese Kosten aus dem Gesichtspunkt der Positiven Forderungsverletzung verlangt werden können, vgl. dazu Emmerich JuS 1972, 471

4 str.; wie hier OLG Düsseldorf NJW 1972, 1051

trag entscheidende Bedeutung haben[1]. Wird die Leistungszeit nicht eingehalten, kann der Gläubiger ohne weiteres den Rücktritt vom Vertrag erklären. Der Unterschied der Fixgeschäfte (§§ 361 BGB, 376 HGB) zum Verzug (§§ 284 ff, 326) besteht im wesentlichen darin, daß bei den Fixgeschäften der Rücktritt möglich ist, ohne daß der Schuldner sein Nichtleisten zu vertreten hat. Der Gläubiger kann jedoch auch die normalen Verzugsrechte geltend machen, was dann u.a. zusätzlich voraussetzt, daß der Schuldner sein Nichtleisten zu vertreten hat. Handelt es sich um einen Fixhandelskauf nach § 376 HGB, sind Ablehnungsandrohung und Nachfristsetzung im Unterschied zu § 326 BGB nicht Voraussetzung für einen Schadensersatzanspruch. Der Erfüllungsanspruch bleibt beim beiderseitigen Handelsgeschäft ferner – anders als bei § 326 BGB – erhalten, wenn der Gläubiger dem Schuldner nach Verstreichen der Leistungszeit mitteilt, er bestehe auf Erfüllung, § 376 Abs. 1 S. 2 HGB.
Beim Fixgeschäft gelten die Unmöglichkeitsregeln, wenn eine später als zum festliegenden Leistungszeitpunkt erbrachte Leistung nicht als die geschuldete Leistung angesehen werden kann (sog. absolutes Fixgeschäft; *Beispiel:* verspätete Taxifahrt zum Flughafen).

IV. Der Gläubigerverzug („Annahmeverzug")

1. Die Voraussetzungen des Gläubigerverzuges

Eine Störung des Schuldverhältnisses kann auch darauf beruhen, daß der Gläubiger die Leistung des Schuldners nicht entgegennimmt, so daß dieser sie nicht „loswerden" kann.
Voraussetzungen des Gläubigerverzuges sind:

- Erfüllbare Leistung,
- der Schuldner hat die Leistung gemäß den §§ 294–297 angeboten,
- der Gläubiger hat die Leistung nicht entgegengenommen oder eine Mitwirkungshandlung nicht vorgenommen.

a) Erfüllbar ist die Leistung, wenn der Schuldner leisten darf. Eine Leistung ist auch dann nicht (mehr) erfüllbar, wenn sie unmöglich geworden ist. Die Leistungsstörung „Unmöglichkeit" hat daher Vorrang vor der Leistungsstörung „Annahmeverzug". Es liegt aber keine Unmöglichkeit vor, wenn der Schuldner seine Leistung nur deswegen nicht erbringen kann, weil der Gläubiger – aus welchen Gründen auch immer – nicht mittut. Vielmehr kommt es dann auf folgendes an:

Liegt das Hindernis für die Leistung in der Sphäre des Schuldners, gelten die Regeln für die Leistungsstörung „Unmöglichkeit". Liegt das Hindernis in der Sphäre des Gläubigers, sind die Vorschriften über den Annahmeverzug maßgeblich (Sphärentheorie, Rechtsgedanke des § 552)[2]. Die Zurechnung, die die Sphärentheorie vornimmt, ist von großer Bedeutung im Arbeits- und Dienstvertragsrecht (z.B.: Tennis-Trainer A kann die mit B vereinbarte Trainerstunde nicht geben, da B erkrankt ist: Annahmeverzug des B und nicht Unmöglichkeit bei A; A behält nach der Sondervorschrift § 615 seinen Honoraranspruch). Sofern die Abnahme Vertragspflicht ist – wie z.B. für den Käufer gemäß § 433 Abs. 2 – kann es zugleich zum Schuldnerverzug hinsichtlich dieser Pflicht und zum Gläubigerverzug hinsichtlich der Verkäuferverpflichtung kommen[3].

b) Gemäß § 294 muß der Schuldner die Leistung grundsätzlich „tatsächlich angeboten" haben. Wenn der Gläubiger zur Entgegennahme selbst tätig werden muß, genügt ein wörtliches Angebot, § 395; dann muß aber der Schuldner zur Leistung imstande und bereit sein, § 297. Unter den Voraussetzungen des § 296 ist das Angebot überhaupt entbehrlich.

c) Eine Mitwirkungshandlung des Gläubigers steht auch in dem Fall noch aus, wenn er eine Gegenleistung schuldet und diese seinerseits nicht anbietet, § 298. Auf ein Verschulden des Gläubigers kommt es beim Annahmeverzug nicht an.

---

1 RGZ 108, 158

2 vgl. dazu BGHZ 24, 96

3 Palandt-Heinrichs, BGB, § 433 Anm. 6

2. Die Rechtsfolgen des Gläubigerverzuges

a) Der Schuldner wird bei Annahmeverzug von der Verpflichtung zur Leistung nicht frei. Ausnahmen sind die §§ 300 Abs. 2, 270 und 615: hier braucht der Schuldner nicht mehr zu leisten.

b) Während des Gläubigerverzuges hat der Schuldner nur Vorsatz und grobe Fahrlässigkeit (Definition der groben Fahrlässigkeit: Außerachtlassung elementarer Verhaltensprinzipien[1]) zu vertreten, § 300 Abs. 1. Diese Herabsetzung des Verschuldensmaßstabs gilt aber nicht, wenn dem Schuldner eine Positive Forderungsverletzung (dazu unten V) angelastet werden kann[2].

Nach § 300 Abs. 2 geht bei Gattungsschulden die Gefahr, daß die Leistung zufällig nicht mehr erbracht werden kann (sog. Leistungsgefahr), bei Annahmeverzug auf den Gläubiger über. Da eine Gattungsschuld durch Vornahme der Leistungshandlung zur Stückschuld konkretisiert wird, liegt nach dem Angebot, das in der Regel die Leistungshandlung enthält, folglich keine Gattungsschuld mehr vor, so daß § 300 Abs. 2 nicht eingreift. Diese Vorschrift ist also auf die Fälle beschränkt, in denen entweder das Angebot nicht zugleich die Leistungshandlung beinhaltet – so das nur wörtliche Angebot – oder in denen die Leistungsgefahr trotz Vornahme der Leistungshandlung ausnahmsweise beim Schuldner verbleibt: das ist kraft gesetzlicher Vorschrift der Fall bei der Geldschuld, § 270 Abs. 1. Der Schuldner einer Geldschuld wird also gemäß § 300 Abs. 2 frei, wenn der Gläubiger das Geld nicht annimmt und das Geld danach zufällig vernichtet wird.

c) Die Vergütungsgefahr geht nach § 324 Abs. 2 auf den Gläubiger über, d.h. der Gläubiger muß seine Gegenleistung noch erbringen, wenn die Leistung während des Gläubigerverzuges ohne Verschulden des Schuldners untergeht (Parallele zu § 300 Abs. 2 im gegenseitigen Vertrag). Eine Spezialvorschrift für den Werkvertrag ist § 644 Abs. 1 S. 2.

d) Bestimmte Sachen (Geld, Wertpapiere usw.) kann der Schuldner hinterlegen (§ 372) oder versteigern lassen und den Versteigerungserlös hinterlegen, § 383. Die Hinterlegung befreit ihn von seiner Leistungspflicht. Nach § 303 ist eine Besitzaufgabe möglich.

e) Die durch den Gläubigerverzug verursachten Aufwendungen kann der Schuldner nach § 304 verlangen. Einen Anspruch auf Schadensersatz gewährt das Gesetz hingegen nicht; er ist auch nicht aus dem Gesichtspunkt einer Positiven Forderungsverletzung herleitbar.

V. Die Positive Forderungsverletzung (PFv)

1. Die Vertragsstörung „Positive Forderungsverletzung“, auch „Positive Vertragsverletzung“ genannt, ist im Gesetz nicht geregelt. Die Leistungsstörungen „Unmöglichkeit“ und „Verzug“ erfassen nicht alle Fälle von Pflichtverletzungen, die beim Vertrag auftreten können. Es kommt vor, daß die geschuldete Leistung rechtzeitig erbracht wird – so daß keine Leistungsstörung vorliegt – der Leistungsempfänger aber einen Schaden erleidet, der auch nicht durch andere Vorschriften wie Gewährleistung für Fehler abgedeckt ist[3]. *Beispielsfälle:* Auf der Busreise funktioniert die Heizung nicht, einige Reisende müssen deswegen später ärztliche Hilfe in Anspruch nehmen: Schaden wegen Verletzung einer vertraglichen Sorgfaltspflicht; die gelieferte Kuh steckt den Viehbestand des Käufers an: Schaden durch Schlechterfüllung (nicht an der Kaufsache selbst), der durch das Gewährleistungsrecht nicht abgedeckt ist. Literatur und Rechtsprechung haben in Rechtsanalogie zu den Vorschriften über die Leistungsstörungen (nämlich der §§ 280, 286, 325, 326) die Vertragsstörung „Positive Forderungsverletzung“ entwickelt. Sie tritt zurück, wenn eine Leistungsstörung gegeben ist und wenn der Sachverhalt in Vorschriften des Gewährleistungsrechts erfaßt ist (Subsidiarität der PFv).

2. Die Voraussetzungen der PFv sind:

– Verletzung einer Pflicht aus einem Schuldverhältnis, und zwar einer Leistungspflicht (Schlechterfüllung) oder einer Sorgfaltspflicht,

---

[1] vgl. BGHZ 10, 16

[2] hM, vgl. Palandt-Heinrichs, BGB, § 300 Anm. 2

[3] vgl. Köpcke, Typen der positiven Vertragsverletzung, 1965

- schuldhafte Verletzung,
- der Sachverhalt wird nicht von einer anderen Vertragsstörung erfaßt. Den Sachverhalt beim „Fehler der Kaufsache" regeln z.B. die Gewährleistungsvorschriften (§§ 459 ff).

Streitig ist, ob die Gewährleistungsvorschriften auch den Fall behandeln, daß Schäden an **anderen** Rechtsgütern als der Kaufsache auftreten (sog. Mangelfolgeschäden). Das ist nach hM[1] nicht der Fall; danach kann hier die PFv Platz greifen. Das Gewährleistungsrecht erfaßt nur den Mangelschaden (Schaden an der Kaufsache selbst; vgl. zum sog. „Weiterfressen" eines Mangels das 14. Kapitel Teil 2 V 5). Daran ändert es nichts, daß der Verkäufer bei einer konkreten Einigung auch die Gewähr für einen Mangelfolgeschaden übernehmen kann; denn damit wird der Mangelfolgeschaden nicht in das Gewährleistungsrecht des BGB einbezogen[2].

3. Die Rechtsfolgen der PFv sind:
- Schadensersatzanspruch, und zwar bei fortbestehendem Erfüllungsanspruch (§ 286 analog),
- Schadensersatzanspruch oder Rücktrittsrecht (§ 326 analog) beim gegenseitigen Vertrag, wenn das Interesse an der Leistung weggefallen ist.

VI. Sachmängel

1. Ist die Kaufsache fehlerhaft, gelten die §§ 459 ff (für den Mietvertrag und den Werkvertrag gibt es ähnliche Vorschriften).

Diese Gewährleistungsvorschriften schließen die Anwendbarkeit der Vorschriften der übrigen Vertragsstörungen immer dann aus, sobald und soweit der Lebenssachverhalt, aus dem der Käufer seinen Anspruch herleitet, im Gewährleistungsrecht erfaßt ist.

2. Da die Gewährleistungsregeln gemäß § 459 vom Zeitpunkt des Gefahrübergangs (§§ 446, 447) an gelten, greifen von da an die Regeln für die übrigen Vertragsstörungen, nämlich Unmöglichkeit, Verzug, Positive Forderungsverletzung, Verschulden bei der Vertragsanbahnung (c.i.c.) und Wegfall der Geschäftsgrundlage, nicht mehr ein[3], soweit der Regelungsbereich der Gewährleistungsvorschriften reicht. Auch das Anfechtungsrecht nach § 119, speziell wegen eines Irrtums über eine verkehrswesentliche Eigenschaft, ist nach Gefahrübergang ausgeschlossen. Eine Anfechtung wegen arglistiger Täuschung oder widerrechtlicher Drohung (§ 123) bleibt hingegen möglich.

Die Grenze des Regelungsbereiches wird aktuell, wenn es um einen Schaden nicht an der Kaufsache selbst, sondern an anderen Rechtsgütern des Käufers geht, der aber auf den Mangel der Kaufsache zurückzuführen ist (Mangelfolgeschaden). Weil das Gewährleistungsrecht den Mangelfolgeschaden nach hM[4] nicht erfaßt, liegt insoweit eine Regelungslücke vor, die durch die PFv ausgefüllt wird.

Eine Zusicherung nach § 463 kann im konkreten Vertrag auch einen Mangelfolgeschaden einschließen[5]. Dieser Anspruch ist im Unterschied zum Anspruch aus PFv nicht vom Verschulden des Verkäufers abhängig.

3. Die Gewährleistungsregeln gelten für den Fall, daß eine fehlerhafte Kaufsache geliefert wird oder daß zugesicherte Eigenschaften der Sache fehlen.

Die Kaufsache hat einen Fehler, wenn sie bei Gefahrübergang von der vertraglich vereinbarten Sache abweicht und diese Abweichung den Wert der Sache beeinträchtigt[6]. Bei der Untersuchung, ob ein Fehler vorliegt, muß also geklärt werden, was die Parteien in diesem Punkte vereinbart haben. Sollte die Einigung dazu nichts hergeben, ist normale Beschaffenheit vereinbart (Auslegung unter Zuhilfenahme der Verkehrssitte).

---

1 Larenz II § 41 II c; Palandt-Putzo, BGB, Vorbem. 2b vor § 459; BGH NJW 1965, 533

2 zu einem solchen Fall vgl. BGH NJW 1968, 1624

3 teilw. streitig, vgl. zum Meinungsstand Schaumburg MDR 1975, 105

4 Larenz II § 41 II c; Palandt-Putzo, BGB, Vorbem. 2b vor § 459; BGH NJW 1965, 533

5 BGHZ 50, 200

6 BGHZ 16, 55; sog. subjektiver Fehlerbegriff

An eine Eigenschaftszusicherung stellt die Rechtsprechung hohe Anforderungen. Ein werbungsmäßiges Anpreisen und der Hinweis auf die Eignung der Sache sowie die Bezugnahme auf Industrie-Normen reichen allein nicht aus[1]. Der Verkäufer muß schon erklären, daß er für das Vorhandensein einer erwünschten oder das Fehlen einer nachteiligen Eigenschaft geradesteht.

4. Ein Fehler ist nicht anzunehmen, wenn eine ganz andere als die geschuldete Sache geliefert wurde (sog. aliud). Dann gelten folglich nicht die Gewährleistungsregeln, sondern die allgemeinen Regeln der Vertragsstörungen. Beim beiderseitigen Handelskauf wird eine Anderslieferung, die normalerweise vom Käufer hingenommen wird (sog. genehmigungsfähige Anderslieferung), der nur fehlerhaften Lieferung gleichgestellt, §§ 378, 377 HGB. Streitig ist, ob dieser erweiterte Fehlerbegriff auch außerhalb der Handelsgeschäfte gilt[2]. Da es ohnehin zu einer schwierigen Bewertung bei der Abgrenzung zwischen fehlerhafter Lieferung und Anderslieferung kommt, ist dem erweiterten Fehlerbegriff ohne Übernahme der Rügepflicht des § 377 HGB und bei strenger Bewertung der Genehmigungsfähigkeit der Vorzug zu geben.

5. Ein weiteres Abgrenzungsproblem liegt in der Grenzziehung zwischen Sachmangel und Rechtsmangel. Für letzteren gilt § 440, der auf die §§ 320–327 verweist. Ein Rechtsmangel liegt vor, wenn der Käufer zwar die Kaufsache, aber nicht die nach dem Vertrage geschuldete Rechtsstellung hinsichtlich der Sache erhält, §§ 434–439. Diese Vorschriften erfassen nicht den in der Praxis wichtigen Fall, daß der Wert der Kaufsache durch Rechtsvorschriften beeinträchtigt wird (z.B.: öffentlichrechtliche Bauvorschriften verhindern die vorgesehene Bebauung eines Grundstücks). Die hM wertet solche Beschränkungen als Sachmangel, so daß die §§ 459 ff gelten[3].

6. Die Rechtsfolgen im Gewährleistungsrecht (also bei Fehlern der Kaufsache) sind Wandelung oder Minderung, § 462. Das bedeutet Rückgewähr der ausgetauschten Leistungen oder Preisnachlaß. Bei Gattungssachen kann statt dessen auch Nachlieferung einer mangelfreien Sache verlangt werden, § 480. Grundsätzlich besteht aber nach hM kein Anspruch auf Lieferung einer fehlerfreien Sache[4]. Auf ein Verschulden des Verkäufers kommt es nicht an.

Nach § 377 HGB hat der Käufer beim beiderseitigen Handelsgeschäft die Obliegenheit, ohne schuldhaftes Zögern die Ware zu untersuchen und festgestellte Mängel zu melden; tut er das nicht, verliert er seine Rechte aus Gewährleistung.

Die Vorschriften sind dispositiv, können also von den Parteien für unanwendbar erklärt werden. Von dieser Möglichkeit wird in der Praxis reichlich Gebrauch gemacht, und zwar meist durch Verwendung von anderslautenden AGB. Statt der gesetzlichen Käuferrechte wird in der Regel ein Anspruch auf Nachbesserung vereinbart, der in den „Garantiebestimmungen“ o.ä. im einzelnen umschrieben wird. Die Aufwendungen bei Nachbesserung (z.B. Versandkosten) trägt gemäß § 476 a der Verkäufer.

7. Zwei Besonderheiten der Gewährleistungsvorschriften sollen schließlich noch hervorgehoben werden:

a) Die Käuferrechte bestehen unabhängig vom Verschulden des Verkäufers.

b) Sie verjähren bei beweglichen Sachen bereits innerhalb von sechs Monaten ab Ablieferung, § 477. Garantiefristen können unter Umständen den Beginn der Verjährung der Mängelansprüche hinausschieben[5]. Ist die Garantiefrist länger als die Verjährungsfrist, hat das normalerweise aber folgende rechtliche Wirkung: Wird innerhalb der Garantiezeit ein Mangel festgestellt, beginnt die sechsmonatige Verjährungsfrist von da ab zu laufen[6].

---

1 BGHZ 59, 158; 59, 303

2 bejahend vor allem Literaturstimmen, vgl. Larenz II § 41 III; a.A. Palandt-Putzo, BGB, § 459 Anm. 1. Eine Stellungnahme der höchstrichterlichen Rechtsprechung steht noch aus, vgl. BGH NJW 1969, 788

3 BGH NJW 1969, 837; Palandt-Putzo, BGB, § 459 Anm. 2 a

4 vgl. Palandt-Putzo, BGB, Vorbem. 2 a zu § 459

5 BGH BB 1962, 234

6 BGH BB 1965, 1736

VII. Wegfall der Geschäftsgrundlage

1. Es kann vorkommen, daß die vertraglich geschuldeten Leistungen korrekt ausgetauscht werden, im Erfüllungszeitpunkt aber in einem auffälligen Mißverhältnis zur Relation von Leistung und Gegenleistung im Zeitpunkt des Vertragsschlusses stehen. Diese Fälle unterscheiden sich von den bisher besprochenen Vertragsstörungen, wo die Leistung gar nicht oder zu spät, nicht in der richtigen Weise oder fehlerhaft erbracht wurde. Hier liegt der Störfaktor außerhalb der Vertragsabwicklung durch die Parteien. Man erfaßt einen Teil dieser Fälle mit der Vertragsstörung „Wegfall (bzw. Fehlen) der Geschäftsgrundlage". Sie ist den anderen Vertragsstörungen gegenüber nachrangig (subsidiär).

Umstände, die nicht im Wege der Einigung zum Vertragsinhalt geworden sind, bleiben bei der Untersuchung der vertraglichen Rechte und Pflichten der Parteien zwar grundsätzlich außer Betracht. Gewisse außervertragliche Umstände, die für den Vertrag grundlegend wichtig waren und die die Frage nach einem Wegfall der Geschäftsgrundlage aufkommen lassen, werden aber ausnahmsweise – letztlich aus dem Grundsatz von Treu und Glauben (§ 242) – berücksichtigt.

2. Ein Umstand ist als „Geschäftsgrundlage" anzusehen, wenn

– er nicht als Bedingung oder sonstwie Vertragsbestandteil geworden ist,
– beide Parteien die grundlegende Bedeutung dieses Umstandes für den Vertrag kannten oder kennen konnten,
– es zur Aufnahme dieses Umstandes als vertragliche Bindung deswegen nicht kam, weil die Partei(en), die auf ihn Wert legte(n), an der Existenz oder der Fortdauer des Umstandes überhaupt nicht zweifelte(n),
– der Vertragspartner der Aufnahme dieses Umstandes als vertragliche Bedingung redlicherweise, d.h. im Einklang mit der getroffenen Risikoverteilung im Vertrag, hätte zustimmen müssen.

3. Problematisch ist die Abgrenzung im konkreten Fall, ob die unerwartet ungünstige Vertragsabwicklung als typisches Vertragsrisiko anzusehen ist oder ob der Vertragspartner, der redlich an einem sinnvollen Vertrag mitwirken will, der Aufnahme einer risikomindernden Bedingung hätte zustimmen müssen. Widrige Umstände, die auch und gerade nach dem Vertrage in den Risikobereich eines Vertragspartners fallen, können nach ihrem Eintreten die Annahme einer Vertragsstörung nicht stützen[1]. Es ist daher geboten, die Risikobereiche des einen und des anderen Vertragspartners in sog. Sphären aufzuteilen.

Folgende Risiken liegen außerhalb des natürlichen vertraglichen Risikobereichs einer Partei: Umsturzartige Veränderungen der staatlichen und rechtlichen Ordnung (Katastrophenfälle) wie Krieg, Inflation, Revolution, Generalstreik u.ä. Zum vertraglichen Risiko gehören hingegen Veränderungen, die auf einer normalen Entwicklung beruhen, mögen sie auch überraschend eintreten.

Störungen bei der Erreichbarkeit des Vertragszwecks (*Beispiel:* nach der Zerstörung des Gemäldes ist es sinnlos, den in Auftrag gegebenen Rahmen anzufertigen, wenngleich das noch möglich ist) sind ebenfalls auf eine etwaige Risikoverteilung hin zu untersuchen. Evtl. kann hier aber auch die Leistungsstörung „Unmöglichkeit" gegeben sein[2].

4. Die Voraussetzungen für den Wegfall der Geschäftsgrundlage sind also kurzgefaßt:

– Ein Umstand, der nach obigen Erfordernissen als Geschäftsgrundlage anzusehen ist, fehlte bei Vertragsschluß, trat wider Erwarten nicht ein oder ist später weggefallen;
– das Festhalten am Vertrage ist der benachteiligten Partei schlechthin unzumutbar.

---

1 vgl. W. Fikentscher, Die Geschäftsgrundlage als Frage des Geschäftsrisikos, 1971

2 vgl. zu diesen umstrittenen Sonderfällen H. Köhler, Unmöglichkeit und Geschäftsgrundlage bei Zweckstörungen im Schuldverhältnis, 1971, und Beuthien, Zweckerreichung und Zweckstörung im Schuldverhältnis, 1969

Die Rechtsfolge lautet auf

- Anpassung der beiderseitigen Leistungen an die veränderte Sachlage (durch Urteil) oder, falls eine Anpassung nicht möglich ist,
- Rückgewähr der bereits ausgetauschten Leistungen.

VIII. Verschulden bei der Vertragsanbahnung und nach Vertragsende

1. Schon vor Vertragsschluß (der ein rechtsgeschäftliches Schuldverhältnis begründet) kann ein gesetzliches Schuldverhältnis zwischen den Beteiligten bestehen. Man stützt das Rechtsinstitut „Verschulden bei der Vertragsanbahnung", häufiger „Verschulden beim Vertragsschluß" (*culpa in contrahendo*, c.i.c.) genannt, auf eine Rechtsanalogie zu § 122 bzw. § 307 oder erachtet es schlicht als Gewohnheitsrecht.

Dieser Rechtsbehelf greift grundsätzlich nicht mehr ein, wenn es zum Vertragsschluß kommt, wenn und solange also ein Vertrag besteht. Fällt ein zunächst entstandener Vertrag wegen Nichtigkeit wieder weg, lebt die Anspruchsgrundlage aus c.i.c. wieder auf. Diese Situation ergibt sich nicht daraus, daß neben dem Vertrage das vorher in Gang gesetzte gesetzliche Schuldverhältnis weiterbesteht (diese „Lehre vom einheitlichen Schuldverhältnis" wird in der Literatur[1] vertreten, ist aber nicht allgemein anerkannt). Die c.i.c. ist daher nicht eigentlich subsidiär, sondern beansprucht einen eigenen, zeitlich determinierten Platz.

Die Rechtsprechung wendet allerdings auch bei bestehendem Vertrag subsidiär die Grundsätze der c.i.c. an. Speziell soll der Käufer diesen Rechtsbehelf haben, wenn er einen über den Sachmangel hinausgehenden Schaden geltend macht, weil der Verkäufer schon vor Vertragsschluß eine etwa bestehende Aufklärungs- oder Beratungspflicht verletzt hat[2]. Diesen Mangelfolgeschaden erfaßt – unter beinahe gleichen tatbestandlichen Voraussetzungen – auch die PFv, die ihrerseits nicht unbedingt darauf abstellt, wann die verletzte Sorgfaltspflicht entstanden ist. Es ändert sich damit, folgt man dieser Ansicht, eigentlich nur der Name des Rechtsbehelfs, der den Mangelfolgeschaden einklagbar macht, da in beiden Fällen eine schuldhafte Sorgfaltspflichtverletzung zum Schaden führte.

Die Voraussetzungen der c.i.c. sind:

- Vorvertragliches Schuldverhältnis. Dieses entsteht bei enger Kontaktaufnahme zwecks Vertragsabschluß,
- Verletzung einer Sorgfaltspflicht dieses Schuldverhältnisses (die Sorgfaltspflicht wird nach den allgemeinen Grundsätzen ermittelt),
- Verschulden, §§ 276 ff.

Die Rechtsfolge ist Schadensersatz.

2. Eine Parallele zur c.i.c. ist der Rechtsbehelf „Verschulden nach Vertragsende" (*culpa post contrahendum*, c.p.c.)[3].

Wenn man die Vertragsstörung PFv auf die Vertragslaufzeit beschränkt, braucht man konsequenterweise für eine Sorgfaltspflichtverletzung nach Vertragsende (nach Erfüllung also) einen eigenen Rechtsbehelf. Die *culpa post contrahendum* erfaßt die Sorgfaltspflichtverletzungen der Gruppe „Gefährdung oder Vereitelung des vom Gläubiger angestrebten Enderfolges". Für eine gewisse Zeit, deren Dauer nur im Einzelfall angegeben werden kann, muß der Schuldner auf die Leistungsverwertungshandlungen des Gläubigers Rücksicht nehmen, mag er auch den Enderfolg nicht schulden.

Die Voraussetzungen sind damit:

- Der Vertrag ist zwar erfüllt, die Leistungsverwertung nach normalem Ablauf eines solchen Vertrages aber noch nicht vollzogen,

---

1 Canaris JZ 1965, 475; Thiele JZ 1967, 649; Gerhardt JuS 1970, 597 und JZ 1970, 535

2 Palandt-Putzo, BGB, Vorbem. 2 c vor § 459

3 vgl. BGH NJW 1962, 2198; Larenz I § 109; Esser-Schmidt, Bd. I/1 § 4 IV; Köpcke a.a.O. S. 70

– Sorgfaltspflichtverletzung,
– Verschulden.

Die Rechtsfolge ist Schadensersatz. Diese Fälle könnten an sich auch mit der PFv gelöst werden, da die Sorgfaltspflicht, den Enderfolg nicht zu gefährden, bereits während der Vertragsabwicklung besteht[1].

Teil 3 Die Fallösung

A. Das Gutachten zum Fall

I. S könnte von A den Preis von 3.200 DM auf Grund von § 433 Abs. 2 verlangen. Voraussetzung dafür ist ein gültiger Kaufvertrag. Am Zustandekommen des Kaufvertrages besteht kein Zweifel. Weitere Voraussetzungen stellt § 433 nicht auf. Der Anspruch des S ist damit entstanden.

II. S könnte seinen Anspruch wieder verloren haben. In Betracht kommt nachträgliche Unmöglichkeit der Leistung, § 323.

1. Erste Voraussetzung für § 323 ist ein gegenseitiger Vertrag. Ein gegenseitiger Vertrag liegt vor, wenn wenigstens eine der beiderseitigen Leistungen ein Entgelt für die Leistung(en) des anderen sein soll. Das ist beim Kaufvertrag der Fall.

2. Die Leistung, deren Gegenleistung verlangt wird, muß unmöglich geworden sein. Verlangt wird der Kaufpreis. Eine Unmöglichkeit ist somit bei der Lieferverpflichtung zu untersuchen.

a) Eine Leistung kann nicht mehr unmöglich werden, wenn sie erbracht ist. S schuldete nach § 433 Abs. 1 Übergabe und Eigentumsverschaffung am Bild. Diese Verpflichtung hat er nicht erfüllt: die Übergabe der Bildbestandteile ist nicht die Übergabe der Kaufsache.

b) Eine Leistung wird unmöglich, wenn sie nach Vertragsschluß nicht mehr erbracht werden kann, sei es aus tatsächlichen oder rechtlichen Gründen. Das Bild ist auf dem Transport zerstört worden. Die Leistung des S ist also unmöglich geworden.

3. Die Lieferverpflichtung steht mit der Pflicht zur Kaufpreiszahlung im Gegenseitigkeitsverhältnis, wie es § 323 verlangt. S hatte das Bild ordnungsgemäß verpackt und bei der Bahn aufgegeben (vgl. § 454 HGB); S hat daher die Unmöglichkeit nicht zu vertreten. Auch dem A fällt kein Verschulden zur Last, § 276.

Damit ist der Tatbestand des § 323 erfüllt.

III. § 323 kommt jedoch nicht zum Zuge, wenn eine Sonderregel der Gefahrtragung eingreift.

Hier kommt § 447 in Betracht.

1. Voraussetzung ist der geschuldete Versand an einen anderen Ort als den Leistungsort. Im vorliegenden Fall ist eine Vereinbarung der Parteien, wo der Leistungsort sein soll, nicht festzustellen. Es greift ferner keine gesetzliche Vorschrift ein, die den Leistungsort für das konkrete Geschäft festlegt. Demnach gilt die Grundregel des § 269 Abs. 1: Leistungsort ist der Wohnsitz des S. S war zur Absendung des Bildes in bestimmter Verpackung zum Bestimmungsort Braunschweig verpflichtet. Die erste Voraussetzung des § 447 liegt daher vor.

2. S hat das Bild bei der Bahn abgeliefert (2. Voraussetzung).

---

[1] vgl. Esser-Schmidt a.a.O., die „unter Aufgabe der nach Phasen differenzierenden Terminologie ... übergreifend von Schutzobligationsverstößen" sprechen.

3. Das Bild ist zufällig, also weder von S noch A verschuldet, untergegangen, § 446 (3. Voraussetzung).

Damit liegt § 447 tatbestandlich vor.

Die Rechtsfolge des § 447 besteht im Übergang der Gefahr auf A, d.h. er trägt das Risiko eines zufälligen Unterganges (und einer zufälligen Verschlechterung) der Sache, muß also den Kaufpreis zahlen, obwohl er die Sache nicht erhält.

Der Anspruch des S ist daher nicht nach § 323 untergegangen, sondern besteht gemäß § 447.

IV. Der Anspruch könnte aber durch Aufrechnung (teilweise) erloschen sein, § 387. Dann müßte A eine gleichartige Forderung gegenüber dem S haben. In Betracht kommt ein Anspruch aus § 281.

Die Voraussetzungen des § 281 sind: Es besteht ein Schuldverhältnis; die Leistung des Schuldners ist unmöglich geworden; infolge des Umstandes, der zur Unmöglichkeit der Leistung führte, hat der Schuldner Ersatz oder einen Ersatzanspruch erlangt (sog. Surrogat).

Im vorliegenden Fall hat der Schuldner S infolge der Zerstörung des Bildes nach §§ 454 HGB, 82 Eisenbahn-Verkehrsordnung Ersatz erlangt. In Höhe dieses Betrages – er ist im Sachverhalt nicht beziffert, liegt aber vermutlich niedriger als der Kaufpreis, da beim Schadensersatz der Liebhaberwert nicht zu ersetzen ist – ist die Forderung des S untergegangen. S kann aber – Einreden des A sind nicht ersichtlich und auch nicht erhoben – einen etwaigen Differenzbetrag von A verlangen.

B. Hinweise zum Lösungsgang[1]

1. Bei diesem Gutachten möchte man versucht sein, nicht mit dem Anspruch des gedachten Klägers S zu beginnen. Auch A hat einen Anspruch (aus § 281). Diesen Gegenanspruch darf man aber erst erörtern, wenn der klägerische Anspruch bejaht ist, d.h. nachdem man sein Entstehen durchgeprüft hat. Es geht eben nicht darum, ob A (auch) Recht hat, sondern ob der behauptete Anspruch des S besteht.

2. Es mag aufgefallen sein, daß im Gutachten nichts zur Versteigerung gesagt ist. Das war nicht nötig, da es in dieser Phase nur um das Zustandekommen des Kaufvertrages ging. Eine private Versteigerung ist eine besondere Form, Interessenten zu Anträgen auf Abschluß eines Kaufvertrages zu veranlassen. Der mehr oder weniger förmliche „Zuschlag" stellt rechtlich die Annahme dar, § 156. Damit ist der Kaufvertrag kraft Einigung zustandegekommen. Form und Verfahren solcher privaten Versteigerungen sind ins Belieben der Parteien gestellt. Das ist bei den öffentlichrechtlichen Versteigerungen – so z.B. im Zuge der Zwangsvollstreckung – anders.

Teil 4 Lesekontrolle

1. Das anfängliche Unvermögen des Schuldners
   a) ist in § 306 geregelt
   b) ist gesetzlich gar nicht geregelt und wird nach hM durch die sog. Garantiehaftung abgedeckt
   c) wird in § 275 Abs. 2 dem nachträglichen Unvermögen gleichgestellt

---

[1] Zur Lösungsmethode und Arbeitstechnik siehe Anhang 1 und Anhang 2

2. Unter dem Begriff „Gefahrübergang" versteht man
   a) eine Risikoverlagerung bei zufälligem Untergang oder zufälliger Verschlechterung der Sache
   b) eine risikoreiche Versendung der Sache
   c) ein Risiko, das mit der Übergabe der Sache entsteht
3. Voraussetzungen des Schuldnerverzuges i.S.d. §§ 284, 285 sind grundsätzlich:
   a) Ein Anspruch des Gläubigers ist durch Mahnung fällig geworden / der Schuldner könnte leisten, leistet aber nicht / der Schuldner wird auch in der nächsten Zukunft nicht leisten / der Gläubiger benötigt die Leistung dringend
   b) Bestehen eines Anspruchs des Gläubigers / Fälligkeit dieses Anspruchs / Nichtleistung / Mahnung / Verschulden des Schuldners / keine entgegenstehenden Einreden
4. Das BGB spricht von „Gläubigerverzug",
   a) wenn der Gläubiger mit seiner Leistung im Verzuge ist
   b) wenn der Gläubiger seinen Wohnsitz oder seine gewerbliche Niederlassung verlegt (vgl. § 476 a)
   c) wenn der Gläubiger die Leistung des Schuldners nicht entgegennimmt
5. Die „Positive Forderungsverletzung"
   a) ist im Gesetz nicht geregelt und stützt sich auf eine Rechtsanalogie zu den Vorschriften der Leistungsstörungen
   b) ist in § 463 geregelt
   c) ist im Abzahlungsgesetz geregelt
6. Ein Fehler der Kaufsache i.S.v. § 459 Abs. 1 S. 1 liegt nach hM vor,
   a) wenn der Käufer mit der gelieferten Sache wegen ihrer Qualität nicht zufrieden ist
   b) wenn eine ungünstige Abweichung von der vertraglich geschuldeten Sache feststellbar ist
   c) wenn die gelieferte Sache objektiv schlechter ist als Sachen der betreffenden Art normalerweise sind
   d) wenn der Kaufpreis für die gelieferte Sache in Anbetracht ihrer Qualität bei objektiver Betrachtung zu hoch ist
7. Die Rechte des Käufers wegen Lieferung einer fehlerhaften Speziessache bestehen kraft Gesetzes
   a) in dem Anspruch auf Lieferung einer fehlerfreien Sache
   b) in dem Anspruch auf Schadensersatz etc. nach § 325
   c) in dem Anspruch auf Rückgängigmachung des Kaufes oder Herabsetzung des Kaufpreises
   d) in dem Anspruch auf Nachbesserung
8. Die Voraussetzungen für einen „Wegfall der Geschäftsgrundlage" sind:
   a) In einem gegenseitigen Vertrage sind Leistungen vereinbart worden, die in einem auffälligen Mißverhältnis zueinander stehen / der benachteiligte Vertragspartner beruft sich auf das Mißverständnis
   b) Ein Umstand, der als Geschäftsgrundlage anzusehen ist, fehlte bei Vertragsschluß, trat wider Erwarten nicht ein oder fiel später weg / der deswegen benachteiligten Partei ist ein Festhalten am Vertrage nun nicht mehr zumutbar

Richtig sind (die Klammern verweisen auf den Text im Teil 2):
1b (II.3); 2a (II.5); 3b (III.2); 4c (IV.1); 5a (V.1); 6b (VI.3); 7c (VI.6); 8b (VII.4)

11. Kapitel: Die Gegenrechte des Schuldners (Einwendungen und Einreden)

Teil 1 Der Fall (Sachverhalt)

A hatte von B im Jahre 1966 einen Tanzpavillon auf 15 Jahre gepachtet. Da B auf diesem Grundstück 1973 ein viergeschossiges Wohnhaus errichten wollte, vereinbarten beide für die vorzeitige Auflösung des Pachtvertrages zum 30.9.1973 eine einmalige Abfindung von 120 000 DM. Am 3.9.1973 brannte der Pavillon aus ungeklärter Ursache ab. B will nach Beendigung der Pacht die Abfindung nicht zahlen. Er meint, er sei dazu nicht verpflichtet, weil A seiner Verpflichtung aus dem Pachtvertrag, nämlich zur Rückgabe der Pachtsache nach Pachtende, wegen des Brandes – wenn auch unverschuldet – nicht mehr nachkommen kann. Hat A dennoch einen Anspruch auf die Abfindung?

Teil 2 Die Darstellung der Rechtsmaterie

I. Allgemeines

Die Gegenrechte des Beklagten unterteilt man nach ihrer Wirkung, die sie gegenüber einem geltend gemachten Anspruch haben. Man unterscheidet Einwendungen und Einreden. Die Einwendungen stellen die Entstehung des Anspruchs in Frage (rechtshindernde Einwendung) oder vernichten einen entstandenen Anspruch (rechtsvernichtende Einwendung). Bei den Einreden gibt es ebenfalls zwei Arten: die dauernden Einreden schließen die Durchsetzbarkeit eines entstandenen Anspruches dauernd aus; die aufschiebenden Einreden hemmen die Verwirklichung des Anspruchs zeitweilig. Die Einreden berühren die Existenz des Anspruchs im Unterschied zu den Einwendungen nicht.

Die Bedeutung der Unterscheidung zwischen Einwendungen und Einreden besteht vor allem darin, daß eine gegebene Einwendung im Prozeß von Amts wegen zu berücksichtigten ist, während eine Einrede eigens geltend gemacht werden muß. Ist in einem konkreten Fall z.B. der Verwirkungstatbestand gegeben, muß der Richter diese Einwendung von sich aus berücksichtigen. Liegen hingegen die Voraussetzungen der Verjährung vor (§§ 194 ff), darf der Richter erst dann darauf eingehen, wenn diese Einrede im Prozeß geltend gemacht wird. Es genügt dafür auch, wenn der Gläubiger vorträgt, der Schuldner habe sich auf die Einrede berufen. Im Prozeß bezeichnet man sämtliche vier Arten der Gegenrechte gewöhnlich als (prozessuale) Einreden.

II. Zusammenstellung der Gegenrechte

1. Rechtshindernde Einwendungen sind:

Geschäftsunfähigkeit (§ 105), Formmangel (§ 125), gesetzliches Verbot (§ 134), Sittenwidrigkeit (§ 138), objektive Unmöglichkeit der Leistung (§ 306).

2. Rechtsvernichtende Einwendungen sind:

Anfechtung (§§ 119, 142), Endtermin (§ 163), unverschuldete Unmöglichkeit der Leistung (§§ 275, 323), Rücktritt (§ 346), vollzogene Wandlung (§ 467), Erfüllung (§ 362), Hinterlegung (§§ 372,

378), Aufrechnung (§ 389), Erlaß (§ 397), Forderungsabtretung (§ 398), Wegfall der Bereicherung (§ 818 Abs. 3) und die aus § 242 abgeleiteten Einwendungen (z.B. Verwirkung, s. dazu unten III).

3. Dauernde Einreden sind:

Verjährung (§ 222), rechtzeitige Mängelanzeige (§ 478), rechtsgrundlose Verbindlichkeit (§ 821), Rechtserwerb durch unerlaubte Handlung (§ 853), Abrechnung im Kontokorrent (§ 355 HGB).

4. Aufschiebende Einreden sind:

Stundung (vgl. § 271), Zurückbehaltungsrecht (§§ 273, 1000 BGB, §§ 369, 370 HGB), nicht erfüllter Vertrag (§ 320), Vorwegklage (Vorausklage) gegen den Hauptschuldner (§ 771).

III. Die aus § 242 abgeleiteten Einwendungen

Aus der Generalklausel § 242, wonach im Schuldrecht, aber auch sonst im Recht, der Grundsatz von Treu und Glauben gilt, werden hauptsächlich folgende Einwendungen hergeleitet:

1. Die Einwendung, das Recht sei durch gesetz- oder vertragswidriges Verhalten erworben.
2. Die Einwendung, das Recht werde nicht so ausgeübt, wie es seinem Sinn oder Zweck entspreche.
3. Die Einwendung, das Recht werde entgegen einer vertraglichen Verpflichtung ausgeübt.
4. Die Einwendung, der Gläubiger verlange etwas, was er sofort wieder herausgeben müßte (*dolo petit qui petit quod statim redditurus esset*).
5. Die Einwendung, das Recht werde im Widerspruch zum sonstigen Verhalten des Gläubigers ausgeübt (*venire contra factum proprium*).

Eine Konkretisierung der zuletzt genannten Einwendung ist die Verwirkung. Sie ist im Zivilrecht nicht generell geregelt, taucht aber in einzelnen Tatbeständen auf, z.B. in § 971 Abs. 2 (nicht jedoch in § 339; dort handelt es sich um die Verwirkung einer Vertragsstrafe, d.h. Verpflichtung zur Zahlung einer Geldsumme).

Die Verwirkung hat folgende Voraussetzungen:

- Ein bestehendes Recht bzw. ein bestehender Anspruch ist längere Zeit nicht geltend gemacht worden,
- der Verpflichtete durfte auf Grund bestimmter Umstände darauf vertrauen, daß der Gläubiger sein Recht nicht mehr geltend machen würde,
- der Schuldner hat wirklich darauf vertraut.

Liegen diese Voraussetzungen vor – häufig fehlt die dritte – ist das Recht erloschen. Die Verwirkung ist also rechtsvernichtende Einwendung[1].

IV. Die Einrede des Zurückbehaltungsrechts (§ 273 BGB, § 369 HGB) im einzelnen

1. Das Zurückbehaltungsrecht nach § 273

Voraussetzungen sind:

a) Der Gläubiger macht einen Anspruch geltend. Geeignet sind schuldrechtliche, sachenrechtliche, familien- oder erbrechtliche Ansprüche.

b) Der Schuldner hat einen fälligen eigenen Anspruch gegen den Gläubiger. Für diesen Anspruch gilt nach Auffassung der Rechtsprechung § 390 S. 2 analog: Auch ein verjährter Anspruch genügt als Gegenanspruch, wenn die Verjährung noch nicht eingetreten war, als der Anspruch des Gläubigers entstand[2].

---

1 BGHZ 37, 152; Enneccerus-Nipperdey § 239 III 6

2 BGH NJW 1967, 1902; streitig, a.A. z.B. Larenz I § 16, 3

c) Beide Ansprüche stammen aus „demselben rechtlichen Verhältnis“. Nach hM ist diese Formulierung wie folgt aufzufassen: Die Ansprüche stammen „aus einem einheitlichen, innerlich zusammenhängenden Lebensverhältnis“ (Konnexität)[1]. Die Begründung für diese abweichende Auslegung liegt im wesentlichen darin, daß § 273 bei genauer Betrachtung des Wortlauts praktisch auf Ansprüche aus einem Vertrage beschränkt wäre. Dafür gibt es aber die Einrede aus § 320.

d) Das Zurückbehaltungsrecht darf nicht kraft Vereinbarung oder gesetzlicher Vorschrift (z.B. § 173, § 556 Abs. 2) ausgeschlossen oder durch die Einwendung rechtswidriger Ausübung vernichtet werden. Letzteres ist der Fall, wenn die Ausübung einen unverhältnismäßig größeren Effekt hat, als es der im Zurückbehaltungsrecht liegende Sicherungszweck vorsieht, § 320 Abs. 2 analog.

Rechtsfolge beim Zurückbehaltungsrecht ist: Der Schuldner bleibt zur Leistung verpflichtet; er braucht aber nur Zug um Zug zu leisten, § 274 Abs. 1.

2. Das kaufmännische Zurückbehaltungsrecht nach den §§ 369, 370 HGB

Voraussetzungen sind:

a) Der Gläubiger (in § 369 ist das der „Schuldner“, nämlich der Schuldner der Geldforderung) hat einen Anspruch auf Herausgabe von beweglichen Sachen oder Wertpapieren.

b) Der Schuldner des Herausgabeanspruchs hat fällige Geldforderungen[2] aus einem beiderseitigen Handelsgeschäft mit dem Gläubiger. Bei Konkurs und erfolgloser Zwangsvollstreckung beim Gläubiger (§ 370 HGB) kommt es auf Fälligkeit nicht an.

c) Der Schuldner hat die beweglichen Sachen oder Wertpapiere auf Grund eines Handelsgeschäftes in Besitz. Auch unfreiwilliger Besitzverlust schadet[3].

d) Die Zurückbehaltung darf nicht einer vor oder bei Übergabe der beweglichen Sache erteilten Weisung des Gläubigers widersprechen, in einer bestimmten Weise mit den Gegenständen zu verfahren, § 369 Abs. 3 HGB.

Rechtsfolge beim kaufmännischen Zurückbehaltungsrecht ist: Der Schuldner darf

- die Gegenstände zurückbehalten,
- die Gegenstände verwerten, § 371 Abs. 2 und 4 HGB, §§ 1223 ff BGB bzw. § 371 Abs. 3 HGB; §§ 814 ff ZPO.

Aus den Voraussetzungen und der Rechtsfolge ergibt sich, daß es sich beim kaufmännischen Zurückbehaltungsrecht eher um ein gesetzliches Pfandrecht als um ein Zurückbehaltungsrecht handelt. Normalerweise wird nämlich nicht der Inhaber des Herausgabeanspruchs aktiv werden, sondern der Inhaber der Geldforderung. Wird diese Geldforderung nicht erfüllt, darf der Inhaber der Geldforderung die erwähnten Gegenstände, die in seinem Besitz sind, verwerten. Auch im Konkursrecht wird das kaufmännische Zurückbehaltungsrecht als Pfandrecht eingestuft. Es verleiht also im Konkurse ein Absonderungsrecht nach § 49 Abs. 1 Nr. 9 Konkursordnung (KO). Im Unterschied zu § 273 kommt es demnach auf eine Konnexität nicht an.

Wie das Zurückbehaltungsrecht in § 273 BGB enthält § 369 HGB eine rechtshemmende Einrede.

V. Das Kontokorrent

1. Das Kontokorrent wird üblicherweise nicht den Gegenrechten des Schuldners zugerechnet. Die Kontokorrent-Vereinbarung enthält aber eine dauernde Einrede[4]. Denn jedenfalls nach der Saldofeststellung erlöschen die Einzelforderungen, die zum Saldo geführt haben[5]. Geht der Gläubiger

---

1 RGZ 158, 14

2 streitig, a.A. Baumbach-Duden, HGB, § 370 Anm. 2

3 RGZ 109, 105

4 vgl. BGH MDR 1970, 303

5 hM, vgl. RGZ 87, 436; Blaurock NJW 1971, 2206

noch aus einer Einzelforderung vor, kann ihm der Schuldner die Saldofeststellung entgegenhalten. Das gleiche gilt, wenn das Saldoguthaben wiederum in ein fortlaufendes Kontokorrent eingestellt wird: Sollte der Gläubiger den Saldo beanspruchen, hat der Schuldner die Einrede des Kontokorrents.

2. Ein Kontokorrentverhältnis beruht auf einem Vertrage mit einem Kaufmann. Inhalt des Vertrages ist, daß die beiderseitigen Forderungen aus ihrer Geschäftsverbindung in eine laufende Rechnung gestellt und nicht einzeln geltend gemacht werden sollen. Vielmehr wird in regelmäßigen Zeitabschnitten – wenn nicht anders vereinbart, jährlich (§ 355 Abs. 2 HGB) – abgerechnet und die Abrechnung festgestellt, d.h. von den Parteien anerkannt. Der sich nach der Abrechnung und dem Anerkenntnis ergebende Betrag (Saldo) – zugunsten des einen oder des anderen – ist die vollwertige Forderung, die beansprucht werden kann. Nach der Vereinbarung kann aber auch diese Saldoforderung als erster Posten in den anschließenden Zeitabschnitt einzustellen sein; dann wird endgültig abgerechnet, wenn das Kontokorrent nach Kündigung (§ 355 Abs. 3 HGB) beendet ist. Ein Kontokorrent besteht regelmäßig zwischen Kontoinhaber und Bank auf Grund Bankvertrages.

3. Die anfallenden Einzelforderungen sind während der Laufzeit des Kontokorrents unselbständig. Sie können nicht abgetreten, eingeklagt, verpfändet oder gepfändet werden. Pfändbar ist hingegen der Saldo (§ 357 HGB). Die Saldierung findet nach hM jeweils zum Schluß des bestimmten Zeitraums statt (Theorie der periodischen Saldierung). Nach der Theorie des Staffelkontokorrents soll hingegen bei Einstellung jeder Einzelforderung ein neuer Saldo entstehen. Diese Mindermeinung kann aber nicht mit dem Argument überzeugen, daß z.B. beim Bankkontokorrent gewöhnlich für jeden Buchungsgang der neue Saldo ausgewiesen wird. Dabei handelt es sich nämlich nur um eine Saldomitteilung zwecks Überblick[1].

4. Die rechtliche Konstruktion des Kontokorrents ist in einigen Punkten noch umstritten. Streitig ist vor allem die Frage, ob das Anerkenntnis des Saldos als abstraktes Schuldanerkenntnis nach den §§ 781, 782 (vgl. dazu das 12. Kapitel Teil 2 C XV) anzusehen ist[2] und ob das Anerkenntnis zum Erlöschen der Einzelforderungen führt. Im Anerkenntnis ist jedenfalls ein Verzicht auf die Einreden zu sehen, die gegenüber den einzelnen Forderungen bestanden.

Teil 3 Die Fallösung

A. Das Gutachten zum Fall

A könnte von B die Abfindungssumme von 120 000 DM auf Grund der Abfindungsvereinbarung (§ 305) verlangen. Dann müßte eine Vereinbarung darüber wirksam zustandegekommen sein. Das ist der Fall. Die Abstandssumme war am 30.9.1973 fällig. Der Anspruch des A auf Zahlung der 120 000 DM ist mit der Beendigung der Pacht am 30.9.1973 entstanden.

Der Anspruch könnte wieder erloschen sein. In Betracht kommt ein Untergehen des Anspruches nach § 323. Nach dieser Vorschrift verliert der Gläubiger seinen Anspruch, wenn er seinerseits die Gegenleistung aus dem Vertrage wegen nachträglicher Unmöglichkeit der Leistung, die beide Parteien nicht zu vertreten haben, nicht mehr erbringen kann.

Voraussetzung für § 323 ist ein gegenseitiger Vertrag. Ein gegenseitiger Vertrag liegt vor, wenn wenigstens eine der vertraglichen Leistungen Entgelt für eine Leistung des anderen ist. Die hier

1 BGHZ 50, 280

2 so die hM; dagegen mit überzeugenden Gründen Blaurock NJW 1971, 2208

angesprochene Vereinbarung regelte die vorzeitige Beendigung der Pacht. Sie ist damit Teil des Pachtvertrages. Ein Pachtvertrag ist ein gegenseitiger Vertrag. Die erste Voraussetzung liegt damit vor.

Weitere (ungeschriebene) Voraussetzung für § 323 ist, daß die unmöglich gewordene Leistung und die verlangte Leistung im Gegenseitigkeitsverhältnis stehen. Im Gegenseitigkeitsverhältnis stehen diejenigen Leistungen, zu denen die eine Partei sich verpflichtet hatte, damit der andere ebenfalls eine bestimmte Leistungspflicht übernahm.

Nicht alle Pflichten in einem gegenseitigen Vertrage stehen im Gegenseitigkeitsverhältnis. Es muß daher untersucht werden, ob die unmöglich gewordene Leistung mit der verlangten Leistung, der Zahlung der Abfindungssumme, im Gegenseitigkeitsverhältnis steht. Die unmöglich gewordene Leistung, d.h. die Leistung, die nicht mehr erbracht werden kann, ist die einwandfreie Rückgabe der Pachtsache.

Die Pflicht zur Rückgabe folgt ohne weiteres aus der Beendigung des Pachtverhältnisses. Eine Abfindung für die vorzeitige Auflösung des Pachtverhältnisses ist kein Entgelt für die Rückgabe selbst[1]. Die Zahlung der Abfindungssumme ist vielmehr Entgelt für die Bereitschaft, das Pachtverhältnis früher als nach dem ursprünglichen Vertrag zu beenden. Daher steht die Rückgabe der Pachtsache zu der Zahlung der Abfindungssumme nicht in dem Verhältnis von Leistung und Gegenleistung, wie es § 323 voraussetzt. Die zweite Voraussetzung des § 323 liegt damit nicht vor. § 323 greift nicht ein.

Da ein anderer rechtlicher Gesichtspunkt, der ein Erlöschen des Anspruchs nach sich ziehen könnte, nicht ersichtlich ist, ist der Anspruch nicht untergegangen.

Der Anspruch könnte aber wegen der veränderten Sachlage unter dem Gesichtspunkt des Wegfalls der Geschäftsgrundlage der Höhe nach verringert und im Extremfall auch auf Null reduziert sein. Dann müßten die Grundsätze zum Wegfall der Geschäftsgrundlage für den vorliegenden Fall anwendbar sein. Als Umstand, der außerhalb der Vereinbarung zum vorzeitigen Pachtende blieb (erste Voraussetzung), kommt nur die Unversehrtheit des Tanzpavillons bei der Rückgabe in Betracht. Dieser Umstand müßte für eine Vertragspartei grundlegend für die Vereinbarung gewesen sein, was der anderen Partei bekannt oder jedenfalls erkennbar war (zweite Voraussetzung). Die Unversehrtheit war aber für B nicht grundlegend wichtig. B wollte den Pavillon sowieso abreißen. Der Brand konnte dem B daher nur gelegen sein[2]. Somit kann von einem Wegfall der Geschäftsgrundlage nicht gesprochen werden.

Ansonsten sind Einreden des B nicht ersichtlich. Damit besteht der Anspruch des A auf die Abfindung.

B. Hinweise zum Lösungsgang[3]

1. Diese Fallösung weist wiederum den dreigliedrigen Aufbau auf (vgl. Anhang 1). Die Untersuchungen in der zweiten Stufe behandeln die eigentliche im Fall auftretende Rechtsfrage. Dort ist also eine gewisse Ausführlichkeit am Platze; es macht nichts, daß im Ergebnis an der Anspruchsberechtigung des Klägers sich nichts ändert.

2. Beim Aufbau des Gutachtens ist die Prüfung eines Wegfalls der Geschäftsgrundlage nicht ganz einfach unterzubringen. Da die Rechtsfolge auf Anpassung der vertraglichen Leistungen lautet, handelt es sich eigentlich nicht um einen Rechtsbehelf, der bei den anspruchsvernichtenden Gegenrechten (Stufe 2) seinen Platz hat. Immerhin kann man aber bei Neuanpassung der Leistungen von einem teilweisen Untergang hinsichtlich des durch die Anpassung veränderten Anspruchs sprechen.

---

1 RGZ 108, 138. Das verkennt das LG Frankfurt NJW 1976, 572; vgl. die ablehnende Anm. Dopjans NJW 1976, 898

2 Das übersieht das LG Frankfurt a.a.O.

3 Zur Lösungsmethode und Arbeitstechnik siehe Anhang 1 und Anhang 2

Teil 4 Lesekontrolle

1. Die Verjährung einer Forderung
   a) ist beachtlich, wenn sie vom Schuldner (als Einrede) geltend gemacht worden ist
   b) ist von Amts wegen zu berücksichtigen
   c) ist beachtlich, wenn sie der Gläubiger geltend gemacht hat
2. Die Voraussetzungen der Verwirkung sind:
   a) Die Entstehung eines Rechtes ist zweifelhaft / der Schuldner hat das Bestehen des Rechtes bestritten / der Gläubiger hat sein behauptetes Recht nicht durchzusetzen versucht
   b) Ein Recht ist längere Zeit nicht geltend gemacht worden / aufgrund des Verhaltens des Berechtigten durfte der Verpflichtete darauf vertrauen, daß das Recht nicht mehr geltend gemacht würde / der Verpflichtete hat tatsächlich darauf vertraut
3. Was versteht man unter „Konnexität" im Zusammenhang mit dem Zurückbehaltungsrecht (§ 273)?
   a) Das Zurückbehaltungsrecht beruht auf einem alten Anspruch des Schuldners gegen den Gläubiger
   b) Die beiden Forderungen, die sich gegenüberstehen, sind fast gleichartig
   c) Die Forderung, die das Zurückbehaltungsrecht begründen soll, ergibt sich aus einem Kontokorrent
   d) Die sich gegenüberstehenden Forderungen beruhen auf einem einheitlichen, innerlich zusammenhängenden Lebensverhältnis
4. Ein Kontokorrentverhältnis liegt vor,
   a) wenn ein Bankkonto ein Guthaben aufweist
   b) wenn ein Unternehmen kurz vor dem Konkurs steht
   c) wenn die Vereinbarung besteht, daß die beiderseitigen Forderungen aus einer Geschäftsverbindung in eine laufende Rechnung gestellt und nicht einzeln geltend gemacht werden sollen
5. Wenn die geschuldete Leistung unmöglich geworden ist,
   a) muß der Richter dieses Faktum gegenüber der Klage auf die Leistung von Amts wegen berücksichtigen (Einwendung)
   b) braucht der Richter nur dann darauf einzugehen, wenn sich der Beklagte auf die Unmöglichkeit beruft

Richtig sind (die Klammern verweisen auf den Text im Teil 2):
1a (I.); 2b (III.5); 3d (IV.1.c); 4c (V.2); 5a (II.2)

12. Kapitel: Die Vertragstypen

Teil 1 Der Fall (Sachverhalt)

Firma H (Klägerin) verlangt von Firma D (Beklagte) die Rückzahlung eines gezahlten Werklohns in Höhe von 20.533 DM. D baute Anfang 1974 in ein Kaufhaus der H eine importierte Alarmanlage ein. Nach der Reparatur verschiedener Mängel zahlte H am 21.6.1974 die mit der Klage im Jahre 1977 zurückgeforderte Summe. Da die Anlage weiterhin Mängel aufwies, setzte H der D am 20.8.1975 eine Frist zur Nachbesserung bis zum 31.8.1975 und erklärte, daß sie nach Fristablauf die Abnahme der Leistung ablehnen werde. Am 29.8.1975 lehnte D einen erneuten Reparaturversuch ab. H ließ sich daraufhin von Firma M eine Anlage einbauen und stellte die ausgebaute Anlage der D zur Verfügung. D vertritt die Ansicht, Ansprüche der H seien verjährt. Wie ist die Rechtslage, wenn die von D eingebaute Anlage tatsächlich nicht funktionsfähig war?

Teil 2 Die Darstellung der Rechtsmaterie

A. Die Vertragsfreiheit

Das BGB enthält zahlreiche Vorschriften für bestimmte Vertragsarten (Vertragstypen). Diese Normen sind dispositiv. Es ist den Parteien also anheimgestellt, ob sie ihre konkreten Verpflichtungen davon abweichend ausgestalten wollen. Falls die Parteien nichts Abweichendes vereinbaren, greifen aber die Vorschriften des BGB ein, eventuell auch über eine entsprechende Anwendung.

Diese Dispositionsbefugnis der Vertragspartner beruht auf dem Prinzip der Vertragsfreiheit, das vor allem im Schuldrecht gilt. Die Vertragsfreiheit bedeutet, daß jeder selbst darüber entscheiden kann, ob und mit wem er Verträge schließt (Abschlußfreiheit) und welchen Inhalt ein Vertrag erhalten soll (Gestaltungsfreiheit).

Die Vertragsfreiheit ist nur in wenigen Sonderfällen eingeschränkt, so bei Gesetzesverstoß (§ 134) oder Sittenverstoß (§ 138). Die Abschlußfreiheit besteht in jenen Fällen überhaupt nicht, in denen rechtlich ein Zwang zum Abschluß eines Vertrages (Kontrahierungszwang) angeordnet ist. Einige gesetzliche Vorschriften richten einen Kontrahierungszwang auf (z. B. § 453 HGB, § 22 PersonenbeförderungsG, § 6 EnergiewirtschaftsG). Literatur und Rechtsprechung bejahen ferner einen Kontrahierungszwang für Monopolunternehmen, die öffentliche Versorgungsaufgaben übernommen haben und öffentliche Gelder erhalten.

Die Gestaltungsfreiheit wird durch einige gesetzliche Vorschriften begrenzt, die bestimmte Gestaltungen anordnen oder verbieten, z. B. § 276 Abs. 2 BGB, § 4 Abs. 3 TarifvertragsG, § 1 Abs. 1 AbzahlungsG und § 22 ArbeitnehmererfindungsG. Im Sachenrecht gibt es Vertragsfreiheit nur in der Form der Abschlußfreiheit. Soll ein sachenrechtliches (Verfügungs-)Geschäft getätigt werden, muß man sich an die im Sachenrecht geltenden Formen halten (Typenzwang im Sachenrecht).

Eine Abweichung vom Vertragsrecht des BGB und HGB ist in der Praxis allerdings nicht unbedingt die Regel. In vielen Bereichen der vertraglichen Beziehungen ist es nicht nötig und nicht üblich, den Vertragsinhalt im einzelnen festzulegen. So liegen die Verhältnisse z. B. beim Handkauf, einem Kaufvertrag also, der sofort erfüllt wird, womit das Schuldverhältnis bereits beendet ist. Bei solchen Geschäften besteht schon wegen der schnellen Erledigung kein Anlaß, von dem Vertragstyp des BGB abzuweichen. Oft sind die Parteien auch voll damit beschäftigt, das Nötigste und

Wichtigste ihrer vertraglichen Rechte und Pflichten festzulegen, etwa den Preis auszuhandeln. Schließlich ist es nicht immer geschickt, schon beim Vertragsabschluß später bei der Vertragsabwicklung eventuell auftretende Probleme ins Auge zu fassen. Somit verbleibt es häufig bei den sicherlich auch im Sinne der Gerechtigkeit recht ausgewogenen Vorschriften des BGB. Selbst bei Verwendung von AGB, die oft vorgefertigte Abweichungen von der gesetzlichen Regelung enthalten, bleiben im allgemeinen noch genügend Punkte offen, so daß auch hier die Regeln des betreffenden Vertragstyps teilweise zur Anwendung kommen.

Jedenfalls muß die Einigung der Parteien, die ja den Vertragsschluß darstellt (vgl. das 5. Kapitel), die wesentlichen Punkte des zu schließenden Vertrages umfassen. Was bei einem konkreten Vertrag wesentlich, also unerläßlich ist, können die Parteien ebenfalls selbst entscheiden. Die Vertragstypen legen nur Mindesterfordernisse fest. Mißt eine Partei einem Punkt Bedeutung bei, kommt es nicht zum Vertragsschluß, wenn die Einigung diesen Punkt nicht mitenthält (Dissens, § 154 Abs. 1).

B. Vertragsverbindungen, Dauerschuldverhältnisse, Wiederkehrschuldverhältnisse, Typenkombinationen

I. Vertragsverbindungen

Die Vertragsfreiheit eröffnet die Möglichkeit, Verträge miteinander zu verbinden. Hier kommt es auf die Einigung an, ob der Bestand des einen Vertrages Bedingung für den anderen sein soll (z.B. Kauf einer Anhängerkupplung und Werkvertrag über den Anbau am PKW) oder ob die Parteien ein einheitliches Rechtsgeschäft vereinbart haben.
Ist es dem Schuldner gestattet, seine Leistung in Teilleistungen zu erbringen (Raten- oder Teillieferungsvertrag; darin liegt eine vereinbarte Abweichung von § 266), bleibt es selbstverständlich bei dem einheitlichen Vertrag.

II. Dauerschuldverhältnisse

1. Ein einheitlicher Vertrag liegt bei den sog. Dauerschuldverhältnissen vor. Hier entstehen während der Vertragsdauer die Vertragspflichten laufend aufs Neue. Der Umfang der Vertragsleistungen ergibt sich erst aus der Laufzeit des Vertrages. Typische, im Gesetz geregelte Dauerschuldverhältnisse sind das Mietverhältnis und das Arbeitsverhältnis.

2. Ein Dauerschuldverhältnis ist auch der Dauerlieferungsvertrag (Sukzessivlieferungsvertrag). Vereinbart ist dabei, daß bestimmte Lieferungen laufend oder turnusmäßig geschuldet sind. Das Gesamtvolumen des Vertrages hängt dann von dessen Laufzeit ab[1]. Die einzelnen Teilleistungen werden in einem einheitlichen Vertrag erbracht, sind aber rechtlich weitgehend selbständig. Vertragsstörungen (z.B. Verzug) bei einzelnen Teilleistungen berühren grundsätzlich nur diese und nicht den ganzen Vertrag. Es kann aber sein, daß die Vertragsstörung bei einer Teilleistung als Pflichtverletzung des Gesamtvertrages zu werten ist (Positive Forderungsverletzung).

Zu den Dauerschuldverhältnissen zählen auch die langfristigen Bierlieferungsverträge, die meist mit einer Darlehensgewährung gekoppelt sind. Brauerei und Gastwirt vereinbaren, daß nur das Bier der Brauerei bezogen und ausgeschenkt wird, wobei die Brauerei ein Darlehen gewährt. Die Rechtsprechung hat diese Verträge, die die rechtsgeschäftliche Entscheidungsfreiheit des Gastwirts für den Bierbezug auf Jahre hinaus teilweise oder ganz beseitigen, nicht grundsätzlich wegen Sittenwidrigkeit (§ 138) beanstandet, und zwar auch bei Zeiträumen, in denen das Darlehen bereits zurückgezahlt war[2]. Als Höchstgrenze für die Laufzeit solcher Verträge billigte der BGH

---

1 teilweise abweichend BGH NJW 1972, 246

2 RGZ 152, 251; BGH NJW 1970, 2243; BGH WM 1973, 357

20 Jahre[1], wenn die Bierbezugsverpflichtung die Hälfte des Ausschanks ausmacht. Bei ausschließlicher Bezugsverpflichtung hat der BGH 16 Jahre für gerade noch vertretbar erachtet[2].

III. Wiederkehrschuldverhältnisse

Kein einheitlicher Vertrag liegt beim sog. Wiederkehrschuldverhältnis vor. Hier besteht ein Rahmenvertrag, der einige Rechte und Pflichten der Parteien festlegt. Auf Grund des Rahmenvertrages werden dann weitere Verträge abgeschlossen (Beispiel: Der Hersteller schließt Rahmenverträge mit Zulieferern). Der Rahmenvertrag teilt nicht das Schicksal der Einzelverträge.

Die Rechtsnatur der Wasser- und Energielieferungsverträge ist umstritten: vor allem die Rechtsprechung zählt sie zu den Wiederkehrschuldverhältnissen[3], gewichtige Stimmen in der Literatur zu den Dauerlieferungsverträgen[4]. Die Auffassung der Rechtsprechung hat den Nachteil, daß der ständig wiederholte Vertragsschluß allein in der konkludenten Verhaltensweise der Inanspruchnahme etwa des Stromnetzes gesehen werden kann – das ist eine recht angreifbare Bewertung dieses Verhaltens.

IV. Typenkombinationen

Ein Vertrag kann auch Elemente aus mehreren Vertragstypen aufweisen. *Beispiel:* die Miete eines Hotelzimmers mit Halbpension: Mietvertrag (Zimmer), Kaufvertrag (fertige Nahrungsmittel), Werkvertrag (anzufertigende Speisen), Dienstvertrag (Reinigung des Zimmers). Für einen solchen gemischten Vertrag gilt grundsätzlich nur das Recht, das für die Hauptleistung eingreift (Absorptionstheorie). Die Einigung der Parteien ist dafür maßgeblich, was Hauptleistung sein soll. Bei einigen gemischten Verträgen wird man keine Haupt- und Nebenleistung trennen können. In diesem Fall kommt das Recht aller betroffenen Vertragstypen zum Zuge (Kombinationstheorie).

C. Gesetzlich geregelte Vertragstypen

I. Der Kaufvertrag, §§ 433 ff

1. Der Inhalt des Vertrages

Beim Kaufvertrag entstehen zwei Verpflichtungen. Der eine verpflichtet sich, dem anderen Besitz und Eigentum am Kaufgegenstand zu verschaffen. Der andere verpflichtet sich, den Kaufpreis zu zahlen, d.h. dem anderen das Eigentum am Geld zu verschaffen. Der Kaufvertrag ist also insofern ein Vertrag auf Eigentumsaustausch.

2. Die Rechtslage bei mehrfacher Verpflichtung

Der Kaufvertrag schafft – wie alle schuldrechtlichen Verträge – (nur) **Verpflichtungen.** Die spätere Eigentumsübertragung ist rechtlich eine Verfügung (vgl. das 15. Kapitel). Ob sie vollzogen wird, hängt von der Verwirklichung des Tatbestandes der einschlägigen Verfügungsvorschrift ab (z.B. § 929).

Nach Abschluß des Kaufvertrages kann es zu dieser Verfügung kommen – oder nicht. Für die Wirksamkeit eines Kaufvertrages ist es ohne Einfluß, ob die Realisierung der Verpflichtungen nachfolgt oder unterbleibt. Sollte die Verwirklichung nicht stattfinden, greifen die Regeln über die Vertragsstörungen ein. Es ist daher möglich, über ein und denselben Kaufgegenstand beliebig

---

1 BGH NJW 1970, 2243

2 BGH NJW 1974, 2090

3 RGZ 148, 330; Palandt-Heinrichs, BGB, § 326 Anm. 13

4 Larenz I § 2 VI

viele wirksame Kaufverträge abzuschließen. Wichtig ist eben nur, daß jeweils eine Einigung über die wesentlichen Bestandteile des Kaufgeschäftes zustandekommt.

Beispiel: A bietet am Wochenende in der Tageszeitung seinen PKW zum Verkauf an (das ist kein Antrag im Sinne des § 145, sondern eine Einladung, Anträge zu machen). B bietet 4.500 DM (Antrag). A ist einverstanden (Annahme). Damit ist ein Kaufvertrag zustandegekommen. B will am Montag das Geld von seiner Bank holen und anschließend den PKW mitnehmen. Am Sonntag bietet C 5.000 DM, die er in bar bei sich hat. A ist sich nicht ganz sicher, ob B am Montag wiederkommt und schließt ab. C händigt das Geld aus und nimmt den Wagen mit. Rechtslage: Es existieren zwei Kaufverträge (A–B und A–C). Zwischen A und C sind zudem zwei Verfügungsgeschäfte nach § 929 zustandegekommen, wodurch C Eigentümer des Wagens und A Eigentümer des Geldes wurde. Der Kaufvertrag zwischen A und C ist durch die geschuldete Verfügung (vgl. § 433 Abs. 1) erfüllt und damit erloschen, § 362. Der Kaufvertrag zwischen A und B existiert noch, kann aber von A nicht mehr erfüllt werden, weil A nicht mehr Eigentümer des an B verkauften Wagens ist. Dieser Vertrag ist also „gestört". Es liegt Unmöglichkeit der Leistung vor, die A zu vertreten hat (der Tatbestand des § 325 ist gegeben). B hat gegenüber A einen Anspruch auf Ersatz eines ihm entstandenen Schadens. B hat aber keinen Anspruch gegenüber C.

3. Der Kaufgegenstand

§ 433 Abs. 1 spricht vom Verkauf einer „Sache". § 90 regelt, was unter Sachen zu verstehen ist: bewegliche oder unbewegliche (Grundstücke) körperliche Gegenstände. Es ist jedoch unstreitig, daß § 433 auch andere Gegenstände umfaßt. Kaufgegenstand kann daher sein: Sachen im Sinne des § 90, Sachen in nicht-körperlichem Zustand, sofern sie abgrenzbar bzw. meßbar sind[1] (z.B. Wasser, Gas, Strom); noch nicht existierende Sachen (die Entstehung der Sache ist dann aufschiebende Bedingung des Kaufvertrages); Rechte und Forderungen (z.B. Wechseldiskontierung)[2]; künftige Rechte (Gewinnchancen, z.B. beim Kauf eines Lotterieloses); andere Vermögenswerte, soweit sie übertragbar sind (z.B. Patentrecht, Urheberrecht), nicht-geschützte Herstellungsmethoden (Know-how, soweit nicht Pacht oder Lizenznahme vorliegt)[3]; Geschäftsbeziehungen (good will); Unternehmen einschließlich aller Rechte; eine eingerichtete Praxis[4].

Auch Tiere sind Sachen im Rechtssinn. Für die in § 481 genannten Tiere gelten die Sondervorschriften der §§ 482–492 und die Verordnung betreffend die Hauptmängel und Gewährfristen beim Viehhandel vom 27.3.1899[5].

4. Die Leistungspflichten

Die Leistungspflicht des Verkäufers lautet auf Besitzverschaffung und Eigentumsübertragung der Sache, und zwar frei von Rechten Dritter, § 434. Mittelbarer Besitz (§ 868) reicht nur bei entsprechender Vereinbarung aus.

Streitig ist, ob bei Lieferung einer fehlerhaften Sache die Leistungspflicht noch nicht erfüllt ist oder ob die Leistung erbracht ist und nur die Gewährleistungsansprüche ausgelöst werden. Beide Auffassungen werden vertreten. Soweit nach der einen Meinung der Anspruch des Käufers auf Lieferung einer fehlerfreien Kaufsache geht[6], soll er aber nur bis zum Zeitpunkt des Gefahrübergangs gelten; danach greifen die Gewährleistungsvorschriften des Kaufrechts ein[7]. Die wohl herrschende Gegenmeinung beruft sich darauf, daß eine dem § 434 (Verschaffungspflicht frei von Rechtsmängeln) gleichzustellende Vorschrift für Sachmängel fehlt; der Verkäufer habe also auch

---

1 vgl. Golling BB 1970, 325

2 BGHZ 19, 282, streitig.

3 dazu Pfaff BB 1974, 565

4 vgl. BGHZ 16, 71; 43, 46

5 RGBl 1899, S. 219

6 Erman-Weitnauer, BGB, Anm. IV, 1 vor § 459; Erman JZ 1960, 41

7 vgl. Erman-Weitnauer a.a.O.

bei Lieferung einer fehlerhaften Sache geleistet[1]. Bei Gattungssachen stellt sich das Problem nicht, da gemäß § 243 Abs. 1 Sachen mittlerer Art und Güte zu leisten sind und gemäß § 480 ein Nachlieferungsanspruch besteht.

Die Leistungspflicht des Käufers besteht in der Übereignung des Geldes und in der Abnahme der Kaufsache, § 433 Abs. 2. Wenn nicht eine besondere Vereinbarung getroffen wurde, ist die Abnahmeverpflichtung Nebenleistungspflicht. Das ist im Hinblick auf § 326 von Bedeutung: § 326 setzt Verzug mit einer Hauptleistungspflicht voraus.

5. Die Rechte des Käufers bei Vertragsstörungen

Erfüllt der Verkäufer die von ihm nach den §§ 433–437, 439 zu erfüllenden Verpflichtungen nicht, so bestimmen sich gemäß § 440 Abs. 1 die Rechte des Käufers nach den §§ 320–327. Soweit dort als Voraussetzung Verschulden verlangt wird (z.B. bei § 325), ist von Belang, daß nach hM das anfängliche Unvermögen stets zu vertreten ist (vgl. das 10. Kapitel, Teil 2 II 3).

Ist die Kaufsache mangelhaft, so gelten jedenfalls nach Gefahrübergang (§§ 446, 447) ausschließlich die §§ 459 ff (vgl. das 10. Kapitel Teil 2 VI 2). Nur soweit diese Vorschriften Lebenssachverhalte tatbestandlich nicht erfassen, kommt die Anwendung der allgemeinen Rechtsbehelfe in Betracht. Den Vorrang der §§ 459 ff nach Gefahrübergang stellen auch die Literaturstimmen nicht in Frage, die die Pflicht zur Übergabe einer fehlerfreien Sache bejahen; diese Stimmen kommen daher nur bis zum Gefahrübergang zur Anwendung der §§ 320–327.

Von erheblicher Bedeutung sind die kurzen Verjährungsfristen des § 477 (vgl. das 10. Kapitel Teil 2 VI 7).

6. Der Kauf mit Auslandsberührung

Für den Kauf mit Auslandsberührung gilt das nationale Recht nicht ohne weiteres. Ist beispielsweise der Vertragspartner Ausländer, kommt eventuell die Anwendung ausländischen Rechts in Betracht. Wenn sich die Parteien nicht auf die Geltung einer nationalen Rechtsordnung geeinigt haben – sie können auch eine „neutrale" wählen – ist nach den Regeln des Internationalen Pri vatrechts (IPR) anhand des sog. Schwerpunktes des Falles zu entscheiden, welche von den in Betracht kommenden Rechtsordnungen auf den konkreten Streitfall anzuwenden ist. Die Probleme setzen bereits bei der Frage ein, welches Gericht zuständig ist, diese Festlegung zu treffen.

Da das Wirtschaftsleben auf eine rechtliche Unsicherheit im allgemeinen empfindlich reagiert, bemüht man sich seit langem um eine Rechtsvereinheitlichung im internationalen Bereich, und zwar auch außerhalb der supranationalen Organisationen wie den EG. Seit dem 16.4.1974 gilt als deutsches Recht neben BGB und HGB das Einheitliche Internationale Kaufrecht, und zwar das Einheitliche Gesetz über den internationalen Kauf beweglicher Sachen (EKG; BGBl I 1973, S. 856) und das Einheitliche Gesetz über den Abschluß von internationalen Kaufverträgen über bewegliche Sachen (EKAG, BGBl I 1973, S. 868). Dazu gehören jeweils Übereinkommen zur Einführung dieser Gesetze[2].

Hierbei handelt es sich um ein Gesetzeswerk, das jeweils als nationales Recht in den Staaten gilt, deren Gesetzgeber das EKG und EKAG als nationales Gesetz verabschiedeten. Bisher haben folgende Staaten einheitliches Kaufrecht nach EKG und EKAG: Belgien, Bundesrepublik Deutschland, Gambia, Großbritannien, Italien, Niederlande und San Marino. Israel hat nur das EKG übernommen. Die Vertragsparteien können aber die Nichtanwendung für ihren Vertrag vereinbaren (Art. 3 EKG). Andererseits kann das EKG selbstverständlich auch von Vertragsparteien, für die das EKG an sich nicht gilt, als anzuwendendes neutrales Recht vereinbart werden, Art. 4 EKG.

Das EKG regelt nur das Kaufrecht ohne die Erfüllungsgeschäfte, also nur den schuldrechtlichen Bereich (Art. 8 EKG). Das EKAG behandelt das Zustandekommen des Vertrages. Insoweit tritt

---

1 Larenz II § 41 II e

2 vgl. zu diesen Gesetzen, die auf dem Haager Kaufrechtsübereinkommen vom 1.7.1964 beruhen, Heldrich NJW 1974, 2156. Einzelheiten bei H.-J. Mertens und E. Rehbinder, Internationales Kaufrecht, 1975

das BGB zurück. Das BGB ist nicht einmal entsprechend anwendbar (Art. 17 EKG). Das EKG gilt für bewegliche Sachen mit Ausnahme von Wertpapieren und Zahlungsmitteln, von registrierungspflichtigen Schiffen und Luftfahrzeugen sowie von elektrischer Energie (Art. 5 EKG). Das Gesetz ist auf Kaufverträge zwischen Parteien, die ihre Niederlassung in verschiedenen Staaten haben, ohne Rücksicht auf die Kaufmannseigenschaft (Art. 7 EKG) anzuwenden, wenn einer der folgenden grenzüberschreitenden Vorgänge vorliegt (Art. 1 EKG):

- Lieferung der Kaufsache über die Grenze;
- Abgabe der für den Kaufvertrag nötigen Willenserklärungen im Gebiet verschiedener Staaten;
- vereinbarter Bestimmungsort außerhalb des Staates oder der Staaten, in dem oder in denen die Vertragserklärungen abgegeben worden sind.

Beispiel 1:

A aus Birmingham kauft in Stuttgart bei M einen PKW, der nach England geliefert werden soll: das EKG ist anzuwenden (es bleibt sich gleich, ob das „deutsche“ EKG oder das „englische“ EKG angewendet wird). Von Bedeutung ist natürlich der Gerichtsstand.

Beispiel 2:

A aus Birmingham kauft bei M in Stuttgart den PKW und überführt ihn selbst: es gelten BGB und HGB (wenn A Kaufmann ist). Der Kaufvertrag ist nämlich erfüllt, bevor es zu einem grenzüberschreitenden Vorgang im Sinne des Art. 1 EKG kam. Die Tatsache, daß die Vertragspartner aus verschiedenen Staaten stammen, spielt für sich allein keine Rolle.

II. Besondere Arten des Kaufvertrags

1. Der Kauf nach Probe, § 494

Hier gelten die Eigenschaften der Probe oder des Musters als zugesichert. Ein Kauf nach Probe liegt aber nicht immer schon dann vor, wenn beim Kauf ein Muster vorgelegt wurde. Für einen Kauf nach Probe spricht jedoch, daß eine Probe für den Käufer bestimmt war. Die Tatsache, daß der Käufer bei der Verkaufsverhandlung von der bestellten Ware ein Muster zurückbehält, sich z.B. ein Stück eines Stoffdessins abschneidet, macht den Kauf nicht zu einem Kauf nach Probe, sofern dieses Muster nicht speziell für den Käufer bestimmt sein soll. Einer Auftragsbestätigung beigefügte Muster sind zwar für den Käufer bestimmt, nach der Verkehrssitte aber häufig nur sog. „Ausfallproben“, die unter Umständen geradezu auf eine unvermeidliche Streuung der Produktion hinweisen sollen. Geringfügige Abweichungen schaden ohnehin nicht (Rechtsgedanke des § 459 Abs. 1 S. 2). Ansonsten besteht die Rügepflicht des § 377 HGB auch beim Kauf nach Probe; bei starker Abweichung der gelieferten Ware von der Probe liegt in der Regel aber der Fall des § 378 HGB vor (nicht-genehmigungsfähige Anderslieferung), so daß der Käufer den festgestellten Unterschied nicht sofort anzeigen muß[1].

2. Der Kauf auf Probe, § 495

Haben die Parteien vereinbart, daß der Käufer die Kaufsache ausprobieren (testen) darf, muß noch geprüft werden, ob der Kauf unter der aufschiebenden Bedingung geschlossen ist, daß der Käufer die Sache nach vollzogenem Ausprobieren behalten will (Billigung als Bedingung, Fall des Kaufs auf Probe, § 495 Abs. 1 S. 1) oder ob ein unbedingter Kaufvertrag geschlossen, dem Käufer jedoch ein Rücktrittsrecht (auch eine auflösende Bedingung ist möglich) eingeräumt ist.

Dem Kauf auf Probe ähnlich ist der sog. Prüfungskauf. Während bei § 495 Abs. 1 die Billigung im Belieben des Käufers steht, **muß** der Käufer beim Prüfungskauf die Billigung erteilen, falls er

---

1 Baumbach-Duden, HGB, § 374 Anm. 2 A

keine Mängel feststellt[1]. Es kann auch sein, daß der Kaufvertrag zustandegekommen ist, aber unter der (auflösenden) Bedingung, daß die Kaufsache geeignet ist (Erprobungskauf).

3. Der Kauf mit Umtauschrecht

Eine verbreitete Sondervereinbarung zum Kauf ist das Umtauschrecht. Hier ist ein Auswechseln der Kaufsache gegen eine andere mindestens gleich hohen Preises von den Parteien ausdrücklich vereinbart oder kraft Verkehrssitte Vertragsinhalt. Die Kaufsache braucht nicht unbedingt einen Fehler zu haben; es genügt, daß der Käufer sie nicht behalten möchte. Durch Auslegung ist festzustellen, ob bei einem konkreten Vertrag die Gewährleistungsrechte des Käufers durch das Umtauschrecht ersetzt sind. In diesem Fall kann der Käufer weder wandeln noch mindern (§ 462), sondern ist auf den Umtausch verwiesen.

4. Der Kauf in Kommission

Vom Kauf mit Umtauschrecht zu unterscheiden ist der Kauf mit Rückgaberecht nach Ablauf einer gewissen Zeit (Kauf in Kommission). Diese Kaufvertragsart kommt auf manchen Vertriebsstufen (typisch im Großhandel) besonders im Textil-, Schmuck- und Bücherhandel vor. Der Händler ist hier aber nicht Kommissionär im Sinne des § 383 HGB, weil er für eigene Rechnung verkauft (oder eben nicht verkauft). Dieser Kommissionskauf kann auch auflösend bedingt geschlossen sein, wobei die Bedingung der mißlungene Weiterverkauf ist. Bei diesem Kauf trägt somit der Verkäufer das Risiko, daß sein Vertragspartner den erstrebten Enderfolg, nämlich Weiterverkauf, nicht erzielt. Zurückgegebene Kommissionsware ist häufig nicht erneut abzusetzen. Die Retouren beeinflussen daher die Kalkulation des Verkäufers und damit die Einkaufspreise ungünstig. Der Wiederverkäufer verringert sein Geschäftsrisiko, wird sich aber bei scharfem Wettbewerb wegen der höheren Einkaufspreise schlechter behaupten können.

5. Der Wiederkauf, § 497 ff

Haben die Parteien vereinbart, daß der Verkäufer die Sache zurückkaufen kann, so kommt der zweite Kaufvertrag allein durch die Kauferklärung des ehemaligen Verkäufers zustande. Die Ausübung des Wiederkaufsrechtes steht in seinem Belieben[2].

6. Der Kauf mit Wiederverkaufsvereinbarung

Vom Kauf mit Wiederkaufsrecht ist der Kauf mit Wieder**verkaufs**recht zu unterscheiden. Hier kann der **Käufer verlangen**, daß der frühere Verkäufer die Ware zurückkauft. Das Wiederverkaufsrecht ist im BGB nicht geregelt. Die §§ 497 ff sind nur begrenzt auf diese Vereinbarung anwendbar[3]. Derartige Verträge kommen in der Praxis z.B. zwischen Hersteller und Vertragshändler (auch Eigenhändler genannt) vor. Der in das Vertriebssystem des Herstellers eingebundene Vertragshändler kann, falls ihm ein Wiederverkaufsrecht eingeräumt ist, durch die Ausübung seines Rechtes mit dem Hersteller einen Kaufvertrag zustandebringen, wonach der Hersteller die Warenbestände beim Vertragshändler zurückkauft. Ein solches Recht des Vertragshändlers ist u.a. sinnvoll für den Fall, daß der Vertriebsvertrag mit dem Hersteller unerwartet früh beendet wird.

7. Das schuldrechtliche Vorkaufsrecht, §§ 504 ff

Durch die Vereinbarung eines Vorkaufsrechts hat der Inhaber des Rechts die Möglichkeit, einen Kaufvertrag mit dem Vorkaufsverpflichteten zustandezubringen für den Fall, daß dieser den vom Vorkaufsrecht betroffenen Gegenstand an einen Dritten verkauft. Es gibt auch gesetzliche Vorkaufsrechte, so z.B. gemäß §§ 24 ff BundesbauG.

---

1 OLG München NJW 1968, 109

2 BGH NJW 1972, 1193

3 BGH NJW 1972, 1192

Beim schuldrechtlichen Vorkaufsrecht liegt ein zweifach bedingter Kaufvertrag vor[1]: die eine Bedingung ist der Abschluß des Kaufvertrages zwischen dem Vorkaufsverpflichteten und dem Dritten (Vorkaufsfall), die andere die Ausübung des Vorkaufsrechts, die im Belieben des Berechtigten steht. Der Vorkaufsfall ist der Abschluß eines **Kauf**vertrages mit dem Dritten. Eine Schenkung kommt nicht in Betracht, auch nicht eine (mit einem Kaufvertrag) gemischte Schenkung[2]. Das Vorkaufsrecht gilt bei Zwangsvollstreckung und Konkurs nicht, § 512. Wird das Vorkaufsrecht ausgeübt, kommt ein (zweiter) Kaufvertrag zustande, und zwar zwischen dem Vorkaufsberechtigten und dem Vorkaufsverpflichteten. Nach § 505 Abs. 2 gelten für diesen Vertrag die Vereinbarungen des Kaufvertrages mit dem Dritten. § 505 Abs. 2 ist dispositiv; es ist daher z.B. möglich, einen abweichenden Festpreis zu vereinbaren.

Für den Vorkaufsverpflichteten empfiehlt es sich, den Vertrag mit dem Dritten unter der Bedingung abzuschließen, daß der Vorkaufsberechtigte sein Recht nicht ausübt. Anderenfalls läuft er Gefahr, daß er dem Dritten gegenüber schadensersatzpflichtig wird, wenn er den Kaufvertrag mit dem Vorkaufsberechtigten erfüllt und folglich den Kaufvertrag mit dem Dritten nicht mehr erfüllen kann.

Sollte der Vorkaufsverpflichtete den Vertrag mit dem Dritten erfüllen, obwohl das Vorkaufsrecht ausgeübt wurde, ist er dem Vorkaufsberechtigten wegen Verletzung des mit ihm bestehenden Vertrages schadensersatzpflichtig. Der Vorkaufsberechtigte hat aber dem Dritten gegenüber keine Rechte. Er kann von ihm den Kaufgegenstand nicht herausverlangen.

Der Vorkaufsberechtigte vermag es also nicht, eine dem bestehenden Vorkaufsvertrag zuwiderlaufende Verfügung (vgl. dazu das 15. Kapitel) des Vorkaufsverpflichteten zu verhindern. Dieses schuldrechtliche Vorkaufsrecht hat wie jedes Schuldrecht gegenüber Dritten keine Wirkung. Man kann es aber – wenn ein Grundstück oder Grundstücksrecht Kaufsache ist – mit Wirkung Dritten gegenüber durch eine Vormerkung im Grundbuch absichern.

Eine viel weiterreichende Sicherheit gewährt das dingliche Vorkaufsrecht nach § 1094. Das dingliche Vorkaufsrecht lastet auf dem Grundstück; vertragliche Beziehungen spielen keine Rolle. Es wirkt auch gegenüber Dritten, insbesondere einem Erwerber des Grundstücks.

8. Der Kauf in Vorhand

Die sog. „Vorhand“ gewährt eine schwächere Rechtsposition als das schuldrechtliche Vorkaufsrecht nach den §§ 504 ff. Diese Vereinbarung hat in der Regel zum Inhalt, daß der Verhandlungspartner verpflichtet ist, den Vorhandsberechtigten über Verkaufsverhandlungen mit Dritten zu informieren und zu denselben Konditionen verhandlungsbereit zu sein.

Anders ist es beim vertraglich eingeräumten Ankaufsrecht (Option): hier kommt der Vertrag durch die Erklärung des Optionsberechtigten zustande. Eine Unterscheidung des Optionsvertrages von dem Fall, daß der Verkaufswillige für einen längeren Zeitraum ein annahmefähiges Angebot aufrechterhält, so daß der Kaufvertrag durch einfache Annahme zustandekommen kann[3], ist praktisch wohl kaum erforderlich.

9. Der Tauschvertrag, § 515

Er wird ausdrücklich dem Kaufrecht unterstellt. Hier wird nicht Geld gegen den Kaufgegenstand, sondern ein Kaufgegenstand gegen einen anderen Kaufgegenstand (Ware gegen Ware) ausgetauscht. Die Unterscheidung zum Kaufvertrag ist praktisch ohne besondere Bedeutung. Spielt beim Tausch ein Wertausgleich in Geld eine Rolle, bleibt es beim Tauschvertrag.

Bei Inzahlungnahme eines Gegenstands beim Kauf (z.B. Gebrauchtwagen beim Neukauf) kommen folgende rechtliche Konstellationen in Betracht: Kauf und Annahme des Gegenstandes an Er-

1 abweichend Larenz II § 44 III: Gestaltungsrecht

2 BGHZ 13, 133

3 vgl. dazu Larenz II § 44 IV 3

füllungs Statt (§§ 364 Abs. 1, 365) mit Ersetzungsbefugnis des Käufers[1]; Kauf beider Seiten (Doppelkauf) mit wechselseitiger Aufrechnung der Kaufpreisforderungen; gemischter Vertrag aus Kauf und Tausch[2]. Für kaufähnliche Verträge gilt ohnehin Kaufrecht, § 445.

III. Der Abzahlungskauf, §§ 1 ff AbzahlungsG

1. Das Risiko des Käufers beim Abzahlungskauf

Beim Abzahlungskauf wird vereinbart, daß der Käufer den Kaufpreis für eine bewegliche Sache abweichend von den §§ 266, 271 nicht sofort, sondern in Teilzahlungen (Raten) zahlen soll, wobei der Verkäufer bei Ausbleiben der Raten ein Rücktrittsrecht besitzt. Dieser Zahlungserleichterung – in der Praxis muß der Käufer dafür in der Regel eine Gegenleistung erbringen – steht an sich das Risiko gegenüber, daß der Käufer bei Zahlungsverzug die Kaufsache herausgeben muß und bereits gezahlte Raten wegen der Abnutzung der Sache nicht vollständig oder gar nicht zurückverlangen kann. Ein weiteres Risiko besteht für den Käufer dann, wenn der Verkäufer vom Kaufvertrag nicht zurücktritt, so daß die Raten weiterhin zu zahlen sind, dem Käufer die Sache aber als Eigentümer wegnimmt. Da beim Abzahlungsangebot ohnehin ein nicht immer billigenswertes Verlockungsmoment eine Rolle spielt, hat der Gesetzgeber den Abzahlungskäufer im Abzahlungsgesetz (AbzG) vor diesen Risiken geschützt. Die Vorschriften des AbzG sind daher zwingend. Die Schutzbedürftigkeit eines konkreten Abzahlungskäufers ist unbeachtlich[3]. Das Abzahlungsgesetz schützt jedoch nicht den Käufer, der als Kaufmann im Handelsregister eingetragen ist, § 8 AbzG. Die Eintragung ist maßgeblich, nicht die wirkliche Eigenschaft des Käufers[4]. Auf die Kaufmannseigenschaft des Verkäufers kommt es nicht an.

2. Die Voraussetzungen für den Abzahlungskauf

Ein Abzahlungsgeschäft liegt unter folgenden Voraussetzungen vor[5]:

a) Die Parteien haben einen Kaufvertrag geschlossen. Gleichgestellt sind der Werklieferungsvertrag (§ 651[6]) und andere Verträge, die die Zwecke eines Abzahlungsgeschäfts in anderer Rechtsform verfolgen, insbesondere der „Mietkauf" und ein Teil der Leasingverträge[7], vgl. § 6 AbzG. Der Ort des Abschlusses ist unbeachtlich.

b) Gegenstand des Kaufs müssen bewegliche Sachen sein. Eine entsprechende Anwendung auf unbewegliche Sachen und Rechte scheidet aus.

c) Der Preis bzw. die Vergütung soll in mindestens zwei Raten gezahlt werden. Auf die Bezeichnung „Kaufpreis" kommt es nicht an, vgl. § 6 AbzG. Raten liegen nur vor, wenn die Einzelzahlungen annähernd gleich hoch sind und in einem festgelegten zeitlichen Abstand fällig werden. Bei Vereinbarung einer Anzahlung und Restzahlung liegen Raten nur dann vor, wenn diese Aufteilung dem Käufer die Kaufpreiszahlung erleichtern soll. Das ist zum Beispiel nicht der Fall, wenn die Aufteilung den Zweck hat, dem Verkäufer schon bei Absendung der Ware Sicherheit zu geben, wobei Nachnahmeversand wegen der zusätzlichen Kosten vermieden wird.

---

1 BGHZ 46, 338

2 vgl. Dubischar JZ 1969, 175

3 BGHZ 67, 241

4 BGHZ 15, 243

5 vgl. Knippel NJW 1971, 1117

6 vgl. aber BGH NJW 1973, 2200: keine Anwendbarkeit des AbzG bei gemischten Verträgen über die Lieferung von Sachen verbunden mit werkvertraglichen Leistungen

7 streitig, dafür OLG Köln NJW 1973, 1615 mit ablehnender Anm. Reich; abl. auch Mosel NJW 1974, 1454

d) Der Verkäufer hat sich bei Zahlungsverzug den Rücktritt vorbehalten[1]. Ein Eigentumsvorbehalt (§ 455) wird üblicherweise vereinbart, ist aber nicht Voraussetzung für das Abzahlungsgeschäft (mit Ausnahme bei § 5 AbzG).

3. Die besonderen Voraussetzungen des AbzG

Liegt ein Abzahlungsgeschäft vor, gelten u.a. folgende besondere Vorschriften, die z.T. durch die Novelle 1974 eingefügt wurden:

a) Die Willenserklärung des Käufers – Kaufantrag oder Kaufannahme, meist Kaufantrag – muß schriftlich abgegeben werden, § 1 a Abs. 1 AbzG. Ist sie das nicht, ist sie nichtig[2]. Das Schriftstück muß wenigstens den Teilzahlungspreis, die Zahlungsweise, den vom Verkäufer für den Fall eines Bargeschäftes geforderten Barzahlungspreis und dessen rechnerische Verzinsung im Verhältnis zum Teilzahlungspreis angeben und muß vom Käufer unterschrieben sein.

Der Käufer kann vom Verkäufer eine Abschrift – oder das Original – zu seinen Unterlagen verlangen, § 1 a Abs. 2 AbzG. Das AbzG geht davon aus, daß der Verkäufer dem Käufer von vornherein das Vertragsformular stellt, denn die in § 1 a Abs. 1 vorgeschriebenen Daten kann z.T. ohnehin nur er angeben.

Entspricht die Willenserklärung des Käufers nicht diesen Erfordernissen, kommt der Vertrag erst zustande, wenn die Sache dem Käufer übergeben wird, § 1 a Abs. 3, wobei nun der Barzahlungspreis als vereinbart gilt. Eine schriftliche, aber unvollständige Bestellung des Käufers ist bis dahin als schwebend unwirksam anzusehen. Laut § 1 a Abs. 4 AbzG genügt es, wenn die in Abs. 1 genannten Daten in einem Verkaufsprospekt enthalten sind. Das ist regelmäßig der Fall beim Katalogkauf im Versandhandel. Hier wird der Abdruck der Daten an **einer** leicht auffindbaren Stelle – und nicht bei jedem Artikel – ausreichen.

Auf die Angabe des Barzahlungspreises und des effektiven Jahreszinses kann verzichtet werden, wenn der Verkäufer nur gegen Teilzahlungen verkauft und darauf in einem Verkaufsprospekt hinweist, § 1 a Abs. 5.

Der effektive Jahreszins, definiert in § 1 a Abs. 1 S. 5, berechnet sich nach folgender Formel:

$$\frac{\text{Zinssatz} \times \text{Laufzeit in Monaten} \times 24}{\text{Laufzeit in Monaten} + 1}$$

Wird eine Bearbeitungsgebühr in Prozent des Abzahlungsbetrages erhoben, kommt noch hinzu:

$$\frac{\text{Bearbeitungsgebührensatz} \times 24}{\text{Laufzeit in Monaten} + 1}$$

b) Um den Abzahlungskäufer vor unüberlegten Käufen zu bewahren, räumt § 1 b AbzG ihm das Recht ein, seine Willenserklärung innerhalb einer Woche zu widerrufen. Die Frist rechnet vom Wirksamwerden der Erklärung (Zugang beim Verkäufer) an. Der Lauf der Frist kann aber immer erst beginnen, wenn er vom Verkäufer die oben genannte Abschrift erhalten hat. Es gelten die §§ 187 Abs. 1, 188, 193. Der Widerruf muß schriftlich erfolgen. Es genügt die Absendung innerhalb der Wochenfrist. Das Widerrufsrecht des Abzahlungskäufers entfällt, wenn ihm der Verkäufer ein uneingeschränktes Rückgaberecht, dessen Ausübung also im Belieben des Käufers steht, von mindestens einer Woche nach Erhalt der Ware einräumt, § 1 b Abs. 5 AbzG.

c) Die Schriftform für die Käufererklärung (§ 1 a Abs. 1 S. 1 AbzG) und die Widerrufsbestimmungen (§ 1 b AbzG) gelten entsprechend bei Geschäften, die eigentlich nicht eine Kaufpreiszahlung in Raten vorsehen, sondern bei denen die Kaufsache in Teilleistungen geschuldet wird (so daß mehrmals gezahlt wird; *Beispiel:* mehrbändiges Lexikon) oder eine regelmäßige Belieferung geschuldet wird (*Beispiel:* Zeitungsabonnement) oder der Vertrag eine wiederkehrende Bestellpflicht zum Gegenstand hat (*Beispiel:* Buchgemeinschaft).

---

1 str., ob der Rücktrittsvorbehalt Voraussetzung für das Abzahlungsgeschäft ist, abl. Palandt-Putzo, BGB, Einl. 2 a vor § 1 AbzG. Jedenfalls ist das Rücktrittsrecht Voraussetzung für die Rechtsfolge der §§ 1, 2 AbzG.

2 § 125; str., vgl. Palandt-Putzo, BGB, § 1 a AbzG Anm. 4 a

d) Das AbzG schützt den Abzahlungskäufer davor, daß er den Besitz der Kaufsache verliert, aber zur Zahlung des Kaufpreises verpflichtet bleibt. § 5 AbzG bestimmt, daß die Rücktrittserklärung des Verkäufers als abgegeben gilt, wenn er die Sache in irgendeiner Weise wieder an sich nimmt, insbesondere in Ausübung eines Eigentumsvorbehaltsrechts. Mit wirksamem Rücktritt existiert der Kaufvertrag und damit die Zahlungsverpflichtung nicht mehr. § 5 AbzG ersetzt nur die Rücktritts**erklärung**. Es bleibt unbeachtlich, wenn der Verkäufer bei der Rücknahme der Sache erklärt, er wolle am Vertrage festhalten und werde die Sache wieder aushändigen, sobald der Käufer wieder zahlen könne. § 5 AbzG ersetzt aber nicht das Rücktritts**recht**. Das Rücktrittsrecht kann rechtsgeschäftlich begründet sein oder auf Gesetz beruhen, z.B. auf § 325, § 326 oder § 455.

Wird bei bestehendem Rücktrittsrecht der Rücktritt erklärt oder wird die Erklärung durch die Wiederansichnahme nach § 5 AbzG fingiert, ist der Vertrag nach § 2 AbzG rückabzuwickeln. § 2 regelt die Ersatzansprüche des Verkäufers abschließend.

Der Begriff „Wiederansichnahme“ wird sehr weit ausgelegt. Es genügt z.B. bereits das Herausgabeverlangen.

Neben dem AbzG gilt im übrigen das allgemeine Schuldrecht. Dem Käufer stehen also gegebenenfalls Ansprüche aus Unmöglichkeit, Verzug, Positiver Forderungsverletzung und Gewährleistung zu.

IV. Der finanzierte Abzahlungskauf (Kauf auf Darlehensraten)

1. Die beteiligten Personen

Ein Käufer, der den Kaufpreis aus eigenen Mitteln nicht sofort zahlen kann oder will und deswegen einen Kredit (Darlehen) aufnimmt, erfüllt mit der Zahlung des Kaufpreises selbstverständlich den Anspruch des Verkäufers auf den Kaufpreis, mögen die Geldmittel auch aus anderer Quelle stammen. Die vertraglichen Abmachungen zwischen dem Käufer und dem Kreditgeber gehen den Verkäufer rechtlich nichts an.

Nicht selten schaltet sich jedoch der Verkäufer ein, um den Darlehensvertrag zustandezubringen, da davon häufig eben auch das Zustandekommen des Kaufvertrages abhängt. Hier spricht man vom finanzierten (Abzahlungs)kauf. Der Verkäufer erhält den Kaufpreis sofort; der Käufer zahlt das Darlehen an den Kreditgeber in Raten zurück, bekommt aber die Kaufsache sofort. Für ihn ist das Geschäft – wirtschaftlich gesehen – ein Abzahlungskauf. Er ist zur Ratenzahlung verpflichtet und wird unter Umständen erst Eigentümer der Sache, wenn er alle Raten gezahlt hat, das Darlehen also getilgt ist. Im Unterschied zum Abzahlungsgeschäft hat der Käufer es hier mit zwei Vertragspartnern zu tun.

2. Die Vertragsbeziehungen

Bei diesem Sachverhalt werden zwei – manchmal drei – Verträge geschlossen:

a) Zwischen Verkäufer und Käufer besteht ein normaler Kaufvertrag, der allerdings vom Verkäufer häufig vom Zustandekommen des Darlehensvertrages abhängig gemacht wird (als Bedingung).

b) Zwischen Käufer und Darlehensgeber (Kreditinstitut) wird ein Darlehensvertrag geschlossen, wonach das Darlehen in Raten zurückzuzahlen ist. Regelmäßig läßt sich das Kreditinstitut das Eigentum an der Kaufsache vom Käufer – evtl. gleich vom Verkäufer mit Einverständnis des Käufers – übertragen, und zwar in der Form, daß der Käufer den Besitz an der Kaufsache behält (das Kreditinstitut wird Sicherungseigentümer, vgl. dazu das 15. Kapitel).

Das Kreditinstitut zahlt das Darlehen aus, indem es die Darlehenssumme in Höhe des Kaufpreises an den Verkäufer zahlt (sog. B-Geschäft). Die Zahlung findet bisweilen durch Scheck oder Wechsel statt, die der Verkäufer ausstellt, der Käufer akzeptiert und das Kreditinstitut valutiert (sog. C-Geschäft)[1].

---
[1] vgl. BGHZ 15, 241

c) Zwischen Verkäufer und Kreditinstitut besteht häufig ein sog. Rahmenvertrag, der Verpflichtungen des Verkäufers, insbesondere eine Bürgschaft oder einen Schuldbeitritt (für die Verpflichtung des Käufers), enthalten kann. Diese Rückgriffsmöglichkeit des Kreditinstituts auf den Verkäufer für den Fall, daß der Käufer die Darlehensraten nicht zahlt, gehört nicht zum Wesentlichen eines finanzierten Abzahlungskaufs.

3. Die erweiterten Rechte des Käufers

Verträge binden nur die Vertragspartner. Daraus folgt, daß die einzelnen Verträge beim finanzierten Kauf rechtlich unabhängig voneinander abgewickelt werden (Trennungsprinzip). Obwohl kein Abzahlungsgeschäft im Sinne des Abzahlungsgesetzes vorliegt (weder der Darlehensvertrag noch der Kaufvertrag erfüllen die Voraussetzungen), wird der Käufer entsprechend den Vorschriften des Abzahlungsgesetzes geschützt, da der Vorgang insgesamt dem Abzahlungskauf gleichkommt. Es handelt sich um eine komplexe Art eines Umgehungsgeschäfts im Sinne des § 6 AbzG[1].

Besteht also die unter 1. und 2. angesprochene wirtschaftliche Abhängigkeit des Kauf- und Darlehensvertrages, ist insbesondere die Darlehensvaluta vom Kreditinstitut an den Verkäufer gezahlt und dem Kreditinstitut Sicherungseigentum eingeräumt worden[2], kann der Käufer zusätzlich die besonderen Rechte geltend machen, die ihm bei einem Abzahlungsgeschäft zustehen (die Rechte aus dem Vertrage werden durch die entsprechende Anwendung des AbzG nicht geschmälert):

a) Rechte gegenüber dem Kreditinstitut (sog. Einwendungsdurchgriff; Voraussetzung dafür ist, daß der Käufer seine Ansprüche nicht im Verhältnis zum Verkäufer durchsetzen kann[3]):

- Der Widerruf nach § 1 b AbzG wirkt zugleich gegenüber dem Kreditinstitut, und zwar auch dann, wenn er nur dem Verkäufer erklärt wird.
- Die Einwendungen und Einreden aus dem Kaufvertrag (z.B. Wandlung, Anfechtung) können auch dem Darlehensgeber entgegengehalten werden, es sei denn, dieser hätte im Darlehensvertrag mit dem Käufer den Ausschluß der Einwendungen aus dem Kaufvertrag vereinbart (strenge Anforderungen bei nur formularmäßiger Erklärung).
- Der Entzug der Kaufsache durch das Kreditinstitut auf Grund deren Sicherungseigentums gilt als Rücktritt vom Darlehensvertrag, § 5 AbzG analog[4].

b) Rechte gegenüber dem Verkäufer:

- Der Käufer hat das besondere Widerrufsrecht nach § 1 b AbzG analog.
- Bei Entzug der Kaufsache durch das Kreditinstitut besteht keine Rückabwicklungsmöglichkeit des Kaufvertrages (mit dem Verkäufer)[5].
- Die Rechte aus dem AbzG lassen die Ansprüche aus dem Kaufvertrag, z.B. wegen Vertragsstörung, unberührt.

V. Der Werkvertrag und der Werklieferungsvertrag, §§ 631 ff und § 651

1. Die rechtliche Konstruktion

Ein Werkvertrag liegt vor, wenn sich die Parteien geeinigt haben, daß der eine (Unternehmer) verpflichtet sein soll, ein bestimmtes Werk gegen Zahlung einer Vergütung durch den anderen (Besteller) herzustellen. Gegenstand des Werkvertrages kann sowohl die Herstellung oder Veränderung einer Sache (Sachwerk) als auch ein anderer durch Arbeit oder Dienstleistung herbeizuführender

1 vgl. im einzelnen Palandt-Putzo, BGB, Anhang zu § 6 AbzG

2 BGHZ 47, 253

3 BGH NJW 1973, 452

4 BGHZ 47, 241

5 BGHZ 57, 112

Erfolg sein (Leistungswerk, z.B. die Anfertigung eines Gutachtens; Durchführung einer Gemeinschaftsreise). Die Vergütung und ihre Höhe brauchen nicht ausdrücklich vereinbart zu sein, § 632.

2. Die Abgrenzung zu ähnlichen Vertragstypen

Das charakteristische Merkmal für den Werkvertrag ist also die Verpflichtung zu einem Arbeits- oder Tätigkeits**ergebnis**. Nach diesem Maßstab ist die Abgrenzung zu verwandten Verträgen zu treffen:

a) Beim Dienstvertrag (§ 611) wird ausschließlich die vereinbarte Tätigkeit, nicht ein Erfolg geschuldet (mag der Vertragspartner auch den Erfolg der Tätigkeit im Auge haben).

b) Der Auftrag (§ 662) ist im Gegensatz zum Werkvertrag unentgeltlich. Der Geschäftsbesorgungsvertrag (§ 675) ist allerdings je nach seinem konkreten Inhalt Dienst- oder Werkvertrag, für den dann zusätzlich einige Vorschriften aus dem Auftragsrecht gelten.

c) Beim Garantievertrag wird zwar gleichfalls ein Erfolg geschuldet. Das ist aber kein durch die Tätigkeit des Versprechenden herbeizuführender Erfolg.

d) Der Verlagsvertrag (§ 1 VerlagsG) ist kein Werkvertrag, sondern ein Vertrag eigener Art (sui generis): Die Manuskript-Überlassungspflicht des Verfassers beinhaltet ebensowenig einen Erfolg wie die Verbreitungspflicht des Verlegers. Werkvertrag ist hingegen der Bestellvertrag lt. § 47 VerlagsG.

e) Beim Kaufvertrag (§ 433) fehlt es an Herstellung oder Veränderung einer Sache. Hier geht es um die Übereignung einer fertigen Sache. Beim Werklieferungsvertrag (§ 651), bei dem der Hersteller das Werk aus von ihm zu beschaffenden Materialien herstellt, gilt Kaufrecht, sofern es sich um vertretbare Sachen (vgl. § 91) handelt; für unvertretbare Sachen gilt weitgehend Werkvertragsrecht, zum Teil aber auch Kaufrecht, § 651 Abs. 1 S. 2.

f) Beim Maklervertrag (§ 652) wird normalerweise kein Erfolg geschuldet. Es kann aber sein, daß ein Makler sich zu einer Geschäftsbesorgung verpflichtet. Dann liegt ein normaler Dienstvertrag oder ein Werkvertrag vor.

3. Die Pflichten des Unternehmers und des Bestellers im einzelnen

a) Der Unternehmer schuldet die fristgerechte, mangelfreie Herstellung des Werkes. Bis zur Abnahme ist er zur Vorleistung verpflichtet.

b) Der Besteller schuldet die vertraglich vereinbarte oder übliche Vergütung. Eventuell obliegt ihm eine Mitwirkung an der Herstellung des Werkes (§ 642); nimmt er eine notwendige Mitwirkungshandlung nicht vor, hat der Unternehmer ein Kündigungsrecht (§ 643) oder einen Schadensersatzanspruch (§ 642). Schließlich ist er zur Abnahmehandlung (Entgegennahme und Prüfung des Werkes) und Billigung des Werkes verpflichtet, sofern das Werk generell vertragsgemäß ist, § 645 (der Begriff der Abnahme ist also zweistufig). Billigung bedeutet die Anerkennung, daß das Werk in der Hauptsache die vertragsgemäße Leistung ist[1]. Eine Billigung scheidet bei künstlerischen oder wissenschaftlichen Werken aus.

Stellt der Besteller bei der Abnahme Mängel fest, behält er die Gewährleistungsansprüche nur, wenn er sich diese Rechte vorbehält, § 640 Abs. 2. Die Abnahme kann also trotz Mängeln des Werks stattfinden. Der Besteller braucht ein mangelhaftes Werk aber nicht abzunehmen[2].

Mit der Abnahme wird die Vergütung fällig, geht die Vergütungsgefahr auf den Besteller über, beginnt die Verjährung der Gewährleistungsansprüche (§ 638 Abs. 2) und erlischt ein Anspruch auf Neuherstellung (§ 633 Abs. 2, so daß bei Mängeln nur noch Mängelbeseitigung verlangt werden kann).

---

1 BGHZ 48, 257; vgl. auch BGH NJW 1974, 95

2 Larenz II § 53 II a

4. Besondere Rechtsbehelfe bei Vertragsstörungen durch den Unternehmer

a) Bei **Unmöglichkeit der Leistung** gelten die allgemeinen Vorschriften des Schuldrechts, §§ 306, 307, 275, 323, 324, 325.

Es liegt jedoch keine Unmöglichkeit vor, wenn das Werk – sei es auch mangelhaft – erstellt worden ist oder mangelhaft erstellt werden kann. In diesem Fall besteht der Anspruch auf Erfüllung (Neuherstellung) oder aus Gewährleistung.

b) Bei **verspäteter Herstellung** hat der Besteller die Ansprüche aus § 326 – Schadensersatz oder Rücktrittsrecht – oder das Rücktrittsrecht nach § 636. Dieses besondere Rücktrittsrecht setzt im Unterschied zu § 326 kein Verschulden voraus, sondern nur erfolglose Fristsetzung mit Ablehnungsandrohung, §§ 636, 634 Abs. 1–3.

c) Die Rechte des Bestellers bei **mangelhaftem Werk**

Das Werk ist mangelhaft, wenn es nicht die zugesicherten Eigenschaften besitzt oder Fehler aufweist, die den Wert oder die Tauglichkeit zu dem gewöhnlichen oder dem nach dem Vertrage vorausgesetzten Gebrauch aufheben oder mindern, § 633 Abs. 1. Diese Vorschrift beschäftigt sich nicht mit dem Fall der unerheblichen Minderung des Wertes oder der Tauglichkeit. In entsprechender Anwendung des § 459 Abs. 1 S. 2 wird sie aber rechtlich unbeachtlich sein[1]. Der Fehlerbegriff bedeutet also entsprechend dem kaufrechtlichen Fehlerbegriff kurzgefaßt: jede ungünstige Abweichung vom vertraglich geschuldeten Werk.

1) Im Unterschied zum Kaufrecht besteht der **Erfüllungsanspruch** bis zur Abnahme weiter, wenn der Hersteller ein mangelhaftes Werk liefert, §§ 631, 633 Abs. 1[2]. Dieser weiterbestehende Erfüllungsanspruch bedeutet für den Hersteller die Pflicht zur Neuherstellung. Der Erfüllungsanspruch auf Neuherstellung kommt aber nicht zum Zuge, wenn eine Beseitigung des Fehlers ohne weiteres möglich ist[3]. Der Hersteller hat dabei immer das Recht, die Neuherstellung zu wählen.

Die Voraussetzungen für den Anspruch auf Neuherstellung sind:

– mangelhafte Herstellung des Werks,
– der Anspruch ist nicht durch Abnahme erloschen (§ 640 Abs. 1) oder, falls die Abnahme naturgemäß ausgeschlossen ist, durch Vollendung erloschen,
– der Anspruch ist nicht ausgeschlossen, weil eine Beseitigung des Fehlers ohne weiteres möglich ist,
– der Anspruch ist nicht ausgeschlossen, weil die Neuherstellung einen unverhältnismäßigen Aufwand erfordern würde (§ 633 Abs. 2 S. 2 analog) oder objektiv unmöglich ist.

2) Praktisch vorrangig ist der **Anspruch auf Mängelbeseitigung**, § 633 Abs. 2, evtl. auf Beseitigung durch den Besteller selbst auf Kosten des Herstellers, § 633 Abs. 3 (Selbsthilferecht). Er ist ebenfalls Erfüllungsanspruch[4], d.h. vorher hat der Hersteller noch nicht erfüllt.

Voraussetzungen für den Beseitigungsanspruch:

– mangelhafte Herstellung des Werks,
– der Anspruch ist nicht erloschen durch vorbehaltlose Abnahme (§ 640 Abs. 1),
– der Anspruch ist nicht ausgeschlossen, weil die Beseitigung einen unverhältnismäßigen Aufwand erfordert.

Die Beseitigung in Selbsthilfe setzt zusätzlich voraus, daß der Hersteller mit der Beseitigung im Verzuge ist.

3) Der **Anspruch auf Wandlung oder Minderung,** § 634 i.V.m. §§ 465–467, 469–475, ist Gewährleistungsanspruch (die Erfüllung steht jetzt also fest).

---

1 Dagegen spricht allerdings, daß § 634 Abs. 3 die unerhebliche Minderung aufführt, § 633 aber nicht. Auf diesen äußerlichen Unterschied kann man nicht entscheidend abheben.

2 hM, vgl. Palandt-Thomas, BGB, § 631 Anm. 1, 2 a

3 Larenz II § 53 II a

4 BGHZ 26, 340

Er setzt voraus:

- mangelhafte Herstellung des Werks,
- der Besteller hat zur Beseitigung der Mängel eine Frist mit Ablehnungserklärung gesetzt,
- die Frist ist erfolglos verstrichen.

Die Fristsetzung ist gemäß § 635 Abs. 2 nicht erforderlich, wenn die Beseitigung des Mangels oder die Neuherstellung nicht möglich ist, verweigert wird oder wenn eine Fristsetzung einem anzuerkennenden Interesse des Bestellers widerspricht, etwa weil eine ordentliche Nachbesserung nicht zu erwarten ist[1].

4) Der **Anspruch auf Schadensersatz** (§ 635) ist ebenfalls Gewährleistungsanspruch. Er ist auf Geldersatz gerichtet[2]. Diese Vorschrift greift erst ein, wenn das Werk hergestellt ist; für Schäden, die während der Herstellung eintreten, gelten die Grundsätze der Positiven Forderungsverletzung[3]. Die Voraussetzungen sind wie beim Anspruch auf Wandlung oder Minderung, aber zusätzlich:

- der Mangel beruht auf einem Umstand, den der Unternehmer zu vertreten hat,
- der Besteller hat wegen des mangelhaften Werks einen Schaden.

Nach hM ist aus § 635 nur der Mangelschaden zu ersetzen[4]. Bei einem **Sachwerk** ist Mangelschaden sowohl der geringere Wert des Sachwerks wegen des Mangels als auch ein Gewinnausfall, weil das Werk eine verminderte Tauglichkeit aufweist. Der darüber hinausgehende Schaden, etwa an anderen Rechtsgütern des Bestellers, kann gemäß den Voraussetzungen der Positiven Forderungsverletzung (Schlechterfüllung) verlangt werden[5]. Diese Aufteilung hat für die Praxis eine erhebliche Bedeutung: Die Ansprüche aus § 635 verjähren gemäß den §§ 638, 639 bzw. § 13 Nr. 4 VOB (B), also grundsätzlich nach sechs Monaten seit Abnahme, bei Arbeiten an einem Grundstück nach einem Jahr, bei Bauwerken in fünf Jahren. Die Ansprüche aus PFv verjähren hingegen erst in 30 Jahren[6].

Im praktischen Fall wird die Abgrenzung zwischen Mangelschaden und Mangelfolgeschaden häufig Schwierigkeiten bereiten. Nach der Formel der Rechtsprechung liegt ein Mangelschaden vor (so daß § 635 mit der kurzen Verjährungsfrist gilt), wenn zwischen dem Mangel des Werks und dem Schaden ein enger, unmittelbarer Zusammenhang besteht. Da diese Formel für ein Gutachten fast unnütz ist, verweist der BGH auf eine anzustrebende Typenbildung nach Tatbestandsgruppen. Ein solcher Typ des engen Zusammenhangs sei der Fall, daß sich ein Werk naturgemäß in einem anderen Werk verkörpert, so daß sich Fehler des ersten Werks zwangsläufig beim anderen Werk auswirken wie z.B. bei Architekten- und Statikerleistungen[7]. Es bleibt abzuwarten, ob es durch richterliche Rechtsfortbildung gelingt, einen Typenkatalog von ausreichendem Umfang aufzustellen. Wegen der praktischen Bedeutung und der in diesem Bereich durchweg hohen Schadensbeträge (z.B. bei Bauwerken) dürfte auch der Gesetzgeber Anlaß haben, sich des Problems anzunehmen.

Beispiele, in denen die Rechtsprechung den engen Zusammenhang verneint und die PFv bejaht hat, sind folgende: Eine schadhafte Ölfeuerungsanlage verursacht Schäden am Gebäude[8]; ein Dritter (z.B. Mieter) realisiert einen Anspruch gegenüber dem Besteller wegen des mangelhaften Werks[9].

---

1 BGHZ 46, 242

2 BGHZ 61, 30

3 BGH NJW 1969, 838

4 BGHZ 58, 92; Larenz II § 53 II b; Grimm NJW 1968, 14

5 hM, vgl. z.B. BGHZ 58, 92; Larenz II § 53 II b

6 BGHZ 58, 91

7 BGHZ 37, 341; 48, 257

8 BGHZ 58, 309

9 BGH NJW 1969, 838

Bei einem **Geisteswerk** ist eine Aufteilung des Schadens in Mangel- und Mangelfolgeschaden eigentlich nicht denkbar. Ist ein Geisteswerk mangelhaft, treten Schäden wohl ausnahmslos an anderen Rechtsgütern auf (*Beispiel:* Die statische Berechnung ist fehlerhaft – der Schaden tritt am Bauwerk auf). Nach hM handelt es sich bei einem Schaden, der durch ein mangelhaftes Geisteswerk verursacht wurde, um einen Mangelschaden (sog. Realisierungsschaden oder unmittelbarer Mangelfolgeschaden). Für ihn gelten die §§ 635, 638. Man wird in solchen Fällen die Verjährungsfrist aber gemäß dem Schadensobjekt ansetzen müssen, für den Beispielsfall also fünf Jahre, obwohl das Werk nicht in der Erstellung des Bauwerks, sondern in der Anfertigung der statischen Berechnung bestand.

5) Die Rechte des Bestellers bei mangelhaftem Werk sind im BGB recht differenziert, aber nicht erschöpfend geregelt. Sowieso sind die Vorschriften dispositiv. In der Praxis wird durch AGB gerade auf diesem Gebiet durchweg etwas anderes vereinbart – meist zugunsten des Unternehmers. Häufig behält der Besteller ausschließlich ein Nachbesserungsrecht (Reparaturanspruch). Hier taucht – wie beim Ausschluß des § 462 beim Kauf – die Frage auf, welche Rechte der Besteller hat, wenn die Nachbesserung nicht oder nicht innerhalb eines zumutbaren Zeitraums gelingt. Beim Werkvertrag ist eine Parallellösung zum Kaufrecht, wonach bei Mißlingen des vereinbarten Nachbesserungsrechts die gesetzlichen Gewährleistungsansprüche wiederaufleben, nicht sinnvoll, da der Unternehmer kraft Gesetzes eben zunächst nur Nachbesserung schuldet[1]. Bei mißlungener Nachbesserung hat der Besteller daher nach ständiger Rechtsprechung einen Anspruch auf Schadensersatz[2]. Sind in den AGB auch Schadensersatzansprüche ausgeschlossen, ist diese Klausel nur wirksam, wenn dem Besteller statt dessen ein anderer Anspruch eingeräumt wird, z.B. ein Rücktrittsrecht[3]. Diese Rechtsprechung war für das am 1.4.1977 in Kraft getretene AGB-Gesetz Orientierungsrahmen. In § 11 Nr. 10b AGBG ist bestimmt:

> (§ 11) In Allgemeinen Geschäftsbedingungen ist unwirksam
> (10.) eine Bestimmung, durch die bei Verträgen über Lieferungen neu hergestellter Sachen und Leistungen
> b) die Gewährleistungsansprüche gegen den Verwender ... auf ein Recht auf Nachbesserung oder Ersatzlieferung beschränkt werden, sofern dem anderen Vertragsteil nicht ausdrücklich das Recht vorbehalten wird, bei Fehlschlägen der Nachbesserung oder Ersatzlieferung Herabsetzung der Vergütung oder, wenn nicht eine Bauleistung Gegenstand der Gewährleistung ist, nach seiner Wahl Rückgängigmachung des Vertrags zu verlangen.

5. Die Gefahrtragung

a) Beim Werkvertrag kommt die Grundregel des § 323 nicht zur Anwendung. Gemäß § 644 trägt der Unternehmer die Gefahr **bis zur Abnahme** des Werkes. Bis dahin – vgl. aber auch § 645 Abs. 1 – trägt er das Verlust- und Verschlechterungsrisiko. Gefahr bedeutet: wirtschaftlicher Verlust nach zufälligem, d.h. von beiden Parteien nicht zu vertretendem Untergang oder zufälliger Verschlechterung der Sache (vgl. § 446). Mit der Abnahme, bei Annahmeverzug des Bestellers oder mit der Versendung (§ 644 Abs. 2) geht die Gefahr auf den Besteller über.

Bis zum Gefahrübergang muß der Unternehmer also das Werk noch einmal herstellen, wenn es zufällig untergeht, es sei denn, die Neuherstellung sei unmöglich, § 275. Geht das Werk nach Gefahrübergang unter, trägt der Besteller den wirtschaftlichen Verlust: er muß die Vergütung zahlen, obwohl er das Werk nicht mehr erhält; er hat keinen Anspruch auf nochmalige Herstellung.

Zu beachten ist, daß die Gefahrtragungsregeln nur die Frage beantworten, welche der beiden Vertragsparteien den wirtschaftlichen Verlust tragen muß, wenn beide den Verlust nicht schuldhaft verursacht haben. Hier kommen besonders die Fälle in Betracht, in denen der Untergang

---

1 BGHZ 48, 264

2 BGHZ 62, 83

3 BGHZ NJW 1974, 1322

durch Dritte oder durch höhere Gewalt verursacht wurde. Von Gefahrtragung wird nicht gesprochen, wenn der Untergang nicht „zufällig", sondern von einer Partei verschuldet war.

b) Ist das Werk **vor der Abnahme** infolge einer mangelhaften Materiallieferung oder einer falschen Anweisung des Bestellers untergegangen, verschlechtert oder unausführbar geworden, ohne daß dem Besteller ein Verschulden anzulasten ist (vgl. § 645 Abs. 2), so kann der schuldlose Unternehmer einen der geleisteten Arbeit entsprechenden Teil der Vergütung und Auslagenersatz verlangen, § 645 Abs. 1. Der Unternehmer ist nicht schuldlos, wenn er Material und Anweisung blind übernimmt. Soweit Neuherstellung noch möglich ist, behält der Besteller den Anspruch darauf.

Die Regelung des § 645 Abs. 1 gilt, wie sich auch aus dem Vergleich mit Abs. 2 ergibt, nur für den Fall, daß beiden Parteien kein Verschulden anzulasten ist. Hier ist der Risikobereich des Bestellers schon auf die Zeit vor Abnahme vorverlagert. Sollte jedoch in der fehlerhaften Materialgestellung oder in der falschen Anweisung ein Verschulden des Bestellers zu sehen sein (Fahrlässigkeit genügt), gelten die allgemeinen Regeln über Vertragsstörungen (z.B. § 324, vom Gläubiger zu vertretende Unmöglichkeit). Darauf verweist § 645 Abs. 2 ausdrücklich.

c) § 645 ist nach hM[1] entsprechend anzuwenden, wenn das Werk infolge eines Umstandes untergeht oder unmöglich bzw. sinnlos wird, der dem Risikobereich des Bestellers zuzurechnen ist (Sphärentheorie).

Die **Sphärentheorie** trägt dem immer mehr Raum greifenden Gedanken der Risikoverteilung Rechnung. Der BGH hat § 645 Abs. 1 z.B. für folgenden Fall analog angewandt: Der Beklagte hatte für sich und seine Familie eine Gemeinschafts-Flugreise zu einem Ferienort im Ausland gebucht. Die Reise fiel aus, weil unerwartet von den ausländischen Behörden ein Impfzeugnis verlangt wurde und eines der Kinder nicht geimpft werden durfte[2].

Es versteht sich, daß die Sphärentheorie erst dann eingreifen kann, wenn dem Besteller und dem Unternehmer kein Verschulden anzulasten ist. Der Anwendungsbereich der Sphärentheorie ist übrigens nicht auf den Werkvertrag beschränkt; sie hat vor allem Bedeutung im Arbeitsvertrag.

6. Der Bauleistungsvertrag

Ein praktisch wichtiger Werkvertrag ist der Vertrag mit dem Bauunternehmer und den übrigen im Bauwesen tätigen Personen. Diese Verträge werden in der Regel nicht nach dem Werkvertragsrecht des BGB, sondern nach der Verdingungsordnung für Bauleistungen (VOB) geschlossen. Die VOB ersetzt – zulässigerweise – das dispositive Werkvertragsrecht in wichtigen Bereichen[3]. Dabei handelt es sich weder um Rechtsvorschriften (die deswegen gelten, weil sie existieren) noch um die schriftliche Fassung einer Verkehrssitte oder eines Handelsbrauchs, sondern um allgemeine Vertragsbedingungen im Sinne von AGB. Sie werden also Vertragsinhalt auf Grund der Vereinbarung der Parteien, die allerdings konkludent stattfinden kann. Da beim Zustandekommen der VOB die verschiedenen Interessengruppen beteiligt waren, stellt die Rechtsprechung nicht in allen Punkten die Anforderungen wie sonst bei AGB[4].

7. Der Werklieferungsvertrag, § 651

Vereinbaren die Parteien, daß der Unternehmer das Material für das Werk beschaffen soll, rückt damit der Vertrag in die Nähe des Kaufvertrags. Ist aus dem Material eine vertretbare Sache (§ 91) herzustellen, gilt Kaufrecht, § 651 Abs. 1 S. 1. Ist eine nicht vertretbare Sache herzustellen, sind teilweise Vorschriften des Werkvertragsrechts, teilweise des Kaufrechts anzuwenden, § 651 Abs. 1 S. 2.

---

1 vgl. Palandt-Thomas, BGB, § 645 Anm. 3 b cc

2 BGHZ 60, 14

3 BGH NJW 1966, 39

4 BGHZ 55, 198; dazu Hesse BB 1973, 546

VI. Der Dienstvertrag, §§ 611 ff

1. Die rechtliche Konstruktion

Beim privatrechtlichen Dienstvertrag – öffentlichrechtliche Dienstverhältnisse sind im BGB nicht geregelt – verpflichtet sich der eine zur Leistung einer Tätigkeit und der andere zur Zahlung einer Vergütung dafür. Beim Dienstvertrag wird also nicht – wie beim Werkvertrag – ein Erfolg der Tätigkeit geschuldet. Auf die Art der Dienste kommt es nicht an, § 619 Abs. 2.

Der geschuldete Dienst kann auch eine Geschäftsbesorgung sein; dann gilt teilweise zusätzlich Auftragsrecht, § 675. Unter Geschäftsbesorgung ist eine selbständige Tätigkeit wirtschaftlicher Art für einen anderen zu verstehen[1]. Für einige selbständige Gewerbetreibende gibt es im HGB weitere Vorschriften, z.B. für den Kommissionär, §§ 383 ff HGB.

Kein Dienstvertrag ist der Dienstverschaffungsvertrag. Er ist im Gesetz nicht geregelt. Hier verpflichtet sich der eine, dem anderen die Dienste eines Dritten zu verschaffen (sog. Leiharbeitsverhältnis). Der zur Dienstverschaffung Verpflichtete schuldet die Dienste selbst nicht; der Dritte ist daher nicht sein Erfüllungsgehilfe. Der „Verleiher" ist nur für die ordnungsgemäße Auswahl verantwortlich[2]. Für diese Vertragsart stellt das Gesetz zur Regelung der gewerbsmäßigen Arbeitnehmerüberlassung (AÜG) bindende Vorschriften auf.

2. Der Arbeitsvertrag

Das BGB hat ursprünglich beim Dienstvertrag die besonderen Verhältnisse beim Dienstverpflichteten im wesentlichen unberücksichtigt gelassen. Heute unterscheidet man den Dienstvertrag mit dem Dienstverpflichteten, der als unabhängiger Vertragspartner den Vertrag eingeht und selbständig erfüllt, von dem Dienstvertrag mit dem Dienstverpflichteten, der zur Existenzsicherung den Vertrag eingeht und ihn in einer wirtschaftlich abhängigen Stellung ausführt. Im letzteren Fall besteht zwischen den Parteien ein Arbeitsvertrag. Der Arbeitsvertrag ist ein besonderer Dienstvertrag. Für ihn gibt es eine große Zahl von gesetzlichen Vorschriften, die zum überwiegenden Teil außerhalb des BGB zu finden sind. Die Vorschriften des Dienstvertrags im BGB sind für den Arbeitsvertrag aber nach wie vor von aktueller Bedeutung (vgl. z.B. § 616). Das Arbeitsrecht hat sich – insgesamt gesehen – zu einem umfangreichen Sonderrecht entwickelt, auf das hier nicht eingegangen werden kann[3]. Im folgenden wird nur die selbständige Übernahme von Tätigkeiten, der sog. freie Dienstvertrag dargestellt.

3. Der freie Dienstvertrag

a) Ein Teil der Vorschriften über den Dienstvertrag paßt nicht vorbehaltlos für den freien Dienstvertrag, da sie dem Schutz eines wirtschaftlich abhängigen Dienstverpflichteten (Arbeitnehmer) dienen. Es sind vor allem die §§ 616–619, 624, 629, 630. Bei diesen Normen ist die Anwendbarkeit im konkreten Fall erst zu prüfen.

b) Ein Dienstvertrag kommt zustande, wenn sich die Parteien darüber einigen, daß der eine zu bestimmten Tätigkeiten verpflichtet sein soll und der andere dafür eine Vergütung zu zahlen hat. Enthält die Einigung nichts über die Vergütung, gilt nach § 612 die übliche Vergütung als vereinbart.

c) Nach § 615 kann der Dienstverpflichtete die Vergütung verlangen, wenn er die Dienste nicht erbracht hat, weil der Dienstberechtigte sich in Annahmeverzug (Gläubigerverzug) befand. Zur Nachleistung der Dienste ist er nicht verpflichtet. Ob Annahmeverzug beim Dienstberechtigten oder Unmöglichkeit beim Dienstverpflichteten vorliegt, ist bei manchen tatsächlichen Hinder-

1 BGHZ 45, 223

2 BGH NJW 1971, 1129

3 Aus der umfangreichen Literatur zum Arbeitsrecht s. etwa P. Hanau–K. Adomeit, Arbeitsrecht, 3. Aufl. 1974; H. Götz, Arbeitsrecht, 1976

nissen (z.B. Streik) nicht immer ohne weiteres abzugrenzen. In diesen Fällen entscheidet man nach der Sphärentheorie (vgl. oben V 5 c), welchem der Vertragspartner das Hindernis zugerechnet werden soll.

d) Zahlt der Dienstberechtigte die Vergütung nicht oder nicht rechtzeitig, kann der Dienstverpflichtete nach § 626 den Vertrag fristlos kündigen. Im übrigen gelten die allgemeinen Regeln über die Vertragsstörungen.

e) Das Dienstverhältnis endet:

- bei befristetem Vertrag nach Zeitablauf (§ 620 Abs. 1),
- bei Zweckerreichung (§ 620 Abs. 2),
- durch Kündigung § 620 Abs. 2 i.V.m. § 621, § 626 (fristlose Kündigung aus wichtigem Grund), § 627 (fristlose Kündigung bei Diensten höherer Art),
- durch Aufhebungsvertrag,
- durch Tod des Dienstverpflichteten.

VII. Die Güterbeförderungsverträge

1. Der Speditionsvertrag, §§ 407 ff HGB

a) Spediteur ist, wer sich gewerbsmäßig verpflichtet, Güterversendungen durch Beförderungsunternehmen für Rechnung des Versenders, aber im eigenen Namen zu besorgen, § 407 Abs. 1 HGB. Er ist sog. Mußkaufmann, § 1 Abs. 2 Nr. 6 HGB. Der Spediteur als solcher befördert die Güter also nicht selbst, sondern schließt mit Beförderungsunternehmen (Frachtführern) Beförderungsverträge ab (Frachtverträge, dazu unten 2). Häufig sind die Spediteure zugleich Frachtführer. Sie sind auch ohne besondere Vereinbarung mit dem Versender befugt, die Beförderung selbst auszuführen, § 412 Abs. 1 HGB. In diesem Fall gelten für sie zusätzlich die Vorschriften für den Frachtführer, §§ 412 Abs. 2, 425 ff HGB. Lagern sie Güter zeitweilig ein, sind sie zugleich Lagerhalter nach den §§ 416 ff HGB.

Da der Spediteur im eigenen Namen, also nicht als Vertreter des Versenders, die Verträge abschließt, die er dann mit dem Versender abrechnet, ist seine Stellung der des Kommissionärs vergleichbar (s. unten XVIII). Das Recht des Kommissionärs findet auf ihn gemäß § 407 Abs. 2 HGB zusätzlich Anwendung, soweit es auf den Speditionsvertrag paßt.

Der Vertrag des Spediteurs mit dem Versender ist ein Geschäftsbesorgungsvertrag in der Form des Werkvertrages, §§ 675, 631. Für den Vertrag gelten also die §§ 407 ff HGB, aber auch § 675 BGB und damit die dort aufgeführten Vorschriften des Auftragsrechts nebst den Regeln des Werkvertrags, §§ 631 ff. Von diesem Vertrag ist der Vertrag des Spediteurs mit dem Frachtführer auseinanderzuhalten: bei letzterem handelt es sich um einen schlichten Werkvertrag.

b) Der Speditionsvertrag ist im besonderen Maß durch Sorgfaltspflichten des Spediteurs gekennzeichnet[1]. Nach § 408 Abs. 1 HGB hat er beim Vertragsschluß mit den Frachtführern die Sorgfalt des ordentlichen Kaufmanns zu wahren. Er muß dabei den Weisungen des Versenders folgen. Noch darüber hinaus ist er gemäß § 385 HGB wie ein Kommissionär weisungsgebunden und schadensersatzpflichtig[2]. Er muß dem Versender rechtzeitig alle nötigen Auskünfte geben, § 666 BGB.

Diese Vorschriften sind dispositiv. In der Praxis legen die Spediteure dem Vertragsschluß mit dem Versender nahezu ausnahmslos die Allgemeinen Deutschen Spediteurbedingungen (ADSp) zugrunde. Die ADSp müssen, da sie AGB sind, vereinbart werden. Sie gelten nicht ohne weiteres, weil sie etwa Handelsbrauch wären[3]. Die Rechtsprechung ist aber bei der Frage, ob die ADSp

---

1 vgl. BGHZ 9, 301

2 RGZ 114, 378

3 BGH 9, 1; 17, 1

bei dem konkreten Speditionsvertrag vereinbart wurden, recht großzügig gewesen. Sie ließ es genügen, wenn der Versender wissen mußte, daß der Spediteur grundsätzlich nach den ADSp abschließt[1].

In den ADSp werden u.a. insbesondere die Verantwortlichkeit für schuldhaft verursachte Schäden eingeschränkt und Höchstbeträge für den Schadensersatz bestimmt (Nr. 54 ADSp). Das gesetzliche Pfandrecht nach § 410 HGB, das eine Forderung des Spediteurs aus dem weiteren Speditionsverhältnis voraussetzt (sog. konnexe Forderung), wird auf alle fälligen Forderungen des Spediteurs ausgedehnt (Nr. 50 a ADSp), umfaßt aber nur Sachen, die dem Versender gehören[2]. – Diese Situation macht es für den Versender praktisch unumgänglich, eine Speditionsversicherung abzuschliessen. Der Abschluß einer Versicherung ist nach Nr. 39 ADSp Bestandteil des Speditionsvertrages und Pflicht des Spediteurs, wenn der Versender den Abschluß nicht schriftlich untersagt hat.

2. Der Frachtvertrag, §§ 425 ff HGB

a) Der Frachtführer einigt sich mit dem Spediteur (Absender) über die gewerbsmäßige Beförderung von Gütern zu Lande oder auf Binnengewässern gegen Entgelt (Fracht genannt), § 425 HGB. Der Frachtführer ist also selbst zur Beförderung verpflichtet, wofür er selbstverständlich auch Hilfspersonen einsetzen kann. Er ist Mußkaufmann nach § 1 Abs. 2 Nr. 5 HGB.

b) Die Beförderung von Personen ist nicht Sache des Frachtführers. Sie ist im Personenbeförderungsgesetz geregelt. Für die Beförderung von Gütern durch öffentliche Eisenbahnen gelten ausschließlich die §§ 453 ff HGB i.V.m. der Eisenbahn-Verkehrsordnung (EVO; dazu unten 3). Bei Beförderung durch die Post gilt das Postgesetz, das die Beförderung öffentlich-rechtlich vorsieht[3]. Die Güterbeförderung durch Kraftfahrzeuge wird im Güterkraftverkehrsgesetz (GüKG) und der Kraftverkehrsordnung (KVO) geregelt. Für Beförderungen auf Binnengewässern gilt das Gesetz über den gewerblichen Binnenschiffsverkehr (BinnSchG). Die Beförderung von Gütern auf hoher See ist Sache der Verfrachter (§§ 556–663 b HGB), nicht des Frachtführers. Für die Beförderung auf dem Luftwege (Luftfracht) gilt das Internationale Abkommen zur Vereinheitlichung von Regeln über die Beförderung im internationalen Luftverkehr (Warschauer Abkommen). Für den grenzüberschreitenden Landverkehr ist das Internationale Übereinkommen über den Beförderungsvertrag im internationalen Straßengüterverkehr (CMR) anzuwenden. Die zwingenden Vorschriften des CMR gehen den ADSp vor[4].

c) Der Frachtvertrag ist Werkvertrag, weil der Frachtführer einen Erfolg schuldet, nämlich die Beförderung des Frachtgutes zu einem bestimmten Ziel (Bestimmungsort). Der Bestimmungsort ist Erfüllungsort. Nur dort kann der Frachtführer also die Leistungshandlung, d.h. ihre letzte Phase, vornehmen. Aus diesem Vertrag erlangt der Empfänger den Anspruch auf Aushändigung des Gutes nach Ankunft, § 435 HGB; der Frachtvertrag ist damit Vertrag zugunsten eines Dritten (§ 328 BGB). Vertragspartner sind Spediteur (Absender) und Frachtführer; der Versender und der Empfänger sind nicht durch den Frachtvertrag verbunden, sondern durch den Vertrag, der die Versendung erst erforderlich macht (z.B. den Kaufvertrag).

Der Spediteur ist zur Zahlung der Fracht verpflichtet. Ist kein genaues Entgelt vereinbart, gilt der taxmäßige Satz, § 632 Abs. 2 BGB. Nimmt der Empfänger das Gut an, muß er gegen Aushändigung das Entgelt zahlen, wie es sich aus dem Frachtbrief ergibt. Bis zur Zahlung hat der Frachtführer ein gesetzliches Pfandrecht am Frachtgut, § 440 HGB. Dieses Pfandrecht geht etwaigen früher entstandenen Pfandrechten vor, § 443 HGB.

d) Für Schäden, die während der Beförderung entstanden sind, haftet der Frachtführer nach § 429 HGB. Sein Verschulden wird in solchen Fällen vermutet. Hat er nicht schuldhaft gehandelt, muß er dies beweisen. Nach den §§ 29 ff KVO besteht sogar eine Haftung ohne Verschulden.

---

1 BGHZ 12, 142; 17, 2

2 BGHZ 17, 1

3 vgl. BGHZ 16, 112

4 BGH NJW 1972, 1003

Während § 429 HGB als dispositives Recht u.a. durch Vereinbarung der ADSp (§ 54) abbedungen werden kann, sind die §§ 29 ff KVO zwingendes Recht. Sie gelten also auch bei Vereinbarung der ADSp; eine anderslautende Abrede ist tarifwidrig[1]. Der Frachtführer hat ein Verschulden seiner Leute oder anderer Personen, die bei der Beförderung tätig werden, zu vertreten, § 431 HGB. Diese Verschuldenszurechnung greift auch ein, wenn er diese Personen zu der konkreten Beförderung, bei der der Schaden entstand, nicht eingesetzt hatte[2]. § 431 HGB reicht somit noch weiter als § 278 BGB. § 430 HGB begrenzt den Ersatzanspruch auf den gemeinen Wert abzüglich ersparter Kosten.

Neben der Haftung aus § 429 HGB kann ein Anspruch aus unerlaubter Handlung (§ 823) gegeben sein. Nach hM gilt § 430 HGB mit seiner Haftungsbeschränkung nicht bei einer unerlaubten Handlung des Frachtführers[3].

3. Das Eisenbahnfrachtgeschäft

a) Hierbei handelt es sich um einen besonderen Frachtvertrag, für den die §§ 453 ff HGB und die Eisenbahn-Verkehrsordnung (EVO) gelten. Im zwischenstaatlichen Verkehr gilt das Internationale Übereinkommen über den Eisenbahn-Frachtverkehr (CIM) und das Internationale Übereinkommen über den Eisenbahn-Personen- und Gepäckverkehr (CIV). Für die Beförderung in Containern ist die Internationale Ordnung für die Beförderung von Behältern (RICO) zu beachten.

b) Bei dem Eisenbahnfrachtgeschäft besteht wegen der monopolartigen Stellung der Eisenbahn die Verpflichtung zum Vertragsschluß (Kontrahierungszwang), wenn das Gut ordnungsgemäß angeliefert ist, § 453 HGB, § 61 Abs. 1 S. 1 EVO. Der Frachtvertrag ist privatrechtlich, wenn auch für die öffentlichen Eisenbahnen ansonsten weitgehend öffentliches Recht gilt.

Die öffentlichen Eisenbahnen haften nach § 454 HGB, § 82 Abs. 1 EVO für Schäden, die während der Beförderung eingetreten sind. Die Haftung ist im wesentlichen nur bei höherer Gewalt, bei zum Transport ungeeignetem Gut und bei Verschulden des Verfügungsberechtigten (darunter fällt auch eine unzureichende Verpackung) ausgeschlossen. Diese weitreichende Haftung ist der Höhe nach begrenzt (§§ 84 ff EVO). Nach § 93 EVO erlöschen mit der Annahme des Gutes durch den Empfänger alle Ansprüche aus dem Frachtvertrag gegenüber der Eisenbahn. Angenommen ist das Gut, wenn es der Empfänger entgegengenommen hat. Ein Vorbehalt bei der Annahme, z.B. weil die Verpackung des Gutes einen Sturz o.ä. vermuten läßt, ist wirkungslos, wenn nicht die Bahn den Vorbehalt förmlich entgegennimmt (sog. Tatbestandsaufnahme, § 81 EVO: Bahnprotokoll). Bei äußerlich nicht erkennbaren Schäden kann die Tatbestandsaufnahme noch innerhalb einer Woche verlangt werden, § 93 Abs. 2 d EVO; der Empfänger muß aber beweisen, daß diese Schäden nicht in der Zeit eingetreten sind, in der er das Gut schon im Besitz hatte.

Diese Haftungsregelung bedeutet praktisch, daß ein Schadensersatzanspruch entfällt, wenn der Empfänger nicht schon vor Entgegennahme die Beschädigung feststellen läßt. Die Bahn ist verpflichtet, die Tatbestandsaufnahme vorzunehmen, wenn der Empfänger das wegen einer behaupteten Beschädigung verlangt, § 81 Abs. 1 EVO. Ergibt die vom Empfänger veranlaßte Untersuchung keinen Schadensfall, wird außer den Untersuchungskosten die tarifmäßige Gebühr erhoben. Häufig wird der Empfänger dieses Kostenrisiko in Kauf nehmen müssen, vor allem deswegen, weil beim Transport per Bahn üblicherweise keine Versicherung abgeschlossen wird.

4. Die Speditionsversicherung

Der Spediteur schließt ohne Aufforderung des Versenders grundsätzlich für jede Beförderung eine Speditionsversicherung mit einem Versicherer ab, es sei denn, der Versender hätte das ausdrücklich schriftlich untersagt, § 39 a ADSp. Die Kosten trägt der Versender, § 1 Speditions-Versicherungsschein (SVS = Anlage 1 zu den ADSp).

---

1 BGHZ 38, 150

2 Baumbach-Duden, HGB, § 431

3 BGHZ 46, 140

Vom Speditionsversicherungsvertrag ist der Transport- bzw. Lagerversicherungsvertrag zu unterscheiden, vgl. § 39 ADSp, § 5 Nr. 1 SVS. Die Speditionsversicherung deckt Schäden, die von einer Transport- oder Lagerversicherung gedeckt sind oder üblicherweise gedeckt werden (wenn eine solche Versicherung abgeschlossen ist), nur zum geringen Teil.

Es ist eine vertragliche Sorgfaltspflicht des Spediteurs, für eine hinreichende Versicherung zu sorgen. Wenigstens muß er den Versender also informieren und beraten.

VIII. Der Versicherungsvertrag, §§ 1 ff VVG

1. Die rechtliche Konstruktion

a) Beim Versicherungsvertrag einigen sich der Versicherungsunternehmer (Versicherer) und der Versicherungsnehmer darauf, daß der Versicherer bei Eintritt eines Schadensfalls oder eines anderen Ereignisses (Todesfall, bestimmtes Lebensalter) eine Geldleistung erbringen soll und für dieses Versprechen eine zeitabschnittsweise oder einmalig zu zahlende Gegenleistung erhält (Prämie).

b) Der Versicherungsvertrag kann bei der Schadensversicherung auch zugunsten einer anderen Person (Versicherter) abgeschlossen werden (Versicherung für fremde Rechnung, §§ 74 ff VVG). Auch beim Lebensversicherungsvertrag kann ein Dritter begünstigt sein (Bezugsberechtigter, § 330). Ein selbständiger Anspruch des geschädigten Dritten besteht bei den Pflichtversicherungen (dazu unten 6 b).

c) Die Rechtsform, in der Versicherungsunternehmen betrieben werden dürfen, schreibt das Gesetz über die Beaufsichtigung der privaten Versicherungsunternehmen (VAG) vor. Der gewerbliche Betrieb von Versicherungen bedarf der Erlaubnis der Aufsichtsbehörde. Das gilt auch für den Fall, daß die Versicherungsnehmer zur Abdeckung eines Risikos Mitglieder eines rechtsfähigen Vereins, des Versicherungsvereins auf Gegenseitigkeit sind (VVaG, verbreitet bei der Krankenversicherung, vgl. die §§ 15 ff VVG).

d) Gegenstand des Versicherungsvertrages können verschiedene Risiken sein. Verbreitet sind die Schadensversicherung (Sach-, Feuer-, Hagel-, Tier-, Transportversicherung), die Haftpflichtversicherung und die Personenversicherung (Kranken-, Unfall-, Lebensversicherung).

2. Die gesetzlichen Vorschriften

Für alle Versicherungsarten gelten die §§ 1–48 VVG. Die Vorschriften des VVG sind in wichtigen Bereichen zwingender Natur, z.B. die §§ 15 a, 34 a, 42 VVG. Einige typische Versicherungen sind ausführlich geregelt (z.B. die Transportversicherung in den §§ 129–148, 187 VVG, die Haftpflichtversicherung in den §§ 149–158 k VVG). Daneben gelten zusätzlich Vorschriften des BGB und HGB, so z.B. § 330 BGB für die Lebensversicherung. Soweit das VVG keine Spezialvorschriften enthält, unterliegt der Versicherungsvertrag dem Schuldrecht des BGB (z.B. bei Vertragsstörungen).

3. Der Rechtscharakter des Versicherungsvertrags

Beim Versicherungsvertrag handelt es sich seinem Rechtscharakter nach um einen gegenseitigen Vertrag. Die Gestaltungsfreiheit ist bereits durch das VVG weitgehend eingeengt. Im übrigen ist der Vertrag bei der Verwendung von Allgemeinen Geschäftsbedingungen, den „Allgemeinen Versicherungsbedingungen" (AV), inhaltlich vorgefertigt. Die AV müssen von der Aufsichtsbehörde genehmigt sein. Diese kann auch Änderungen vornehmen (§ 81 VAG). Von besonderer Bedeutung sind die AV für die Kraftverkehrsversicherung (AKB), die AV für die Haftpflichtversicherung (AHB), die AV für die private Krankenversicherung (AKVB) und die AV für die Binnentransportversicherung (ADB). Die Existenz der AV führt heutzutage praktisch dazu, daß Versicherungsverträge nur zu ihrem Inhalt abgeschlossen werden können.

Bei dem Versicherungsvertrag für fremde Rechnung handelt es sich um einen Vertrag zugunsten Dritter[1]. Das gleiche gilt für den Lebensversicherungsvertrag, bei dem die Versicherungssumme an einen Dritten gezahlt werden soll, § 330.

4. Die vorläufige Deckungszusage

Eine vertragsrechtliche Besonderheit weist das Versicherungsrecht mit der „vorläufigen Deckungszusage" auf. Mit der Abgabe dieser Zusage durch den Versicherer kommt ein befristetes Vertragsverhältnis mit dem Versicherungsnehmer zustande. Es endet mit dem Abschluß des eigentlichen Versicherungsvertrages oder der endgültigen Ablehnung des Vertragsschlusses. Dieses befristete Rechtsverhältnis verschafft dem Versicherungsnehmer aber bereits den Anspruch auf die Leistungen des Versicherers, und zwar in dem Umfang wie beim beabsichtigten Versicherungsvertrag. Die vorläufige Zusage ist vorteilhaft, wenn der Versicherungsnehmer nicht bis zum Abschluß des eigentlichen Versicherungsvertrages – was von seiten des Versicherers meist einige Zeit in Anspruch nimmt – warten möchte, weil er anderweitig den Abschluß einer Versicherung nachweisen muß (z.B. zwecks Kraftfahrzeugzulassung).

5. Die Obliegenheiten

Charakteristisch sind die Obliegenheiten des Versicherungsnehmers. Sie stellen keine Verpflichtungen dar. Der Versicherungsnehmer erleidet rechtliche Nachteile, wenn er seinen Obliegenheiten nicht nachkommt. Er ist zum Beispiel gehalten, bestimmte tatsächliche Veränderungen dem Versicherer zu melden. Tut er es nicht, kann er seinen vertraglichen Anspruch verlieren, vgl. die §§ 25, 28 und 6 VVG. Bei Obliegenheiten nach Eintritt des Versicherungsfalls behält der Versicherungsnehmer trotz Obliegenheitsverletzung seinen Anspruch, wenn ihm nur Fahrlässigkeit zur Last fällt, § 6 Abs. 3. Unter den Voraussetzungen des Abs. 3 S. 2 schadet nicht einmal eine grobfahrlässige Unterlassung. Die Rechtsprechung hat den Schutz des Versicherungsnehmers noch weiter ausgedehnt: Der Anspruch kann auch bei vorsätzlicher Obliegenheitsverletzung bestehen bleiben, wenn die Befreiung von der Leistungspflicht eine unverhältnismäßige, vom Interesse des Versicherers nicht geforderte, gröblich unbillige Folge der Obliegenheitsverletzung darstellen würde[2].

6. Die Pflichtversicherungen

a) Im Hinblick auf bestimmte gesetzliche Haftungssituationen erschien es dem Gesetzgeber erforderlich, den betroffenen Personen den Abschluß einer Versicherung vorzuschreiben. In diesen Fällen ist die Vertragsfreiheit also insofern eingeengt, als es den Betreffenden nicht freisteht, ob sie einen Vertrag abschließen wollen.

b) Die Pflicht zum Abschluß eines Versicherungsvertrages deckt vor allem das besondere Haftungsrisiko aus den Gefährdungshaftungstatbeständen ab (vgl. dazu das 14. Kapitel). Die grundlegenden Vorschriften enthält das VVG in den §§ 158 b–158 k.

Als Gegengewicht zu der Gefährdungshaftung aus dem Betrieb eines Kraftfahrzeuges (§ 7 StVG) besteht die Pflicht zum Abschluß einer Versicherung gegen Schäden, die durch das Kraftfahrzeug ausgelöst wurden. Hier gilt das Gesetz über die Pflichtversicherung für Kraftfahrzeughalter (PflVersG). Eine gesetzliche Pflicht zum Abschluß einer Haftpflichtversicherung besteht ferner nach den §§ 43, 50 LuftVG, für den Betrieb von Atomanlagen nach § 13 AtomG u.a.m. Abschlußpflicht gibt es auch zur Abdeckung besonderer Berufsrisiken (z.B. bei Wirtschaftsprüfern u.a.m.).

Wichtig ist, daß auch der geschädigte Dritte einen Anspruch unmittelbar gegenüber dem Versicherer erhält, und zwar auch dann, wenn der Versicherungsnehmer seinen Anspruch aus dem Versicherungsvertrag wegen schuldhafter Obliegenheitsverletzung bereits verloren hat, s. § 158 c VVG und § 3 PflVersG.

---

1 RGZ 130, 241

2 BGHZ 40, 389

c) Pflichtversicherungen bestehen ferner im Bereich der Sozialversicherung, vor allem in der Form der Krankenversicherung, der Rentenversicherung und der Arbeitslosenversicherung. Diese Versicherungsverhältnisse sind weitgehend öffentlichrechtlich geregelt. Grundlegend ist die Reichsversicherungsordnung (RVO). Besondere Bedeutung haben ferner das Angestelltenversicherungsgesetz (AVG), das Reichsknappschaftsgesetz (RKG) und zum Teil das Arbeitsförderungsgesetz (AFG).

IX. Der Mietvertrag und der Pachtvertrag, §§ 535 ff und §§ 581 ff

1. Der Vertragsinhalt

a) Beim Mietvertrag richtet sich die Einigung der Parteien auf die Überlassung einer Sache auf Zeit zum Gebrauch gegen Entgelt (Mietzins). Man spricht vom „Mietverhältnis", weil das Zeitmoment bei der Miete charakteristisch ist (Dauerschuldverhältnis). Zusätzlich zu den Vorschriften des BGB gilt das Gesetz zur Regelung der Miethöhe (= Art. 3 des 2. Wohnraumkündigungsschutzgesetzes).

b) Beim Pachtvertrag einigen sich die Parteien auf Überlassung einer Sache oder eines Rechts (jede vermögenswerte Berechtigung, z.B. Pacht des Jagdrechts, § 11 BJagdG) auf Zeit zur Nutzung gegen Entgelt. Gemäß § 100 sind Nutzungen die Früchte einer Sache oder eines Rechtes und andere Gebrauchsvorteile. Die Pacht gewährt also die Auswertung und Ausnutzung des Pachtgegenstands. Bei der Überlassung von Räumen z.B. liegt ein Pachtvertrag vor, wenn die Räume auf Grund ihrer Beschaffenheit eine Ausnutzung gestatten, die nicht mehr schlichter Gebrauch ist (*Beispiel:* die Räume sind zum Betrieb einer Gaststätte eingerichtet, der Nutzer kann somit ein Gewerbe betreiben). Beim einfachen Gebrauch der Räume liegt Miete vor. Die Unterschiede zwischen Mietvertrag und Pachtvertrag sind nicht sehr erheblich, da für den Pachtvertrag weitgehend Mietrecht gilt, § 581 Abs. 2.

2. Die vom Vertrag betroffenen Personen

Beim Mietvertrag gibt es Ausnahmen von dem Grundsatz, daß Verträge nur zwischen den Vertragsparteien Rechte und Pflichten erzeugen.

a) Berechtigt und verpflichtet sind die Vertragspartner. Besteht die Mietpartei aus mehreren Personen, können sie sämtlich Vertragspartner sein, wenn beim Vertragsschluß ihre Willenserklärung – ausdrücklich oder konkludent – vorlag.

b) Gemäß § 571 (eine Spezialvorschrift ist § 14 BJagdG) tritt der neue Eigentümer der Miet- oder Pachtsache an die Stelle des früheren Eigentümers und Vertragspartners. Voraussetzung ist, daß der Erwerber bereits Eigentum erworben hat. Der Kaufvertrag allein genügt nicht (entgegen der – nicht offiziellen – Überschrift von § 571).

3. Die Regelung von Vertragsstörungen im Mietvertrag

a) Rechte des Mieters

Vor Überlassung der Mietsache greifen die allgemeinen Vorschriften ein (§§ 320 ff). Nach Überlassung der Mietsache gelten für den Mieter grundsätzlich die §§ 537 ff (Gewährleistungsansprüche), es sei denn

- die Vertragsstörung wird nicht durch einen Mangel hervorgerufen;
- dem Mieter ist Verschulden anzulasten, oder er befindet sich in Annahmeverzug (§ 324).

Die Miet- oder Pachtsache weist einen Mangel auf, wenn sie zur Zeit der Überlassung oder später einen Fehler hat, der die Tauglichkeit zum vertragsmäßigen Gebrauch aufhebt oder nicht unerheblich mindert, § 537 Abs. 1.

Unter Fehler ist wie bei § 459 jede ungünstige Abweichung von der vertraglich geschuldeten Sache zu verstehen.

Der Fall des Fehlens einer zugesicherten Eigenschaft und Rechtsmängel werden dem Fehler gleichgestellt, § 537 Abs. 2 bzw. § 541.

Die Rechte des Mieters (Pächters) wegen fehlerhafter Mietsache sind:

– Anspruch auf Mietzinsminderung oder Fortfall der Mietzinsverpflichtung, § 537,
– Anspruch auf Wiederherstellung des zum vertragsgemäßen Gebrauch geeigneten Zustands, § 536,
– Schadensersatz unter den Voraussetzungen der §§ 538, 537,
– Kündigungsrecht gemäß § 542.

b) Rechte des Vermieters

Für die durch den Mieter hervorgerufenen Vertragsstörungen gelten die allgemeinen Vorschriften. Für Forderungen aus dem Mietverhältnis besitzt der Vermieter ein gesetzliches Pfandrecht an den eingebrachten Sachen des Mieters, § 559.

4. Die Beendigung des Mietverhältnisses

Das Mietverhältnis endet

a) durch Zeitablauf, wenn der Vertrag auf bestimmte Zeit abgeschlossen war,
b) durch reguläre Kündigung nach den vertraglichen oder gesetzlichen Fristen, §§ 564 ff,
c) durch fristlose Kündigung nach Vertragsstörung:

– Der Vermieter ist nach den §§ 553 ff zur fristlosen Kündigung berechtigt, wenn der Mieter die Mietsache ungeachtet einer Abmahnung des Vermieters vertragswidrig gebraucht oder im Zahlungsverzug ist.
– Der Mieter ist zu fristloser Kündigung berechtigt, wenn ihm die Sache nicht in dem zum vertragsgemäßen Gebrauch nötigen Zustand überlassen oder dieser Zustand nicht erhalten wird (§ 542), wenn ihm der Gebrauch entzogen wird (§ 542) und bei gesundheitsgefährdender Beschaffenheit der Mietsache, § 544.

Im übrigen gilt das 2. Wohnraumkündigungsschutzgesetz (WKSchG).

X. Der Darlehensvertrag (Kreditvertrag), §§ 607 ff

1. Die rechtliche Konstruktion

Beim Darlehensvertrag einigen sich die Parteien, daß der Darlehensgeber das Eigentum am Geld oder anderen vertretbaren Sachen auf den Darlehensnehmer übertragen soll und daß der Darlehensnehmer verpflichtet ist, nach Ablauf der vereinbarten Zeit das Eigentum an Sachen gleicher Art, Güte und Menge auf den Darlehensgeber zu übertragen. Nicht entscheidend ist, ob für diese wirtschaftliche Nutzung auf Zeit ein Entgelt zu erbringen ist. Im Normalfall werden aber für die Überlassung Zinsen vereinbart, eventuell auch Sicherheiten bestellt oder sonstige Gegenleistungen geschuldet (z.B. Bierdauerbezug des Gastwirts von der kreditgewährenden Brauerei).

Die Rechtsnatur des Darlehensvertrages ist umstritten. Nach Auffassung vor allem der Rechtsprechung ist der Darlehensvertrag ein sog. Realvertrag: er kommt mit der Besitzverschaffung der Darlehensvaluta zustande; die vorherige Einigung darauf ist Vorvertrag[1]. Die neuere, im Vor-

---

1 RGZ 86, 324

dringen befindliche Meinung nimmt einen gegenseitigen Vertrag an, der von der Darlehensübergabe nicht abhängt[1]. Streitig ist ferner, ob der Darlehensvertrag ein Dauerschuldverhältnis begründet[2] oder nicht.

2. Abgrenzung zu anderen Vertragstypen

Das entgeltliche oder unentgeltliche Darlehen unterscheidet sich von der Miete bzw. Leihe dadurch, daß bei diesen Verträgen kein Eigentum übertragen wird, sondern nur Besitz (Gebrauchsüberlassung).

Ein entgeltlicher Darlehensvertrag, bei dem der Darlehensnehmer für seine Verpflichtung Sicherheiten zu stellen hat, ist in der Regel kaufähnlicher Vertrag im Sinne des § 445, auf den die Vorschriften des Kaufrechts entsprechend angewendet werden.

Die Abgrenzung der Einlage des Gesellschafters vom Beteiligungsdarlehen (sog. partiarisches Darlehen: der Darlehensgeber erhält als Entgelt einen Gewinnanteil am Geschäft) muß nach den Umständen des Einzelfalls vorgenommen werden. Ein Darlehensvertrag liegt nahe, wenn dem Geldgeber außer dem Gewinnanteil nur beschränkte Informationsrechte über den Geschäftsgang zustehen[3].

3. Besondere Darlehensformen

In der Praxis haben sich besondere Vertragsarten entwickelt, und zwar oft anhand der Verwendung von AGB.

a) Der Abzahlungskredit

Hier wird ein Darlehen zum Zweck einer Teilzahlungsfinanzierung beim Abzahlungskauf gewährt und meist durch Eigentumsvorbehalt, Sicherungseigentum, Wechsel, Gehaltsabtretung u.a.m. abgesichert.

b) Das Baudarlehen und Bauspardarlehen

Die Parteien vereinbaren, daß die Darlehensvaluta für den Neubau oder Umbau usw. verwendet wird. Für das Baudarlehen gilt das Gesetz zur Sicherung der Bauforderungen (BauFdgG). Bauspardarlehen werden nur zu den Darlehensbestimmungen (AGB) der Bausparkassen vergeben. Hier gilt das Bauspargesetz (BauspG).

c) Bank- und Sparkasseneinlagen

Beim Depositenvertrag und beim Postscheckvertrag liegt in der Regel ein unechter Verwahrungsvertrag gemäß § 700 vor, für den Darlehensrecht anzuwenden ist.

Ein normaler Darlehensvertrag ist der Sparvertrag. Der Sparer ist der Darlehensgeber. Hier spielt das dem Darlehensgeber ausgehändigte Sparbuch eine besondere Rolle. Wegen der Legitimationswirkung des Sparbuchs (§ 808) erfüllt der Darlehensnehmer (Bank, Sparkasse) seine vertragliche Rückgewährpflicht auch dann, wenn er nicht an den Darlehensgeber, sondern an den Vorleger leistet. Die Bank usw. wird jedoch nicht befreit, wenn sie die Auszahlung entgegen den Bestimmungen des Sparvertrages vornimmt, z.B. die Höchst-Auszahlungsbeträge überschreitet. Im übrigen ist Gläubiger des Anspruchs gegen die Bank usw. der aus dem Konto Berechtigte, in der Regel der Kontoinhaber. Es kommt nicht darauf an, von wem das eingezahlte Geld stammt. Wichtige Kontenarten sind:

- das Anderkonto (Fremdkonto): Verfügungsberechtigt ist eine andere Person als der Kontoinhaber,
- das Oder-Konto: Von mehreren Kontoinhabern ist jeder allein verfügungsberechtigt (Beispiel: Eheleute),

---

1 Larenz II § 51 II; vgl. zum Theorienstreit Neumann-Duesberg NJW 1970, 1403

2 so Larenz a.a.O.

3 vgl. Larenz II § 62 II d

- das Gemeinschaftskonto: Das Konto steht mehreren zu, die nur gemeinschaftlich verfügen können,
- das Sperrkonto: Hier hängt die Verfügung des Inhabers von weiteren Voraussetzungen ab, z. B. von der Zustimmung eines Dritten,
- das Treuhandkonto: Der Kontoinhaber besitzt die Verfügungsbefugnis. Das Konto steht jedoch im Vermögen eines Dritten, das der Kontoinhaber treuhänderisch verwaltet.

d) Der Lombardkredit

Bei diesem Vertrag wird die Rückzahlung des Darlehensbetrages durch die Bestellung eines Pfandrechts oder die Sicherungsübereignung beweglicher Sachen, speziell von Wertpapieren, gesichert. Es gelten zusätzlich die §§ 1204–1296 bzw. die Regeln über die Sicherungsübereignung (s. dazu das 15. Kapitel).

e) Der Rembourskredit

Hier handelt es sich um einen Darlehensvertrag, bei dem eine inländische Bank dem Darlehensnehmer ein Darlehen bei einer ausländischen Bank (Valutakredit) verschafft[1].

f) Öffentliche Darlehen (sog. öffentliche Gelder)

Diese Darlehen werden aus öffentlichen Mitteln (Steuergelder) meist auf Grund von staatlichen Förderungsprogrammen u.U. bei Einschaltung von staatlichen oder privaten Geldinstituten gewährt (z.B. Wohnungsbaudarlehen, Studienförderung). Hier berührt sich öffentliches Recht mit Privatrecht: die Bewilligung richtet sich nach öffentlichem Recht (damit auch die Klage auf Bewilligung); sie gewährt den **öffentlich-rechtlichen** Anspruch auf Abschluß eines **privatrechtlichen** Darlehensvertrages[2]. Nach Abschluß dieses Vertrages geschieht die Abwicklung ebenfalls nach Privatrecht[3].

4. Die Schuldumwandlung in Darlehen (sog. Vereinbarungsdarlehen), § 607 Abs. 2

Die Parteien können vereinbaren, daß eine bestehende Schuld ab sofort als Darlehensverpflichtung behandelt werden soll. Je nach dem Willen der Parteien kann darin liegen:

a) eine Schuldumwandlung. Der alte Schuldgrund bleibt bestehen. Der Zahlungsanspruch soll sich jedoch nach Darlehensrecht richten. Einwendungen aus dem alten Schuldverhältnis bleiben grundsätzlich bestehen[4];

b) eine kausale Schuldumschaffung. Die alte Schuld wird aufgehoben. An ihre Stelle tritt die Darlehensschuld, falls die alte Schuld wirklich besteht[5]. Einwendungen aus dem alten Schuldverhältnis entfallen[6];

c) eine abstrakte Schuldumschaffung. Die Darlehensschuld entsteht auch dann, wenn die alte Schuld nicht bestand (abstraktes Schuldanerkenntnis, § 781; Schriftform ist erforderlich, wenn nicht § 782 BGB oder § 350 HGB eingreift). Alte Einwendungen entfallen.

XI. Die Verwahrung, §§ 688 ff

1. Die rechtliche Konstruktion

a) Beim Verwahrungsvertrag verpflichtet sich der Verwahrer, eine ihm von dem Hinterleger übergebene Sache entgeltlich oder unentgeltlich aufzubewahren. Bei der entgeltlichen Verwahrung handelt es sich um einen gegenseitigen Vertrag. Die Verwahrungspflicht und die Vergütungspflicht

1 vgl. zu dieser Kreditart BGH LM § 675 Nr. 25

2 OLG Hamm WM 1966, 868

3 BGHZ 40, 206; 52, 155; anders die Rspr des BVerwG, z.B. BVerwGE 13, 47

4 RGZ 120, 340

5 BGHZ 28, 164

6 RGZ 134, 153

stehen im Gegenseitigkeitsverhältnis, die Rückgabepflicht nicht. Die unentgeltliche Verwahrung ist ein einseitig-verpflichtender Vertrag.

Nach hM kommt der Verwahrungsvertrag nicht erst mit der Übergabe der Sache zustande (sog. Realvertrag), sondern mit der Einigung. Der Meinungsstand ist den Auffassungen zur Rechtsnatur des Darlehensvertrages vergleichbar.

b) Eine Verwahrungspflicht kann auch als Nebenpflicht in einem anderen Vertrage bestehen, so z.B. beim Werkvertrag und beim Kommissionsvertrag. Für einen solchen Vertrag gilt dann das Recht des eigenen Vertragstyps; die §§ 688 ff gelten grundsätzlich nicht.

c) Wird jemand als Verwahrer tätig, kann darin eine reine Gefälligkeit liegen, die keine rechtlichen Auswirkungen hat. Diese nur tatsächliche Beziehung zwischen dem Eigentümer der Sache und dem Aufbewahrer kann sich auch anläßlich eines anderen Vertrages oder einer Vertragsanbahnung ergeben. Es wird beispielsweise nur Gelegenheit zum Ablegen der Sachen geboten, nicht etwa die Pflicht zur Verwahrung übernommen (*Beispiel:* Garderobe im Wartezimmer des Arztes). Es kommt darauf an, ob sich bei dem konkreten Vertrag bei objektiver Auslegung eine Verwahrungspflicht ergibt (*Beispiel:* Die Arzthelferin fordert die Patienten auf, wegen Überfüllung des Wartezimmers die Garderobe im Flur abzulegen). Anders liegt es bei der sog. Gastwirtshaftung nach den §§ 701 ff; hier besteht die Verwahrungspflicht von Gesetzes wegen; sie kann aber beschränkt werden, vgl. § 702 a.

2. Die Pflichten der Parteien im einzelnen

a) Aufbewahrung bedeutet Gewährung von Raum und Übernahme der Obhut. Die Obhut kann, je nach den Umständen und der Beschaffenheit der Sache, auf eine bewahrende Tätigkeit hinauslaufen (*Beispiel:* Vorsichtsmaßnahmen gegen Frostschäden). Die Obhutspflicht reicht so weit, wie es beim konkreten Vertrag zur Verwahrung nötig ist. Fehlt die Obhutspflicht überhaupt, handelt es sich nicht um Verwahrung, sondern um Raummiete[1] (*Beispiel:* Stahlschrankvertrag mit der Bank). Der Verwahrer ist grundsätzlich nicht berechtigt, die verwahrte Sache zu gebrauchen. Ist das aber vereinbart, wird Miete oder Leihe vorliegen. Die Obhutspflicht beinhaltet aber das Recht, die Sache umzulagern, umzustellen usw., so z.B. beim Einstellen von Kraftfahrzeugen[2].

Der Verwahrer muß die Sache normalerweise selbst verwahren, § 691. Er hat sie auf Verlangen jederzeit herauszugeben, auch wenn für die Verwahrung eine Zeit bestimmt ist, § 695.

b) Der Hinterleger ist zur Zahlung der Vergütung verpflichtet, falls sie vereinbart war, § 689. Unabhängig von der Vergütungsvereinbarung hat der Verwahrer gemäß § 693 einen Aufwendungsersatzanspruch.

3. Vertragsstörungen

Es gelten die allgemeinen schuldrechtlichen Rechtsbehelfe mit folgenden Sonderregeln:

a) Bei der unentgeltlichen Verwahrung hat der Verwahrer nur diejenige Sorgfalt einzuhalten, die er in eigenen Angelegenheiten anzuwenden pflegt, § 690 (*diligentia quam suis rebus adhibere solet*).

b) Tritt durch die Beschaffenheit der hinterlegten Sache ein Schaden beim Verwahrer ein, ist der Hinterleger unter den Voraussetzungen des § 694 zum Schadensersatz verpflichtet (vermutete Verschuldenshaftung mit der Möglichkeit des Entlastungsbeweises).

4. Besondere Verwahrungsarten, für die u.a. die §§ 688 ff gelten

a) **Die Sequestration.** Hier wird dem Verwahrer (Sequester, § 165 FGG) die Sache zur Verwahrung für mehrere übergeben mit der Vereinbarung der Rückgabe an alle oder einen. *Fälle:* Hinterlegung der geschuldeten Sache für mehrere Gläubiger einer unteilbaren Leistung, § 432 Abs. 1 S. 2;

---

1 BGHZ 3, 206

2 zum Parkvertrag Weimar NJW 1963, 629

Hinterlegung des Pfandes bei Rechtsverletzung durch den Pfandgläubiger, § 1217 Abs. 1; Hinterlegung der geschuldeten Sache für Pfandgläubiger und Gläubiger, § 1281 S. 2; desgleichen für die Erben, § 2039 S. 2.

b) Das **Lagergeschäft** (§§ 416–424 HGB) und das **Orderlagergeschäft**. Der Lagerhalter übernimmt die Aufbewahrung der Güter gewerbsmäßig. Die frühere Auffassung, der Lagervertrag sei Realvertrag, wird heute kaum noch vertreten[1].

Für das Lagergeschäft gelten außer den §§ 416 ff HGB die Vorschriften über die Verwahrung im BGB. Soll über das eingelagerte Gut ein Orderlagerschein ausgestellt werden, gilt die Verordnung über Orderlagerscheine vom 16.12.1931. Der Orderlagerschein ist ein Wertpapier, das durch Indossament übertragen werden kann. Er zählt zu den kaufmännischen Orderpapieren, § 363 Abs. 2 HGB. Die Übergabe dieses Papiers wird rechtlich der Übergabe des Gutes selbst (notwendig zur Eigentumsübertragung am Gut) gleichgestellt, § 424 HGB. Der Eigentumsübergang wird also durch das Wertpapier wesentlich erleichtert[2].

Für den Lagerhalter finden gemäß § 417 HGB die für den Kommissionär geltenden Vorschriften der §§ 388–390 HGB Anwendung.

Verträge mit Lagerhaltern werden in der Praxis wohl ausnahmslos nach AGB abgeschlossen, die die gesetzliche Regelung weitgehend abändern. In Betracht kommen vor allem die „Allgemeinen Lagerbedingungen des deutschen Möbeltransports" (ALB), aber auch die „Allgemeinen deutschen Spediteurbedingungen" (ADSp), da Spediteure häufig ebenfalls einlagern. Eine Beschränkung der Haftung auf grobe Fahrlässigkeit – in Abweichung von §§ 390 Abs. 1, 417 HGB – die nach § 276 Abs. 2 BGB an sich möglich wäre, ist in den AGB aber unwirksam[3].

c) Für die gewerbsmäßige Verwahrung von **Wertpapieren** gilt das Gesetz über die Verwahrung und Anschaffung von Wertpapieren (DepotG). Zu diesem Verwahrungsgeschäft enthalten die AGB der Banken (Nr. 36–39) weitere Regelungen.

Das DepotG gilt nicht für verschlossen übergebene Wertpapiere und die uneigentliche Verwahrung von Wertpapieren nach § 700 BGB.

XII. Die unentgeltlichen Verträge: Auftrag (mit Geschäftsführung ohne Auftrag, GoA), Leihe, Schenkung

1. Der Auftrag, §§ 662 ff

a) Der Auftrag ist ein zweiseitiger, aber kein gegenseitiger Vertrag, denn es gibt keine gegenseitigen Pflichten. Beim Auftragsvertrag verpflichtet sich der Beauftragte, für den Auftraggeber eine Geschäftsbesorgung unentgeltlich zu erledigen, § 662. Ist die Geschäftsbesorgung entgeltlich, liegt kein Auftrag vor, sondern entweder Dienst- oder Werkvertrag, für den teilweise Auftragsrecht gilt, § 675 (Geschäftsbesorgungsvertrag).

b) Bei reinen Gefälligkeitshandlungen, wo sich der im Interesse eines anderen Handelnde also objektiv zu nichts verpflichten will, liegt überhaupt kein Vertragsverhältnis, mithin auch kein Auftrag vor. Die Grenze zwischen dem Auftrag und einem außerrechtlichen Gefälligkeitsverhältnis kann fließend sein[4]. Wie immer, kommt es auch bei dieser Grenzziehung darauf an, ob ein Rechtsbindungswille der Parteien objektiv ersichtlich ist. Die Bedeutung des „Auftrags" allein reicht dazu nicht. So ist der Auftrag zu Spionagetätigkeit trotz der Weisungen der „Auftrag-

---

1 vgl. zum Rechtscharakter BGHZ 46, 48

2 vgl. Reinicke BB 1960, 1368

3 BGHZ 38, 183

4 vgl. BGHZ 21, 102

geber" nicht immer ein Auftragsverhältnis im Sinne des § 662[1]. Das Wort „Auftrag" wird im allgemeinen Sprachgebrauch ohnehin mit recht verschiedenem Inhalt verwendet. Häufig handelt es sich nicht um eine Verpflichtung zu unentgeltlicher Geschäftsbesorgung und damit nicht um einen Auftrag im Rechtssinne (*Beispiele:* der Handelsvertreter holt „Aufträge" ein – das sind Angebote auf Abschluß eines Kaufvertrages; der Arbeitgeber erteilt einen „Auftrag" – das ist eine Weisung im Rahmen des Arbeitsvertrages; der Bankkunde schreibt einen Überweisungsauftrag aus – rechtlich eine Weisung im Rahmen eines Girovertrages[2]).

c) Geschäftsbesorgung im Sinne des § 662 ist jede aktive Tätigkeit im Interessenbereich eines anderen[3]. Es schadet nicht, wenn der Beauftragte zugleich ein eigenes Interesse mitverfolgt[4]. Der Begriff der Geschäftsbesorgung ist hier weiter als bei § 675, was die Art der Tätigkeit betrifft[5].

Die Pflicht des Auftraggebers zum Aufwendungsersatz (§ 670) und entsprechendem Vorschuß (§ 669) berührt die Unentgeltlichkeit nicht. Der Aufwendungsersatz aus § 670 schließt immateriellen Schaden nicht ein[6].

2. Die Geschäftsführung ohne Auftrag (GoA), §§ 677 ff

Bei der Geschäftsführung ohne Auftrag kommt es nicht zu einem Vertrag. Es handelt sich bei der GoA vielmehr um ein gesetzliches Schuldverhältnis[7]. Wer ein Geschäft eines anderen für ihn besorgt, ohne von ihm beauftragt oder sonst dazu berechtigt zu sein, tritt mit dem Geschäftsherrn unter bestimmten Voraussetzungen in ein Rechtsverhältnis ein, auf das teilweise Auftragsrecht angewendet wird. Hier geht es also um eine freiwillige Geschäftsbesorgung ohne rechtliche, insbesondere vertragliche Verpflichtung.

a) Die Voraussetzungen der GoA sind:

1) Es muß eine Geschäftsführung im Sinne des § 677 vorliegen:
- Der Handelnde hat ein fremdes Geschäft besorgt (dazu zählt jedes Tätigwerden);
- Er handelte mit dem Willen, ein fremdes Geschäft zu führen (Fremdgeschäftsführungswille). Bei vermeintlicher Eigengeschäftsführung fehlt dieser Wille; Folge: keine GoA, § 687 Abs. 1;
- Er handelte freiwillig, d.h. es bestand keine Verpflichtung zum Tätigwerden gegenüber dem Geschäftsherrn.

2) Es muß eine vom Gesetz gebilligte („berechtigte") Geschäftsführung im Sinne der §§ 677, 683 vorliegen. Das ist der Fall, wenn die Geschäftsbesorgung
- dem objektiven Interesse des Geschäftsherrn und
- dem wirklichen oder mutmaßlichen Willen des Geschäftsherrn entsprach (Ausnahme § 679).

Die Rechtsfolgen der gesetzlich gebilligten GoA lauten im wesentlichen auf Aufwendungsersatz (§§ 683, 670) einerseits, Rechenschafts- und Herausgabepflicht andererseits, §§ 681 S. 2, 666–668.

Die Geschäftsführung muß lt. § 677 dem Interesse des Geschäftsherrn (mit Rücksicht auf dessen wirklichen oder mutmaßlichen Willen) entsprechen. Der Geschäftsführer hat schuldhaft verursachte Schädigungen zu vertreten, § 276. Wurde er tätig, um eine drohende Gefahr abzuwenden, ist der Verschuldensbereich auf Vorsatz und grobe Fahrlässigkeit beschränkt, § 680. Der BGH hat eine Stadt, also eine öffentlichrechtliche Körperschaft, zum teilweisen Ersatz des Schadens

---

1 BGHZ 56, 204

2 BGHZ 10, 319

3 BGHZ 56, 204

4 BGHZ 16, 265

5 Palandt-Thomas, BGB, § 662 Anm. 3

6 BGHZ 52, 115

7 Es wird in diesem Kapitel zur besseren Verständlichkeit beim Auftrag behandelt.

nach den §§ 677, 680 verurteilt, der bei dem unsachgemäßen Aufrichten eines umgekippten Tankwagens durch die Feuerwehr und dadurch verursachtes Ölauslaufen entstanden war[1].

b) Entsprach die Geschäftsbesorgung nicht dem wirklichen oder mutmaßlichen Willen des Geschäftsherrn und lagen die übrigen Voraussetzungen der GoA vor, handelt es sich um eine gesetzlich mißbilligte („unberechtigte") GoA.

Bei der „unberechtigten" GoA besitzt der Handelnde keinen Aufwendungsersatzanspruch. Er haftet unter den Voraussetzungen des § 678 sogar ohne Verschulden auf Schadensersatz und muß das Erlangte nach Bereicherungsrecht[2] herausgeben.

c) Eine unberechtigte Eigengeschäftsführung liegt vor, wenn jemand wissentlich ein fremdes Geschäft als eigenes, also für sich, vornimmt, obwohl er nicht dazu berechtigt ist und das weiß. In diesem Fall kann man nicht von GoA sprechen, weil es bereits am Fremdgeschäftsführungswillen fehlt. Dennoch ordnet § 687 Abs. 2 an, daß der Geschäftsherr die ihm im Recht der GoA eingeräumten Ansprüche (entsprechend) geltend machen kann, und zwar zusätzlich zu anderen Ansprüchen wie § 823, § 812, § 987, deren Voraussetzungen in solchen Fällen meist gegeben sein werden. Diese zusätzlichen Ansprüche, insbesondere der Anspruch auf Auskunft und Rechenschaft (§§ 681, S. 2, 666), verbessern die Rechtsstellung des Geschäftsherrn.

d) Fehlt dem Handelnden der Fremdgeschäftsführungswille und weiß er nicht, daß er ein fremdes Geschäft besorgt (er besorgt das Geschäft in der Meinung, daß es sein eigenes sei), liegt keine GoA vor. Das stellt § 687 Abs. 1 klar. Eine analoge Anwendung der Vorschriften über die GoA ist für diesen Fall nicht vorgesehen.

3. Die Leihe, §§ 598 ff

a) Durch den Leihvertrag wird der Verleiher einer Sache verpflichtet, dem Entleiher den vereinbarten Gebrauch der Sache unentgeltlich zu ermöglichen, § 598. Der Leihvertrag ist ein zweiseitiger, aber kein gegenseitiger Vertrag. Typische Vertragspflichten sind die unentgeltliche Überlassung (Besitzverschaffung) und die Rückgabepflicht hinsichtlich derselben Sache. Darin liegen die Unterschiede zum Miet- bzw. Darlehensvertrag. Im Sprachgebrauch wird verbreitet auch dann von Leihe gesprochen, wenn die Überlassung entgeltlich ist (z.B. Leihwagen, Leihbücherei). Dabei liegt ein Mietvertrag zugrunde; die unzutreffende Bezeichnung ist belanglos, § 133. Eine unentgeltliche Gebrauchsüberlassung beruht häufig aber auf reiner Gefälligkeit, ohne daß der Versprechende einen Rechtsbindungswillen erkennen läßt. In diesen Fällen liegt keine Willenserklärung des Überlassenden und damit kein Vertrag vor.

b) Der Verleiher ist zur Gebrauchsüberlassung, aber nicht zur Instandsetzung oder Instandhaltung verpflichtet. Vielmehr muß der Entleiher die Sache instandhalten. Er darf die Sache nur so benutzen, wie es vereinbart ist. Durch Auslegung der Willenserklärungen unter Berücksichtigung von Verkehrssitte und Treu und Glauben ist zu ermitteln, was der Entleiher im einzelnen mit der Leihsache tun darf (z.B., ob er zur Weiterleihe befugt sein soll, vgl. § 603 S. 2). Nach Ablauf der vereinbarten Leihzeit muß der Entleiher die entliehene Sache zurückgeben. Der Verleiher kann aber normalerweise die Sache jederzeit, also schon früher, zurückfordern, § 604 Abs. 3.

c) Der Entleiher ist nach den allgemeinen Regeln verantwortlich. Bei unbefugter Überlassung der Sache an Dritte haftet er ohne Verschulden, § 603 S. 2.

Der Verleiher hat bei Unmöglichkeit, Verzug, Positiver Vertragsverletzung und *culpa in contrahendo* (Pflichtverletzung bei Vertragsanbahnung) nur Vorsatz und grobe Fahrlässigkeit zu vertreten, § 599. Bei Sach- oder Rechtsmängeln hat der Entleiher einen Schadensersatzanspruch, wenn dem Verleiher Arglist angelastet werden kann. In diesem Fall wird regelmäßig zusätzlich ein Anspruch aus § 823 oder § 826 gegeben sein.

---

1 BGH NJW 1975, 207

2 nach überwiegender Ansicht der Literatur eine Rechtsfolgeverweisung; vgl. auch BGHZ 37, 264

4. Die Schenkung, §§ 516 ff

a) Beim Schenkungsvertrag verpflichtet sich der Schenker, einen Vermögenswert aus seinem Vermögen einem anderen unentgeltlich zuzuwenden, so daß er endgültig in dessen Vermögen übergeht. Das Schenkungsversprechen muß notariell beurkundet sein, §§ 518 Abs. 1, 125, 126 Abs. 3. Ist die Schenkungsverpflichtung erfüllt, schadet die unterlassene notarielle Beurkundung nicht, § 518 Abs. 2.

b) Die Schenkung muß unentgeltlich sein, d.h. ohne vertragliche Gegenleistung erbracht werden. Zuwendungen, die in Anerkennung bereits erbrachter Leistungen vollzogen werden (belohnende, remuneratorische Schenkungen), gelten als unentgeltlich, wenn die früheren Leistungen ohne Rücksicht auf eine Belohnung erbracht wurden. Es handelt sich aber von vornherein nicht um eine belohnende Schenkung, wenn die Zuwendung Teil einer geschuldeten Gegenleistung ist, mag es sich auch um einen Zusatz aus freien Stücken handeln (*Beispiele:* Gratifikationen und ähnliche Gelder im Arbeitsverhältnis).

Andererseits kommt es nicht darauf an, weshalb der Schenker schenkt. Schenkungen im Rechtssinn sind auch die Pflicht- und Anstandsschenkungen.

Die Anwendbarkeit des Schenkungsrechts ist bei der sog. gemischten Schenkung sorgfältig zu prüfen. Eine gemischte Schenkung liegt vor, wenn die Leistungen eines einheitlichen Vertrages zum Teil entgeltlich, zum Teil unentgeltlich sind. Aus der Einigung muß diese Aufteilung hervorgehen. Es ist noch keine gemischte Schenkung, wenn beispielsweise der Kaufpreis extrem niedrig ist („halb geschenkt“[1]), aber wohl, wenn zwar eine Gegenleistung erbracht wird, diese aber nach der Einigung der Parteien die Vermögenszuwendung des anderen nicht voll abdeckt.

Bei der gemischten Schenkung hängt die Anwendbarkeit der §§ 516 ff davon ab, ob der schenkungsrechtliche Teil in dem konkreten Vertrag nach dem Vertragszweck charakteristisch ist (Einheitstheorie). Nach der Trennungstheorie ist der Vertrag in den Schenkungsteil und den anderen Teil zu zerlegen und für beide Teile das spezifische Recht anzuwenden[2].

c) Der Schenker hat Vorsatz und grobe Fahrlässigkeit zu vertreten, § 521. Für Sach- oder Rechtsmängel haftet er nur bei Arglist, §§ 523 Abs. 1, 524 Abs. 1. Bei Verarmung des Schenkers und grobem Undank des Beschenkten gewähren die §§ 528 f und 539 ff Rückforderungs- und Widerrufsrechte.

XIII. Die Bürgschaft, §§ 765 ff

1. Die rechtliche Konstruktion

a) Die Bürgschaft wird durch einen Vertrag zwischen dem Bürgen und dem Gläubiger geschlossen. Es handelt sich um einen einseitig-verpflichtenden Vertrag. Nur der Bürge ist verpflichtet. Für den Gläubiger bestehen nicht einmal Sorgfaltspflichten[3]. Der Vertragsinhalt besteht darin, daß der Bürge sich verpflichtet, eine Forderung zu erfüllen, die der Gläubiger gegenüber einem Dritten (sog. Hauptschuldner) bereits besitzt oder besitzen wird, § 765.

b) Durch die Bürgschaft wird erreicht, daß eine Forderung durch das Hinzutreten eines weiteren Schuldners (des Bürgen) in ihrer Realisierbarkeit abgesichert wird. Die Verpflichtung des Bürgen ist „Hilfsschuld“.

Hierbei sind drei Rechtsverhältnisse zu unterscheiden:

– das Schuldverhältnis Gläubiger–Hauptschuldner,

---

1 vgl. BGH NJW 1961, 604

2 RGZ 163, 260

3 BGH BB 1963, 111

– der Bürgschaftsvertrag Gläubiger–Bürge,
– das Rechtsverhältnis Bürge–Hauptschuldner.

c) Die Bürgschaftsschuld (die Verpflichtung des Bürgen) hängt vom Bestehen und Umfang der Hauptschuld ab, § 767 (sog. Akzessorietät). Der Anspruch des Gläubigers gegen den Bürgen ist aber unabhängig davon, ob ein Schuldverhältnis zwischen Bürge und Hauptschuldner besteht; Einreden hieraus können dem Gläubiger nicht entgegengesetzt werden[1].

d) Für einen wirksamen Bürgschaftsvertrag bedarf es der Einigung zwischen Bürge und Gläubiger, des Bestehens oder Entstehens der Hauptforderung und der Schriftform des Bürgschaftsversprechens, § 766 S. 1. Ein Telegramm genügt zur Wahrung der Form nicht[2]. Der Schriftform bedarf es nicht mehr, soweit der Bürge die Hauptverbindlichkeit erfüllt (§ 766 S. 2) und ferner nicht, wenn der Bürge Vollkaufmann ist und es sich für ihn bei der Bürgschaft um ein Handelsgeschäft im Sinne der §§ 343, 350, 351 HGB handelt.

2. Die Abgrenzung zu ähnlichen Verträgen

Die Bürgschaft unterscheidet sich:

a) von der Erfüllungsübernahme nach § 329: Bei der Erfüllungsübernahme erhält der Gläubiger keinen Anspruch gegen den Übernehmenden[3];

b) von der befreienden Schuldübernahme nach § 414: Bei dieser wird nur noch der Übernehmende verpflichtet. Bei der Bürgschaft sind Hauptschuldner und Bürge nebeneinander verpflichtet;

c) von der Schuldmitübernahme (Schuldbeitritt): Hier ist der Übernehmende neben dem Hauptschuldner verpflichtet. Er übernimmt aber eine eigene Verpflichtung, während der Bürge für fremde Schuld einsteht. Ferner besteht keine Akzessorietät nach Entstehung der Hauptforderung. Die Schuldmitübernahme bedarf daher nicht der Form des § 766. Eine Umdeutung der ohne die Form des § 766 vereinbarten Bürgschaft in eine Schuldmitübernahme ist in der Regel aber nicht möglich[4];

d) vom selbständigen Garantievertrag: Der Garant steht unabhängig von der Hauptschuld für einen bestimmten Erfolg ein, bei der Bürgschaft besteht jedoch Akzessorietät;

e) von der Wechselbürgschaft nach §§ 30 ff WG: Bei der Wechselbürgschaft besteht keine Akzessorietät[5].

3. Besondere Arten der Bürgschaft

a) **Die selbstschuldnerische Bürgschaft,** § 773 Abs. 1 Ziff. 1. Hier verzichtet der Bürge von vornherein auf die Einrede der Vorausklage nach § 771[6].

b) **Die Kredit- und Höchstbetragsbürgschaft.** Sie besteht für einen dem Hauptschuldner einzuräumenden oder laufenden Kredit bis zu einer festgelegten Höhe.

c) **Die Prozeßbürgschaft.** Eine vor oder im Prozeß notwendig werdende Sicherheitsleistung (z.B. zur Aufhebung einer einstweiligen Verfügung oder zur Durchführung oder Abwendung der Zwangsvollstreckung von Urteilen) kann durch eine selbstschuldnerische Bürgschaft erbracht werden[7]. Dabei wirken sich Entscheidungen des Gerichts hinsichtlich der Hauptschuld auch gegenüber dem Bürgen aus.

---

1 BGH WM 1975, 348
2 BGHZ 24, 297
3 vgl. dazu BGH NJW 1972, 576
4 BGH WM 1968, 1200
5 BGHZ 35, 19
6 vgl. hierzu BGH NJW 1968, 2332
7 BGH NJW 1967, 823 und 1975, 1120; vgl. auch Weber JuS 1971, 553

d) **Die Ausfallbürgschaft.** Hier haftet der Bürge, wenn die Zwangsvollstreckung gegen den Hauptschuldner ganz oder teilweise ohne Erfolg war, so daß der Gläubiger – ohne eigenes Verschulden – einen „Ausfall" hat. Der Unterschied zur Situation, in der sich der Bürge auf die Einrede der Vorausklage (§ 771) beruft, besteht in folgendem: Bei der Ausfallbürgschaft **entsteht** der Anspruch erst, wenn die Erfolglosigkeit der Zwangsvollstreckung feststeht; bei der normalen Bürgschaft entsteht die Verpflichtung des Bürgen unbedingt mit dem Vertrage, er besitzt aber die – im Prozeß von ihm geltend zu machende – Einrede der Vorausklage und haftet dann ebenfalls auf den evtl. Ausfall. Die Ausfallbürgschaft hat mit der selbstschuldnerischen Bürgschaft äußerlich gemein, daß die Einrede der Vorausklage nicht zum Zuge kommt. Eine Ausfallbürgschaft kann aber nicht als selbstschuldnerische Bürgschaft vereinbart werden[1].

e) **Die Rückbürgschaft.** Der Rückbürge sichert die Rückgriffsforderung des Bürgen gegenüber dem Hauptschuldner, indem er sich dem Bürgen dafür verbürgt[2]. Besteht eine Rückbürgschaft, kann der Bürge den Rückbürgen in Anspruch nehmen, wenn er die Forderung des Gläubigers erfüllt hat und vom Hauptschuldner nichts erhält.

f) **Die Nachbürgschaft.** Der Nachbürge steht dem Gläubiger dafür ein, daß der Bürge seine Verpflichtung erfüllt, also anstelle des Hauptschuldners zahlt[3].

g) **Die Mitbürgschaft,** § 769. Bei der Mitbürgschaft stehen mehrere Bürgen nebeneinander. Sie haften als Gesamtschuldner nach den §§ 421–425. Der Gläubiger kann also nach seiner Wahl einen von ihnen als Bürgen in Anspruch nehmen. Soweit ein Bürge den Gläubiger befriedigt, geht dessen Forderung auf ihn über, §§ 774 Abs. 2, 426[4].

4. Die Einreden des Bürgen gegenüber dem Gläubiger

a) Der Bürge kann sich selbstverständlich auf alle Mängel seines Bürgschaftsvertrages mit dem Gläubiger und auf Einreden aus diesem Vertrag berufen.

b) Der Bürge kann darüber hinaus auch alle Einwendungen aus dem Schuldverhältnis Gläubiger–Hauptschuldner geltend machen. Das ist eine Folge der Akzessorietät der Bürgschaftsschuld, § 767.

c) Nach § 768 hat der Bürge die Einrederechte des Hauptschuldners, und zwar auch dann, wenn dieser darauf verzichtet.

d) Nach § 770 Abs. 1 besitzt der Bürge das besondere Einrederecht, der Hauptschuldner könne das seiner Verbindlichkeit zugrundeliegende Rechtsgeschäft durch Anfechtung wieder beseitigen. Die gleiche Befugnis hat der Bürge nach § 770 Abs. 2, wenn sich der Gläubiger durch Aufrechnung befriedigen kann.

Der Bürge hat diese Einreden, er kann aber die Gestaltungsrechte Anfechtung und Aufrechnung selbst nicht wahrnehmen. Verzichten also die Berechtigten auf die Ausübung, verliert der Bürge die Einreden aus § 770.

§ 770 ist für andere Gestaltungsrechte des Hauptschuldners entsprechend anwendbar, so für das Wandlungsrecht[5]. Streitig ist, ob § 770 Abs. 2 auch auf den Fall anzuwenden ist, daß der Hauptschuldner aufrechnen kann (§ 770 Abs. 2 spricht nur vom Aufrechnungsrecht des Gläubigers)[6]. Für die Aufrechnungsbefugnis des Hauptschuldners muß aber das gleiche gelten wie für die übrigen Gestaltungsrechte.

---

1 a.A. Palandt-Thomas, BGB, Einf. vor § 765 Anm. 2 c unter Berufung auf RG JW 1914, 350

2 vgl. BGH NJW 1972, 577 und OLG Oldenburg NJW 1965, 253

3 vgl. OLG Hamm MDR 1961, 503

4 vgl. BGHZ 23, 361

5 RGZ 66, 334

6 bejahend z.B. Larenz II § 64 I; verneinend RGZ 137, 36; Palandt-Thomas, BGB, § 770 Anm. 3

e) Nach § 771 besitzt der Bürge die Einrede der Vorausklage. Er kann die Zahlung verweigern, solange nicht der Gläubiger eine Zwangsvollstreckung erfolglos versucht hat. Diese Einrede scheidet aus

- wenn der Bürge auf die Einrede verzichtet hat oder selbstschuldnerischer Bürge ist, § 773 Abs. 1 Nr. 1,
- bei Konkurs des Hauptschuldners oder wenn die Rechtsverfolgung oder die Zwangsvollstreckung von vornherein aussichtslos ist, § 773 Abs. 1 Nr. 2–4,
- wenn der Bürge Vollkaufmann und die Bürgschaft für ihn ein Handelsgeschäft ist, § 349 HGB.

5. Die Ansprüche des Bürgen gegenüber dem Hauptschuldner

Schon vor einer Zahlung an den Gläubiger hat der Bürge unter den Voraussetzungen des § 775 einen Befreiungsanspruch gegenüber dem Hauptschuldner, und zwar auch und gerade bei der selbstschuldnerischen Bürgschaft.

Nach § 774 geht die Forderung des Gläubigers gegenüber dem Hauptschuldner mit allen Nebenrechten auf den Bürgen über (gesetzlicher Forderungsübergang), wenn der Bürge an den Gläubiger zahlt.

XIV. Der Vergleichsvertrag (Vergleich), § 779

1. Der Vertragsinhalt

Der Vergleichsvertrag ist ein gegenseitiger Vertrag. Die Parteien einigen sich durch beiderseitiges Nachgeben, mit welchem Inhalt ein zwischen ihnen bisher umstrittenes oder unklares Rechtsverhältnis nunmehr bestehen soll, womit ihre verschiedenen Rechtsauffassungen beigelegt sein sollen.

Der Vergleichsvertrag setzt eine Einigung im Wege beiderseitigen Nachgebens voraus. Jede Partei muß also ein Zugeständnis gemacht haben. Das Zugeständnis kann darin liegen, daß auf eine vermeintliche Rechtsposition zum Teil verzichtet wird. Der Vergleich muß subjektiv (nach Auffassung der Parteien also) ein Kompromiß sein. Gibt nur eine Partei (subjektiv) nach, handelt es sich nicht um einen Vergleich, sondern um ein Anerkenntnis (dazu unten XV).

Die unterschiedlichen Auffassungen der Parteien müssen sich auf ein Rechtsverhältnis (Ausgangsrechtsverhältnis) zwischen ihnen – nicht auf Tatsachen – beziehen. Der Begriff „Rechtsverhältnis" in § 779 ist sehr weit zu verstehen. Es genügt jede rechtliche Beziehung. Außer Schuldverhältnissen kommen also auch dingliche, familien- und erbrechtliche Verhältnisse in Betracht[1].

2. Die Wirkung des Vergleichs

Mit der Einigung legen die Parteien ihre Rechtsbeziehungen fest. Ging der Streit oder die Unklarheit um schuldrechtliche Verpflichtungen, bedeutet der Vergleich einen Abänderungsvertrag. Streitig ist, ob der Abänderungsvertrag bereits den Vollzug der Änderung (die Verfügung, z.B. Reduzierung einer Forderung) mitenthält[2] oder ob das Verfügungsgeschäft gesondert nachfolgt[3].

3. Die besondere Unwirksamkeitsregelung des § 779

Für den Vergleich als gegenseitigen Vertrag gelten die allgemeinen Regeln über die Vertragsstörungen, insbesondere die §§ 323 ff.

§ 779 enthält zusätzlich einen besonderen Unwirksamkeitsgrund, dessen Voraussetzungen (aber nicht dessen Rechtsfolge) denen des Wegfalls der Geschäftsgrundlage ähneln.

---

1 vgl. zur Abgrenzung BGHZ 59, 69

2 so Larenz I § 7 IV

3 so Palandt-Thomas, BGB, § 779 Anm. 1

Diese Voraussetzungen sind:

- der im Vergleich zugrundegelegte (im Vergleichsvertrag also enthaltene) Sachverhalt entspricht der wirklichen Sachlage nicht,
- der konkrete Streit oder die Unklarheit wäre nicht entstanden, wenn die Parteien die wirkliche Sachlage gekannt hätten[1] (die Parteien hatten in Wirklichkeit keinen Anlaß zum Abschluß des Vergleichsvertrages).

Daneben sind die Anfechtung nach § 119 und die Berufung auf einen Wegfall der Geschäftsgrundlage möglich, allerdings nicht hinsichtlich der Umstände, die durch den Vergleich gerade erledigt werden sollten[2]. Die Anfechtung nach § 123 ist in diesen Fällen nicht ausgeschlossen[3].

4. Der Prozeßvergleich

§ 779 gilt auch für den Prozeßvergleich, den Kläger und Beklagter im Prozeß zur Beilegung des Rechtsstreits schließen. Der Prozeßvergleich ist Vergleich nach § 779 und eine den Prozeß beendigende Prozeßhandlung. – Der Zwangsvergleich bei Insolvenzen ist eine Sonderform des Vergleichs. Er ist in der Vergleichsordnung und in der Konkursordnung geregelt.

XV. Das abstrakte Schuldversprechen. Das abstrakte Schuldanerkenntnis. Das deklaratorische Schuldanerkenntnis. Das Tatsachenanerkenntnis

1. Das abstrakte Schuldversprechen, § 780

a) Hierbei handelt es sich um einen Vertrag, bei dem sich die Parteien darauf einigen, daß zusätzlich zu einem bestehenden Anspruch (aus dem Grundgeschäft) dem Gläubiger eine neue Forderung gegenüber dem Schuldner zustehen soll, die im Verhältnis zum Grundgeschäft selbständig ist. Der Schuldner übernimmt also eine neue Verbindlichkeit, die von der alten Verpflichtung losgelöst (abstrakt) ist. Der Gläubiger soll die Leistung zwar nur ein Mal erhalten, § 364 Abs. 2, erlangt aber durch die neue Forderung eine rechtlich verbesserte Lage, weil etwaige Einwendungen und Einreden, die gegenüber der Forderung aus dem Grundgeschäft bestehen, gegenüber der neuen Forderung nicht wirken. Die ursprüngliche Forderung soll aber nach dem Willen der Parteien meist ebenfalls bestehen bleiben.

b) Das abstrakte Schuldversprechen bedarf der Schriftform, §§ 780, 125. Das Formerfordernis besteht nicht, wenn das Schuldversprechen auf der Seite des Schuldners ein Handelsgeschäft und er Vollkaufmann ist, §§ 350, 351 HGB.

c) Wenngleich Einwendungen und Einreden aus dem Grundgeschäft gegenüber der abstrakten neuen Forderung nicht wirken, so ist das Bestehen des Grundverhältnisses immerhin rechtlich von Bedeutung. Die Existenz des Grundverhältnisses ist „Rechtsgrund" für den Schuldversprechensvertrag. Fehlt das Grundverhältnis, hat der andere die Forderung aus dem Schuldversprechen ohne Rechtsgrund erlangt. Sie kann als ungerechtfertigte Bereicherung zurückverlangt werden, § 812 Abs. 2. Der Versprechende hat also einen Anspruch auf Rückübertragung oder kann sich auf die Einrede aus § 821 berufen.

d) Ein Schuldversprechen, auf das sich die Parteien nicht geeinigt haben, das somit einseitig geblieben ist, begründet keine selbständige Verpflichtung. Es kann Beweismittel für eine bestehende Verpflichtung sein oder die Verjährung unterbrechen[4].

---

1 RGZ 122, 203

2 RGZ 152, 403

3 BGH LM § 123 Nr. 4

4 Palandt-Thomas, BGB, Einf. v. § 780 Anm. 2

2. Das abstrakte Schuldanerkenntnis, § 781

Dabei handelt es sich um einen Vertrag, der sich kaum vom abstrakten Schuldversprechen unterscheidet. Dort verspricht der Schuldner eine selbständige (abstrakte) Leistung; hier erkennt er an, daß er zu einer selbständigen Leistung verpflichtet ist. Die Selbständigkeit der durch das Anerkenntnis geschaffenen neuen Forderung ist zwar im Tatbestand des § 781 – anders als bei § 780 – nicht erwähnt, es steht aber außer Zweifel, daß mit dem Anerkenntnis des § 781 eine abstrakte Forderung entsteht. Die Unterschiede zwischen § 780 und § 781 sind daher im Ergebnis bedeutungslos. Es gilt im übrigen das zum abstrakten Schuldversprechen Gesagte. Nach § 781 ist gleichfalls Schriftform erforderlich.

Es wird allerdings beim konkreten Fall sorgfältig zu prüfen sein, ob die Parteien sich auf die Anerkennung einer neuen, selbständigen Forderung geeinigt haben. Häufig wird das Anerkenntnis des Schuldners nämlich nur bestätigenden Charakter haben (deklaratorisches Schuldanerkenntnis).

Ein Beispiel für das abstrakte Schuldanerkenntnis ist das Saldoanerkenntnis bei laufender Rechnung, § 355 HGB[1].

3. Das deklaratorische Schuldanerkenntnis

Die Parteien können sich darauf einigen, einen bestimmten Anspruch zu bestätigen, ohne eine neue Forderung zu begründen. Ein verständlicher Anlaß dafür besteht dann, wenn eine Forderung dem Grunde oder der Höhe nach nicht eindeutig feststeht[2].

Das deklaratorische Schuldanerkenntnis hat in jedem Falle Beweisfunktion. Es kann aber zusätzlich die Wirkung haben, daß Einwendungen und Einreden des Schuldners ausgeschlossen werden, jedenfalls soweit der Schuldner sie bei der Einigung übersehen konnte. Das wird vor allem dann in Frage kommen, wenn der Zweck des deklaratorischen Schuldanerkenntnisses gerade die Behebung einer Unsicherheit über Bestehen und Höhe der Forderung war und somit dem Vergleich ähnlich ist[3].

Das deklaratorische Schuldanerkenntnis ist ein Vertrag nach § 305 und nicht der Schriftform des § 781 unterworfen.

Ein Beispiel für das deklaratorische Schuldanerkenntnis ist der Jahresrechnungsabschluß der kontoführenden Bank. – Der Erklärung eines Beteiligten am Verkehrsunfall, er trage die Schuld und werde die Angelegenheit erledigen, kann deklaratorisches Schuldanerkenntnis sein (Bestätigung der Forderung dem Grunde nach)[4]. Hier kommt aber auch in Betracht, daß die Beteiligten den Unfallhergang, also Tatsachen, feststellen wollten[5].

4. Das Tatsachenanerkenntnis

Ist Inhalt der Einigung ausschließlich die Feststellung von Tatsachen, spricht man vom Tatsachenanerkenntnis. Dessen Wirkung beschränkt sich auf die Beweisfunktion. Will sich einer der Beteiligten später darauf berufen, der Sachverhalt liege anders als nach dem Tatsachenanerkenntnis, ist er dafür beweispflichtig. Das kann darauf hinauslaufen, daß er wegen der Existenz des Tatsachenanerkenntnisses nun Tatsachen beweisen muß, die sonst der andere zu beweisen gehabt hätte[6].

---

1 BGH WM 1972, 283

2 BGH WM 1974, 411

3 BGH NJW 1963, 2317 und WM 1974, 411; vgl. Reinicke NJW 1970, 885

4 vgl. OLG Hamm MDR 1974, 312; Bergmann MDR 1974, 989; Lindacher JuS 1973, 79

5 KG Berlin NJW 1971, 1219

6 OLG Hamm MDR 1974, 1019 spricht von einer Umkehr der Beweislast; ablehnend Palandt-Thomas, BGB, § 781 Anm. 2c

XVI. Der Maklervertrag (§§ 652 ff BGB) und der Handelsmaklervertrag (§§ 93 ff HGB)

DER ZIVILMAKLER, §§ 652 ff BGB

1. Der Maklervertrag ist ein zweiseitiger, aber kein gegenseitiger Vertrag. Die Einigung des Auftraggebers mit dem Makler hat folgenden Inhalt: Der Auftraggeber ist zur Zahlung des vereinbarten oder üblichen Maklerlohns verpflichtet, wenn er einen von ihm gewünschten Vertrag mit einem Dritten abschließt, der infolge der **Vermittlung** des Maklers zustandekommt. Die Zahlungspflicht hängt also im Normalfall von der aufschiebenden Bedingung ab, daß der gewünschte Vertrag zustandekommt und daß dafür die Tätigkeit des Maklers ursächlich war.

Der Makler ist normalerweise nicht zum Tätigwerden verpflichtet. Anders ist es in der Regel, wenn dem Makler „das Objekt fest an die Hand gegeben" wird. Nunmehr ist der Makler zur Tätigkeit gegen Vergütung **verpflichtet**; es handelt sich um einen – gegenseitigen – **Geschäftsbesorgungsvertrag** und nicht um einen Maklervertrag im Sinne des § 652[1].

Dem Auftraggeber steht es frei, ob er von einem Hinweis auf eine Gelegenheit zum Vertragsabschluß oder von einer Vertragsvermittlung Gebrauch macht. Er kann auch weitere Makler beauftragen. Dieser Möglichkeit begibt er sich allerdings, wenn ein „Festauftrag" erteilt, „das Objekt fest an die Hand gegeben" ist. Beim Festauftrag bleibt jedoch der Auftraggeber berechtigt, sich selbst um den Abschluß des erstrebten Vertrages zu bemühen (sog. Eigengeschäft oder Direktabschluß)[2]; es sei denn, solche Eigengeschäfte seien in dem konkreten Maklervertrag ausgeschlossen. Ein Ausschluß von Eigengeschäften in AGB ist aber nicht wirksam[3].

Falls nicht besonders vereinbart, hat der Makler keinen Aufwendungsersatzanspruch. Er trägt also die Unkosten und ist allein auf die Vergütung angewiesen.

2. Bei den vom Auftraggeber erstrebten Verträgen handelt es sich vor allem um Grundstücksgeschäfte, Hypothekengeschäfte, Darlehensgeschäfte, Vermögensanlagegeschäfte, Baubetreuung, Mietverträge, Pachtverträge und Eheschließungen. Von der Arbeits- und Stellenvermittlung ist der Makler durch die §§ 4, 228 des Arbeitsförderungsgesetzes (AFG) bis auf wenige Ausnahmen ausgeschlossen. Der Zivilmakler unterscheidet sich vom Handelsmakler u.a. im Gegenstand der Tätigkeit: der Handelsmakler richtet seine Tätigkeit auf die in § 93 HGB genannten Geschäfte aus.

Fast alle Maklertätigkeiten sind nach § 34 c GewO (dem sog. „Maklergesetz") erlaubnispflichtig. Weiteres regelt die Makler- und Bauträgerverordnung (MaBV). Hinsichtlich der Vermittlung von Wohnraum enthält das Gesetz zur Regelung der Wohnungsvermittlung (WoVermG; = Art. 9 des Gesetzes zur Verbesserung des Mietrechts und zur Begrenzung des Mietanstiegs sowie zur Regelung von Ingenieur- und Architektenleistungen) weitere Einzelregelungen.

3. Die Vorschriften des BGB schützen den Makler nicht davor, daß er für einen Auftraggeber tätig wird und nicht einmal seine Aufwendungen ersetzt bekommt. Es liegt daher nahe, daß die Makler diese Punkte im konkreten Vertrage zusätzlich vereinbaren. Im allgemeinen geschieht dies durch Verwendung von AGB. Die von den Gerichten wahrgenommene Inhaltskontrolle der AGB mißt die Wirksamkeit der AGB-Klauseln daran, ob sie vom Maklervertrag des BGB erheblich abweichen. Eine solche Abweichung hat die Rechtsprechung bisher in der sog. **Vorkenntnisklausel** gesehen. Sie ist demzufolge nur dann wirksam vereinbart, wenn sie bei dem konkreten Vertrag Bestandteil der Einigung war (Individualvereinbarung). Es genügt nicht, daß die Klausel in den AGB enthalten ist[4]. Die Vorkenntnisklausel besagt, daß ein Hinweis des Maklers dem Auftraggeber bis dahin als unbekannt gilt, wenn der Auftraggeber nicht umgehend mitteilt, daß er diese Gelegenheit zum Abschluß eines Vertrages bereits aus anderer Quelle kennt. Versäumt also

---

1 hM; vgl. BGH NJW 1966, 1406

2 BGH NJW 1961, 307; a.A. Warncke MDR 1961, 727

3 BGHZ 60, 377

4 BGH NJW 1971, 1133

der Auftraggeber diese Mitteilung bei geltender Vorkenntnisklausel und kommt der Vertrag mit dem Dritten zustande, hat der Makler den Anspruch auf Vergütung auch dann, wenn der Auftraggeber beweisen kann, daß er die Kenntnis der Vertragsgelegenheit schon vor dem Nachweis des Maklers hatte[1].

4. Eine Sonderrolle nimmt nach § 656 der **Ehemakler** ein. Sein Anspruch auf Vergütung wird rechtlich nicht anerkannt; er ist demzufolge nicht einklagbar (sog. Naturalobligation). Hat der Ehemakler aber eine vereinbarte Vergütung erhalten, darf er sie behalten; ein Herausgabeanspruch nach § 812 wegen Leistung ohne Rechtsgrund besteht nicht, § 656 Abs. 1 S. 2. Diese Rechtslage führt dazu, daß Ehevermittler erst tätig werden, wenn sie die Vergütung vorweg erhalten haben.

§ 656 Abs. 1 gilt gemäß Abs. 2 auch für das Umgehungsgeschäft. Ausdrücklich erwähnt ist das abstrakte Schuldanerkenntnis. Ob dieses Verbot auch für Finanzierungsdarlehen gilt (der Ehewillige nimmt zur Zahlung an den Ehemakler ein Darlehen auf), ist streitig[2].

5. Der Maklervertrag ist mangels besonderer Vereinbarungen jederzeit widerruflich, und zwar von beiden Seiten. In der Praxis wird häufig eine Kündigungsfrist vereinbart. Beim Festauftrag (Geschäftsbesorgungsvertrag) gibt es die Kündigung aus wichtigem Grund[3].

DER HANDELSMAKLER, §§ 93 ff HGB

Der Handelsmakler – gemäß HGB nicht mehr Amtsperson wie ehedem – unterscheidet sich vom Zivilmakler schon durch sein Tätigkeitsgebiet. Er beschäftigt sich mit der Vermittlung von Warengeschäften, Wertpapiergeschäften, Versicherungen[4], Güterbeförderungen, Schiffsmiete, Lizenzen und Know-how-Verträgen oder anderen Gegenständen des Handelsverkehrs.

Für ihn gelten die §§ 652 BGB subsidiär. Er ist Kaufmann nach § 1 Abs. 2 Nr. 7 HGB. Auch der Zivilmakler kann – nach § 2 HGB – Kaufmann sein; er ist aber damit noch nicht Handelsmakler.

Der Handelsmakler ist selbständig und betreibt seine Tätigkeit gewerbsmäßig. Er ist nicht ständig mit der Vermittlung betraut (anderenfalls kann er Handelsvertreter sein). Der Handelsmakler steht in Rechtsbeziehungen zu beiden Vertragsparteien. Beide Parteien können seine Auftraggeber sein; er ist dann unparteiische Mittelsperson. Ist nur eine Vertragspartei sein Auftraggeber, hat er dennoch Pflichten gegenüber der anderen Partei (z.B. Zustellung der Schlußnote nach § 94 HGB – Beweismittel für das abgeschlossene Geschäft[5] –) und kann demzufolge seinen Maklerlohn von beiden Vertragsparteien zur Hälfte verlangen, § 99 HGB.

Für den Versicherungsmakler kommt zusätzlich die entsprechende Anwendung der Vorschriften über den Versicherungsagenten (§§ 43–48 VVG) in Betracht.

XVII. Der Vertrag mit dem Handelsvertreter, §§ 84 ff HGB

1. Der Vertrag mit dem Handelsvertreter ist **Geschäftsbesorgungsvertrag** nach § 675 in der Form des **Dienstvertrages.** Insbesondere für den Handelsvertreter, dem Vollmacht zum Abschluß von Verträgen (Abschlußvertreter, § 55 HGB, § 45 VVG) erteilt ist, kann allerdings auch ein Werkvertrag zugrundeliegen, wobei das Zustandekommen des gewünschten Vertrages der geschuldete Erfolg ist. Ob dem Geschäftsbesorgungsvertrag ein Dienstvertrag oder ein Werkvertrag zugrundeliegt, ergibt die Auslegung der konkreten Einigung. Jedenfalls gelten für den Handelsvertreter die Vorschriften des BGB über die Vertretung (§§ 164 ff).

---

[1] BGH NJW 1962, 2099 und NJW 1971, 1135. Streitig, a.A. z.B. Palandt-Thomas, BGB, § 652 Anm. 9 Aa; Knieper NJW 1970, 1293: widerlegbare Vermutung für fehlende Vorkenntnis

[2] Darlehensvereinbarung nicht einklagbar: z.B. Höbold NJW 1970, 1869; einklagbar: Palandt-Thomas, BGB, § 656 Anm. 3 b; vgl. Berg JuS 1973, 548

[3] BGH NJW 1969, 1626

[4] anders der Versicherungsvertreter (Versicherungsagent): er ist Handelsvertreter, § 92 HGB, §§ 43 ff VVG

[5] Baumbach-Duden, HGB, § 95 Anm. B

2. Der Unternehmer einigt sich mit dem Handelsvertreter, daß dieser **ständig** damit betraut ist, für den Unternehmer und in dessen Namen Verträge anzubahnen (Vermittlungsvertreter) oder abzuschließen (Abschlußvertreter).

Handelsvertreter kann nur ein selbständiger Gewerbetreibender sein. Er ist damit je nach Umfang seines Betriebes Vollkaufmann oder Minderkaufmann, § 1 Abs. 2 Nr. 7 bzw. § 4 Abs. 1 HGB. Wer die gleiche Tätigkeit nicht selbständig, sondern als Angestellter ausübt, wird gewöhnlich mit „Reisender" bezeichnet, § 84 Abs. 2 HGB.

Auch eine juristische Person kann Handelsvertreter sein, ferner die handelsrechtlichen Personengesellschaften (OHG und KG). Die ständige Tätigkeit kann für einen (Allein- oder Einfirmenvertreter) oder mehrere Unternehmer ausgeübt werden, da der Handelsvertreter, anders als der Reisende, nicht in einem Arbeitsverhältnis steht.

Der andere Teil, der Unternehmer, braucht nicht Kaufmann zu sein. Es genügt die Teilnahme am Wirtschaftsverkehr, wobei nicht einmal ein Gewerbe betrieben werden muß. Die Art der Geschäfte ist grundsätzlich nicht maßgebend. Auch ein Freiberufler kommt daher als Unternehmer im Sinne des § 84 HGB in Betracht. Es handelt sich jedoch nicht um einen Handelsvertretervertrag, wenn der Vermittler private Geschäfte für den anderen verfolgt (dann ist er Zivilagent).

§ 84 Abs. 3 stellt klar, daß ein Handelsvertreter weitere Handelsvertreter beauftragen kann (Unter-Handelsvertreter)[1]. Der Handelsvertreter ist dann selbst Unternehmer im Sinne des HGB. In der Praxis ist es verbreitet, daß Handelsvertreter für ihren Betrieb Reisende anstellen. Diese nennt man ebenfalls Untervertreter.

3. Der Inhalt des Handelsvertretervertrages ist gesetzlich nicht im einzelnen festgelegt. Kraft Gesetzes hat der Handelsvertreter gewisse Vollmachten, z.B. zur Entgegennahme von Mängelrügen u.a.m., §§ 91, 55 HGB. Beim Versicherungsvertreter gilt hier § 43 VVG.

Für die Vergütung ist die Vereinbarung eines Prozentsatzes der zustandegekommenen und ausgeführten Verträge (Provision) typisch, § 87 HGB. Seltener erhält der Handelsvertreter ganz oder zum Teil eine feste Vergütung (Fixum)[2].

Ist dem Handelsvertreter – wie es ein sinnvoller Vertrieb normalerweise voraussetzt – ein genau bezeichnetes Gebiet („Bezirk", z.B. die Bereiche der früheren Postleitzahlen) vertraglich freigehalten (Bezirksvertreter), hat er durchweg einen Provisionsanspruch bei den nicht von ihm persönlich vermittelten Verträgen (*Beispiel:* Die Einzelhändler bestellen schriftlich beim Hersteller; auch für diese Bestellungen erhält der Handelsvertreter eine – meist niedrigere – Provision).

Im Punkte der Entlohnung unterscheiden sich Handelsvertreter und Reisender im allgemeinen dadurch, daß der Handelsvertreter eine höhere Provision und ein geringeres oder gar kein Fixum erhält. Dabei wird eben berücksichtigt, daß er die Unkosten seines Betriebes und seiner Vermittlungstätigkeit selbst trägt.

4. Da die Tätigkeit des Handelsvertreters in der Regel erst nach einer mehr oder weniger langen Aufbauzeit erfolgreich ist und andererseits für den Unternehmer der geworbene Kundenstamm auf lange Zeit einen Wert darstellt, gewährt § 89b HGB dem Handelsvertreter nach Beendigung des Vertrages einen **Ausgleichsanspruch.** Unter „Beendigung" ist auch eine Beendigung durch den Tod des Handelsvertreters zu verstehen, sei dieser auch selbst verursacht oder verschuldet[3]. Der Ausgleichsanspruch steht dann den Erben zu. Er geht im wesentlichen höchstens auf eine Jahresprovision, die in den letzten fünf Jahren durchschnittlich erzielt wurde, § 89b Abs. 2 HGB. Für den Versicherungsvertreter ist der Anspruch gemäß Abs. 5 auf das Dreifache einer Jahresprovision begrenzt.

---

1 vgl. dazu BGHZ 56, 290

2 Eine Übersicht über die üblichen Zahlungsmodalitäten bei Schröder BB 1963, 567

3 BGHZ 24, 214: verschuldeter Unfall; BGHZ 45, 385; 60, 350: Freitod

Der Ausgleichsanspruch besteht nicht, wenn der Handelsvertreter das Vertragsverhältnis gekündigt hat[1], es sei denn, daß ein Verhalten des Unternehmers hierzu begründeten Anlaß gegeben hat oder dem Handelsvertreter eine Fortsetzung seiner Tätigkeit wegen seines Alters oder wegen Krankheit nicht zugemutet werden kann, § 89b Abs. 3 HGB. Hat der Handelsvertreter aus Altersgründen oder wegen Krankheit gekündigt und wird in einem Rechtsstreit rechtskräftig festgestellt, daß ihm die Fortsetzung der Tätigkeit zuzumuten war, bleibt die Kündigung wirksam, da sie rechtsgestaltende Wirkung hat. Die Kündigung kann als Gestaltungsrecht nicht unter der Bedingung erklärt werden, daß über die Frage der Zumutbarkeit kein Streit entsteht. Die Kündigungserklärung ist aus demselben Grund auch nicht widerruflich[2].

Eine vom Unternehmer bei Ausscheiden gewährte Alters- oder Hinterbliebenenversorgung kann auf den Ausgleichsanspruch angerechnet werden. Maßstab für eine Anrechnung sind die gemäß § 89 Abs. 1 Nr. 3 HGB zu berücksichtigenden Billigkeitsgesichtspunkte[3].

5. Besondere Bedeutung hat in der Praxis die Tätigkeit des Handelsvertreters für **ausländische Unternehmen** erlangt. Dieser Vertrag unterliegt wegen der Auslandsberührung nicht ohne weiteres dem deutschen Recht[4]. Anders ist es bei der Tätigkeit des inländischen Handelsvertreters für einen inländischen Unternehmer im Ausland: dieser Vertrag richtet sich nach deutschem Recht[5].

XVIII. Der Vertrag mit dem Kommissionär, §§ 383 ff HGB

1. Auch der Vertrag mit dem Kommissionär ist ein **Geschäftsbesorgungsvertrag.** Er beinhaltet einen **Werkvertrag** (liegt ein Dienstvertrag zugrunde, spricht man vom Kommissionsagenten, dazu unten D.I.). Der Kommittent einigt sich mit dem Kommissionär, daß dieser Waren, Wertpapiere oder andere Sachen (§ 406 HGB) im eigenen Namen, aber für Rechnung des Kommittenten kauft oder verkauft und auch das Erfüllungsgeschäft (Eigentumsverschaffung) tätigt. Der Kommissionär ist Kaufmann nach § 1 Abs. 1 Nr. 6 HGB.

Vertragspartner des Dritten wird also der Kommissionär, nicht der Kommittent. Der Vertrag mit dem Dritten wird ganz unabhängig vom Kommissionsauftrag behandelt. Der Dritte weiß häufig überhaupt nicht, daß der wirtschaftliche Erfolg oder Mißerfolg auf Rechnung des Kommittenten geht, da der Kommissionär im eigenen Namen auftritt. Es ändert aber auch nichts, wenn der Dritte vom Kommittenten weiß.

2. Der Warenumsatz über einen Kommissionär hat heute nur geringe praktische Bedeutung, u.a. deswegen, weil sowohl Hersteller als auch das weitere Vertriebsgewerbe im Wettbewerb schon aus Werbegesichtspunkten ein Interesse daran haben, daß in ihrem Namen gehandelt wird. Anders liegen die Dinge, wenn Verkäufer oder Käufer nicht in Erscheinung treten wollen.

Im Kunst- und Antiquitätenhandel z.B. ist die Kommission (hier auch Konsignation genannt) üblich. Im Wertpapiergeschäft ist die Kommission sehr verbreitet. Die Banken kaufen und verkaufen in ihrem Namen für Rechnung ihrer Auftraggeber (der Kommittenten) Wertpapiere[6]. Für diese Geschäfte enthalten das Depotgesetz und die AGB der Banken Näheres (s. auch unten D. IV).

3. Vom Grundsatz der rechtlich getrennten Behandlung des Kommissionärvertrages und des Ausführungsvertrages mit dem Dritten weicht § 392 Abs. 2 HGB ab. Die Forderungen des Kommissionärs gegenüber dem Dritten gelten für die Gläubiger des Kommissionärs als Forderungen des Kommittenten. Die Gläubiger des Kommissionärs können diese Forderungen also bei Zwangsvollstreckungsmaßnahmen usw. nicht verwerten.

---

1 BGHZ 40, 15; BGH NJW 1967, 3153

2 G. Schröder, Recht der Handelsvertreter, § 89 b (Nachtrag); vgl. auch Küstner BB 1976, 630

3 BGHZ 55, 58

4 vgl. Sandberger-Teubner AWD 1975, 256; BGHZ 53, 332; OLG Düsseldorf NJW 1974, 2185

5 vgl. zur Auslandstätigkeit H.J. Maier (Hrsg.), Der Handelsvertreter in den Ländern der EWG und der EFTA, 1976

6 vgl. dazu BGHZ 8, 226

4. Hinsichtlich des Eigentums am Kommissionsgut gilt: Der **Einkaufskommissionär** erwirbt im allgemeinen Eigentum an der ihm vom Verkäufer (Dritten) ausgehändigten Ware. Möglich ist auch, daß der Kommissionär unmittelbar für den Kommittenten Eigentum erwirbt (im Wege des antezipierten Besitzkonstituts, sog. Durchgangserwerb). Hat der Kommittent dem Kommissionär den Kaufpreis zur Verfügung gestellt, wird das Geld gewöhnlich zunächst Eigentum des Kommissionärs.

Der **Verkaufskommissionär** wird in der Regel nicht Eigentümer des Kommissionsguts. Er vermag dem Dritten aber Eigentum zu verschaffen, da in der Überlassung regelmäßig die Zustimmung des Kommittenten zur Veräußerung liegt, § 185.

5. Endgültiger Eigentümer wird der Kommissionär, wenn er durch den sog. **Selbsteintritt** nach § 400 HGB Käufer des Kommissionsguts war und in Erfüllung des Kaufvertrages Eigentümer wird. Beim Selbsteintritt nimmt er zugleich die Position des Dritten ein; bei der Einkaufskommission ist er also der Verkäufer, bei der Verkaufskommission ist er der Käufer. Diese Möglichkeit ist gesetzlich vorgesehen, kann aber vom Kommittenten ausgeschlossen werden.

Der Selbsteintritt ist vom **Eigengeschäft des Kommissionärs** zu unterscheiden (er tätigt einen Verkauf im eigenen Namen und auf eigene Rechnung). Dieses Eigengeschäft kann er u.U. durch spätere Einigung mit dem Kommittenten als Kommissionsgeschäft deklarieren und abrechnen[1].

6. Nach § 396 HGB hat der Kommissionär nach Ausführung des Geschäfts einen Provisionsanspruch. Ausführung bedeutet in der Regel Erfüllung des Vertrages. Zusätzlich besteht der Aufwendungsersatzanspruch nach den §§ 396 Abs. 2 HGB, 675, 670 BGB, der von der Ausführung des Geschäfts nicht abhängt.

7. Beim Kommissionsvertrag mit **Auslandsberührung** (häufiger Fall: der Kommittent ist Ausländer) gilt bei Fehlen besonderer Vereinbarungen im Zweifel das Recht der Niederlassung des Kommissionärs[2].

D. Wichtige Vertragsarten ohne spezielle gesetzliche Regelung (verkehrstypische Verträge)

I. Der Vertrag mit dem Kommissionsagenten

Beim Vertrag mit dem Kommissionsagenten handelt es sich um einen gegenseitigen Vertrag, und zwar um einen Geschäftsbesorgungsvertrag, dem ein Dienstvertrag zugrundeliegt, §§ 675, 611[3]. Nach dem Inhalt dieses Vertrages ist der Kommissionsagent **ständig** damit betraut, auf Rechnung des Vertragspartners im eigenen Namen Verträge mit Dritten zustandezubringen und abzuwickeln. Er steht also nach der rechtlichen Konstruktion zwischen Handelsvertreter und Kommissionär. Von letzterem unterscheidet er sich durch die ständige Verpflichtung aus dem Dienstvertrag. Vom Handelsvertreter unterscheidet ihn sein Auftreten im eigenen Namen. Der Kommissionsagent ist Kaufmann, § 1 Abs. 2 Nr. 6 analog.

Im Verhältnis zu dem Dritten (Außenverhältnis) gilt für ihn das Recht des Kommissionärs entsprechend. Im Verhältnis zu seinem Auftraggeber (Innenverhältnis) kommt zusätzlich das Recht des Handelsvertreters, insbesondere der Ausgleichsanspruch, in Betracht.

Der Kommissionsagent kann nach § 627 jederzeit kündigen. Die eigene, nicht durch ein Verhalten des Unternehmers veranlaßte Kündigung schadet dem Ausgleichsanspruch gemäß § 89b Abs. 3

---

1 vgl. Baumbach-Duden, HGB § 383 Anm. 3 A

2 BGH WM 1965, 126

3 RGZ 110, 123

HGB[1], es sei denn, ein Verhalten des Unternehmers hatte dazu begründeten Anlaß gegeben oder dem Kommissionsagenten war die Fortsetzung seiner Tätigkeit wegen seines Alters oder seiner Krankheit nicht zumutbar (§ 89 b Abs. 3 HGB; vgl. dazu oben C. XVII).

II. Der Vertrag mit dem Eigenhändler (Vertragshändler)

1. Auch bei diesem Vertrag handelt es sich um einen – gegenseitigen – Geschäftsbesorgungsvertrag, dem ein spezieller Dienstvertrag zugrundeliegt[2]. Der Eigenhändler betreibt die Geschäfte im eigenen Namen und auf eigene Rechnung auf Grund eines Dauervertrags mit dem Unternehmer, der meist Hersteller ist. Der Eigenhändler verpflichtet sich, Waren des Herstellers im eigenen Namen und auf eigene Rechnung zu vertreiben und dabei bestimmte verkaufspolitische Entscheidungen des Herstellers betreffend Mindestabnahmemengen, Lagerunterhaltung, Werbung, Preisgestaltung u.a.m. einzuhalten. Der Eigenhändler ist durchweg weitgehend in die Verkaufsorganisation des Herstellers eingegliedert[3].

Soweit er wegen dieser Abhängigkeit schutzbedürftig ist, wird auf ihn Handelsvertreterrecht angewendet (er besitzt z.B. den Ausgleichsanspruch nach § 89 b HGB[4]).

2. Der Hersteller ist generell zur Lieferung der vom Eigenhändler verkauften Ware verpflichtet. Die Kaufverträge, die der Eigenhändler im eigenen Namen mit Dritten abschließt, stehen zur Sicherheit für den Eigenhändler im allgemeinen unter der aufschiebenden Bedingung, daß der Hersteller die „Bestellung" des Dritten bestätigt (Auftragsbestätigung).

Von den Verträgen mit den Dritten (meist Endverbraucher) sind die Kaufgeschäfte des Eigenhändlers mit dem Hersteller rechtlich zu trennen. Letztere sind Kaufgeschäfte innerhalb des Eigenhändlervertrags, der auf diese Weise Rahmenvertrag ist[5]. Vertragspartner des Dritten ist andererseits allein der Eigenhändler. Die Tatsache, daß der Vertragshändler dem Vertrage AGB zugrundelegt, die vom Hersteller stammen, reicht grundsätzlich nicht aus, um Ansprüche des Dritten gegenüber dem Hersteller zu begründen[6].

3. Den Verpflichtungen des Vertragshändlers steht im allgemeinen das Versprechen des Herstellers gegenüber, ein Alleinvertriebsrecht innerhalb eines vereinbarten Bezirkes einzuräumen und den Verkauf zu fördern. Der Produzent muß in seiner Produktions- und Absatzpolitik auf die Interessen des Vertragshändlers besondere Rücksicht nehmen. Auch ohne spezielle Vereinbarung kann daraus die Pflicht folgen, etwa bei einem unkoordinierten Modellwechsel die noch nicht abgesetzte Ware des Eigenhändlers zurückzunehmen (Wiederverkaufsrecht des Eigenhändlers) oder dem Händler durch Freigabe der Preise o.ä. den Absatz noch zu ermöglichen.

4. Beim Vertragshändlervertrag mit Auslandsberührung (z.B.: der Hersteller ist Ausländer), für den deutsches Recht nicht von vornherein gilt, ist nach hM das Recht der Niederlassung des Händlers anzuwenden[7].

III. Der Baubetreuungsvertrag (Bauträgervertrag)

1. Bei diesem Vertrag einigt sich der Bauwillige mit dem Bauträger, daß dieser gegen Entgelt sämtliche Angelegenheiten des Baus erledigen soll, also z.B. Architektenleistungen, finanzielle Organi-

---

1 vgl. BGHZ 40, 15

2 Zu diesem gesetzlich nicht geregelten Vertrag eingehend P. Ulmer, Der Vertragshändler, 1969

3 BGHZ 54, 340

4 BGHZ 34, 282; eingehend dazu F.S. Evans-von Krbek, Die analoge Anwendung der Vorschriften des Handelsvertreterrechts auf den Vertragshändler, 1976

5 vgl. BGHZ 54, 341

6 vgl. BGH WM 1972, 84

7 Martiny AWD 1972, 165

sation und endgültige Abwicklung des Bauvorhabens als vertragliche Leistung übernimmt[1]. Soweit der Bauträger vermittelnd tätig wird, gilt für ihn Maklerrecht. Weiteres regelt die Makler- und Bauträgerverordnung (MaBV).

2. Hierbei sind abweichende Vertragsinhalte nach folgenden Fallgestaltungen möglich:

a) Das Grundstück gehört dem Bauwilligen: Geschäftsbesorgungsvertrag als Werk- oder Dienstvertrag; darüber hinaus Erstellung gegen Festpreis: Werk- oder Werklieferungsvertrag[2].

b) Das Grundstück gehört dem Bauträger, der sich zum Bau auf Rechnung des Bauwilligen und zu anschließender Übereignung verpflichtet: Geschäftsbesorgungsvertrag; der Bau wird auf Rechnung des Bauträgers erstellt: Werk- oder Werklieferungsvertrag.

Treten Baumängel auf, gilt Werkvertragsrecht und nicht Kaufrecht. Das trifft auch dann zu, wenn das Gebäude bei Vertragsschluß schon teilweise fertig war[3].

c) Ist das Bauwerk bereits fertiggestellt, liegt ein Kaufvertrag vor[4].

IV. Der Bankvertrag

1. Die vertraglichen Beziehungen des Bankkunden zur Bank können sehr vielschichtig sein. Der Kunde schließt mit der Bank einen Geschäftsbesorgungsvertrag, dem ein Dienstvertrag zugrundeliegt. Die einzelnen Tätigkeiten der Bank werden dann durch einen weiteren Akt des Kunden (Auftrag oder Weisung) ausgelöst. Der Kreis der in Betracht kommenden Geschäfte ist gesetzlich festgelegt. Für die Banken und Sparkassen als Kreditinstitute gilt in erster Linie das Gesetz über das Kreditwesen (KreditG). In § 1 dieses Gesetzes werden folgende Geschäfte zugelassen:

- die Annahme fremder Gelder als verzinsliche oder nicht-verzinsliche Einlagen (Einlagengeschäft),
- die Gewährung von Gelddarlehen und Akzeptkrediten (Kreditgeschäft, vgl. oben C. X),
- der Ankauf von Wechseln und Schecks (Diskontgeschäft),
- die Anschaffung und die Veräußerung von Wertpapieren für andere (Effektengeschäft),
- die Verwahrung und die Verwaltung von Wertpapieren für andere (Depotgeschäft),
- die Durchführung des bargeldlosen Zahlungsverkehrs und des Abrechnungsverkehrs (Girogeschäft im Kontokorrent, vgl. dazu das 11. Kapitel, Teil 2 V),
- die Übernahme von Bürgschaften, Garantien und sonstigen Gewährleistungen für andere (Garantiegeschäft),
- die Übernahme der Verpflichtung, Darlehensforderungen vor Fälligkeit zu erwerben (sog. Revolvingkredit),
- die Kapitalanlagegeschäfte (Investmentgeschäft).

Ferner sind die Banken im Bauspargeschäft tätig (Darlehensgewährung aus den Einlagen an Bausparer), vgl. § 1 des Gesetzes über Bausparkassen (BausparG).

2. Der Inhalt des Vertrages zwischen Bank und Kunde wird weitgehend durch die AGB der Banken[5] und anderer Kassen bestimmt.

Im Bankvertrag nehmen die Sorgfaltspflichten (Rücksichtnahmepflichten, § 347 HGB) der Parteien einen wichtigen Rang ein[6]. Typisch ist das Bankgeheimnis: die Banken dürfen Dritten keine Auskunft über ihre Kunden und die Geschäfte mit ihnen erteilen[7].

---

1 vgl. Locher NJW 1967, 326

2 BGH NJW 1975, 869

3 BGHZ 61, 371; BGH NJW 1975, 47

4 vgl. im einzelnen Brych NJW 1974, 1973; Koeble NJW 1974, 721

5 dazu Consbruch BB 1969, 9

6 „Das Geschäftsverhältnis zwischen Kunden und Bank ist ein Vertrauensverhältnis", Ziff. I der Banken-AGB

7 BGHZ 27, 241

Im öffentlich-rechtlichen Postscheckdienst, der durch das PostG geregelt ist, bestehen die Rücksichtnahmepflichten nicht in gleicher Weise. Die Post gibt z.B. die Namen und Adressen der Kontoinhaber gegen Entgelt bekannt.

Im Zivilprozeß hat die Bank nach § 983 Abs. 1 Nr. 5 ZPO ein Zeugnisverweigerungsrecht hinsichtlich der geführten Konten. Dieses Recht besteht im Strafverfahren nicht[1]. Einen Auskunftsanspruch haben ferner die Finanzbehörden im Steuerermittlungsverfahren (§§ 175, 183, 209 AO).

Verlangt es der Kunde, müssen die Kreditinstitute Auskunft und Information über geschäftliche Umstände geben, die die Geschäftsbesorgung mit sich bringt. In besonderen Fällen muß die Bank von sich aus auf möglicherweise eintretende Nachteile hinweisen[2]. Nach § 676 sind Auskünfte unverbindlich, solange sie nicht als vertragliche Pflicht — wie hier als vertragliche Sorgfaltspflicht — einzustufen sind. In Nr. 10 der AGB der Banken werden die Auskünfte „jedoch nur unter Ausschluß jeder Verbindlichkeit, auch, soweit gesetzlich zulässig, der Haftung aus § 278 BGB erteilt". Diese Freizeichnungsklausel ist gemäß ständiger Rechtsprechung[3] jedenfalls dann unwirksam, wenn die Auskunft erkennbar von wesentlicher Bedeutung für den Anfragenden ist, und zwar auch beim Zusatz „ohne Obligo". Das gilt uneingeschränkt für Auskünfte verfassungsmäßig berufener Vertreter (§ 31), leitender Angestellter und Filialleiter[4]. Die Freizeichnung greift gleichfalls nicht durch, wenn nichtleitende Angestellte unrichtige Auskünfte erteilt haben, was aber hätte verhindert werden müssen[5]. Sie kommt schon gar nicht in Betracht, wenn die falsche Auskunft der Bank zum Vorteil gereichte[6].

3. Einige besondere Bankgeschäfte sollen in einer Übersicht dargestellt werden:

a) Der **Girovertrag.** Das Kreditinstitut verpflichtet sich zur Ausführung der Überweisungsaufträge des Kunden (Weisungen im Sinne des § 665[7]), soweit ein Aktivsaldo oder Kredit besteht, und zur Gutschrift der für dessen Konto bei ihm eingehenden Überweisungen.

b) Der **Scheckvertrag.** Er ist meist mit dem Girovertrag verbunden. Das Kreditinstitut verpflichtet sich, den Nennbetrag eines Kundenschecks bis zur Höhe des Guthabens oder Kredits an den Überbringer auszuzahlen (einzulösen). Der Kunde verfügt also über sein Konto durch die Zahlungsanweisung, die der Scheck als Wertpapier enthält. Für den Scheckverkehr gilt das Scheckgesetz.

Die Zahlung mit Scheck wird durch die Scheckkarte weiter erleichtert. Hierbei garantiert die bezogene Bank oder das Kreditinstitut (auch beim Postscheck) dem Schecknehmer die Auszahlung bis zum Betrag von 300 DM unabhängig vom Kontostand des Ausstellers (des Kontoinhabers). Diesen Garantievertrag vermittelt der Aussteller (Kontoinhaber), und zwar nach überwiegender Ansicht als Vertreter der Bank[8].

Ein in Umlauf gesetzter Scheck kann „gesperrt" werden, indem die Anweisung gegenüber der Bank widerrufen wird, § 32 ScheckG. Die Bank ist verpflichtet, auch schon vor Ablauf der Vorlegungsfrist (8 Tage ab Ausstellungstag) einen Sperrvermerk anzulegen[9].

c) Das **Dokumenten-Akkreditiv** (DA). Das Akkreditiv bewirkt die Zahlung des Kaufpreises durch eine Bank nach Erhalt ordnungsgemäßer Versendungspapiere (Dokumente, z.B. Frachtbriefdoppel, Versicherungsschein u.a.m.). Der Käufer verpflichtet sich gegenüber dem Verkäufer, eine Bank unwiderruflich zu beauftragen, den Kaufpreis nach Erhalt und Prüfung der Dokumente (anhand

---

1 vgl. dazu Ungnade WM 1976, 1210

2 BGHZ 23, 226; 28, 373

3 BGHZ 7, 374; BGH WM 1972, 536 und 583

4 BGHZ 38, 186; BGH BB 1970, 984

5 BGH BB 1971, 889

6 vgl. BGH BB 1972, 630; Gaede NJW 1972, 926

7 BGHZ 10, 319

8 OLG Hamm NJW 1972, 298 m.w. Nachw.

9 BGHZ 35, 220

des Kaufvertrages) zu zahlen. In der Vereinbarung des Verkäufers mit dem Käufer, es sei mittels Dokumenten-Akkreditiv zu zahlen, liegt die Einigung auf Vorleistungspflicht des Käufers (vgl. § 320 Abs. 1). Der Verkäufer erlangt also größere Sicherheit.

Das DA ist im Auslandsgeschäft verbreitet. Hier können die Banken mit ihren Auslandsabteilungen auf Grund ihrer Erfahrungen den Vertragspartnern einige Unsicherheit nehmen. Der Verkäufer erlangt aber auch rechtlich eine verbesserte Position: Hat der Käufer (Akkreditivsteller) der Bank den Auftrag zum DA erteilt, „eröffnet" diese das Akkreditiv durch Mitteilung an den Verkäufer (Akkreditivempfänger). Bei Auslandsgeschäften geht die Mitteilung häufig an eine vermittelnde ausländische Bank. Damit kommt zwischen der Bank und dem Verkäufer ein Schuldverhältnis nach § 780 zustande. Die Bank kann sich nun grundsätzlich nicht mehr auf Mängel des Verhältnisses zwischen ihr und dem Kunden berufen, z.B. mit der Begründung, das Konto des Käufers weise keine Deckung auf. Der Verkäufer erhält den Kaufpreis unabhängig von Zahlungswilligkeit und -fähigkeit des Käufers[1].

Einzelheiten des DA sind in besonderen AGB geregelt. Es handelt sich um die „Einheitlichen Richtlinien und Gebräuche für Dokumentenakkreditive" (ER) und die „Standardformeln für die Eröffnung von Dokumenten-Akkreditiven"[2].

d) Außer dem DA dienen dem Zahlungsverkehr bei Außenhandelsgeschäften noch:

– Das **Dokumenten-Inkasso.** Der Verkäufer (Exporteur) beauftragt seine Bank, gegen Übergabe der Dokumente beim Käufer den Kaufpreis einzuziehen. Für diese Banktätigkeiten gelten die „Einheitlichen Richtlinien für das Inkasso von Handelspapieren" als AGB[3].
– Die konkret vereinbarte **Bankgarantie** (insbesondere die Garantie „Zahlung auf erstes Anfordern")[4].
– Die **Forfaitierung.** Die Bank kauft Forderungen des Verkäufers auf eigenes Risiko[5], evtl. im Rahmen eines Factoringvertrages.

V. Der Factoringvertrag

1. Den Factoringvertrag findet man in verschiedenen Formen[6]. Beim echten Factoringvertrag überträgt der Unternehmer einem Kreditinstitut oder einer ähnlichen Einrichtung (Factor) Forderungen aus seinen Verträgen mit Dritten. Dabei hat der Unternehmer als Verkäufer der Forderungen für den Bestand, nicht aber für die Bonität der Forderungen einzustehen, § 437. Die Übertragung der Forderung geschieht zu einem relativ frühen Zeitpunkt oder im voraus, so daß der Faktor häufig sogar die Rechnung ausschreibt und sich als neuer Forderungsinhaber von vornherein um den Geldeingang kümmert. Der Unternehmer erhält den vereinbarten Gegenwert für die Forderung, praktisch einen reduzierten Kaufpreis, und ist aller Buchhaltungsgeschäfte und Einzugsrisiken ledig.

2. Beim unechten Factoring gewährt ein Kreditinstitut (Factor) Kredit etwa in Höhe der Forderungen und läßt sich zur Sicherung seiner Forderung aus dem Kreditgeschäft die Forderungen des Unternehmers (Kreditnehmers) aus den Verträgen mit dem Dritten übertragen, und zwar unter der Abrede, daß sich der Factor zunächst aus den abgetretenen Forderungen befriedigen muß. Deshalb übernimmt auch hier der Factor die Buchhaltungs- und Inkassogeschäfte in eigener Regie. Er gibt sich also als Inhaber der Forderung zu erkennen. Darin liegt übrigens der Unterschied

---

1 Ein Beispiel zum praktischen Ablauf des Akkreditivs bei Zahn, Zahlung und Zahlungssicherung im Außenhandel, 1976, S. 23 f

2 Texte und ausführliche Behandlung bei Zahn, a.a.O.

3 Text bei Zahn, a.a.O.

4 vgl. Finger BB 1969, 206

5 vgl. dazu Finger BB 1969, 765

6 zur Vertragsstruktur Serick BB 1976, 425

zur Sicherungsabtretung[1]. Abweichend vom echten Factoring werden die Drittforderungen jedoch nur erfüllungshalber übertragen, so daß der Unternehmer vom Factor aus dem Kreditgeschäft in Anspruch genommen werden kann, wenn sich eine Drittforderung nicht beitreiben läßt[2]. Es handelt sich beim unechten Factoring also um einen Geschäftsbesorgungsvertrag[3].

3. Anlaß für den Factoringvertrag und gemeinsames Merkmal beider Arten ist somit, daß der Unternehmer schneller über den ungefähren Nennbetrag seiner Forderungen verfügen kann und von Buchhaltungs- und Einzugstätigkeiten entlastet wird. Dafür erhält der Factor die vereinbarte Gegenleistung.

Die Grundsätze über die Nichtigkeit von Globalzessionen (Forderungsabtretung in Bausch und Bogen) gelten auch im Rahmen des Factoringgeschäfts[4].

VI. Der Mietkaufvertrag

Bei diesem Vertrag handelt es sich um einen Mietvertrag über eine bewegliche Sache, der mit einem Vertrag über eine Kaufoption (Recht, durch einseitige Erklärung einen Kaufvertrag zustandezubringen) verbunden ist. Zunächst erhält der Mieter also die Sache gegen Zahlung eines – meist relativ hohen – Mietzinses. Erklärt der Mieter innerhalb einer vereinbarten Zeit, er wolle die Sache zu dem festgelegten Preise kaufen, kommt damit ein Kaufvertrag zustande, der den ehemaligen Vermieter verpflichtet, das Eigentum zu übertragen (der Mieter ist bis dahin nur Besitzer). Im allgemeinen wird vereinbart, daß die Mietzinszahlungen auf den Kaufpreis angerechnet werden. Bis zur Ausübung des Kaufoptionsrechts gilt für den Vertrag Mietrecht, von da ab Kaufrecht. Es gilt jedoch für das ganze Geschäft Abzahlungsrecht, § 6 AbzG[5], es sei denn, der Mieter ist Kaufmann, § 8 AbzG.

Der Unterschied des Mietkaufvertrages zum Leasingvertrag (dazu VII) besteht darin, daß beim Mietkauf die Gefahr des zufälligen (also von beiden Parteien nicht zu vertretenden) Untergangs und der zufälligen Verschlechterung beim Vermieter liegt. Er hat auch die Pflicht zur Gewährleistung für Fehler der Sache und trägt die Instandhaltungspflicht, §§ 536–539.

VII. Der Leasingvertrag

1. Beim Leasingvertrag einigen sich die Parteien (Leasinggeber und Leasingnehmer) auf die zeitweilige Überlassung einer Sache an den Leasingnehmer gegen Zahlung eines nach Zeitabschnitten – meist monatlich – fälligen Entgelts. Der Leasingnehmer trägt während der Zeit des Gebrauchs die Gefahr. Der Leasingvertrag kann eine Kaufoption enthalten. In diesem Fall unterscheidet er sich vom Mietkauf nur durch die Gefahrtragung. Das AbzahlungsG gilt gleichfalls, allerdings nicht für den Fall, daß der Leasingnehmer Kaufmann ist, § 8 AbzG.

2. Man unterscheidet das Operatingleasing und Finanzierungsleasing. Beim Operatingleasing (Hersteller-Leasing) ist der Leasinggeber Produzent. Er überläßt das Produkt dem Leasingnehmer und verpflichtet sich zur Wartung der Sache. Der Leasingnehmer trägt aber die Gefahr während der Zeit der Benutzung.

Beim Finanzierungsleasing erwirbt der Leasinggeber (der Finanzier) die Sache vom Hersteller zu Eigentum. Er schließt sodann mit dem Leasingnehmer den Leasingvertrag und überläßt ihm die Sache – meist langfristig – zum Gebrauch. Auch hier trägt der Leasingnehmer die Gefahr. Er ist in der Regel zur Erhaltung der Sache verpflichtet. Ansprüche wegen Fehler der Sache kommen nur gegenüber dem Lieferanten in Betracht, nicht gegenüber dem Leasinggeber[6]. Die Ansprüche des

---

1 Montenbruck MDR 1971, 541. Vgl. dazu das 15. Kapitel Teil 2 V.

2 BGHZ 58, 367

3 vgl. BGH NJW 1972, 1715

4 OLG Frankfurt NJW 1976, 1944; Messer NJW 1976, 925

5 vgl. BGHZ 62, 42

6 OLG Düsseldorf NJW 1973, 1612

Leasinggebers aus dem Kaufvertrag mit dem Lieferanten gehen auf den Leasingnehmer über. Auf diese Weise werden auch größere Objekte finanziert (z.B. technische Anlagen, Gebäude).

3. Der Leasingvertrag ist nach hM ein besonderer Mietvertrag, da es hier im wesentlichen um eine mehr oder weniger andauernde Gebrauchsüberlassung gegen Geldleistung geht[1].

Anlaß, einen Leasingvertrag anstelle eines normalen Mietvertrages oder Kaufvertrages abzuschliessen, sind oft steuerliche Gründe. Der Leasingnehmer wird die Vor- und Nachteile, die diese Vertragsart ihm bringt, sorgsam abwägen[2].

VIII. Der Automatenaufstellvertrag

Bei diesem Vertrag einigen sich die Parteien darauf, daß die eine Partei einen Verkaufsautomaten oder ein anderes durch Münzeinwurf zu betätigendes Gerät auf dem Grundstück oder im oder am Gebäude des anderen aufstellen darf. Der Grundstückseigentümer erhält dafür ein festes Entgelt oder einen Prozentsatz des Umsatzes.

Die Einordnung dieses Vertrages in das System des BGB ist schwierig[3]. Im allgemeinen enthält der Vertrag miet- oder pachtrechtliche Elemente[4]. Von den Umständen des Einzelfalls und der konkreten Einigung hängt es ab, ob auch andere Rechtsvorschriften, z.B. des Gesellschaftsrechts bei vereinbarter Gewinnbeteiligung, anzuwenden sind.

IX. Der Lizenzvertrag

1. Beim Lizenzvertrag einigt sich der Inhaber eines gewerblichen Schutzrechts (Patent, Gebrauchsmuster, Geschmacksmuster, Warenzeichen) mit dem Lizenznehmer, daß diesem die Nutzung und Verwertung des Rechts gegen Zahlung einer Lizenzgebühr gestattet sein soll. Es handelt sich um einen Pachtvertrag, der mit kaufähnlichen Vereinbarungen erweitert sein kann[5]. Der Lizenznehmer erhält also nicht das Recht selbst. Dem Lizenzgeber bleibt es überlassen, die unbefugte Nutzung durch Dritte zu unterbinden, weitere Lizenzen zu erteilen usw. (s. dazu das 16. Kapitel).

2. In der Praxis wird der Vollrechtserwerb häufig als „ausschließliche Lizenz" bezeichnet. Hier liegt aber kein Lizenzvertrag, sondern ein Kaufvertrag über ein Recht vor, § 437. Der Käufer tritt nach der Übertragung des Rechts an die Stelle des früheren Rechtsinhabers.

3. Beim Lizenzvertrag wird gewöhnlich die Nutzung nicht global gestattet, sondern genau eingegrenzt. Die Einigung der Parteien richtet sich z.B. auf die Nutzung zur Herstellung bestimmter Produkte oder auf die Verwertung in bestimmten Ländern und Betrieben. Der Vertrag engt den Vertrieb der Produkte auf festgelegte Bereiche ein oder steckt einen Rahmen für den Verkaufspreis. Es kann auch vereinbart sein, daß der Lizenznehmer sein Nutzungsrecht weiterübertragen darf.

Lizenzverträge sind nach § 20 Abs. 1 GWB ohne Genehmigung unwirksam, wenn sie dem Lizenznehmer Beschränkungen auferlegen, die über den Inhalt des Schutzrechts hinausgehen, also mit dem Schutzrecht eigentlich nichts zu tun haben. Beschränkungen hinsichtlich Art, Umfang, Menge, Gebiet oder Zeit der Ausübung der Nutzung gehen nicht über den Inhalt des Schutzrechts hinaus. Ferner sind Beschränkungen zur Wahrung der technisch einwandfreien Ausnutzung, beispielsweise die Verpflichtung zum Bezug des Rohmaterials vom Lizenzgeber und über die Preisgestaltung zulässig. Verpflichtungen des Lizenznehmers zum Erfahrungsaustausch und zur Rücklizenz über Verbesserungsverfahren und -erfindungen und zum Nichtangriff auf das Schutzrecht sind recht-

---

1 Reich JuS 1973, 480; abw. Larenz II § 63 III für das Finanzierungsleasing: atypischer Vertrag, der den wirtschaftlichen Zweck des Abzahlungskaufs verfolgt; Plathe BB 1970, 601: Rechtskauf

2 Zum Verhältnis des Leasingvertrages zu den Vertragstypen des BGB unter dem Gesichtspunkt des Interessenausgleichs zwischen den Vertragspartnern vgl. Krause NJW 1973, 691

3 vgl. von Olshausen-Schmidt, Automatenrecht, 1973; Huffer NJW 1971, 1433; Raisch BB 1968, 526

4 vgl. BGHZ 47, 202

5 vgl. § 9 PatG; § 13 GebrMG; BGH NJW 1970, 1503

lich möglich. Schließlich sind Wettbewerbsabsprachen für den Auslandsmarkt beanstandungsfrei, § 20 Abs. 2 GWB.

Ist ein Lizenzvertrag danach an sich unwirksam, heilt die nach § 20 Abs. 3 GWB erteilte Genehmigung der Kartellbehörde.

X. Der Know-how-Vertrag

Der Know-how-Vertrag entspricht dem Lizenzvertrag, er hat aber einen anderen Vertragsgegenstand. Hier geht es nicht um Überlassung gewerblicher Schutzrechte wie Patente usw., sondern um andere geistige Leistungen, die entweder nicht schutzfähig sind oder deren Schutz man nicht angestrebt hat (Betriebsgeheimnisse), etwa um die bei einem Patentantrag obligatorische Veröffentlichung zu vermeiden. Es kommen in Betracht nicht-geschützte Erfindungen, nicht-geschützte Gebrauchs- und Geschmacksmuster, Fabrikationsverfahren, Fertigungshilfsmittel und -vorrichtungen u.a.m.

Beim Know-how-Vertrag handelt es sich dem Rechtscharakter nach in der Regel um einen modifizierten Pachtvertrag[1].

In der Praxis ist der Know-how-Vertrag oft mit einem Kaufvertrag verbunden. Wenn der Käufer eingehende Kenntnisse über die Eigenschaften des Produktes benötigt, wird ihm der Verkäufer etwa Einblick in die Herstellung gewähren, ihn über die vorliegenden Erfahrungen informieren oder auch Fachkräfte des Käufers anlernen. Das Verbot des § 20 GWB (Unwirksamkeit bestimmter weitreichender Beschränkungen) gilt auch für den Know-how-Vertrag, § 21 GWB.

XI. Der Franchising-Vertrag

Der Franchising-Vertrag gibt dem Franchisingnehmer die Befugnis, fremde Warenzeichen, gewerbliche Schutzrechte, Betriebsgeheimnisse evtl. zusammen mit dem Namen eines anderen gewerblich zu nutzen[2].

Auch er entspricht somit weitgehend dem Lizenzvertrag, verschafft aber dem Vertragspartner umfassende Nutzungsrechte. Von diesem Vertrag bis zum Verkauf des gesamten Unternehmens ist es aus wirtschaftlicher Sicht nicht mehr weit.

Dem Rechtscharakter nach handelt es sich beim Franchising um einen gemischten Vertrag, der Elemente aus Pacht-, Kauf- und Gesellschaftsvertrag aufweisen kann.

Soweit der Franchising-Vertrag einen Lizenz- oder Know-how-Vertrag enthält, gilt für ihn ebenfalls die Einschränkung der Vertragsfreiheit gemäß § 20 bzw. § 21 GWB.

Teil 3 Die Fallösung

A. Das Gutachten zum Fall

1. H könnte von D die Rückzahlung der als Werklohn gezahlten 20.533 DM auf Grund der §§ 634 Abs. 1 und 4, 467, 346, 348 BGB verlangen.

2. Dann müßte es sich bei dem vorliegenden Vertrag um einen Werkvertrag handeln. Sicherlich schuldete D einen Erfolg, nämlich die Installation einer funktionsfähigen Alarmanlage. Anderer-

---

1 Pfaff BB 1974, 565

2 vgl. Skaupy BB 1969, 113

seits hat D eine fertige Anlage eingebaut. Wenn auch aus dem Sachverhalt nicht ersichtlich ist, wie hoch der Preis für die Anlage selbst war und wieviel des Entgeltes auf den Einbau entfiel, ist bei dem Vertrag zwischen H und D immerhin ein Anteil „Kauf" gegeben. Es handelt sich um einen sog. gemischten Vertrag. Bei solchen Verträgen ist nach der Hauptleistung zu entscheiden, welchem der in Betracht kommenden Vertragstypen der Vertrag zuzurechnen ist. Was Hauptleistung ist, entscheidet die Einigung der Parteien. Bei der hier von H gewünschten Leistung liegt das Schwergewicht auf der Installation. Eine Alarmanlage muß mit ihren Sensoren usw. ganz speziell auf die baulichen Gegebenheiten des Kaufhauses abgestimmt werden. Die Einbautätigkeit ist relativ kompliziert. Daher ist vereinbarte Hauptleistung die Werkleistung; das Kaufelement tritt zurück. Es handelt sich also um einen Werkvertrag.

3. Voraussetzung für den Anspruch auf Rückgängigmachung des Vertrags (Wandlung) mit der Folge des Anspruchs auf Rückgewähr der ausgetauschten Leistungen ist, daß das Werk einen Mangel im Sinne des § 633 hat und daß der Besteller dem Unternehmer ergebnislos eine Frist zur Mängelbeseitigung gesetzt hat. Die Alarmanlage ist fraglos mangelhaft. D hat den Mangel auch nicht beseitigt. Die Ansprüche der H aus § 634 könnten aber wegen einer **vorbehaltlosen** Abnahme (§ 640 Abs. 2) ausgeschlossen sein. Die Abnahme des Werkes beinhaltet die Erklärung, daß das Werk in der Hauptsache vertragsgemäß ist. In der Zahlung des Werklohns kann die konkludent erklärte Abnahme gesehen werden. Die Frage, ob die Abnahme als Billigung des Werkes gewertet werden kann (das ist lt. § 640 Abs. 2 an sich nur die Folge, wenn der Besteller vorbehaltlos abnimmt, obwohl er den Mangel kennt), braucht für den vorliegenden Fall nicht erörtert zu werden. Denn H hat die Alarmanlage nicht vorbehaltlos abgenommen. Das folgt schon daraus, daß sogleich nach dem Einbau die Reparaturarbeiten einsetzten. Auch im Folgejahr hat H erklärt, daß sie nach Fristablauf „die Abnahme der Leistung" ablehnen werde. Diese Formulierung enthält wiederum eine Vorbehaltserklärung. Der Anspruch auf Wandlung ist somit entstanden.

4. Fraglich ist, ob die Verwirklichung des Wandlungsanspruchs durch die Einrede der Verjährung verhindert wird. Nach § 638 Abs. 1 verjähren die Gewährleistungsansprüche beim Werkvertrag in sechs Monaten **ab Abnahme**, bei Arbeiten an einem Grundstück in einem Jahr, bei Bauwerken in fünf Jahren. Da die Zahlung des Werklohns als Abnahme zu werten ist, wäre die sechsmonatige Verjährungsfrist mit dem 21.12.74 abgelaufen. Es kommt also darauf an, ob für den vorliegenden Fall eine längere Verjährungsfrist gilt. In Betracht kommt die fünfjährige Frist bei Bauwerken.

5. Dann müßte der Einbau der fertigen Alarmanlage eine Bauwerksleistung i.S.d. § 638 darstellen. Die lange Verjährungsfrist des § 638 gilt nicht für alle Arbeiten an einem Bauwerk, sondern nur für spezifische Bauwerksarbeiten. Ein Werk ist Bauwerksleistung, wenn es für den Bestand und die Benutzbarkeit des Baues in dem Sinne wesentlich ist, daß das Gebäude ohne dieses Werk bei objektiver Betrachtungsweise noch nicht vollständig ist[1]. Für diese objektive Bewertung ist die Verkehrsanschauung hauptsächlicher Maßstab. Bei der Abgrenzung, was bei Einbauarbeiten normales Werk und was „Bauwerk" ist, kommt es jedenfalls auf folgende Aspekte nicht an:

a) Unmaßgeblich ist der Zeitpunkt der Arbeiten[2]. Die Ausstattung eines fertigen Baus mit modernen Installationen kann daher Bauwerksleistung sein.

b) Unerheblich ist, ob die eingebauten Sachen für den betreffenden Bau angefertigt wurden.

c) Eine feste Verbindung der Einbauteile mit dem Baukörper ist nicht nötig. Erforderlich ist nur eine dauerhafte, nicht nur vorübergehende Verbindung[3].

d) Es kommt nicht darauf an, ob die Mängel typischerweise nicht innerhalb der sechsmonatigen (normalen) Verjährungsfrist, sondern regelmäßig erst später erkennbar sind. Schwierigkeiten bei der Feststellung von Mängeln spielen keine Rolle bei der Unterscheidung zwischen Werk und

---

1 vgl. OLG Hamm NJW 1976, 1269

2 BGHZ 19, 319

3 BGH NJW 1974, 136

„Bauwerk" in § 638[1]. Man kann überhaupt bezweifeln, ob Mängel bei Bauwerksleistungen generell schwieriger feststellbar sind als bei anderen Werken.

6. Demnach steht der Annahme, die Alarmanlage sei Bauwerksleistung, nicht entgegen, daß sie als komplettes Aggregat eingebaut wurde. Ohne Zweifel liegt bei einer eingebauten Alarmanlage auch eine dauerhafte Verbindung mit dem Gebäude vor. Der nachträgliche Einbau und die Frage der Erkennbarkeit von Fehlern spielen keine Rolle. Fraglich könnte nur sein, ob ein Kaufhaus ohne eine Alarmanlage nicht „vollständig" ist. Zu früheren Zeiten mag man diese Frage vielleicht verneint haben. Die Verkehrsanschauung hat sich aber gewandelt. Die Information der Bevölkerung und der beteiligten Geschäftskreise über Kaufhauseinbrüche und -überfälle nimmt zu. Heutzutage wird man eine Alarmanlage für ebenso selbstverständlich halten wie die Ausstattung eines Kaufhauses mit einer Klimaanlage oder einem Notstromaggregat. Der Einbau einer Alarmanlage ist daher Bauwerksleistung.

7. Die Verjährungsfrist beträgt also nach § 638 Abs. 1 fünf Jahre. Dieser Zeitraum war bei Klageerhebung noch nicht verstrichen. Dem Anspruch der H steht daher keine Einrede entgegen. H kann gemäß den §§ 634 Abs. 1 und 4, 467, 346, 348, 322 Zug um Zug gegen die Rückgabe der ausgebauten Anlage 20.553 DM von D verlangen.

B. Hinweise zum Lösungsgang[2]

1. Der Streitfall befindet sich bereits im Prozeßstadium. Das ist für das Gutachten, soweit es um das materielle Recht und nicht um das Prozeßrecht geht (z.B. Zuständigkeit des angerufenen Gerichts) ohne Belang. Auch im Prozeß besitzt das Gutachten maßgebliche Bedeutung. Es ist die Basis für das Urteil.

2. Wird im Fall die Frage nach der Rechtslage aufgeworfen, muß das Gutachten grundsätzlich alle denkbaren Ansprüche, und zwar zwischen sämtlichen Beteiligten abhandeln. Im vorliegenden Fall bleibt jedoch M außer Betracht. Sein Anspruch ist unproblematisch. Er bleibt unerörtert, weil sich der Fall bereits im Prozeßstadium befindet. Dann geht es nur noch um Ansprüche des Klägers. Daher ist auch auf Ansprüche der D, die sie nach vollzogener Wandlung hat, nicht einzugehen.

3. Es war nicht schwierig festzustellen, ob es zu einem Vertrag gekommen ist, sondern welchem Vertragstyp der geschlossene Vertrag zugehört. Aus dem Recht des betreffenden Vertragstyps mußte die Anspruchsgrundlage gesucht werden. Der Gutachter hätte beim Anfertigen der Lösungsskizze aber ohne Nachteil zunächst auch eine unzutreffende Anspruchsgrundlage, z.B. § 462, zugrunde legen können. Denn bei § 462 muß die Voraussetzung „Kaufvertrag" untersucht werden. Spätestens dann bemerkt der sorgfältige Gutachter, daß seine (Arbeits-)Anspruchsgrundlage nicht einschlägig ist.

4. Anspruchsgrundlage ist im Gutachten eine gesetzliche Vorschrift, die auf weitere Paragraphen verweist. So entsteht eine Paragraphenkette. Die Vorschriften werden nacheinander durchgeprüft bzw. angewendet. Im vorliegenden Fall brauchte nur die Anspruchsberechtigung (§ 634) geprüft zu werden. Die Wandlung wird dann gemäß den übrigen genannten Vorschriften durchgeführt. Dazu braucht der Gutachter nichts mehr zu sagen, weil in diesem Punkt keine Probleme auftauchen.

Anders ist es bei den Paragraphenfolgen, die eine entsprechende Anwendung der in diesen Vorschriften zutage tretenden Rechtsprinzipien belegen (das Rechtsinstitut „Positive Forderungsverletzung" z.B. stützt man auf eine sog. Rechtsanalogie zu den §§ 280, 286, 325, 326). Hier werden die Tatbestände nicht einzeln geprüft oder angewendet. Das betreffende Rechtsinstitut hat vielmehr seinen eigenen ungeschriebenen Tatbestand; nur dieser ist gegebenenfalls maßgeblich.

5. Im Fall muß dem Gutachter auffallen, daß für die Nachbesserung zuletzt eine recht kurze Frist gesetzt war. Unangemessene Fristen sind nicht wirksam, sondern setzen eine angemessene Frist

---

1 a.A. von Craushaar NJW 1976, 993; wie hier OLG Hamm NJW 1976, 1269

2 Zur Lösungsmethode und Arbeitstechnik siehe Anhang 1 und Anhang 2

in Lauf. Hierauf braucht der Gutachter aber nicht einzugehen, weil es überhaupt keiner Fristsetzung bedarf, wenn der andere endgültig absagt und untätig bleibt.

6. Mitunter tauchen im Sachverhalt Fachausdrücke auf, die von den Parteien verwendet wurden. Im vorliegenden Fall erklärte die H z.B., sie werde „nach Fristablauf die Abnahme der Leistung ablehnen". Die von den Parteien verwendeten Fachausdrücke sind für den Gutachter selbstverständlich nicht verbindlich. Es ist belanglos, ob sie fachgerecht sind oder nicht. Im Fall ist der Ausdruck „Abnahme" nicht am Platze. Die H wollte anscheinend erklären, daß sie „nach Fristablauf die Beseitigung des Mangels ablehne", vgl. § 634 Abs. 1 S. 1. Der Gutachter kommt zum Ergebnis, daß die Abnahme bereits am 21.6.1974 durch schlüssiges Handeln – die Werklohnzahlung – erklärt wurde, und zwar unter Vorbehalt.

7. Einreden müssen vom Berechtigten erhoben werden, soll sie der Richter berücksichtigen. H hat die Einrede der Verjährung geltend gemacht. Daher sind in diesem Punkt längere Ausführungen nicht erforderlich.

8. Die Fallösung geht auf eine Reihe von Argumenten ein, die erst mit Hilfe eines Kommentars oder eines Lehrbuchs in das Blickfeld geraten. Sofern diese Hilfsmittel zur Verfügung stehen, wird man sie auswerten, aber erst, nachdem man den Lösungsgang in groben Zügen erarbeitet hat. Es versteht sich, daß es ein Vorzug eines Gutachtens ist, wenn sämtliche vernünftigen Argumente behandelt werden und auch der Diskussionsstand in einer Streitfrage dargestellt wird. Beim Streben nach Vollständigkeit gibt es natürlich praktische Grenzen, wenn z.B. weitere Hilfsmittel nicht erreichbar sind.

Teil 4 Lesekontrolle

1. Bei einem Sukzessivlieferungsvertrag handelt es sich um einen Vertrag,
   a) bei dem ein Rahmenvertrag einige Punkte festlegt, die für die später zu schließenden weiteren Verträge gelten
   b) bei dem die festgelegte Liefermenge in Teillieferungen geliefert werden soll
   c) bei dem der Umfang der Gesamtlieferung durch das Zeitmoment der Laufzeit des Vertrages bestimmt wird
2. Der Abschluß des Kaufvertrages hat für den Eigentumsübergang bei der Kaufsache folgende Bedeutung:
   a) Mit wirksamem Kaufvertrag wird der Käufer Eigentümer
   b) Der Verkäufer ist zur Eigentumsübertragung verpflichtet, muß dazu aber noch tätig werden
3. Nach hM hat der Verkäufer mit der Lieferung einer fehlerhaften Sache
   a) seine Lieferverpflichtung erfüllt; der Käufer kann wandeln oder mindern
   b) seine Lieferverpflichtung nicht erfüllt, braucht aber nicht nachzuliefern, sondern muß eventuell Schadensersatz zahlen
   c) seine Lieferverpflichtung nicht erfüllt und muß daher eine fehlerfreie Sache nachliefern
4. Der Kauf mit Wiederverkaufsrecht hat zum Inhalt,
   a) daß der Verkäufer die Sache zurückkaufen kann
   b) daß der Käufer vom Verkäufer den Rückkauf der Sache verlangen kann
   c) daß der Käufer die Sache weiterverkaufen darf
5. Die Vorschriften des Abzahlungsgesetzes
   a) enthalten nachgiebiges Recht, die Parteien können also auch etwas anderes vereinbaren
   b) enthalten zwingendes Recht, wodurch die Gestaltungsfreiheit der Parteien insoweit beseitigt wird

6. Der Werkvertrag unterscheidet sich vom Dienstvertrag in folgendem Punkt:
   a) Der Werkvertrag ist ein normaler Arbeitsvertrag, der Dienstvertrag verpflichtet zu höheren Diensten
   b) Beim Werkvertrag wird ein Erfolg einer Tätigkeit geschuldet, beim Dienstvertrag die reine Tätigkeit
7. Von einem partiarischen Darlehen spricht man,
   a) wenn eine Geldsumme zu einem Teil geschenkt wird, der andere Teil aber zurückzuzahlen ist
   b) wenn eine Partei ihren Funktionären ein Darlehen gewährt
   c) wenn ein Arbeitgeber einem Arbeitnehmer ein Darlehen gewährt
   d) wenn der Darlehensgeber als Entgelt einen Gewinnanteil am Unternehmen erhält
8. Beim Lombardkredit handelt es sich
   a) um einen Kredit bei Spielschulden
   b) um einen Kredit zu wucherischen Konditionen
   c) um die Sicherung der Kreditrückzahlung durch ein Pfandrecht oder eine Sicherungsübereignung
9. Ein Rembourskredit wird gewährt,
   a) wenn eine inländische Bank dem Kunden ein Darlehen bei einer ausländischen Bank verschafft
   b) wenn ein Kredit durch ein Wertpapier abgesichert wird
   c) wenn der Darlehensgeber die Rückzahlung der Valuta im voraus quittiert
10. Das BGB spricht von „Geschäftsführung ohne Auftrag" (GoA) bei folgender Fallgestaltung:
   a) Der Geschäftsführer eines Unternehmens überschreitet seine Vollmacht
   b) Die Unternehmensleitung versäumt es, dem Geschäftsführer rechtzeitig klare Anordnungen zu geben
   c) Jemand besorgt ein Geschäft für einen anderen, ohne dazu legitimiert zu sein
   d) Die Produktion einer Ware läuft bereits an, ohne daß die nötigen Aufträge vorliegen
11. Die Kreditbürgschaft beinhaltet
   a) den Auftrag an einen anderen, im eigenen Namen und auf eigene Rechnung einem Dritten Kredit zu geben
   b) die Gewährung von Kredit durch den Bürgen
   c) die Bürgschaft für einen laufenden Kredit, den der Hauptschuldner beim Gläubiger in Anspruch nimmt
12. Der Maklervertrag ist
   a) ein einseitig verpflichtender Vertrag
   b) ein gegenseitiger Vertrag
   c) kein Vertrag, sondern stellt ein Vertragsanbahnungsverhältnis dar
   d) ein zweiseitiger, aber kein gegenseitiger Vertrag
13. Beim Ausgleichsanspruch des Handelsvertreters handelt es sich
   a) um einen Anspruch auf Ersatz der Unkosten gegenüber dem vertretenen Unternehmer
   b) um einen steuerlichen Freibetrag wegen der Unkosten
   c) um einen Anspruch der Ehefrau des Handelsvertreters, die im Geschäft mitarbeitet
   d) um einen Anspruch des Handelsvertreters gegen den Unternehmer nach Beendigung des Vertragsverhältnisses
14. Unter „Selbsteintritt" des Kommissionärs versteht man folgenden Vorgang:
   a) Der Kommissionär nimmt die Position des Dritten (des Vertragspartners) ein (§ 400 HGB)
   b) Der Kommissionär verpflichtet sich, für die Erfüllung der Verbindlichkeiten des Dritten einzustehen (§ 86 b HGB)
   c) Der Kommissionär tritt in den mit dem Dritten abgeschlossenen Vertrag neben dem Unternehmer ein

15. Bei „verkehrstypischen Verträgen" handelt es sich
   a) um Verträge, die besonders häufig vorkommen
   b) um Verträge, die sofort nach Abschluß erfüllt werden
   c) um Verträge, die im Vertragsrecht nicht geregelt sind, in der Praxis aber als typische Vertragsregelung Bedeutung erlangt haben

16. Beim Eigenhändler handelt es sich
   a) um einen Gewerbetreibenden, der sein Geschäft in eigenen Räumen betreibt
   b) um ein Handelsunternehmen, das keinem Verband und keiner Vertriebskette usw. angeschlossen ist
   c) um einen Händler, der seine Geschäfte im eigenen Namen und auf eigene Rechnung betreibt, sich aber gegenüber dem Produzenten zur Einhaltung gewisser verkaufspolitischer Entscheidungen verpflichtet hat

17. Unter „Dokumenten-Akkreditiv" versteht man
   a) einen Kredit bei einer ausländischen Bank
   b) ein Sachverständigengutachten über die Echtheit von Dokumenten
   c) die Beglaubigungsurkunde eines Diplomaten
   d) die Verpflichtung des Käufers, eine Bank unwiderruflich zu beauftragen, den Kaufpreis nach Erhalt und Prüfung bestimmter Dokumente an den Verkäufer zu zahlen

18. Ein Factoringvertrag hat im wesentlichen folgenden Inhalt:
   a) Ein Unternehmer läßt die Buchführung „außer Haus" erledigen
   b) Ein Produkt ist aus den Materialien des Käufers herzustellen
   c) Ein Unternehmer verkauft Forderungen aus seinen Geschäften an den Factor, der als Inhaber der Forderung nun auch die Inkassogeschäfte erledigt

19. Ein Lizenzvertrag ist Voraussetzung dafür,
   a) im Fußball in einem anerkannten Verein spielen zu dürfen
   b) ein fremdes gewerbliches Schutzrecht nutzen zu dürfen
   c) in bestimmten freien Berufen selbständig eine Praxis ausüben zu dürfen

20. Mit "Know-how" meint man
   a) eine Hunderasse
   b) selbst angeeignete handwerklich-technische Kenntnisse
   c) betriebsinterne Fachkenntnisse, die nicht durch ein gewerbliches Schutzrecht geschützt sind

21. Franchising bedeutet
   a) Postsendungen mit einer Maschine freimachen
   b) betont franzosenfreundliche Politik
   c) betrügerische Unternehmensplanung
   d) Nutzungsvereinbarung über gewerbliche Schutzrechte, Betriebsgeheimnisse usw.

Richtig sind (die Klammern verweisen auf den Text im Teil 2):

1c (B.II.2); 2b (C.I.2); 3a (C.I.4); 4b (C.I.6); 5b (C.III.1); 6b (C.V.2); 7d (C.X.2); 8c (C.X.3 d); 9a (C.X.3 e); 10c (C.XII.2); 11c (C.XIII.3.b); 12d (C.XVI.1); 13d (C.XVII.4); 14a (C.XVIII.5); 15c (D); 16c (D.II.1); 17d (D.IV.3.c); 18c (D.V); 19b (D.IX.1); 20c (D.X); 21d (D.XI)

13. Kapitel: Die ungerechtfertigte Bereicherung

Teil 1 Der Fall (Sachverhalt)

A hatte von der D-GmbH eine Eigentumswohnung erworben. M, Vertreter der D, forderte den A im Jahre 1977 auf, als weitere Rate 40.000 DM auf das Konto der D bei der V-Bank zu überweisen. A stellte bei seiner B-Bank dementsprechend ein Überweisungsformular auf das Konto der D bei der V-Bank aus. Die B-Bank überwies den Betrag versehentlich auf das Konto des M bei der V-Bank. Als M sich weigerte, den Betrag zurückzugeben, überwies die B-Bank den Betrag – nunmehr richtig – auf das von A angegebene Konto der D. Die B-Bank verlangt von M den irrtümlich überwiesenen Betrag heraus. Zu Recht?

Teil 2 Die Darstellung der Rechtsmaterie

I. Übersicht

1. Die Vorschriften über die ungerechtfertigte Bereicherung, §§ 812–822, enthalten neun verschiedene Anspruchsgrundlagen, und zwar:
- § 812 Abs. 1 S. 1 (Grundtatbestand der ungerechtfertigten Bereicherung)
- § 812 Abs. 1 S. 2 1. Alternative (späterer Wegfall des Rechtsgrundes)
- § 812 Abs. 1 S. 2 2. Alternative (Nichteintritt des mit der Leistung bezweckten Erfolges)
- §§ 812 Abs. 1 S. 1, 813 (Erfüllung einer Verbindlichkeit, gegen die eine dauernde Einrede bestand)
- § 816 Abs. 1 S. 1 (wirksame Verfügung eines Nichtberechtigten)
- § 816 Abs. 1 S. 2 (wirksame unentgeltliche Verfügung eines Nichtberechtigten)
- § 816 Abs. 2 (wirksame Leistungsannahme durch einen Nichtberechtigten)
- § 817 S. 1 (Verstoß gegen ein gesetzliches Verbot oder die guten Sitten)
- § 822 (unentgeltliche Zuwendung des Erlangten an einen Dritten)

2. Sämtliche Anspruchsgrundlagen des Bereicherungsrechts nehmen unter den im konkreten Fall in Betracht kommenden Anspruchsgrundlagen den untersten Rang ein, und zwar in dem Sinne, daß sie immer erst **nach** den anderen möglicherweise eingreifenden Anspruchsgrundlagen geprüft werden (s. Anhang 1). Die Anspruchsgrundlagen aus ungerechtfertigter Bereicherung sind zwar selbständig und vollwertig, treten aber hinter vertraglichen Ansprüchen zurück. Sie sind ausgeschlossen, soweit gesetzliche Spezialregelungen bestehen[1]. Spezialgesetze zu § 812 sind § 346 und § 89 Wechselgesetz, ferner § 633 Abs. 3 und § 13 Nr. 5 VOB (B)[3].

Bereicherungsansprüche sind ferner ausgeschlossen bei Ansprüchen zwischen Eigentümer und Besitzer, §§ 987–1003[2].

---

1 vgl. Schmitt, Die Subsidiarität der Bereicherungsansprüche, 1969

2 BGHZ 68, 43

3 BGHZ 41, 157

3. § 812 gilt jedoch neben § 557. Der Bereicherungsanspruch ist im Urheber- und Wettbewerbsrecht, bei Patent-, Gebrauchs- und Geschmacksmusterverletzungen und bei Beeinträchtigungen des Warenzeichenrechts wegen der Rechtsbehelfe der betreffenden Sondergesetze nicht ausgeschlossen[1].

4. Die Rechtsfolge bei ungerechtfertigter Bereicherung lautet grundsätzlich auf Herausgabe. Diese Folge wird bei den Tatbeständen der §§ 813 Abs. 2, 814, 817 S. 2 und bei dem im Gesetz nicht geregelten Tatbestand der aufgedrängten Bereicherung nicht gewährt. Der Herausgabeanspruch kann ferner gemäß § 818 Abs. 3 ganz oder teilweise untergehen. Bei gegenseitigen Verträgen wird der Anspruch von vornherein auf den Saldo begrenzt (Saldotheorie, dazu unten VIII).

II. Der Grundtatbestand des Bereicherungsanspruchs, § 812 Abs. 1

1. Der Tatbestand dieser Vorschrift „Wer durch die Leistung eines anderen oder in sonstiger Weise auf dessen Kosten etwas ohne rechtlichen Grund erlangt" ist sprachlich etwas zu weit gefaßt. Er behandelt zwei verschiedene Fälle: Das eine Mal hat jemand durch die **Leistung** eines anderen etwas erlangt, das andere Mal **in sonstiger Weise** auf dessen Kosten. Diese beiden Fälle kennzeichnet man mit den Stichworten „Leistungskondiktion" und „Eingriffskondiktion". Die beiden Konditionsarten – bei der Eingriffskondiktion unterscheidet man noch weitere Kondiktionen – schließen einander aus (Grundsatz der Alternativität der Kondiktionsarten)[2].

Das bedeutet, daß eine Vermögensverschiebung „in sonstiger Weise" (Eingriffskondiktion) bei einem konkreten Fall nicht geprüft werden darf, wenn der Bereicherungsgegenstand (das „Etwas") **geleistet** ist und an der Leistung Anspruchsteller oder Anspruchsgegner beteiligt sind.

Ein Sonderfall muß noch wegen § 935 erwähnt werden: Wer die vom Dieb geleistete Sache verbraucht, kann über die Eingriffskondiktion zum Wertersatz verpflichtet sein. Das folgt aus dem in § 935 zum Ausdruck gekommenen Rechtsgedanken, daß solche Vermögensverschiebungen keinen Bestand haben sollen[3].

2. Die Voraussetzungen des § 812 sind:

a) Der Anspruchsgegner muß etwas erlangt haben. Unter „etwas" ist jeder Vermögensvorteil, insbesondere schuldrechtlicher Anspruch oder dingliche Rechtsstellung, zu verstehen. Darunter fallen auch der Besitz, nämlich der Wert des Gebrauchsvorteils, ferner Ersparnis von Aufwendungen und Befreiung von einer Verbindlichkeit (§ 267). Auch tatsächliche Positionen kommen in Betracht: der Gebrauch und Verbrauch fremder Sachen, Ausnutzung fremder Arbeit und fremder gewerblicher Schutzrechte, die Eintragung ins Grundbuch u.a.m.[4].

Der BGH hat in dem umstrittenen „Flugurteil"[5] die Ansicht vertreten, eine Aufwendungsersparnis sei nicht gegeben (d.h. kein „etwas" erlangt), wenn jemand eine Aufwendung, die er sich aus eigenen Mitteln nicht hätte leisten können (Luxusaufwendung), erspart hat. Es erscheint jedoch systemgerechter, auf derlei Fälle § 818 Abs. 3 anzuwenden. Man vermag es nämlich nicht recht einzusehen, daß es bei der Voraussetzung „etwas erlangt" auf die Vermögensverhältnisse des Betreffenden ankommen soll.

b) Die Vermögensverschiebung muß sich durch eine Leistung des Anspruchstellers vollzogen haben. Leistung im Sinne des § 812 ist jede gewollte und zweckgerichtete Mehrung fremden Vermögens. Zweckgerichtet ist die Mehrung, wenn einer der folgenden drei schuldrechtlichen Zuwen-

---

1 BGHZ 34, 320; Palandt-Thomas, BGB, Einf. v. § 812 Anm. 6 b)

2 BGHZ 40, 272; Picker NJW 1974, 1790

3 Auf Grund dieses Rechtsgedankens wird auch der sog. Jungbullenfall richtig gelöst (BGHZ 55, 176: der Eigentümer verlangt Bereicherungsausgleich vom Fleischkonservenhersteller, der Vieh gutgläubig vom Dieb kaufte). Nicht richtig ist es, den Bereicherungsgegenstand als nicht „geleistet" anzusehen, weil der Entreicherte nicht „geleistet" habe (so aber BGH a.a.O.).

4 vgl. im einzelnen Palandt-Thomas, BGB, § 812 Anm. 4

5 BGHZ 55, 128: blinder Passagier im Verkehrsflugzeug

dungszwecke gegenüber dem Anspruchsgegner verfolgt wurde (dabei sind die Vereinbarungen der Parteien maßgeblich, soweit sie im Einklang mit den objektiven Gegebenheiten stehen):

- Erster Leistungszweck: Erfüllung einer Verbindlichkeit, und zwar einer rechtsgeschäftlichen oder gesetzlichen, eigenen oder fremden, auch vermeintlich eigenen, auch mit fremdem Vermögensgegenstand.
- Zweiter Leistungszweck: Begründung eines Rechtsverhältnisses (bei Realofferte und Handschenkung).
- Dritter Leistungszweck: den Empfänger zu einem Verhalten zu veranlassen. Dazu zählt nicht die Gegenleistung beim gegenseitigen Vertrag.

Nur der Leistende kann den Leistungsgegenstand (das ,,Etwas") zurückverlangen. Das Handeln des Vertreters, des Boten, des Erfüllungsgehilfen gilt als Leistung des Geschäftsherrn. Wenn allerdings keine Vertretungs- bzw. Botenmacht vorliegt, ist Leistender der ,,Vertreter" bzw. ,,Bote" (Rechtsgedanke des § 179). Wer Leistender ist, entscheidet im Zweifel die objektive Sicht des Leistungsempfängers[1].

Schwierigkeiten können vor allem bei den Anweisungsfällen (Leistung mittels eines Dritten, Dreiecksverhältnis) auftreten. Von einem „Dreiecksverhältnis" spricht man, wenn die Zuwendung des Bereicherungsgegenstands und die Anweisung, den Bereicherungsgegenstand dem Empfänger zuzuwenden, nach verschiedenen Zweckverfolgungen geschehen. Zwischen dem Zuwendenden (Angewiesenen) und dem Empfänger liegt dann keine Leistung vor, weil der Angewiesene eine Verbindlichkeit im Verhältnis zum Anweisenden erfüllen will. Zwischen Anweisendem und Empfänger besteht hingegen eine Leistung (Erfüllung der Verbindlichkeit des Anweisenden); daher ist der Bereicherungsgegenstand „geleistet". Eine Eingriffskondiktion im Verhältnis Angewiesener – Empfänger scheidet somit grundsätzlich aus[2] (zum Dreiecksverhältnis s. auch unten IV).

Die Rechtsprechung macht eine Ausnahme von diesem Grundsatz, wenn der Angewiesene die Zuwendung irrtümlich einem falschen Empfänger zukommen ließ und der Empfänger den Fehler kannte (*Beispiel:* Bankkunde A stellt ein Überweisungsformular aus, wonach die Bank einen Betrag dem D überweisen soll; die Bank überweist den Betrag irrtümlich dem M, der den Irrtum erkennt). Der BGH hat dem Angewiesenen, der zur Ausführung der Anweisung nun ein zweites Mal die Zuwendung durchführte, einen Anspruch aus § 812 gegenüber dem ersten Empfänger gegeben[3] (*Beispielsfortsetzung:* M gibt den Betrag nicht zurück; die Bank überweist noch einmal – nun richtig – an D und verlangt den Betrag von M aus § 812 zurück, vgl. den Fall dieses Kapitels). Diesen „Durchgriff" begründet der BGH ausschließlich mit der Interessenlage der Beteiligten. Eine dogmatisch befriedigende Begründung hätte etwa wie folgt lauten müssen: Aus der Sicht des Empfängers (hier M) ist nicht nur zu entscheiden, wer Leistender ist, sondern auch, ob ihm (dem Empfänger) gegenüber geleistet wird. In den Fällen der fehlgeleiteten Zuwendung liegt keine Leistung gegenüber dem Empfänger vor, wenn er weiß, daß der Anweisende (A) nicht ihm gegenüber leisten will. Sollte man zu der Auffassung kommen, der Bereicherungsgegenstand sei „geleistet", weil immerhin ein Leistungszweck verfolgt wurde, wenn auch nicht gegenüber dem tatsächlichen Empfänger, so ist an einer solchen fehlgeleiteten Leistung der falsche Empfänger jedenfalls nicht beteiligt. Ihm ist der Bereicherungsgegenstand also nicht geleistet. Daher hindert der Grundsatz der Alternativität der Kondiktionsarten den Zuwendenden (die Bank) nicht, das Zugewendete nach der Eingriffskondiktion vom Empfänger (M) herauszuverlangen.

Solche Dreiecksverhältnisse bilden sich regelmäßig bei der Anweisung (§ 783), beim Scheck (§ 1 Nr. 2 ScheckG) und beim Vertrag zugunsten Dritter (jedenfalls beim sog. unechten Vertrag zugunsten Dritter). Bei Postanweisung und Banküberweisung ist die Konstruktion umstritten; diese Mitwirkenden sind in der Regel aber nicht nur Hilfspersonen (Erfüllungsgehilfen) des Leistenden, sondern selbständige Angewiesene.

---

1 BGHZ 40, 277; BGH NJW 1974, 1132; str., a.A. etwa Picker NJW 1974, 1790

2 vgl. BGHZ 61, 289

3 BGH NJW 1976, 1448

c) Sollte der Bereicherungsgegenstand nicht im Sinne des § 812 „geleistet" sein, kann eine Vermögensverschiebung in sonstiger Weise geprüft werden.

Nach den Grundsätzen der Eingriffskondiktion ist der Bereicherungsgegenstand dann in sonstiger Weise auf Kosten des Anspruchstellers erlangt, wenn der Anspruchsgegner ihn unter Verletzung der absolut (also nicht schuldrechtlich) geschützten Rechtssphäre des Anspruchstellers erhalten hat. Hier wird – anders als bei der Leistungskondiktion – tatbestandlich verlangt, daß derselbe Vorgang (Eingriff) ohne Umweg über Dritte den Vermögensnachteil bei dem einen und den Vermögensvorteil bei dem anderen bewirkt hat (unmittelbare Vermögensverschiebung). Es kommt dabei nicht darauf an, welcher tatsächliche Vorgang die Bereicherung bewirkte. Auch eine Vermögensverschiebung durch eine eigene Handlung des Entreicherten kommt in Betracht.

Vermögensverschiebungen, die kraft Gesetzes eingetreten sind, können ebenfalls den Tatbestand der Eingriffskondiktion erfüllen; häufig will das Gesetz nämlich im Interesse der Rechtssicherheit nur einen vorläufigen Zustand schaffen. Der Erwerber erhält den Bereicherungsgegenstand zwar zunächst, weil er einen gesetzlichen Erwerbstatbestand erfüllt, soll ihn aber nicht auf Dauer behalten dürfen oder muß jedenfalls den Wert des Gegenstands in Geld ersetzen. § 812 hat besonders in solchen Fällen korrigierende Wirkung. Eine Fallgruppe der unerwünschten Vermögensverschiebung in sonstiger Weise bezeichnet man mit „Auslagenkondiktion". Sie liegt z.B. vor bei Tilgung bekannt fremder Schulden (§ 267), wenn keine Leistung gegeben ist. Bei Verwendungen auf fremdes Gut außerhalb des § 994 ist § 812 ebenfalls anwendbar (sog. Impensenkondiktion).

d) Schließlich ist tatbestandliche Voraussetzung des § 812, daß die Vermögensverschiebung ohne rechtlichen Grund stattfand.

Rechtsgrund ist hier jedes gesetzlich oder rechtsgeschäftlich begründete Recht, den Gegenstand **behalten** zu dürfen. Bei gesetzlichen Vorschriften ist durch Auslegung zu ermitteln, ob es sich um eine (nur zeitweilige) Vermögensübergangsregelung handelt oder ob dem Empfänger ein Behaltensrecht zustehen soll. Dazu einige *Beispiele:*

Der vertragliche Anspruch auf den Gegenstand ist Rechtsgrund. Eigentumserwerb bei Verbindung mit dem Grundstück (§ 946) ist kein Rechtsgrund. Die Ersitzung (§ 937) ist kein Rechtsgrund, wenn der Gegenstand geleistet war; außerhalb der Leistungskondiktion ist § 937 Rechtsgrund.

III. Der Sondertatbestand des § 951 (Einbaufälle usw.)

1. Eine Sonderbestimmung zu § 812 enthält der § 951. Wer durch Verbindung, Vermischung oder Verarbeitung (§§ 946–950) sein Eigentum verliert, erhält nach § 951 Abs. 1 im Sinne des § 812 einen Wertersatzanspruch. § 951 stellt nach hM[1] eine Tatbestandsverweisung (und nicht nur Rechtsfolgeverweisung) auf § 812 dar. Er enthält einen Fall der Eingriffskondiktion. Sollte also neben dem Faktum „Verbindung, Vermischung oder Verarbeitung von beweglichen Sachen" die Sache zuvor geleistet sein, steht dem ehemaligen Eigentümer nur die Leistungskondiktion aus § 812 zu; die Eingriffskondiktion gemäß §§ 951, 812 fällt demgegenüber wegen des Grundsatzes der Alternativität der Kondiktionsarten weg[2]. § 951 gilt andererseits auf Grund des in § 935 zum Ausdruck gekommenen Rechtsgedankens, wenn die eingebauten Materialien z.B. gestohlen waren, mögen sie auch im Sinne des § 812 geleistet sein.

Der gesetzliche Eigentumserwerb nach den §§ 946–950 wird hingegen nicht dadurch verhindert, daß die Sachen gestohlen waren oder unter Eigentumsvorbehalt standen. Auch an solchen Sachen wird anders als beim rechtsgeschäftlichen Übertragungsakt (dort sperrt § 935) kraft Gesetzes Eigentum erworben, sobald sie nach den §§ 946–950 in einen anderen Zustand überführt sind.

2. Schließlich muß die Rechtsänderung ohne Rechtsgrund (nämlich zum Behalten des wirtschaftlichen Wertes) stattgefunden haben. Bei dieser Untersuchung steht fest, daß die §§ 946–950 keinen Behaltensgrund abgeben. Diese Vorschriften regeln nur den Eigentumsübergang. Sie wollen ver-

---

1 BGHZ 40, 272

2 Palandt-Thomas, BGB, § 812 Anm. 3 b

hindern, daß eine neugeschaffene Sache zerstört werden könnte, weil jemand sich zu Recht auf Eigentum an einem Bestandteil der Sache beruft und ihn nach § 985 dann auch herausverlangen kann. Eine dauernde Bereicherung des Erwerbers soll mit dem Eigentumsübergang aber nicht verbunden sein.

3. Sofern eine Verbindung, Vermischung und Verarbeitung von Sachen stattfindet, die auf Grund eines Vertrages geliefert wurden, hat der andere das Eigentum mit Rechtsgrund erlangt. § 951 liegt dann tatbestandlich nicht vor. Der Lieferant hat keinen Wertersatzanspruch, sondern den vertraglichen Anspruch auf die Gegenleistung, den Kaufpreis.

IV. Die Bezahlung fremder Schulden (Dreiecksverhältnis)

1. Der Tatbestand des § 812 im Dreiecksverhältnis soll im folgenden für den in der Praxis wichtigen Fall der Bezahlung fremder Schulden analysiert werden.

Die Bezahlung fremder Schulden ist in § 267 geregelt. Hier kommen drei Personen ins Blickfeld: der Gläubiger, der Schuldner und der zahlende Dritte. § 267 gilt nur, wenn der Dritte die fremde Schuld tilgen wollte. Zahlte er auf eine vermeintlich eigene Schuld, greift § 267 nicht ein. Es ist aber eine spätere „Fremdbestimmung" der Leistung möglich, der Dritte kann die Zahlung also später umdeklarieren[1].

2. Zahlt der Dritte bewußt auf fremde Schuld (Fall des § 267), so leistet er dem Gläubiger das Geld. Leistungszweck ist die Erfüllung der fremden Verbindlichkeit. Die Eingriffskondiktion darf nicht geprüft werden. Die Leistung erfolgt mit Rechtsgrund, da der Gläubiger einen Anspruch auf das Geld hat. Der Dritte hat ihm gegenüber daher keinen Anspruch aus § 812.

Im Verhältnis zum Schuldner leistet der Dritte Befreiung von der Verbindlichkeit, falls diese wirklich bestand und der Dritte gegenüber dem Schuldner diesen Leistungszweck verfolgt. Ist hingegen kein Leistungszweck ersichtlich, ist das Geld nicht geleistet; dann kommt die Auslagenkondiktion zum Zuge. In beiden Fällen ist – wie stets – zu untersuchen, ob im Verhältnis Dritter – Schuldner ein Rechtsgrund für die Vermögensverschiebung besteht. Davon hängt es schließlich ab, ob der Dritte aus § 812 gegen den Schuldner vorgehen kann.

3. Zahlt der Dritte unbewußt auf fremde Schuld, meint er also eine eigene Verbindlichkeit zu begleichen, hat er dem Gläubiger Geld geleistet. Leistungszweck ist die Erfüllung einer vermeintlich eigenen Verbindlichkeit. Da sie nicht besteht, fehlt der Rechtsgrund. Der Anspruch aus § 812 gegenüber dem Gläubiger ist aus dem Gesichtspunkt der Leistungskondiktion gegeben.

Ein Anspruch gegenüber dem wahren Schuldner besteht (zunächst) nicht: Wenn der Dritte seine eigene Schuld ablösen will, leistet er nicht gegenüber dem Schuldner. Die Eingriffskondiktion darf ihm gegenüber nicht geprüft werden, weil das Geld gegenüber dem Gläubiger geleistet ist und an dieser Leistung eine der Bereicherungsparteien Dritter und Schuldner, nämlich der Dritte, beteiligt ist.

Der Dritte hat also in der Ausgangsposition aus § 812 keinen Anspruch gegenüber dem Schuldner. Die hM läßt aber eine nachträgliche Fremdbestimmung der Leistung zu: der Dritte kann – nachdem er seinen Irrtum bemerkt hat – erklären, die Schuld des Schuldners tilgen zu wollen. Dann liegt der Fall des § 267 vor (oben 2).

V. Verfügungen durch Nichtberechtigte, § 816

1. Das Verhältnis von § 816 zu anderen einschlägigen Vorschriften

Im Bereicherungsrecht ist § 816 Sondervorschrift. Er ist vor § 812 zu prüfen. Liegt der Tatbestand des § 816 vor, darf § 812 nicht mehr geprüft werden. § 816 enthält Sonderfälle der Eingriffskondiktion[2].

---

[1] BGH NJW 1964, 1898

[2] Palandt-Thomas, BGB, § 816 Anm. 1

Für § 816 gelten folgende Besonderheiten: Neben § 816 greifen auch die Ansprüche des Eigentümer-Besitzer-Verhältnisses der §§ 987–1003 ein[1]. § 818 Abs. 2 gilt wie folgt: Der aus § 816 Berechtigte kann nicht den Wert des von der unberechtigten Verfügung betroffenen Gegenstandes verlangen. Nur wenn das Erlangte gemäß § 818 Abs. 2 nicht herausgegeben werden kann, hat der Nichtberechtigte den Wert des Erlangten zu ersetzen. Der Anspruch aus den §§ 816, 818 Abs. 2 umfaßt auch den konkret erzielten Gewinn[2].

2. Die Regelung des § 816 Abs. 1 S. 1

a) Voraussetzung ist, daß hinsichtlich eines Gegenstandes der Anspruchsteller Berechtigter und der Anspruchsgegner Nichtberechtigter war. Grundsätzlich ist nur der Inhaber des Rechts Berechtigter. Fallen – kraft Gesetzes oder Rechtsgeschäfts, § 185 – Rechtsinhaberschaft und Verfügungsbefugnis auseinander, so kommt es auf die Verfügungsbefugnis an. In diesem Falle ist nur der Verfügungsbefugte Berechtigter.

b) Der Anspruchsgegner muß als Nichtberechtigter über den Gegenstand wirksam verfügt, also eine Rechtsänderung (im Unterschied zur schuldrechtlichen Verpflichtung, vgl. das 15. Kapitel) bewirkt haben. Die Verfügung des Nichtberechtigten kann wirksam sein, wenn der Erwerber gutgläubig war (vgl. § 932).

Eine spätere Genehmigung einer zunächst unwirksamen Verfügung macht diese nachträglich wirksam, § 185. Damit erhält der Berechtigte den Anspruch auf das Erlangte. Er ist je nach Lage des Falles daran interessiert, die geschehene Verfügung zu billigen, vor allem, wenn der Nichtberechtigte einen Gewinn erzielte. Der Berechtigte würde in solchen Fällen die Genehmigung Zug um Zug gegen die Herausgabe des Erlangten erteilen.

Die Genehmigung ist auch für den Fall des Diebstahls sinnvoll. Veräußert der Dieb die gestohlene Sache, erwirbt der gutgläubige Erwerber kein Eigentum, § 935 Abs. 1. Veräußert der Erwerber (als Nichtberechtigter) die Sache weiter, hat der Eigentümer ihm gegenüber nach Genehmigung der Verfügung den Anspruch auf Herausgabe des Erlöses nach § 816 Abs. 1 S. 1. Daneben hat der Eigentümer gegenüber dem Dieb einen Schadensersatzanspruch aus § 823. Sofern der Eigentümer einen dieser Ansprüche realisiert, verliert er allerdings nach § 422 den anderen Anspruch, da Dieb und nichtberechtigter Erwerber im Verhältnis zum Eigentümer Gesamtschuldner sind[3].

Der Deutlichkeit halber sei wiederholt: Der Tatbestand des § 816 setzt eine Verfügung voraus, die dem Berechtigten gegenüber wirksam ist. Ist die Verfügung ihm gegenüber unwirksam, hat er durch die „versuchte Verfügung“ keinen Rechtsnachteil. Gerechterweise steht ihm dann kein Anspruch auf das zu, was der Nichtberechtigte möglicherweise vom anderen schon erhalten hat.

c) Die Rechtsfolge lautet auf Herausgabe des Erlangten, evtl. auf Wertersatz des Erlangten, nicht jedoch auf Wertersatz des Verfügungsgegenstandes. Das Erlangte schließt einen Gewinn mit ein (vgl. oben 1).

3. Die Regelung des § 816 Abs. 2

Voraussetzungen sind:

Hinsichtlich des Anspruchs auf eine Leistung war der Anspruchsteller auf Bereicherungsausgleich Berechtigter, der Anspruchsgegner Nichtberechtigter. Durch die Leistung des Schuldners an den Nichtberechtigten ist der Anspruch erloschen. Eine Leistung an einen Nichtberechtigten ist dem Anspruchsberechtigten gegenüber z.B. in folgenden Fällen wirksam (der Anspruch erlischt also): Leistung an den bisherigen Gläubiger (§ 407), Leistung bei mehrfacher Abtretung (§ 408), Zahlungen des Mieters an den ehemaligen Eigentümer (§ 574), Leistung an den nichtberechtigten Inhaber

---

1 vgl. BGHZ 47, 128

2 BGHZ 29, 157; a.A. teilweise die Literatur, vgl. von Caemmerer JZ 1959, 462

3 BGHZ 53, 39

einer Inhaberschuldverschreibung (§ 793 Abs. 1 S. 2), Leistung an den Inhaber eines Namenspapiers mit Inhaberklausel (§ 808), Leistung an den Besitzer der beschädigten Sache (§ 851) u.a.m. (sog. Liberationsfälle).

VI. Der Umfang des Bereicherungsanspruchs, § 818 Abs. 1 und 2

1. Der Herausgabeanspruch

§ 818 gilt nur, wenn ein Anspruch aus § 812, § 816 oder § 817 S. 1 entstanden ist. Das Erlangte ist herauszugeben. Dazu zählen auch Nutzungen (§ 100) und ein eventueller Ersatzerwerb (Surrogate). Kann das Erlangte nicht herausgegeben werden, ist Wertersatz in Geld zu leisten, und zwar in Höhe des objektiven Verkehrswertes[1]. Für § 816 gilt hiervon abweichend, daß auch ein konkret erzielter Gewinn herauszugeben ist (vgl. oben V 1). Für die Wertermittlung ist der Zeitpunkt der Vermögensverschiebung maßgeblich[2].

2. Die verschärfte Haftung

Unter den tatbestandlichen Voraussetzungen der §§ 818 Abs. 4, 819, 820 ist der Bereicherungsanspruch nicht auf die Herausgabe beschränkt (verschärfte Haftung des Bereicherten). Es gelten die allgemeinen Vorschriften des Schuldrechts ab Rechtshängigkeit (§ 818 Abs. 4), ab Kenntnis des Mangels des Rechtsgrundes (§ 819 Abs. 1), bei Annahme der Leistung entgegen gesetzlichem Verbot oder entgegen den guten Sitten (§ 819 Abs. 2), im Fall des Nichteintritts eines von den Parteien als ungewiß angesehenen Erfolges (§ 820 Abs. 1 S. 1) sowie bei vorausgesehenem Wegfall des Rechtsgrundes (§ 820 Abs. 1 S. 2). Die Herausgabeverpflichtung wird also bereits ab Rechtshängigkeit usw. wie eine geschuldete Leistung angesehen. Es gelten von da ab – und nicht vorher[3] – insbesondere die Vorschriften über Verzug (§ 284). Ferner gilt für Prozeßzinsen § 291 und für den Fall der Unmöglichkeit § 292 mit der Verweisung auf die §§ 987, 989, 994 Abs. 2. Der Anspruchsteller kann in diesen Fällen also z.B. auch Schadensersatz verlangen, eine Rechtsfolge, die in den §§ 812 ff sonst nicht vorgesehen ist.

Zu den allgemeinen Vorschriften zählt nicht § 818 Abs. 3; bei der verschärften Haftung ab Rechtshängigkeit entfällt also die Einwendung des Wegfalls der Bereicherung.

VII. Der Wegfall der Bereicherung, § 818 Abs. 3

Ein nach § 812 entstandener Bereicherungsanspruch kann nach § 818 Abs. 3 ganz oder teilweise untergehen. Bei dieser Vorschrift handelt es sich um eine rechtsvernichtende Einwendung. Sie ist also von Amts wegen zu berücksichtigen. § 818 Abs. 3 greift nicht ein, wenn die verschärfte Haftung eingetreten ist.

Ein Wegfall der Bereicherung liegt vor, wenn der Bereicherungsgegenstand oder sein Wert (§ 818 Abs. 2) sich nicht mehr im Vermögen des Empfängers befinden. Ein Wegfall ist auch insoweit anzunehmen, wie der Empfänger bei dem Erwerb Vermögensnachteile gehabt hat. Nach Auffassung der Rechtsprechung sind diejenigen Nachteile abzugsfähig, die durch den Erwerb adäquat verursacht sind[4]. Ein adäquater Kausalzusammenhang besteht, wenn die Nachteile nicht völlig ungewöhnlich sind. Die vorherrschende Meinung in der Literatur verlangt zusätzlich, daß die Aufwendungen im Vertrauen auf die Rechtsbeständigkeit des Erwerbs gemacht wurden[5]. Auf deren objektive Notwendigkeit kommt es nicht an.

---

1 BGH NJW 1962, 2293

2 BGH NJW 1963, 1299

3 RGZ 93, 271

4 BGHZ 1, 81; 14, 79; abweichend 56, 173

5 vgl. Larenz II § 70 II

Die Abzugsfähigkeit ist z.B. zu bejahen für Reparaturkosten, Transportkosten[1], Kosten für die Rückgabe[2], auch für Schäden durch Rechtsnachteile, die dem Schuldner entstanden sind, weil er im Vertrauen auf die Rechtsbeständigkeit des Erwerbs ihm ansonsten zustehende Rechtsbehelfe nicht geltend gemacht hat.

Nicht abzugsfähig sind z.B. das an einen Dritten (nicht an den Anspruchsteller) gezahlte Entgelt[3], wohl aber die erbrachte Gegenleistung, wenn der Vertragspartner bei nichtigem gegenseitigen Vertrag seine Leistung herausverlangt.

VIII. Die Saldotheorie

Für Rückforderungen bei nichtigem gegenseitigen Vertrag ist es denkbar, daß jede der Parteien getrennt für sich den Anspruch des § 812 geltend macht (Zwei-Kondiktionen-Theorie). Nach hM[4] besteht der Anspruch jeder Partei aber von vornherein nur in der Höhe, die sich nach Abrechnung einer etwa schon erbrachten Gegenleistung ergibt (Saldotheorie). Die Saldotheorie hat anspruchsbegrenzende Wirkung. Der Saldo ist nur Rechnungsposten. Man bezieht ihn auf den Zeitpunkt des Leistungsaustausches. Jede Partei braucht wertmäßig nicht mehr herauszugeben, als ein Saldo zu ihren Lasten besteht. Bei nichtigem gegenseitigen Vertrage hat demnach allenfalls eine Seite einen Bereicherungsanspruch, nämlich auf den Überschuß.

Die Saldotheorie wirft keine Probleme auf, wenn die ausgetauschten Leistungen gleichartig sind. Hier wird einfach verrechnet. Bei ungleichartigen Leistungen ist die Sachleistung herauszugeben gegen eine Ausgleichszahlung, die sich nach dem „Saldo" bemißt. Sollte der Saldo „0" lauten, ist ein Gleichwertiges (Sachleistung gegen Ausgleichszahlung) auszutauschen, wenn die Sache herausverlangt wird.

Diese Auffassung wird in der Literatur wie folgt modifiziert: Jede Vertragspartei kann ihre Leistung nur dann herausverlangen, wenn die erhaltene Gegenleistung ebenfalls herausgegeben oder erstattet wird[5]. Das hat Bedeutung für den Fall, daß der Anspruchsteller die Leistung der anderen Partei (Gegenleistung) nicht mehr in seinem Vermögen hat und der Anspruchsgegner daher (wegen Wegfalls der Bereicherung nach § 818 Abs. 3) keinen eigenen Anspruch aus § 812 mehr haben würde.

Die Saldotheorie läßt die Geltung des § 818 Abs. 3 unberührt. Diese Vorschrift ist also zu prüfen, bevor man die Frage untersucht, ob die Saldofeststellung einen entstandenen Bereicherungsanspruch begrenzt (vgl. die Beispielsfälle im Prüfschema unten IX).

Die Saldotheorie gilt nicht bei verschärfter Haftung, zum Nachteil des Minderjährigen, des arglistig Getäuschten[6] und bei fehlerhafter Kaufsache[7]. Sie kommt in den Fällen der Eingriffskondiktion nicht in Betracht, weil sie nur bei nichtigem gegenseitigen Vertrage gilt[8], wo die Bereicherungsgegenstände folglich im Sinne des § 812 geleistet sind.

IX. Schema für die Prüfung eines Bereicherungsanspruchs im Gutachten

1. Sind die §§ 812 ff überhaupt anwendbar? Ausschlüsse beachten (z.B. § 89 WG).
2. § 816 geht vor. Bei Vorliegen des Tatbestandes ist § 812 nicht mehr zu prüfen.

---

1 BGH NJW 1970, 2059
2 Larenz a.a.O.
3 BGHZ 55, 126
4 vgl. z.B. BGHZ 53, 144
5 Larenz II § 70 III
6 BGHZ 53, 144
7 Palandt-Thomas, BGB, § 818 Anm. 6 D c
8 BGHZ 57, 137

3. Tatbestand des § 812:

a) Hat der Anspruchsgegner „etwas" erlangt? (Bereicherungsgegenstand genau benennen)

b) durch „Leistung" des Anspruchstellers? Drei Leistungszwecke. Falls keine Leistung (Alternativität!):

c) in sonstiger Weise auf Kosten des Anspruchstellers?

d) Vermögensverschiebung ohne rechtlichen Grund (Behaltensgrund)?

4. Wird der entstandene Bereicherungsanspruch

a) durch § 818 Abs. 1 erweitert?

b) durch § 818 Abs. 2 modifiziert?

5. Ist der entstandene Bereicherungsanspruch

a) nach § 818 Abs. 3 untergegangen?

b) durch „Saldieren" begrenzt (nur bei nichtigem gegenseitigen Vertrag)?

Beispiel 1

Sachverhalt: Kauf eines Gebrauchtwagens. Wert bei Übergabe 9.000 DM, Kaufpreis 7.000 DM. Kaufvertrag nichtig wegen Anfechtung. Wagen durch Unfall zerstört.

Zwei Klagemöglichkeiten sind denkbar:

a) Käufer K klagt gegen Verkäufer V auf Herausgabe des Kaufpreises.

Lösungsskizze: K ——► V

§ 812 +	V hat 7.000 DM durch Leistung des K erlangt ohne Rechtsgrund
§ 818 I:	Evtl. Zinsen, nicht bekannt
§ 818 II:	----
§ 818 III:	Kein Wegfall. Aber Saldierung bei nichtigem gegenseitigen Vertrag

Leistungsgegenüberstellung

Dem V ist geleistet	Dem K ist geleistet
7.000 DM	Wagen im Wert von 9.000 DM
	Saldo: − 2.000 DM

(Wegen der anspruchsbegrenzenden Wirkung der Saldierung empfiehlt es sich, den Saldo als Minus-Posten aufzuführen.)

Ergebnis: Es besteht **kein Saldo zugunsten** des K. Wenn er seine Leistung herausverlangt (7.000 DM), müßte er zum Ausgleich 7.000 DM zahlen. Denn V braucht nicht mehr als den Saldowert zu seinen Lasten zu zahlen; zu seinen Lasten besteht aber kein Saldo. K hat im Ergebnis keinen Anspruch, da er das verlangt, was er selbst sofort zahlen müßte (§ 242).

b) V klagt gegen K auf Herausgabe des Wagens bzw. dessen Wertes.

Lösungsskizze: V ——► K

§ 812 +	K hat den Wagen durch Leistung des V erlangt ohne Rechtsgrund
§ 818 I:	Evtl. Nutzungen, nicht bekannt
§ 818 II:	Wertersatz 9.000 DM
§ 818 III:	Wegfall der Bereicherung +

Ergebnis: Der Anspruch des V ist gemäß § 818 Abs. 3 untergegangen. V hat keinen Anspruch.

Beispiel 2

Sachverhalt: Kauf eines Gebrauchtwagens. Wert bei Übergabe 9.000 DM, Kaufpreis 9.000 DM. Kaufvertrag nach Anfechtung nichtig. Wagen hat nach Unfall einen Wert von 3.000 DM.

a) K klagt gegen V auf Herausgabe des Kaufpreises

Lösungsskizze: K ——► V

§ 812 +: V hat 9.000 DM durch Leistung des K erlangt ohne Rechtsgrund

§ 818 I: ----

§ 818 II: ----

§ 818 III: Kein Wegfall. Aber Saldierung bei nichtigem gegenseitigen Vertrag

Leistungsgegenüberstellung

Dem V ist geleistet	Dem K ist geleistet
9.000 DM	Wagen im Wert von 9.000 DM

Saldo 0

Bei Saldo 0 ist etwas Gleichwertiges auszutauschen. Verlangt K 9.000 DM, muß er 9.000 DM zahlen.

Ergebnis: K hat keinen Anspruch, da er den Betrag verlangt, den er selbst zahlen müßte (§ 242).

b) V klagt gegen K auf Herausgabe des Wagens

Lösungsskizze: V——►K

§ 812 +: K hat den Wagen durch Leistung des V erlangt ohne Rechtsgrund

§ 818 I: Evtl. Nutzungen

§ 818 II: ----

§ 818 III: Wegfall (teilweise) bis auf 3.000 DM. Der Bereicherungsanspruch lautet gemäß § 818 Abs. 3 auf 3.000 DM

Begrenzung durch Saldierung?

Leistungsgegenüberstellung

Wie bei a). Der Saldo ist 0.

Bei Saldo 0 ist etwas Gleichwertiges auszutauschen.

Ergebnis: V kann den Wagen herausverlangen gegen gleichwertige Ausgleichszahlung, also gegen Zahlung von 3.000 DM.

Teil 3 Die Fallösung

A. Das Gutachten zum Fall

Die B-Bank könnte von M 40.000 DM herausverlangen auf Grund von § 812. Dann müßte M etwas erlangt haben. M hat Besitz (und Eigentum) an den 40.000 DM erlangt.

M hätte den Bereicherungsgegenstand **durch Leistung** der Anspruchstellerin B erlangt, wenn B bei der Mehrung des Vermögens des M einen beachtlichen Leistungszweck verfolgt hätte. Bei der bewußten Mehrung des Vermögens des M könnte die B den Zweck verfolgt haben, eine Verbindlichkeit zu erfüllen. Fraglos bestand keine Verbindlichkeit zwischen der B und M. Es reicht bei diesem Leistungszweck aber, wenn eine fremde Verbindlichkeit getilgt werden soll. In Betracht kommt eine Verbindlichkeit des A. Zwischen A und M bestand jedoch keine Verbindlichkeit zur Zahlung der 40.000 DM, sondern zwischen A und D. Das war allen Beteiligten bekannt. Darauf kommt es aber auch nicht an. Wenn eine Bank einen Überweisungsauftrag ausführt, erfüllt sie damit nicht etwa eine fremde Verbindlichkeit. Sie wird tätig, weil sie sich durch den Bankvertrag mit dem Kunden zu derlei Geschäftsbesorgungen verpflichtet hat. Mit der Übermittlung des Geldbetrages erfüllt sie eine eigene Verpflichtung aus dem Bankvertrag. Sie zahlt nicht als Dritte auf fremde Schuld (kein Fall des § 267). Die B hat also aus objektiver Sicht gegenüber dem Empfänger des Bereicherungsgegenstandes M keine Verbindlichkeit erfüllen wollen.

Die B wollte mit der Vermögensmehrung auch kein Rechtsverhältnis (Verpflichtung) begründen und gleichfalls den M nicht zu einem Verhalten veranlassen. Sie hat also gegenüber M nicht im Sinne des § 812 geleistet.

Der Herausgabeanspruch könnte sich darauf stützen, daß M die 40.000 DM in sonstiger Weise auf Kosten der B erlangt hat (Eingriffskondiktion). Voraussetzung für die Anwendbarkeit der Grundsätze über die Eingriffskondiktion ist, daß der konkrete Leistungsgegenstand nicht (von irgend jemandem) geleistet ist, wobei an dieser Leistung eine der Bereicherungsparteien (der konkrete Bereicherungskläger und der konkrete Bereicherungsbeklagte) beteiligt ist. Ein (überhaupt) geleisteter Bereicherungsgegenstand darf nicht über die Eingriffskondiktion zurückverlangt werden (Grundsatz der Alternativität der Kondiktionsarten).

In Betracht kommt, daß die 40.000 DM von A geleistet waren. A hat mit der Überweisung fremdes Vermögen bewußt vermehrt. Die Vermögensmehrung müßte auch zweckgerichtet gewesen sein. Da A eine eigene Verbindlichkeit erfüllen wollte, hat er einen Leistungszweck verfolgt. Allerdings wollte A das Vermögen der D-GmbH mehren und nicht das Vermögen des M. Die Frage, ob eine Leistung vorliegt, muß objektiv bewertet werden. Dabei kommt es auf die objektive Sicht des Empfängers an. Das ist herrschende Meinung für die Frage, welche von mehreren in Betracht kommenden Personen als „Leistende" anzusehen ist. Der Empfängerhorizont muß aber gleichermaßen entscheidend sein, wem gegenüber geleistet ist. Im vorliegenden Fall hatte M den A aufgefordert, an die D-GmbH zu zahlen. Es steht also objektiv aus der Sicht des M fest, daß ihm die 40.000 DM von B nicht geleistet wurden. Sollte man zu der Auffassung kommen, der Bereicherungsgegenstand sei geleistet, weil immerhin ein Leistungszweck verfolgt wurde, wenn auch nicht gegenüber dem tatsächlichen Empfänger, so ist an der fehlgeleiteten Leistung der falsche Empfänger M jedenfalls nicht beteiligt.

Dem M sind daher die 40.000 DM nicht geleistet. Die Eingriffskondiktion darf also geprüft werden.

Nach den Grundsätzen der Eingriffskondiktion ist der Bereicherungsgegenstand dann auf Kosten des Anspruchstellers erlangt, wenn er unter Verletzung der absolut geschützten Rechtssphäre des Anspruchstellers erlangt wurde. Es kommt nicht darauf an, welcher Vorgang die Vermögensmehrung bewirkte. Ein „Eingriff" ist auch gegeben, wenn eine eigene Handlung des Entreicherten die Ursache war. Der vorliegende Sachverhalt erfüllt diese Voraussetzungen, da B Besitz und Eigentum am Geld verloren hat; das sind absolut (nicht nur schuldrechtlich) geschützte Rechtspositionen.

Weitere Voraussetzung des § 812 ist, daß die Vermögensverschiebung ohne rechtlichen Grund stattfand. Rechtsgrund ist jedes gesetzlich oder rechtsgeschäftlich begründete Recht, den Gegenstand behalten zu dürfen. Dem M stand das Geld nicht zu. Daher hat er kein Recht, es zu behalten. Weitere tatbestandliche Voraussetzungen stellt § 812 nicht auf. Die Rechtsfolge gibt der B den Anspruch auf Herausgabe der 40.000 DM. Dieser Anspruch wird im vorliegenden Fall durch § 818 nicht abgeändert, er besteht also in voller Höhe.

B. Hinweise zum Lösungsgang[1]

1. Der Gutachter begann gleich mit der Prüfung des § 812, obwohl diese Vorschrift in der Rangordnung der Anspruchsgrundlagen den untersten Rang einnimmt. Für den gegebenen Sachverhalt war es aber offensichtlich, daß keine Anspruchsgrundlage aus Vertrag, Sachenrecht, Geschäftsfüh-

1 Zur Lösungsmethode und Arbeitstechnik siehe Anhang 1 und Anhang 2

rung ohne Auftrag oder Delikt eingreift. Dann kann der Gutachter darauf verzichten, dem Leser eine Fehlanzeige zu machen.

Gleiches gilt für einen Hinweis, daß die Anwendbarkeit des § 812 nicht durch Ausschlußvorschriften ausscheidet oder daß kein Fall des § 816 vorliegt. In der Aufbauphase des Gutachtens durchläuft der Gutachter diese Positionen jedoch routinemäßig. In der Lösungsskizze sollte man sie zu Papier bringen, schließlich aber streichen.

2. Im Fall geht es um ein Rechtsproblem, das sich noch in der Diskussion befindet. Je nachdem, welche Hilfsmittel dem Gutachter zur Verfügung stehen, wird er Entscheidungen der Rechtsprechung oder Literaturstimmen zum Problem zitieren. In einer Klausur liegt ihm nur der Gesetzestext vor. Dementsprechend ist das vorliegende Gutachten abgefaßt.

Die Überzeugungskraft eines Gutachtens gewinnt selbstverständlich, wenn die zu den angesprochenen Rechtsfragen vertretenen Auffassungen dargelegt werden. Wird das Gutachten für einen aktuellen Fall erstellt, empfiehlt es sich, dem Leser die betreffenden Entscheidungen und Literaturstellen zu nennen und vielleicht auch in Ablichtungen als Anlage zum Gutachten zugänglich zu machen. Soll das Gutachten z.B. eine geschäftliche Entscheidung von einiger Tragweite vorbereiten, kann sich der Entscheidungsprozeß dadurch sehr beschleunigen. Ein Gutachten hat eben nicht die Aufgabe, die Meinung des Gutachters zum Fall darzustellen. Es soll vielmehr dem Leser die Beurteilung ermöglichen.

3. Die Frage des Falles möchte man vielleicht gefühlsmäßig sofort beantworten. Selbstverständlich darf M das ihm nicht zustehende Geld nicht behalten. Ist er also im Unrecht, wenn er sich weigert, das Geld zurückzugeben?

Auf diese Frage hat der Gutachter direkt keine Antwort zu geben. Es kommt allein darauf an, ob die B anspruchsberechtigt ist. Die Antwort darauf ist, wie die Fallösung zeigt, schwierig. Das Gerechtigkeitsgefühl ist in diesem Punkt nicht etwa zielsicherer: Wie wäre es denn, wenn A unabhängig von B einen Anspruch auf Herausgabe geltend machen würde; steht womöglich der Anspruch allein dem A zu?

Teil 4 Lesekontrolle

1. Die Anspruchsgrundlagen aus dem Bereicherungsrecht sind wegen ihres elementaren Gerechtigkeitsgehaltes bei der Fallösung
   a) erstrangig zu berücksichtigen
   b) als letzte Möglichkeit zu berücksichtigen
2. Der Grundsatz der Alternativität der Kondiktionsarten besagt:
   a) Wenn der Bereicherungsgegenstand „geleistet" ist und an der Leistung Anspruchsteller oder Anspruchsgegner beteiligt sind, ist die Eingriffskondiktion ausgeschlossen
   b) Der Gutachter kann zwischen den beiden Kondiktionsarten auswählen, ist dann aber an die getroffene Wahl gebunden
   c) Die eine Kondiktionsart kann ohne weiteres gegen die andere ausgetauscht werden
3. Leistung im Sinne des § 812 ist
   a) jede gewollte und zweckgerichtete Mehrung fremden Vermögens
   b) nur die Erfüllungshandlung in einem Vertrage
   c) nur die besondere Zuwendung außerhalb bestehender Verpflichtungen

4. Unter „Fremdbestimmung der Leistung“ ist zu verstehen
   a) die Bestimmung einer Leistung, wenn sich die Parteien darauf geeinigt haben, daß ein Dritter die geschuldete Leistung bestimmen soll (§ 317)
   b) die nachträgliche Erklärung desjenigen, der auf eine vermeintlich eigene Schuld zahlte, diese Zahlung sei für den wirklichen Schuldner erfolgt

5. § 816 ist für den Fall, daß ein Nichtberechtigter tätig wird, es aber nicht zu einer wirksamen Verfügung kommt,
   a) unmittelbar anwendbar
   b) entsprechend anwendbar
   c) gar nicht anwendbar

Richtig sind (die Klammern verweisen auf den Text in Teil 2):
1b (I.2); 2a (II.1); 3a (II.2.b); 4b (IV.1); 5c (V.2.b)

14. Kapitel: Unerlaubte Handlungen. Die Produzentenhaftung. Die Gefährdungshaftung.

Teil 1 Der Fall (Sachverhalt)

R ist Arzneimittelhersteller. Er produzierte u.a. das Kurznarkosemittel Esnadel, das zur Injektion in die Vene vorgesehen war. Seit August 1960 wurde das Mittel in mehreren Krankenhäusern klinisch erprobt. Im Dezember 1960 geriet das Präparat bei einer Injektion versehentlich in die Arterie einer Patientin statt in die Vene. Das führte zu einer heftigen Gefäßreaktion, die schließlich die Amputation des rechten Armes erforderlich machte. Am 1.4.1961 wurde das Mittel in Verkehr gebracht, nachdem es gemäß den damaligen Vorschriften bei der zuständigen Behörde angemeldet war. Die Packungsbeilagen und der Ärzteprospekt enthielten den Hinweis: „Eine intraarterielle Injektion muß mit Sicherheit vermieden werden“. In den Folgemonaten traten zahlreiche Komplikationen durch intraarterielle Injektionen auf. In zehn Fällen kam es zum Verlust des ganzen Armes, so auch im Oktober 1961 bei der L. Am 9.2.1962 zog R das Narkosemittel aus dem Verkehr, nachdem sich neun weitere Fälle mit Amputationen ereignet hatten. L verlangt von R Schadensersatz. Welche Aussichten hat ein Prozeß, wenn feststeht, daß ein deutlicher Hinweis auf die Folgen einer intraarteriellen Injektion die Fehlinjektion oder die Verwendung des Esnadel überhaupt und damit den Schaden bei L verhindert hätte?

Teil 2 Die Darstellung der Rechtsmaterie

A. Unerlaubte Handlungen

I. Der Aufbau der Grundregel, § 823 Abs. 1 (zugleich Prüfschema)

Die tatbestandlichen Voraussetzungen:

1. Es liegt eine Verletzung der in § 823 Abs. 1 geschützten absoluten Rechte vor.
2. Die Verletzung ist der Handlung des Anspruchsgegners (Täters) zuzurechnen (haftungsbegründende Kausalität). Die Handlung hat adäquat[1] kausal zu der Verletzung geführt.
3. Es ist ein Schaden eingetreten.
4. Der Schaden ist auf die Rechtsverletzung zurückzuführen (haftungsausfüllende Kausalität). Die Rechtsverletzung hat adäquat kausal zum Schaden geführt.
5. Die Handlung war rechtswidrig.
6. Der Anspruchsgegner handelte schuldhaft (vorsätzlich oder fahrlässig).

Der Aufbau der unerlaubten Handlung im BGB ähnelt dem Aufbau einer Straftat: Der Täter begeht eine Handlung, die kausal ist für den verbotenen Erfolg (Rechtsverletzung). Sie führt kausal zu einem Schaden und ist rechtswidrig und schuldhaft.

Die Rechtsfolge des § 823 Abs. 1 lautet auf Schadensersatz. Dafür gelten die allgemeinen Vorschriften der §§ 249 ff.

---

[1] d.h.: nicht außerhalb aller Lebenserfahrung

II. Der Tatbestand des § 823 Abs. 1 im einzelnen

1. a) Die Handlung kann in einem aktiven (positiven) Tun oder in einem Unterlassen bestehen[1]. Ein Unterlassen ist aber – ebenso wie bei der Straftat – nur beachtlich, wenn eine Rechtspflicht zum Tun bestand. Solche Rechtspflichten zum positiven Tun können sich aus gesetzlicher Vorschrift, aus Vertrag, aus vorangegangenem Tun (z. B. Schaffung der Gefahrenquelle) und aus engem tatsächlichen Kontakt ergeben.

b) Eine Rechtspflicht zu aktivem Tun besteht z. B. bei der Verkehrssicherungspflicht[2]. Die Verkehrssicherungspflicht ist teilweise in Rechtsvorschriften festgelegt, etwa in kommunalen Satzungen (z. B. Schneeräumpflicht). Ein Unterlassen ist im übrigen als Verletzung der Verkehrssicherungspflicht in folgendem Fall zu werten:

Es besteht eine Gefahrenquelle, die Sicherungsmaßnahmen erfordert. Derjenige, der die Gefahrenquelle geschaffen hat, in erster Linie auf sie Einfluß nehmen oder sie beseitigen kann, ist dazu rechtlich verpflichtet, wenn er durch ein weiteres Verhalten andere in den Kontakt mit der Gefahrenquelle bringt[3]. *Beispiele:* Der Ladeninhaber tut nichts, um ein schadhaftes Abtretrost am Eingang seines Ladengeschäftes instandzusetzen. Ein Warenhersteller (Produzent) unterläßt es, auf verborgene Gefahren durch seine Produkte hinzuweisen (vgl. zur Produzentenhaftung unten B). Ein Architekt unternimmt nichts, um die von ihm entworfene zu schwache Deckenkonstruktion zu verstärken.

Die Erfüllung von Verkehrssicherungspflichten kann vertraglich auf andere übertragen werden. Davon wird im praktischen Leben häufig Gebrauch gemacht. Der Übernehmer hat dann eine vertragliche Pflicht gegenüber dem Vertragspartner, aber auch eine Verkehrssicherungspflicht gegenüber Dritten[4].

2. a) Eine unerlaubte Handlung verlangt tatbestandlich die **Verletzung ganz bestimmter Rechtsgüter.** Zum Teil werden sie in § 823 Abs. 1 aufgezählt: Leben, Körper, Gesundheit, Freiheit, Eigentum. Diesen Rechten ist gemeinsam, daß sie gegenüber jedermann gelten (absolute Rechte), also nicht erst durch Rechtsgeschäft, insbesondere Vertrag, entstehen.

b) Demgemäß kommen als „sonstige Rechte" nach § 823 Abs. 1 auch nur absolute Rechte in Betracht. Alle dinglichen Rechte, wie Pfandrecht, Hypothek, Grundschuld, Rentenschuld, Reallast, Dienstbarkeit, dingliches Vorkaufsrecht, Erbbaurecht, sind absolute Rechte im Sinne des § 823[5]. Gleichzuachten sind die Anwartschaften[6]. Schuldrechtliche Ansprüche fallen nicht darunter. Auch wirtschaftliche Interessen scheiden aus. Der Besitz ist jedoch „sonstiges Recht", soweit Besitz rechtlich geschützt ist.

c) Ferner ist das allgemeine Persönlichkeitsrecht (Art. 1 Abs. 1 und Art. 2 GG) ein sonstiges Recht im Sinne des § 823 Abs. 1[7]. Sonderregeln für das Persönlichkeitsrecht, z. B. das Recht am eigenen Namen (§ 12) oder urheberrechtliche Vorschriften (Rechte an eigenen Werken etc.) gehen vor. Ein „sonstiges Recht" ist auch das Erfinderrecht (vgl. § 3 PatG).

d) Ein absolutes Recht nach § 823 Abs. 1 ist das Recht am eingerichteten und ausgeübten Gewerbebetrieb (Recht am Unternehmen). Es ist subsidiär, greift also nicht ein, wenn bereits eine andere Rechtsverletzung vorliegt, etwa des Eigentums. Der Schutzbereich dieses von Literatur und Rechtsprechung entwickelten Rechts schließt jegliche Einwirkung auf die gewerbliche Tätigkeit ein

---

1 Zum Handlungsbegriff BGHZ 39, 106; vgl. Wolf AcP 170, 181

2 vgl. zu Einzelfällen die Übersicht bei Palandt-Thomas, BGB, § 823 Anm. 14

3 vgl. BGH NJW 1961, 455

4 BGH VersR 1964, 942

5 Palandt-Thomas, BGB, § 823 Anm. 6 a

6 BGHZ 45, 187

7 s. dazu Helle, Der Schutz der Persönlichkeit, der Ehre und des wirtschaftlichen Rufes im Privatrecht, 1969

(*Beispiele:* unqualifizierte Warentests[1]; rechtswidriger Streik[2]). Als Beeinträchtigungen dieses Rechts werden jedoch nur betriebsbezogene Eingriffe anerkannt[3]. Verletzungshandlungen sind dann nicht betriebsbezogen, wenn sie vom Betrieb ablösbare Rechte betreffen; *zum Beispiel:* Bei Bauarbeiten wird eine Stromleitung unterbrochen, so daß es in der Fabrik des B zu Produktionsausfall kommt: Keine Eigentumsverletzung, da die Leitung nicht dem B gehört; keine Verletzung des Rechts am Unternehmen, da der Eingriff nicht betriebsbezogen ist.

Sonderregeln, wie wettbewerbsrechtliche Vorschriften (z.B. § 26 Abs. 1, + 35 GWB, § 1 UWG) gehen wiederum vor. Die Rechtsprechung hat es als Eingriff in das Recht am Unternehmen angesehen, wenn der Inhaber eines gewerblichen Schutzrechts (Patent, Gebrauchsmuster, Geschmacksmuster, Warenzeichen) zu Unrecht gegen den Unternehmer vorging und dadurch einen Schaden verursacht hat[4].

3. Eine unerlaubte Handlung verlangt tatbestandlich ein **rechtswidriges Verhalten.** Die Auffassungen über die Rechtswidrigkeit im Zivilrecht sind nicht einheitlich. Zum Teil wird die Lehre vom Erfolgsunrecht vertreten: Ist der eingetretene Erfolg rechtlich zu mißbilligen, dann war das Verhalten rechtswidrig, sofern kein Rechtfertigungsgrund, insbesondere der Rechtfertigungsgrund des verkehrsrichtigen Verhaltens, eingreift[5]. Demgegenüber sind nach der Lehre vom Handlungsunrecht nur pflichtwidrige Verhaltensweisen rechtswidrig; tritt bei pflichtgemäßem Verhalten ein verbotener Erfolg ein, besteht kein Anspruch gegenüber dem Handelnden[6].

Wohl herrschend ist inzwischen eine vermittelnde Auffassung, die die Prüfung der Rechtswidrigkeit wie folgt vornimmt: Bei den unerlaubten Handlungen ist Ausgangspunkt, daß eine Handlung, die eines der genannten Rechtsgüter verletzt oder zu verletzen droht, damit auch rechtswidrig ist (die Rechtswidrigkeit ist indiziert). Schwieriger liegt der Fall, wenn außer der Handlung noch weitere selbständige Ursachen, insbesondere ein Handeln Dritter, hinzutreten und daß danach der Erfolg eintrat. Bei solcher Mitwirkung muß die Rechtswidrigkeit der Handlung des Anspruchsgegners konkret festgestellt werden[7]. Er hat rechtswidrig gehandelt, wenn sein Verhalten objektiv gegen Sorgfalts- oder Verkehrspflichten verstoßen hat.

Auch beim Persönlichkeitsrecht und beim Recht am Unternehmen muß die Rechtswidrigkeit eigens geprüft werden. Das folgt aus dem Charakter dieser Rechte als Rahmenrechte.

Allgemein ist Rechtswidrigkeit nicht gegeben, wenn ein Rechtfertigungsgrund wie Einwilligung des Verletzten, Notwehr (§ 227), Notstand (§ 228) oder übergesetzlicher Notstand (Verletzungshandlung zur Wahrung höherwertiger Rechtsgüter) gegeben ist. Bei der Prüfung der Rechtswidrigkeit sind auch Rechte des Schädigers, wie das Grundrecht auf freie Meinungsäußerung, mit zu untersuchen und abzuwägen. Ein spezieller Rechtfertigungsgrund ist ein berechtigtes Interesse an einer Mitteilung, § 824 Abs. 2. Hier bejaht man zum Teil ein berechtigtes Interesse bei der Wahrnehmung privater oder beruflicher Rechte und Pflichten.

4. Die Handlung, die adäquat kausal zu einer Rechtsgutverletzung geführt hat, muß **schuldhaft,** also vorsätzlich oder fahrlässig (§ 276) begangen worden sein.

Unter Vorsatz versteht man: Wissen und Wollen des gesetzlichen, verbotenen Tatbestandes. Fahrlässigkeit ist: Außerachtlassen der im Verkehr erforderlichen Sorgfalt, § 276.

Die Schuld braucht sich nicht auch auf den Schaden zu beziehen. Für Art und Höhe des Schadensersatzes gelten die §§ 249 ff.

---

1 BGH NJW 1966, 2010

2 BAGE 2, 75

3 BGHZ 29, 74

4 BGHZ 38, 200; 62, 29

5 bisher hL, vgl. Baur AcP 160, 465

6 Nipperdey NJW 1967, 1985; BAGE 1, 19

7 Larenz II § 72 I c

Voraussetzung für die Schuld im Sinne des § 823 ist die Deliktsfähigkeit. Sie besteht grundsätzlich erst ab Vollendung des siebten Lebensjahrs, § 828 Abs. 1. Weitere Vorschriften zur Deliktsfähigkeit enthalten die §§ 827, 829.

III. Die wichtigsten Tatbestände im Recht der unerlaubten Handlungen im Überblick

1. Verstoß gegen eine den Geschädigten schützende gesetzliche Vorschrift, § 823 Abs. 2

Der Tatbestand des § 823 Abs. 2 setzt voraus:

a) Die Handlung wird von einem „Schutzgesetz" erfaßt. Voraussetzungen für eine Schutzvorschrift sind:

- Eine Rechtsnorm – nicht nur Gesetze – gebietet oder verbietet ein Verhalten;
- Die Rechtsnorm bezweckt die Verhinderung des eingetretenen Schadens gerade bei solchen Personen, zu denen der Geschädigte gehört[1]. Dieser qualifizierte Schutzzweck braucht nicht der einzige Zweck der Norm zu sein. Eine Verletzung absoluter Rechte ist nicht Voraussetzung.

b) Das Schutzgesetz ist rechtswidrig und schuldhaft verletzt.

c) Die Handlung war adäquat kausal für den Schaden. Der Schutzzweck der Norm erfaßt gerade solche Schäden.

Die Rechtsfolge lautet auf Schadensersatz. Beispiele für Schutzgesetze sind: § 226 (Schikaneverbot), § 906 (Einwirkungen von Nachbargrundstücken), § 907 (gefahrenträchtige Anlagen), § 123 StGB (Hausfriedensbruch), § 142 StGB (Fahrerflucht), § 164 StGB (falsche Verdächtigung), § 263 StGB (Betrug).

2. Kreditgefährdung, § 824

Sie setzt tatbestandlich voraus:

a) Der Anspruchsgegner hat eine Tatsache mitgeteilt. Werturteile, also Ergebnisse einer subjektiven Tatsachenbewertung, sind keine Tatsachen (bei Werturteilen kann § 823 Abs. 1 verletzt sein). Tatsachen sind immer – jedenfalls theoretisch – objektiv feststellbar. Wenn jemand ein Werturteil gefällt hat, so ist dieser Vorgang Tatsache.

b) Die Tatsache ist unwahr.

c) Die falsche Information ist geeignet, Nachteile für den Kredit oder die Fortentwicklung des Betroffenen nach sich zu ziehen. Das ist sie nicht, wenn ihr Inhalt keine Beziehung zum Geschädigten erkennen läßt.

d) Es greift kein Rechtfertigungsgrund ein, insbesondere nicht § 824 Abs. 2.

e) Dem Mitteilenden ist wenigstens Fahrlässigkeit vorzuwerfen, wenn er die Unwahrheit nicht kannte. Die vorsätzliche Falschinformation fällt (auch) unter § 826 und evtl. unter § 823 Abs. 1 (Verletzung des Rechts am Unternehmen) oder unter § 823 Abs. 2 i. V. m. den §§ 186, 187 StGB.

f) Die Mitteilung diente nicht Wettbewerbszwecken (dann gehen nämlich die §§ 1, 14 UWG vor).

3. Das vermutete Verschulden bei Bestellung eines Verrichtungsgehilfen, § 831

a) § 831 ist selbständige Anspruchsgrundlage[2]. Die Vorschrift gewährt einen Schadensersatzanspruch gegen den Geschäftsherrn, wenn sein Verrichtungsgehilfe eine unerlaubte Handlung begangen hat. Die Handlung des Verrichtungsgehilfen muß tatbestandsmäßig und rechtswidrig sein. Auf ein Verschulden des Verrichtungsgehilfen kommt es nicht an. Vielmehr wird das Verschulden des

---

1 BGHZ 46, 23

2 vgl. zum Rechtscharakter der Vorschrift Westermann JuS 1961, 335, 384

Geschäftsherrn bei der Bestellung vermutet[1], d.h. ihm bis zum Gelingen des Gegenbeweises (sog. Exkulpation) unterstellt. Unberührt bleibt ein Anspruch gegen den Verrichtungsgehilfen nach § 823.

b) Die tatbestandlichen Voraussetzungen des § 831 sind:

1) Der Handelnde war Verrichtungsgehilfe. Verrichtungsgehilfe ist, wer mit Wissen und Wollen des Geschäftsherrn für ihn tätig wird, an seine Weisungen gebunden ist und zu ihm in einem Abhängigkeitsverhältnis steht, d.h. über die Tätigkeit nicht selbständig bestimmen kann.

2) Der Verrichtungsgehilfe hat eine tatbestandsmäßige und rechtswidrige unerlaubte Handlung begangen.

3) Die unerlaubte Handlung ist bei der Ausführung der übertragenen Verrichtung begangen, nicht nur „bei Gelegenheit" der Verrichtung. Es muß also ein logischer Zusammenhang zwischen der aufgetragenen und der schädigenden Handlung bestehen[2]. Eigenmächtiges Handeln kann evtl. als Handeln in Ausführung der Verrichtung angesehen werden[3].

4) Die gesetzliche Vermutung, daß der Geschäftsherr bei der Auswahl und Überwachung des Verrichtungsgehilfen die im Verkehr erforderliche Sorgfalt nicht beachtet hat, ist nicht widerlegt. Zum Widerlegen reicht auch der sog. dezentralisierte Entlastungsbeweis, nämlich, daß die Auswahl- und Überwachungstätigkeiten auf andere delegiert sind und daß diese sorgfältig ausgesucht und laufend überwacht wurden.

5) Keine Widerlegung der Ursächlichkeitsvermutung. Diese ist widerlegt, wenn der Schaden auch bei sorgfältiger Auswahl und Überwachung eingetreten wäre.

c) Der Geschäftsherr wird in der Praxis durchweg nachweisen können, daß er seinen Verrichtungsgehilfen sorgfältig ausgesucht und überwacht hat. Dann ist der Geschädigte auf einen Anspruch aus § 823 oder einem anderen Deliktstatbestand gegenüber dem Verrichtungsgehilfen selbst angewiesen. Auch in diesen Fällen hätte der Geschädigte einen Anspruch gegen den Geschäftsherrn, wenn die Voraussetzungen des § 278 vorlägen, denn dort gibt es keine Entlastungsmöglichkeit. Die für einen Geschädigten weitaus günstigere Regelung des § 278 setzt aber voraus, daß ein – vertragliches oder gesetzliches – Schuldverhältnis bereits bestand und der Gehilfe zur Erfüllung der Verbindlichkeit eingesetzt war[4]. In dieser rechtlichen Gegebenheit ist u.a. der Anlaß zu sehen, den Geltungsbereich vertraglicher Sorgfaltspflichten auf eine gewisse Zeit vor Entstehung des Vertrages und auch nach Erfüllung des Vertrages auszudehnen (Verschulden bei Vertragsanbahnung, c.i.c., bzw. Verschulden nach Vertragsende, c.p.c.); denn zu diesen Zeiten wäre ein von einer Hilfsperson verursachter Schaden mangels Schuldverhältnis sonst nur über § 831 und nicht nach § 278 zu erfassen.

4. Das vermutete Verschulden des Aufsichtspflichtigen, § 832

Nach § 832 sind diejenigen, die kraft Gesetzes oder durch Vertrag zur Aufsichtsführung verpflichtet sind, zum Ersatz des Schadens verpflichtet, den der zu Beaufsichtigende rechtswidrig – auf dessen Verschulden kommt es nicht an – anrichtet. Das Verschulden des Aufsichtspflichtigen, also eine unkorrekte Aufsichtsführung, wird vermutet, d.h. bis zum Nachweis des Gegenteils ohne weiteres angenommen. Ferner wird vermutet, daß die Aufsichtspflichtsverletzung zum Schaden geführt hat. Auch diese Vermutung besteht, bis der Aufsichtspflichtige das Gegenteil nachweist, § 832 Abs. 1 S. 2.

Die Voraussetzungen des § 832 sind demnach:

a) Jemand ist kraft Gesetzes oder Vertrages zur Aufsicht über eine andere Person verpflichtet. Kraft Gesetzes sind vor allem die Inhaber der elterlichen Gewalt zur Aufsicht über ihre minderjäh-

---

1 RGZ 151, 297

2 BGH NJW 1971, 31

3 BGHZ 49, 19

4 BGHZ 58, 212

rigen Kinder verpflichtet, §§ 1626 ff, 1671 ff, 1719, 1736, 1757, 1765; ferner auch Vormund und Pfleger gegenüber ihrem Mündel, vgl. z.B. §§ 1793, 1797, 1800; der Lehrherr gegenüber dem Auszubildenden, §§ 21 ff HandwO (entsprechend für die kaufmännischen Auszubildenden), und zwar neben den Eltern[1]. Die gewohnheitsrechtlich anerkannte Aufsichtspflicht des Lehrers[2] wird nicht im Tatbestand des § 832, sondern des § 839 erfaßt. § 832 behandelt selbstverständlich nicht die hoheitliche Aufsicht (z.B. die Dienstaufsicht).

b) Die zu beaufsichtigende Person hat tatbestandsmäßig und rechtswidrig eine unerlaubte Handlung begangen.

c) Die Vermutung, daß der Aufsichtspflichtige die gehörige Aufsicht unterlassen hat, ist nicht widerlegt.

d) Die Vermutung, daß die unterlassene Aufsicht für den Schaden ursächlich war, ist nicht widerlegt.

5. Die Sonderregel des § 839 bei Amtspflichtsverletzungen

a) § 839 ist eine Sonderregel im Deliktsrecht. Es gelten daneben also nicht die §§ 823, 824, 826, 831, 832. Liegt hingegen keine Amtspflichtsverletzung vor, kann auch ein Beamter nach § 823 usw. schadensersatzpflichtig sein. § 839 verlangt nicht, daß der Tatbestand des § 823 erfüllt ist; es genügt eine schuldhafte Amtspflichtsverletzung.

b) Die einem Beamten obliegende Amtspflicht kann bei privatrechtlichem (fiskalischem) Handeln des Beamten (insbesondere bei Rechtsgeschäften zur Bedarfsdeckung ist das der Fall) oder bei hoheitlicher Tätigkeit verletzt sein. § 839 gilt nur bei privatrechtlichem Handeln (sog. Eigenhaftung des Beamten). Bei hoheitlicher Tätigkeit tritt zum § 839 Art. 34 GG hinzu (sog. Staatshaftung); hier richtet sich der Anspruch des Geschädigten gegen die Anstellungskörperschaft.

c) Die Voraussetzungen für § 839 (Eigenhaftung des Beamten bei Amtspflichtsverletzung auf privatrechtlichem Gebiet) sind:

1) Der Handelnde ist Beamter im staatsrechtlichen Sinn (Urkundsbeamter).
2) Es ist eine gegenüber Dritten — nicht nur gegenüber der Allgemeinheit oder einer Behörde — bestehende Amtspflicht verletzt. Die Verletzung absoluter Rechte ist nicht erforderlich. Es ist z.B. keine Amtspflicht, bei Handeln auf privatrechtlichem Gebiet Verkehrsregeln zu beachten[3].
3) Verschulden (Vorsatz oder Fahrlässigkeit).
4) Schaden.
5) Kein Ausschluß durch § 839 Abs. 1 S. 2 (andere Ersatzmöglichkeit bei Fahrlässigkeit des Beamten). Ein anderweitiger Ersatz ist z.B. ein Anspruch aus den §§ 89, 31, 823 (dazu unten IV); § 823 Abs. 2 i.V.m. § 13 StVG, § 18 StVG. Ein Anspruch aus Gefährdungshaftung ist kein anderweitiger Ersatz, ebenfalls nicht ein Anspruch aus Art. 14 Abs. 3 GG.
6) Kein Ausschluß nach § 839 Abs. 3 (unterlassene Einlegung eines Rechtsmittels).

d) Die Anspruchsgrundlage § 839 i.V.m. Art. 34 GG (Staatshaftung bei hoheitlichem Handeln) gehört eigentlich zum Bereich des öffentlichen Rechts. Zur Unterscheidung von dem Anspruch aus § 839 (bei zivilrechtlichem Handeln) ist aber die Darstellung am Platze.

Bei einer Amtspflichtsverletzung während hoheitlicher Tätigkeit haftet die Anstellungskörperschaft des Beamten, Art. 34 GG. Der Beamte muß mit einem Rückgriff rechnen.

Die Voraussetzungen für § 839 i.V.m. Art. 34 GG sind:

1) Es liegt hoheitliches Handeln vor. Ein Sachzusammenhang mit hoheitlicher Tätigkeit genügt.
2) Es wurde in Ausübung, nicht nur bei Gelegenheit hoheitlicher Befugnisse gehandelt.

---

1 OLG Köln MDR 1957, 227

2 vgl. dazu BGHZ 13, 25; 28, 297

3 streitig, vgl. BGHZ 16, 114 gegen BGHZ 42, 180

3) Es ist eine einem Dritten gegenüber bestehende Amtspflicht verletzt. Bei hoheitlicher Tätigkeit besteht z.B. die Amtspflicht Dritten gegenüber, Verkehrsregeln zu beachten.

4) Verschulden (Vorsatz oder Fahrlässigkeit).

5) Schaden.

6) Kein Ausschluß durch § 839 Abs. 1 S. 2 (vgl. oben b).

7) Kein Ausschluß durch § 839 Abs. 3. Rechtsmittel ist im hoheitlichen Bereich auch die Dienstaufsichtsbeschwerde.

IV. Die Deliktsverantwortlichkeit von juristischen Personen

1. Auch juristische Personen, gleich, ob privatrechtlich oder öffentlich-rechtliche, können wegen sein, obwohl sie als solche keine unerlaubte Handlung begehen können (Haftung für Organe usw., § 31). In Betracht kommen auch die Personengesellschaften des Handelsrechts (OHG und KG; sie sind zwar keine juristischen Personen, werden ihnen aber teilweise gleichgestellt) und der nichtrechtsfähige Verein.

2. a) § 823 kann tatbestandlich verwirklicht sein, weil die Bestellung eines Organs versäumt wurde, vgl. § 30.

b) Nach den §§ 31, 823 (zivilrechtliche juristische Person) und den §§ 89, 31, 823 (öffentlichrechtliche juristische Person) kann eine unerlaubte Handlung wegen der Tätigkeit oder Unterlassung eines Organs gegeben sein.

Eine Tätigkeit oder Unterlassung eines Organs liegt auch im Fall der Delegation vor, wenn nämlich die Delegation selbst zu beanstanden ist, etwa weil an einen Ungeeigneten delegiert wurde, eine Delegation nur an ein anderes Organ erfolgen durfte (sog. körperschaftlicher Organisationsmangel) oder keine Überwachung nach Delegation stattfand (sog. betrieblicher Organisationsmangel).

3. Ferner kann eine juristische Person unter den Voraussetzungen des § 831 schadensersatzpflichtig sein. Diese Vorschrift kommt dann zum Zuge, wenn Leute der juristischen Person tätig wurden, die nicht Organ sind.

B. Die Produzentenhaftung

I. Die Problemstellung

Unter Produzentenhaftung (auch Produkthaftung genannt) versteht man die schuldrechtliche Verantwortung des Warenherstellers für Folgeschäden, die bei der Benutzung fehlerhafter Erzeugnisse eintreten. Sie verpflichtet ihn unter den Voraussetzungen der §§ 823 ff zur Zahlung von Schadensersatz. Es handelt sich also um eine Haftung für Verschulden[1].

Folgende Sachverhalte sind angesprochen:

Der Käufer (Endverbraucher) erhält eine mangelhafte Kaufsache. Durch den Fehler der Sache wird ein Schaden an anderen Rechtsgütern des Käufers verursacht (Mangelfolgeschaden); es kommt z.B. wegen fehlerhafter Reifen zu einem folgenschweren Unfall im Straßenverkehr. Die Rechte des Käufers bestehen nach Kaufrecht wie folgt: Den Fehler der Kaufsache selbst gleicht der Anspruch aus § 462 auf Wandlung und Minderung aus. Er erfaßt nur den Schaden an der Kaufsache. Den Mangelfolgeschaden kann der Käufer unter den Voraussetzungen des § 463 (Zusicherung; praktisch selten) oder der Positiven Forderungsverletzung von seinem Verkäufer ersetzt verlangen. Dann müßte der Verkäufer schuldhaft gehandelt haben. Daran wird es in der Regel fehlen, wenn der

1 Insofern paßt die Bezeichnung „Produzentenhaftung" nicht ganz, da nach verbreiteter Terminologie Haftungstatbestände begrifflich kein Verschulden beinhalten.

Verkäufer nicht Hersteller, sondern Wiederverkäufer ist (Zwischenhändler, Vertragshändler, Groß- oder Einzelhändler). Von ihm erhält der Käufer daher den Mangelfolgeschaden nicht ersetzt. Gegenüber dem Hersteller hat der Käufer aber keine vertraglichen Ansprüche.

II. Die Ansprüche des Endverbrauchers gegenüber dem Produzenten

Ansprüche gegenüber dem Hersteller kann der Letztkäufer (Endverbraucher) nur unter besonderen Schwierigkeiten geltend machen:

1. Der Kaufvertrag besteht zwischen Wiederverkäufer und Käufer, nicht zwischen Hersteller und Käufer. Daher hat der Käufer keine Rechte aus Kaufvertrag.

2. Zwischen Hersteller und Käufer kommt kein Garantievertrag zustande, und zwar auch dann nicht, wenn der Kauf durch Werbeerklärungen, Warenzeichen, Gütezeichen, Garantieerklärungen u.a.m. des Herstellers ausgelöst wurde[1].

3. Es liegt kein Vertrag mit Schutzwirkung zugunsten Dritter (der Verbraucher) zwischen Hersteller und Wiederverkäufer vor, weil zwischen dem Wiederverkäufer und dem Verbraucher kein Fürsorgeverhältnis besteht[2].

4. Es ist grundsätzlich nicht möglich, daß der Wiederverkäufer Schäden seiner Abnehmer gegenüber seinem Vertragspartner, dem Hersteller, als vertragliche Ansprüche (sog. Drittschadensliquidation) geltend machen kann[3].

5. Die Grundsätze der c.i.c. sind nicht anwendbar, weil es zwischen Hersteller und Verbraucher nicht zu einem vorvertraglichen Vertrauensverhältnis kommt.

6. Der Hersteller haftet auch nicht aus Gefährdungshaftung (die wesensmäßig kein Verschulden voraussetzt). Eine Gefährdungshaftung bedarf einer gesetzlichen Fixierung. Eine solche gibt es in diesem Bereich nicht.

7. Der Anspruch des Käufers aus unerlaubter Handlung (§ 823) gegenüber dem Hersteller besteht generell. Er wird auch nicht dann ausgeschlossen, wenn – ausnahmsweise – ein Kaufvertrag zwischen Hersteller und Endverbraucher vorliegt, so daß dieser Ansprüche aus Gewährleistung hat (beide Ansprüche bestehen nebeneinander: sog. Anspruchskonkurrenz[4]). Hier liegt das Problem vor allem darin, daß der Käufer dem Hersteller in der Regel ein Verschulden nicht nachweisen kann, wenn das Produkt fehlerhaft war. Das ist bei § 823 aber Voraussetzung.

III. Die Produzentenhaftung als unerlaubte Handlung (Delikt)

1. Die hM löst die angedeuteten Rechtsprobleme durch eine Modifizierung der deliktsrechtlichen Ansprüche (§§ 823 ff)[5]. Kernpunkte sind dabei die Präzisierung der in Betracht kommenden unerlaubten Handlung und eine Umkehr der Beweislast, was das Verschulden angeht. Der Tatbestand des § 823 bleibt ansonsten unverändert.

2. Als unerlaubte Handlung wird heute die **Unterlassung der Verkehrssicherungspflicht** als Produzent allgemein anerkannt. Mängel können in der Form des Konstruktionsfehlers, des Fabrikationsfehlers und des Instruktionsfehlers[6] auftreten. Daraus resultieren die Pflichten des Herstellers.

3. Konstruktionsfehler liegen in der technischen Planung und wirken sich auf die gesamte Produktion aus. Konstruktionsfehler liegen nicht vor, wenn eine sog. Entwicklungsgefahr Ursache für den Mangel war. Das sind Gefahren, die zum Zeitpunkt der Konstruktion nach dem erreichten Erkenntnisstand nicht vermeidbar waren.

---

1 BGHZ 48, 122

2 BGHZ 51, 91

3 BGHZ 51, 91; str., vgl. zum Meinungsstand Larenz II § 41 IV

4 BGH BB 1977, 163

5 z.B. Weitnauer NJW 1968, 1598; BGHZ 51, 91

6 vgl. Schmidt-Salzer, Anm. 2 zu BGH NJW 1972, 2217

Fabrikationsfehler beruhen auf fehlerhafter Fertigung und können einzelne Stücke oder ganze Serien betreffen; sog. „Ausreißer" bleiben außer Betracht.

Instruktionsfehler des Herstellers sind gegeben, wenn das Produkt unvermeidbare, verborgene Gefahren enthält und der Hersteller darauf nicht deutlich hinweist. Dabei ist es nicht entscheidend, ob das Produkt bei richtiger Verwendung gefahrlos ist; es kommt auch die Gefahr in Betracht, die durch eine nicht völlig abwegige Fehlanwendung entsteht[1].

4. Auf der Verkehrssicherungspflicht des Herstellers, nämlich dafür zu sorgen, daß seine Produkte verkehrssicher sind, fußen die heute allgemein anerkannten konkreten Pflichten. Der Hersteller ist bei Konstruktion und Produktion verpflichtet, sein Produkt fortzuentwickeln und zu erproben, wenn nach dem allgemeinen Erkenntnisstand noch Gefahren eliminiert werden können, die beim Gebrauch durch den Durchschnittsbenutzer drohen. Dabei muß er auch neue Erkenntnisse berücksichtigen (Erprobungspflicht). Während der Produktion hat er Kontrollvorkehrungen zu treffen (Kontrollpflicht). Zur Verhütung von Unfällen sind dem Produkt verständliche Gebrauchs- und Bedienungsanleitungen beizulegen (Belehrungspflicht). Bringt das Produkt unvermeidbare Gefahren mit sich, die nicht ohne weiteres erkennbar sind, ist auf diese Gefahren eindeutig hinzuweisen (Warnpflicht). Nachdem die Produkte in Gebrauch genommen sind, muß der Hersteller ihr Verhalten in einem angemessenen Umfang während eines ihm zumutbaren Zeitraums beobachten (Produktbeobachtungspflicht). Sollte sich in dem Beobachtungszeitraum, der je nach dem betreffenden Produkt verschieden sein wird, ein Konstruktions- oder Fabrikationsmangel zeigen, kann der Hersteller je nach dem Grad der drohenden Gefahren für den Benutzer zu erneuter Warnung und sogar zum Rückruf ins Werk oder in Kundendienstwerkstätten verpflichtet sein.

5. Zweites Kernstück der Produzentenhaftung ist eine **veränderte Beweislastregelung**, die sich nach den Gefahrenbereichen richtet. Der Grundsatz, daß der Geschädigte die Ursächlichkeit für den Schaden und das Verschulden des anderen nachzuweisen hat, wird für die Produzentenhaftung eingeschränkt. Der Geschädigte muß bei Schäden durch fehlerhafte Produktion beweisen, daß zum Zeitpunkt des Schadenseintritts die Ware fehlerhaft und daß der Fehler für den Schaden ursächlich war. Für diesen Beweis reicht der sog. Anscheinsbeweis; es genügt also, daß der Beweis sich auf allgemeine Erfahrungssätze stützt. – Hingegen muß der Hersteller beweisen, daß ihn kein Verschulden trifft (Umkehr der Beweislast), soweit sich ergibt, daß der Fehler im Organisationsbereich des Herstellers entstanden ist[2]. Behauptet der Produzent, daß eine von ihm zu verlangende Maßnahme den Schaden nicht verhindert hätte, ist er dafür beweispflichtig[3]. Er kann sich nur entlasten, wenn er beweist, daß weder ihn noch einen berufenen Vertreter ein Verschulden[4] trifft und daß auch kein genereller Organisationsmangel im Unternehmen besteht, der Grund für den Fehler sein könnte.

6. Anspruchsgrundlage kann zudem § 831 sein. Will sich der Produzent gegenüber dem Anspruch aus § 831 exkulpieren, muß er beweisen, daß bei der Auswahl und Überwachung aller, die bei der Produktion beteiligt waren, die übliche Sorgfalt angewendet worden war[5].

7. § 823 Abs. 2 kommt im Rahmen der Produzentenhaftung in Betracht, soweit für die Herstellung von Produkten Schutzgesetze bestehen, die auch dem Verbraucherinteresse dienen sollen. Als Schutzgesetze zählen beispielsweise das ArzneimittelG, das LebensmittelG und das MaschinenschutzG (vor allem § 3, der zudem eine vermutete Verschuldenshaftung enthält[6]). DIN-Festlegungen und VDE-Bestimmungen sind keine Schutzgesetze im Sinne des § 823 Abs. 2[7].

---

1 BGH NJW 1972, 2217; dagegen Hasskarl BB 1973, 120

2 BGHZ 51, 91

3 BGH NJW 1972, 2221

4 BGH NJW 1975, 1827

5 BGH NJW 1973, 1602

6 Text abgedr. bei Palandt-Thomas, BGB, § 823 Anm. 16 D

7 vgl. dazu Lipps NJW 1968, 279

IV. Die Herstellereigenschaft

Sind mehrere Hersteller an einem Produkt beteiligt, indem einer oder einige die Teile liefern, die das Fertigprodukt benötigt, gilt für alle mitwirkenden Hersteller die Produzentenhaftung[1]. Die Zulieferer werden also durch die Endherstellung nicht freigestellt. Der Hersteller des Endproduktes ist selbstverständlich auch dann der Produzentenhaftung unterworfen, wenn er ausschließlich zugelieferte Teile montiert[2]. Ob für die Wieder-Montage eines – zur Umgehung gesetzlicher Vorschriften – in die Einzelteile zerlegten Fertigproduktes (sog. CKD-Ware: completely knocked down = völlig zerlegt) etwas anderes gilt, kann wohl kaum fraglich sein. Es dürfte für die Hersteller-Eigenschaft keinen sonderlichen Unterschied machen, ob man die von Zulieferern stammenden Teile montiert oder die von einem Hersteller zerlegten Teile wieder zusammensetzt – Montagefehler können in beiden Fällen auftreten. Als Hersteller gilt auch der, der von anderen in seinem Auftrag gefertigte Produkte unter seinem Warenzeichen in Verkehr bringt. Die Gewinnung von Naturprodukten (Urproduktion) ist keine Herstellung.

V. Die Verkehrssicherungspflicht als vertragliche Sorgfaltspflicht

Die Produzentenhaftung hat ihre wesentliche Bedeutung, wie oben dargelegt, im Verhältnis Produzent-Verbraucher, die nicht Vertragspartner sind. Sie ist aber auch im Verhältnis der Vertragspartner Produzent-Zwischenhändler (Vertragshändler, Wiederverkäufer, Groß- und Einzelhändler usw.) von rechtlichem Belang. Soweit sie einen Schaden haben, kommen Ansprüche aus Positiver Forderungsverletzung in Betracht. Bei diesen Ansprüchen zählt alles, was im Rahmen der §§ 823 ff Verkehrssicherungspflicht ist, als vertragliche Sorgfaltspflicht.

VI. Das Verhältnis des Anspruchs aus Produzentenhaftung zu den Gewährleistungsansprüchen

Der Umstand, daß ausnahmsweise zwischen dem schädigenden Hersteller und dem Geschädigten ein Kaufvertrag bestand, so daß dem geschädigten Käufer auch Gewährleistungsansprüche zustehen, schließt den Anspruch wegen Produzentenhaftung nicht aus. Beide Ansprüche können nebeneinander bestehen und geltend gemacht werden[3] (sog. Anspruchskonkurrenz). Diese Rechtssituation kann im konkreten Fall erhebliche Bedeutung erlangen, und zwar schon deswegen, weil die Gewährleistungsansprrüche einer kurzen Verjährung unterliegen (beim Kauf sechs Monate, § 477), während der Anspruch aus Delikt erst in 30 Jahren verjährt. Der Geschädigte besitzt den Anspruch aus Produzentenhaftung auch dann noch, wenn der Gewährleistungsanspruch bereits verjährt ist.

Ferner eröffnet der deliktische Anspruch die Möglichkeit, einen **Mangelschaden** geltend zu machen, der an der gekauften Sache **entsteht** (die Eigentum des Käufers geworden ist); *Beispiel:* an einer Maschine im Wert von 20.000 DM entsteht wegen eines schadhaften geringwertigen Sicherheitsschalters Totalschaden – sog. „Weiterfressen" eines Sachmangels[4].

C. Die Gefährdungshaftung

I. Allgemeines

Die unerlaubten Handlungen verlangen tatbestandlich Rechtswidrigkeit und Verschulden. Neben diesen Regeln gibt es eine Anzahl von gesetzlichen Vorschriften, die einen Schadensersatzanspruch

---

1 BGH NJW 1968, 247

2 BGH NJW 1975, 1827

3 BGH BB 1977, 163

4 BGH BB 1977, 162; vgl. BGH LM BGB § 276 K Nr. 3 und Schlechtriem VersR 1973, 589

gewähren, ohne daß deren Tatbestand Rechtswidrigkeit und Verschulden voraussetzt. Sie erfassen Handlungen, die an sich nicht verboten sind, aber besonders leicht zu einem Schaden bei Dritten führen können. Diese Haftungssituation bezeichnet man mit Gefährdungshaftung. Sie besteht nur, soweit gesetzliche Vorschriften jeweils eine Haftung ohne Verschulden anordnen. Eine Ausweitung ihres Anwendungsbereichs durch Analogie ist nicht möglich[1]. Ist zugleich auch der Tatbestand einer unerlaubten Handlung verwirklicht, stehen dem Gläubiger zwei Anspruchsgrundlagen zu Gebote.

Die Schadensersatzverpflichtungen aus Gefährdungshaftung sind durchweg der Höhe nach begrenzt (vgl. § 12 StVG). Das Risiko, in den genannten Fällen auch ohne Verschulden Schadensersatz zahlen zu müssen, legt den Abschluß eines Versicherungsvertrages nahe. Für manche Bereiche ist der Abschluß einer Versicherung gesetzlich vorgeschrieben (vgl. das Gesetz über die Pflichtversicherung für Kraftfahrzeughalter).

II. Die einzelnen Tatbestände

Es handelt sich bei den Gefährdungshaftungstatbeständen vor allem um folgende Rechtsvorschriften:

1. Haftung des Fahrzeughalters (§ 7 StVG).
2. Haftung des unbefugten Fahrzeugführers (Schwarzfahrt, § 7 Abs. 3 StVG).
3. Haftung des Luftfahrzeughalters (§ 33 LuftVG).
4. Haftung des unbefugten Luftfahrzeugführers (§ 33 Abs. 3 LuftVG).
5. Haftung des Luftfrachtführers (Art. 17 des Ersten Abkommens zur Vereinheitlichung des Luftprivatrechts – Warschauer Abkommen –).
6. Haftung bei Veränderung der Wasserbeschaffenheit in Gewässern (§ 22 WasserhaushaltsG).
7. Haftung für Atomanlagen (§ 25 f AtomG).
8. Haftung des Betriebsunternehmers einer Eisenbahn für Personenschäden (§ 1 ReichshaftpflichtG).
9. Haftung der Eisenbahn für Sachschäden (Gesetz über die Haftpflicht der Eisenbahnen und Straßenbahnen für Sachschäden vom 29.4.1940).
10. Haftung für Anlagen zur Fortleitung oder Abgabe von Elektrizität und Gas (§ 1 a ReichshaftpflichtG; vgl. auch Art. 105 EGBGB).
11. Haftung des Tierhalters für Luxustiere (§ 833 S. 1 BGB).

III. Ähnliche, aber von der Gefährdungshaftung zu unterscheidende Haftungstatbestände

1. Die Haftung des Tierhalters für Nutztiere (§ 833 S. 2 BGB), die Haftung des Fahrzeugführers (§ 18 StVG) und die Haftung der Eisenbahn für das Beförderungsgut (§ 454 HGB i.V.m. § 82 der Eisenbahn-Verkehrsordnung, EVO) haben eine von der Gefährdungshaftung abweichende Struktur: hier wird das Verschulden vermutet, d.h. bis zum Gegenbeweis unterstellt; auf das Schuldelement wird also nicht etwa verzichtet.

2. Von der Gefährdungshaftung ist ferner die Haftung aus Billigkeitsgründen (§ 829: Ersatzpflicht des Deliktsunfähigen) zu unterscheiden.

3. Ebenfalls eine Haftung ohne Verschulden, aber ohne das Gefährdungselement, enthalten § 701 (Haftung des Gastwirts für eingebrachte Sachen) und § 231 (Haftung bei irrtümlicher Selbsthilfe).

---

1 RGZ 147, 355; vgl. auch BGHZ 24, 26

Teil 3 Die Fallösung

A. Das Gutachten zum Fall

1. Die L könnte von R Schadensersatz auf Grund von § 823 Abs. 1 BGB verlangen. Als unerlaubte Handlung kommt die Verletzung der Verkehrssicherungspflicht in Betracht. Wer pharmazeutische Mittel in Verkehr bringt, muß Gefahren soweit wie möglich vermeiden. Werden fehlerhafte Produkte auf den Markt gebracht, liegt darin eine Verletzung der Verkehrssicherungspflicht. Da das Kurznarkosemittel eine absolute Arterienunverträglichkeit aufwies und eine versehentliche Injektion in die Arterie nicht ausgeschlossen werden konnte, kommt ein sog. Konstruktionsmangel in Frage. Vor dem freien Verkauf mußte das Narkosemittel gründlich klinisch auf seine Tauglichkeit und Verläßlichkeit geprüft werden. Im vorliegenden Fall hat eine Erprobung stattgefunden, die in einem Fall ein negatives Ergebnis zeitigte. Hierbei kann nicht darauf abgestellt werden, daß eine versehentliche, also nicht bestimmungsmäßige intraarterielle Injektion zu dem Schaden führte. Nach hM ist eine weitere Erprobung geboten, wenn nach dem derzeitigen Erkenntnisstand die Abwendung von Gefahren noch möglich ist[1], und zwar nicht nur die Abwendung von Gefahren bei bestimmungsmäßigem Gebrauch (d.h. genau nach Vorschrift des Herstellers), sondern bei einem voraussehbaren Gebrauch eines durchschnittlichen Benutzers[2].

Ob es seinerzeit allerdings technisch möglich war, die Arterienunverträglichkeit abzubauen, läßt sich nach dem Sachverhalt nicht entscheiden. Sollte das nicht der Fall sein, liegt allein in der Freigabe zum Verkauf keine Verletzung der Verkehrssicherungspflicht (in der Form der Erprobungspflicht).

In Betracht kommt eine Verletzung der Verkehrssicherungspflicht in der Form der Warnpflicht. Da dem R die folgenschwere Arterienunverträglichkeit bekannt war, mußte er den Benutzer (mindestens den Arzt) deutlich auf diese Gefahr hinweisen. Die Packungsbeilage und der Ärzteprospekt enthielten einen Hinweis, daß eine Injektion in die Arterie mit Sicherheit vermieden werden müßte. Über die Gefahren, nämlich die heftige Gefäßreaktion mit der Folge der Amputation, ist nichts gesagt. Vor dieser Gefahr hätte R aber deutlich warnen müssen. Er hat daher seine Verkehrssicherungspflicht in der Form der Warnpflicht verletzt.

Weitere Voraussetzung beim Tatbestand des § 823 ist, daß die Verletzungshandlung für den Schaden ursächlich war. Auch dem Narkosearzt ist ein Fehler unterlaufen. Diese mitwirkende Ursache ist nicht ausschlaggebend. Nach dem Sachverhalt steht fest, daß die Fehlinjektion bei deutlicher Warnung des R unterblieben wäre. Somit war allein die Verletzungshandlung des R kausal für den Schaden.

R hat auch rechtswidrig gehandelt. Rechtfertigungsgründe greifen nicht ein. Die L hat in die Operation eingewilligt, nicht aber in die Schädigung. Die Rechtswidrigkeit wird ferner durch die ordnungsgemäße Anmeldung bei der Behörde nicht beseitigt.

R hat ferner schuldhaft, nämlich fahrlässig gehandelt, § 276. Die L hat daher den Anspruch aus § 823 auf Schadensersatz.

2. Der Anspruch der L könnte sich außerdem aus § 823 Abs. 2 i.V.m. § 6 Nr. 1 des Arzneimittelgesetzes (AMG) herleiten lassen[3]. Das AMG ist ein Schutzgesetz im Sinne des § 823 Abs. 2. Nach § 6 Nr. 1 AMG ist es verboten,

> Arzneimittel in den Verkehr zu bringen, wenn sie geeignet sind, bei bestimmungsgemäßem Gebrauch schädliche Wirkungen, die über ein nach den Erkenntnissen der medizinischen Wissenschaft vertretbares Maß hinausgehen und nicht die Folge von besonderen Umständen des Einzelfalles sind, hervorzurufen.

---

1 Auch diesen Punkt hätte der BGH in der Entscheidung NJW 1972, 2218 untersuchen sollen.

2 Schmidt-Salzer Anm. 2 zu BGH NJW 1972, 2217

3 Das AMG trat am 16.5.1961 in Kraft.

Die Anwendung von § 6 Nr. 1 AMG hängt im vorliegenden Fall davon ab, ob die schädlichen Wirkungen des Esnadel nach dem Stand der medizinischen Wissenschaft unvermeidbar waren oder nicht. Dazu enthält der Sachverhalt keine Angaben. Die übrigen Voraussetzungen sind gegeben: ein bestimmungsgemäßer Gebrauch ist auch dann zu bejahen, wenn es zu einer Fehlinjektion kommt, die bei einem durchschnittlichen Narkosearzt nicht ausgeschlossen werden kann. Ferner beruht der Schaden im vorliegenden Fall nicht auf besonderen Umständen des Einzelfalls, da die Injektion lt. Sachverhalt bei deutlicher Warnung vor den schweren Folgen unterblieben wäre.

B. Hinweise zum Lösungsgang[1]

1. Die Fallösung beginnt mit einer Anspruchsgrundlage aus dem Deliktsrecht, ohne eine Fehlanzeige für die ranghöheren Gruppen von Anspruchsgrundlagen (Vertrag, Sachenrecht usw.) zu geben. Diese Anspruchsgrundlagen greifen aber nicht ein. Die Tatsache, daß die Diskussion über die Produzentenhaftung noch nicht beendet ist (z.B. hinsichtlich der Drittschadensliquidation), hindert den Gutachter nicht, mit dem nach hM gegebenen Anspruch aus § 823 zu beginnen.

2. In der Fallösung kommt der Gutachter an zwei Stellen zum Ergebnis, daß der Sachverhalt für die gestellte Frage keinen hinreichenden Aufschluß gibt. Es wäre grundfalsch, in solchen Fällen den Sachverhalt anzureichern, zu verdrehen oder etwa eigene Erfahrungssätze und Meinungen einzuführen. Das Gutachten würde entscheidend an Überzeugungskraft verlieren, wenn der Gutachter etwa schreiben würde: „Zum medizinischen Erkenntnisstand der Jahre 1960/61 enthält der Sachverhalt zwar nichts; man kann aber davon ausgehen, daß solche Mängel auch seinerzeit durch Forschung und Weiterentwicklung abgestellt werden konnten". Der Gutachter vermag Lücken im Gesetz auszufüllen, aber nicht Lücken im Sachverhalt. Die Frage nach dem medizinischen Erkenntnisstand muß der juristische Gutachter offen lassen. Im Prozeß würde der Richter ein medizinisches Gutachten anfordern.

3. Der Anspruch der L stützt sich auf zwei Anspruchsgrundlagen. Die eine kann nicht bis zu einem konkreten Ergebnis durchgeprüft werden. Deshalb darf man sie aber nicht unerwähnt lassen. Kommt der Gutachter zum Ergebnis, daß bestimmte Punkte im Sachverhalt weiter geklärt sein müßten, ist der Leser einwandfrei informiert.

Teil 4 Lesekontrolle

1. Der Tatbestand des § 823 Abs. 1 setzt die Verletzung eines absoluten Rechts voraus, nämlich
   a) eines Rechts, dessen Bestand von niemandem in Frage gestellt wird
   b) eines Rechts, das jedermann nach Erreichen einer bestimmten Altersstufe besitzt
   c) eines Rechts, das gegenüber jedermann besteht

2. Das Erfinderrecht ist
   a) ein absolutes Recht i.S.d. § 823 Abs. 1
   b) ein relatives Recht, nämlich im Verhältnis zum Arbeitgeber
   c) nur dann ein Recht, wenn ein Patent erteilt wurde

[1] Zur Lösungsmethode und Arbeitstechnik siehe Anhang 1 und Anhang 2

3. Eine Handlung führt adäquat kausal zu einem Schaden,
   a) wenn die Ursächlichkeit gegeben ist und der Ursachenzusammenhang nicht außerhalb aller Lebenserfahrung liegt
   b) wenn die Handlung Ursache für den Schadenseintritt war, ganz gleich, ob der Geschehensablauf insgesamt ganz außergewöhnlich ist
4. Wegen Kreditgefährdung (§ 824) kann man schadensersatzpflichtig werden,
   a) wenn man sich über ein Unternehmen abfällig äußert
   b) wenn man eine nachteilige Tatsache behauptet, die nicht vorliegt
   c) wenn man mit „Lieferantenkredit" arbeitet, also ohne Einverständnis des Lieferanten die Rechnungen nicht bezahlt
5. Unter Produzentenhaftung versteht man
   a) die Verantwortlichkeit eines Herstellers für Schäden, die durch fehlerhafte Ware beim Endverbraucher ausgelöst wurden, ohne daß es auf schuldhaftes Handeln des Herstellers ankommt
   b) die Verantwortlichkeit eines Herstellers für Schäden durch fehlerhafte Ware, die er schuldhaft verursacht hat
6. Die Produktbeobachtungspflicht bedeutet:
   a) Der Hersteller läßt nach den Methoden der Marktbeobachtung untersuchen, wann der Markt für neue Entwicklungen aufnahmebereit ist
   b) Der Hersteller untersucht laufend, ob er durch rationellere Herstellungsmethoden ein Produkt kostengünstiger herstellen kann
   c) Der Hersteller überwacht, ob beim praktischen Gebrauch der Produkte Gefahren für den Benutzer auftreten
7. Bei den Gefährdungshaftungstatbeständen handelt es sich um gesetzliche Vorschriften, die
   a) Verschulden voraussetzen
   b) Verschulden unterstellen (vermutete Verschuldenshaftung)
   c) kein Verschulden voraussetzen

Richtig sind (die Klammern verweisen auf den Text in Teil 2):
1 c (A.II.2.a); 2 a (A.II.2.c); 3 a (A.I.2); 4 b (A.III.2.a); 5 b (B.I); 6 c (B.III.4); 7 c (C.I)

15. Kapitel: Schuldrechtliche Berechtigungen und dingliche Rechte (an den Beispielen des Eigentumserwerbs, des Eigentumsvorbehalts und der Sicherungsübereignung)

Teil 1 Der Fall (Sachverhalt)

Fabrikant A stellt Pullover her. Vier Wochen vor Beginn des Winterschlußverkaufs schickt er dem Einzelhändler B 500 dunkelblaue Pullover, die B nicht bestellt hat. Bei der Sendung liegt ein Anschreiben, worin es heißt: „Verehrter Geschäftsfreund! Im Rahmen einer Werbeaktion übersenden wir Ihnen rechtzeitig zum Saisonende einen Posten Pullover zum Preis von DM 7,80/Stück. Sollten Sie dafür keine Verwendung haben, steht es Ihnen selbstverständlich frei, die Ware zurückzuschicken". B antwortet umgehend, er nehme die Sendung unter dem Vorbehalt einwandfreier Beschaffenheit an. Nach 10 Tagen stellt er fest, daß die Pullover bei künstlichem Licht zweifarbig wirken und daß es sich um Importware handelt. Er stellt dem A die Lieferung zur Verfügung und läßt dabei durchblicken, daß er die Pullover bei einer merklichen Preisreduzierung eventuell behalten würde. A ist zu einer Preisreduzierung nicht bereit, weil er die Pullover anderweitig mit Leichtigkeit absetzen kann. Als er die Rücksendung verlangt, weigert sich B plötzlich, nachdem bei ihm das Geschäft eingesetzt hat. Kann A die Herausgabe verlangen?

Teil 2 Die Darstellung der Rechtsmaterie

I. Der Unterschied zwischen Schuldrecht und Sachenrecht

1. Die Zivilrechtsordnung trennt bewußt und konsequent die Rechtsbeziehungen, die Rechtssubjekte auf Grund der Privatautonomie selbst schaffen (hierbei ist die Willenserklärung als Entfaltung der Persönlichkeit das auslösende Moment), von den Rechtsbeziehungen, die in einer menschlichen Gemeinschaft gleichbleibend und unabänderlich bestehen sollen.

2. Die Grenzlinie zwischen diesen beiden Bereichen des Zivilrechts im BGB verläuft im Prinzip zwischen Schuldrecht und Sachenrecht. Beide Bereiche gehören selbstverständlich zu einem einheitlichen Zivilrecht. Das BGB hat aber einige charakteristische Unterschiede hervorgehoben und systematisiert. Dabei spielte auch die Geschichte des Rechts in Deutschland eine Rolle. Ausländische Rechtsordnungen sind teilweise andere Wege gegangen.

3. Die wesensmäßige Unterscheidung zwischen Schuldrecht und Sachenrecht kommt auch rein äußerlich in der Terminologie des Gesetzgebers zum Ausdruck. Mit „Verpflichtung" bezeichnet man eine Rechtsbeziehung, die zwischen zwei (oder evtl. mehreren) Personen besteht; mit „Verfügung" deutet man bereits sprachlich an, daß sich hier eine Rechtsänderung vollzogen hat, die sich gegenüber jedermann auswirkt (vgl. z.B. § 137 oder § 816 Abs. 1). *Zum Beispiel:* Mit dem Abschluß eines Kaufvertrages sind Verpflichtungen der Vertragsparteien entstanden; Dritte sind nicht verpflichtet. Wird der Kaufvertrag vollzogen, also Eigentum übertragen, ist die neue Eigentumslage für Dritte beachtlich. Es gibt einen speziellen Wortgebrauch, der diesen Unterschied

signalisiert: wird eine Ware „verkauft", ist das Verpflichtungsgeschäft (Kaufvertrag) gemeint; wird eine Ware „veräußert", ist (auch) das Eigentum übertragen worden (vgl. z.B. § 366 Abs. 1 HGB).

4. Inhaltlich besteht zwischen Verpflichtung und Verfügung folgender Unterschied: Eine **Verpflichtung** schafft eine neue Rechtsbeziehung zwischen den an der Verpflichtung (also am Vertrag) beteiligten Personen.

Eine **Verfügung** bewirkt eine Rechtsänderung, die gegenüber jedermann Geltung beansprucht. Verfügungen sind Rechtsaufhebungen, -übertragungen, -belastungen und jede inhaltliche Veränderung.

5. Entsprechend werden auch die Rechte der Rechtssubjekte in relative Rechte und absolute Rechte unterteilt. Im Prinzip gilt folgendes: **Relative Rechte** bestehen nur gegenüber bestimmten Personen (den Verpflichteten); es sind die schuldrechtlichen, dinglichen, familien- oder erbrechtlichen **Ansprüche** (Forderungen).

Absolute Rechte bestehen gegenüber jedermann. Bezugspunkte können sein: die Person (Recht auf Leben, Freiheit, Gesundheit), Sachen (Eigentumsrecht, Pfandrecht, Nießbrauch u.a.m.) und Immaterialgüter (Urheberrecht, Warenzeichenrecht, Patentrecht u.a.m.).

Zum Beispiel: Das schuldrechtliche Vorkaufsrecht nach § 504 ist ein relatives Recht. Es berechtigt nur gegenüber dem Verpflichteten aus der schuldrechtlichen Vorkaufsvereinbarung. Sollte der Verpflichtete sich nicht an die Vereinbarung halten, den Berechtigten z.B. nicht über den Kaufvertrag mit dem Dritten informieren, hat der Berechtigte nur seinem Vertragspartner gegenüber Ansprüche (aus schuldhafter Unmöglichkeit der Leistung), nicht aber gegenüber dem Dritten. – Anders das dingliche Vorkaufsrecht nach § 1094. Dies ist ein absolutes Recht; es wirkt gegenüber jedermann (wie eine Vormerkung, § 1098 Abs. 2). Es belastet das Eigentum und schmälert die Eigentümerrechte. Das müssen alle respektieren. Demzufolge ist das dingliche Vorkaufsrecht auch im Grundbuch eintragungsfähig.

6. Da relative Rechte, insbesondere die schuldrechtlichen Verpflichtungen, nur zwischen den Beteiligten gelten, kann die Rechtsordnung den Personen weitgehende Freiheiten einräumen. Im Grundgedanken trifft es zu, daß die Beteiligten ihre Interessen beim Eingehen von Verpflichtungen schon wahren werden. Jedenfalls geht das Geschäft nur sie an. Daher gibt es im Schuldrecht die Vertragsfreiheit in der Form der Abschlußfreiheit und Gestaltungsfreiheit.

Im Sachenrecht geht es um Rechtsbeziehungen, die allen gegenüber gelten. Die Rechtsordnung muß gewährleisten, daß jedermann feststellen kann, welche Rechtsänderung eingetreten ist. Hier wäre es nicht tragbar, wenn die Hauptakteure sich einigen dürften, wie die Rechtsänderung vonstatten gehen soll. Im Sachenrecht gibt es daher nur Abschlußfreiheit, nicht Gestaltungsfreiheit. Das bedeutet: die Beteiligten können frei entscheiden, ob sie z.B. Eigentum übertragen wollen. Sind sie in dieser Verfügung entschlossen, müssen sie sich genau an die Vorschriften halten, die der Gesetzgeber für die Eigentumsübertragung aufgestellt hat. Das ist die Folge der absoluten Wirkung der Rechtsänderung. Man spricht daher vom „Typenzwang" im Sachenrecht und vom „Numerus clausus der Sachenrechte".

7. Die verschiedenen Strukturen bei Schuldrecht und Sachenrecht führen ferner zu einer Verselbständigung der Geschäfte, soweit sie im einen oder anderen Bereich vorgenommen werden. Es gilt das sog. **Abstraktionsprinzip.** Prinzipiell werden beide Bereiche getrennt behandelt mit der Folge, daß die Rechtslage in einem konkreten Fall für das Verpflichtungsgeschäft und das Verfügungsgeschäft getrennt zu untersuchen ist. Es gibt zwar zahlreiche Überbrückungen oder Verknüpfungen beider Bereiche, sowohl gesetzliche als auch gewillkürte (z.B. durch eine vereinbarte Bedingung). Im Grundsatz aber wird „getrennt marschiert". Es ist z.B. durchaus möglich, trotz unwirksamen Verpflichtungsgeschäfts wirksam Eigentum an einer Sache zu erwerben, weil nämlich das Verfügungsgeschäft wirksam ist – die Unwirksamkeit des dazugehörigen Verpflichtungsgeschäfts ändert daran grundsätzlich nichts. Es mag einem schwerfallen einzusehen, daß jemand nach § 929 Eigentümer der Kaufsache geworden ist, obwohl der Kaufvertrag nicht zustandekam. Das System funktioniert jedoch: in solchen Fällen korrigieren die Vorschriften über die ungerechtfertigte Bereicherung, §§ 812 ff. Der Benachteiligte muß sich allerdings noch darauf berufen.

II. Die Eigentumsübertragung an beweglichen Sachen

1. Es gibt drei Wege, Eigentum zu erwerben. Der häufigste Fall ist vielleicht, daß der Eigentümer das Eigentum **rechtsgeschäftlich** auf den Erwerber überträgt. Dafür gilt § 929. Dieses Rechtsgeschäft ist ein Verfügungsgeschäft.

Die zweite Möglichkeit, Eigentum zu erwerben, beruht nicht auf einer rechtsgeschäftlichen Verfügung, sondern auf **gesetzlichen** Vorschriften. Für bestimmte Sachverhalte – z.B. Verbindung, Vermischung und Verarbeitung von Sachen (§§ 946–949 ff) – ordnet das Gesetz den Eigentumsübergang an: neuer Eigentümer wird derjenige, der die Sachen verändert hat; die (rechtsgeschäftliche) Mitwirkung des früheren Eigentümers ist nicht erforderlich.

Schließlich ist ein Eigentumsübergang auf Grund **Staatsakts**, also nach öffentlich-rechtlichen Vorschriften, möglich. Das ist vor allem in der Zwangsversteigerung der Fall (vgl. § 817 ZPO; § 90 ZVG). Ein Eigentumserwerb kraft Staatsakt vollzieht sich ferner bei der Eigentumszuweisung des Hausrats nach Scheidung der Ehe (§§ 1, 8 Abs. 3 HausratsVO). Im weiteren Sinne gehört auch die Enteignung hierher.

2. Die **rechtsgeschäftliche** Eigentumsübertragung hat folgende vier Voraussetzungen (§ 929): Einigung – Übergabe – Einigsein – Berechtigung.

a) **Einigung** zwischen Übertragendem und dem Erwerber über den Eigentumsübergang. Für die Einigung gelten die normalen Regeln wie im Schuldrecht. Die Eigentumsübertragung setzt also einen Vertrag voraus. Dieser Vertrag hat den Inhalt: das Eigentum an einer bestimmten Sache soll übergehen.

b) **Übergabe** der Sache an den Erwerber. Hierbei handelt es sich prinzipiell um eine – auch von Dritten registrierbare – Besitzübertragung, einen Realakt. Die reale Übergabe kann aber ersetzt werden durch die Begründung eines Besitzmittlungsverhältnisses nach den §§ 930, 868 oder durch die Abtretung des Herausgabeanspruchs nach § 931 (sog. Übergabesurrogate).

Die Eigentumsübertragung an unbeweglichen Sachen – sie vollzieht sich nach den §§ 873, 925 – unterscheidet sich nur in dieser zweiten Voraussetzung von der Eigentumsübertragung an beweglichen Sachen. Bei unbeweglichen Sachen verkörpert sich der Realakt in der Eintragung des Eigentumswechsels im Grundbuch.

c) **Einigsein** zwischen Übertragendem und dem Erwerber zum Zeitpunkt der Übergabe. Diese Voraussetzung wird aktuell, wenn die Einigung und die Übergabe zeitlich auseinanderfallen.

d) **Berechtigung** des Übertragenden zur Eigentumsübertragung. Über ein Recht verfügen (hier: Eigentum übertragen) kann grundsätzlich nur der Rechtsinhaber, also der Eigentümer. Die Verfügung eines Nichtberechtigten ist jedoch wirksam, wenn sie mit Zustimmung des Berechtigten getroffen wird, § 185.

Man ersieht daraus, daß die mangelnde Berechtigung die Vollwertigkeit der Einigung nicht in Frage stellt. Die Einigung setzt eben nur zwei kongruente Willenserklärungen voraus.

e) Fehlt die Berechtigung und ist die Zustimmung des Berechtigten ebenfalls nicht erteilt, kommt ein Erwerb des Eigentums kraft guten Glaubens in Betracht, § 932. Der gute Glaube vermag die fehlende Berechtigung zu ersetzen, nicht aber die fehlende Einigung oder Übergabe.

Der Erwerber ist nicht gutgläubig, wenn er weiß oder infolge grober Fahrlässigkeit nicht weiß, daß der Übertragende nicht der Eigentümer ist, § 932 Abs. 2. § 366 HGB stellt an die Gutgläubigkeit geringere Anforderungen: hier ist der Erwerber auch dann gutgläubig, wenn er weiß, daß die Sache dem Übertragenden nicht gehört, solange er an die Verfügungsbefugnis des Übertragenden glaubt, also annehmen darf, daß die Zustimmung des Eigentümers (z.B. des Lieferanten der unter Eigentumsvorbehalt gelieferten Sache) zur Veräußerung erteilt ist.

Anders liegt der Fall, den § 135 Abs. 2 erfaßt: hier ist der Übertragende Eigentümer. Die vierte Voraussetzung wäre also voll und ganz gegeben, wenn der Eigentümer nicht einem Verfügungsverbot unterliegen würde (z.B. durch eine Einstweilige Verfügung, §§ 935, 938 ZPO, 136, 135 BGB). Dieses Hindernis überwindet § 135 Abs. 2, wenn der Erwerber die Verfügungseinschränkung nicht kennt, wobei ihm grobe Fahrlässigkeit schadet.

Sind die Voraussetzungen des § 932 gegeben, kann der Eigentumserwerb dennoch an § 935 scheitern. Das Recht berücksichtigt den guten Glauben nicht, wenn die Sache dem Eigentümer gestohlen worden, verloren gegangen oder sonst abhanden gekommen war, er also unfreiwillig den Besitz verloren hat. Das Recht entscheidet wieder zugunsten des gutgläubigen Erwerbers, wenn es sich um Geld oder Inhaberpapiere (Wertpapiere) oder um Sachen handelt, die öffentlich und rechtsgeschäftlich nach § 383 Abs. 3 (d.h. öffentlich, aber nicht im Wege der Zwangsversteigerung) versteigert wurden (vgl. dazu auch § 365 HGB, § 68 Abs. 1 AktG und Art. 16 Abs. 2 WG).

Ein gestohlenes Wertpapier kann also vom Käufer wirksam zu Eigentum erworben werden, wenn er den Dieb ohne grobe Fahrlässigkeit für den Eigentümer gehalten hat.

f) Bei den **gesetzlichen** Eigentumsübertragungstatbeständen gilt § 929 selbstverständlich nicht, sondern der Tatbestand der betreffenden Vorschrift. Die vierte Voraussetzung („Berechtigung") taucht dort nicht auf. Auf einen guten Glauben kommt es also nicht an. So ist es auch beim Eigentumserwerb kraft **Hoheitsakts**; der Erwerber erwirbt Eigentum, wenn die gesetzlichen Voraussetzungen der Zuweisungsvorschriften eingehalten sind. Auf die Kenntnis des Erwerbers über die Eigentumslage kommt es überhaupt nicht an.

III. Der Eigentumsvorbehalt (EV), § 455

1. Die rechtliche Konstruktion

a) Der Eigentumsvorbehalt wird nur bei den rechtsgeschäftlichen Eigentumsübertragungen aktuell. Bei gesetzlichen Eigentumsverschiebungen und Eigentumsübergängen kraft Staatsakts kann er sich rechtlich nicht auswirken.

b) Der Eigentumsvorbehalt besteht in der Erklärung des Eigentümers (der eine Eigentumsübertragung durchaus wünscht), daß er sich das Eigentum bis zur vollständigen Zahlung des Kaufpreises vorbehalte. Da der Erwerber wegen des Abstraktionsgrundsatzes Eigentümer der Sache werden kann, ohne einen Kaufpreis gezahlt zu haben und ohne überhaupt aus einem Kaufvertrag verpflichtet zu sein, besteht ein Sicherungsbedürfnis des Eigentümers, wenn er die Sache dem anderen bereits aushändigte.

Der Schlüssel zum Verständnis des Eigentumsvorbehalts liegt in der Konstruktion des Eigentumsübergangs nach § 929. Voraussetzung ist dort die Einigung über den Eigentumsübergang. Die Einigung setzt zwei gleichlautende Willenserklärungen voraus. Diese können auch durch konkludentes Verhalten abgegeben werden. Maßgeblich ist der Empfängerhorizont. Die Übergabe der Sache ist, vom Empfängerhorizont her gesehen, das Angebot auf Eigentumsübertragung nach § 929. Der Empfänger der Ware braucht dieses Angebot nur anzunehmen. Damit ist er Eigentümer (die übrigen Voraussetzungen liegen normalerweise auch vor). Die Kaufpreiszahlung spielt bei diesem Rechtserwerb keine Rolle.

In der Praxis kommt es oft zu dieser relativ frühen, für den Eigentümer risikovollen Übergabe. Im Wirtschaftsleben ist es die Regel, daß der Käufer erst zahlt, wenn er die Ware im Besitz hat. Der gleichzeitige Austausch der beiderseitigen Leistungen (Ware gegen Geld) läßt sich praktisch nicht in allen Fällen durchführen. Zwar wäre das möglich (z.B. durch Nachnahme), aber es ist nicht überall üblich. Das Risiko des Eigentümers ließe sich dadurch beseitigen, daß er die Ware erst übergibt oder absendet, wenn er den Kaufpreis in den Händen hat (Vorauskasse). Dieser Weg ist noch viel weniger verbreitet, wenn auch in der Praxis durchaus anzutreffen.

Verbreitet ist eher der Eigentumsvorbehalt. Der Eigentümer (Hersteller, Händler usw.) händigt die Ware aus, obwohl er das Geld nicht gleichzeitig erhält. Den ihm nachteiligen Erklärungswert der Aushändigung, nämlich „Angebot auf Eigentumsübertragung", zerstört er durch die zusätzliche Erklärung: „Dies soll kein Angebot auf Eigentumsübertragung sein", „ich behalte mir das Eigentum vor", kurzgefaßt „Eigentumsvorbehalt". Die Übergabe mit diesem Zusatz hat dann nicht ohne weiteres den Erklärungswert „annahmefähiges Angebot nach § 929". Dieser Erklärungswert liegt erst dann vor, wenn der Kaufpreis gezahlt ist, vgl. § 455. Die Angebotserklärung des Eigentümers ist aufschiebend bedingt erklärt.

c) Die Rechtsstellung des Empfängers der Ware ist wie folgt:

Er kann nicht einfach Eigentümer werden, indem er die Angebotserklärung nach § 929 annimmt. Es liegt nur ein bedingtes Angebot vor, § 158 Abs. 1. Die Bedingung ist die Kaufpreiszahlung. Insofern ist seine Rechtsstellung hinsichtlich des Eigentums an der Sache unvollkommen; er hat einstweilen nur Besitz. Andererseits hat er es in der Hand, den Eintritt der Bedingung herbeizuführen. Das kann der Eigentümer nicht verhindern, auch nicht dadurch, daß er das Geld absichtlich nicht annimmt, §§ 293, 372, 378, 162 Abs. 1 analog. Der Empfänger hat also eine Rechtsposition, die zum Vollrecht erstarken kann, was allein von ihm abhängt. Diese Rechtsstellung nennt man Anwartschaftsrecht.

Über das Anwartschaftsrecht kann der Besitzer frei verfügen. Eine Vereinbarung, die Verfügung über das Anwartschaftsrecht zu unterlassen, wirkt nicht gegenüber Dritten, § 137[1].

2. Der Umfang des Eigentumsvorbehalts nach § 455

Den Eigentumsvorbehalt mit seiner den Erklärungswert der Übergabe in § 929 herabsetzenden Wirkung würde man eigentlich im Sachenrecht vermuten. Die Tatsache, daß er im Schuldrecht bei den Regeln über den Kaufvertrag auftaucht, macht darauf aufmerksam, daß diese Vorschrift auch noch eine Auslegungsregel über die Vereinbarung eines Rücktrittsrechts vom Kaufvertrag enthält. Für dieses Rücktrittsrecht gelten die Voraussetzungen des § 326 (Fristsetzung und Ablehnungsandrohung) nicht. Es braucht nur Verzug vorzuliegen.

Der Eigentumsvorbehalt hat also insgesamt folgende rechtliche Wirkung: die Übergabe der Sache führt noch nicht zum Eigentumsverlust; der Empfänger erlangt ein Anwartschaftsrecht; kommt der Empfänger in Zahlungsverzug, kann der Verkäufer durch Ausübung des Rücktrittsrechts den Kaufvertrag beseitigen und die Sache herausverlangen. Zahlt der Empfänger, wird er unbehelligt Eigentümer; der Eigentumsvorbehalt erlischt durch Bedingungseintritt.

3. Verkehrstypische Eigentumsvorbehalte

a) Im Wirtschaftsleben ist der Kontokorrentvorbehalt verbreitet. Hierbei erstreckt sich die Bedingung nicht nur auf die Forderung des letzten oder eines bestimmten Geschäfts, sondern auf alle Forderungen aus der laufenden Geschäftsverbindung. Steht also nur ein einziger Posten offen, ist der Käufer (Empfänger) hinsichtlich sämtlicher gelieferten Sachen nur Anwartschaftsberechtigter[2].

b) Die Erklärung des Lieferanten kann darauf lauten, daß eingehende Zahlungen auf die jeweils älteste Forderung angerechnet werden, mag es der Zahlende auch anders bestimmen. In einem solchen Fall wird in der Regel der Eigentumsvorbehalt bei derjenigen Ware erlöschen, deren Kaufpreis verrechnet ist. Hierin ist also ein spezieller Kontokorrentvorbehalt zu sehen.

c) Einen erweiterten Kontokorrentvorbehalt stellt der Konzernvorbehalt dar. Dabei sind nicht nur sämtliche Forderungen aus der Geschäftsverbindung mit dem Käufer betroffen, sondern alle Forderungen, die der Lieferant gegenüber dem Konzern hat, dem der Käufer angehört[3].

4. Der nachträgliche „Eigentumsvorbehalt"

a) Die Erklärung, das Eigentum bleibe vorbehalten, verändert den Erklärungswert der Übergabe der Sache. Daraus folgt, daß diese einschränkende Erklärung vor oder spätestens bei der Übergabe vorliegen muß. Denn sonst ist der normale Erklärungswert „Angebot nach § 929" gegeben, der nachträglich – schon gar nicht nach der Annahmeerklärung – nicht einseitig abänderbar ist. Der Eigentumsvorbehalt muß daher beim Abschluß des Vertrages oder etwa auf der Auftragsbestätigung, auf dem Lieferschein oder ähnlichen Begleitpapieren erklärt werden. Man braucht sich zwar

---

1 BGH NJW 1970, 699

2 BGHZ 42, 58

3 vgl. dazu Mittmann NJW 1973, 1108

nicht mit dem Käufer auf den Eigentumsvorbehalt zu einigen. Alles aber, was später als die Übergabe vonstatten geht (so etwa, wenn der Eigentumsvorbehalt auf der später zugesandten Rechnung aufgedruckt ist), verändert den Erklärungswert der Übergabe nicht mehr.

b) Spätere Aktivitäten des Verkäufers wirken sich rechtlich nur aus, wenn sich der andere auf eine Veränderung der bereits eingetretenen Rechtslage, nämlich Eigentumserwerb, einläßt. Der ehemalige Eigentümer kann sich eben das Eigentum nicht mehr vorbehalten, wenn der andere schon Eigentümer ist. Es gibt daher keinen nachträglichen Eigentumsvorbehalt. Vielmehr kommt es nun darauf an, ob der neue Eigentümer zur Rückübertragung des Eigentums bereit ist. Nur so läßt sich nachträglich die Rechtslage herstellen, die bestanden hätte, wenn der Lieferant bei der Übergabe den Eigentumsvorbehalt erklärte[1]. Eine Vereinbarung zwischen Erwerber und Lieferant, diesen Effekt auf anderem Wege als dem der Rückübereignung nach § 929 zu erzielen, ist schuldrechtlich wirksam, sachenrechtlich aber nicht; denn dort herrscht Typenzwang.

5. Die Beendigung des Eigentumsvorbehalts

Der Eigentumsvorbehalt erlischt bzw. wird wirkungslos:

- durch späteren Verzicht des Eigentümers auf den Eigentumsvorbehalt;
- bei Eintritt der Bedingung, also bei Zahlung;
- bei Erwerb des Eigentums durch Dritte mit Zustimmung des Eigentümers, § 185;
- bei gutgläubigem Erwerb des Eigentums durch Dritte, § 932;
- durch gesetzlichen Eigentumserwerb des Empfängers der Sache oder eines Dritten, insbesondere kraft Verbindung (§ 946 f), Vermischung (§ 948) oder Verarbeitung (§ 950).

IV. Sicherungsabsprachen bei gesetzlichem Eigentumsübergang

1. Die Aufgabenstellung

Da in den Fällen des nicht-rechtsgeschäftlichen Eigentumserwerbs eine Einigung keine Rolle spielt, mithin auch keine Einschränkung der Willenserklärung des ehemaligen Eigentümers durch Eigentumsvorbehalt denkbar ist, reicht zur Sicherung des Interesses des Lieferanten die einfache Vorbehaltserklärung immer dann nicht aus, wenn es zu einem gesetzlichen Erwerbstatbestand kommt. Diese Fälle sind nicht selten, bei Industriegütern der Normalfall. Der Lieferant von Waren, die anschließend weiterverarbeitet werden sollen, verliert sein Eigentum kraft § 950 an den Verarbeiter auch dann, wenn er sich das Eigentum vorbehalten hatte.

Die folgenden rechtlichen Konstruktionen wahren für diese Fälle das Interesse des Lieferanten, den Gegenwert für die Ware zu erhalten. Man bezeichnet sie etwas unscharf mit „erweiterter Eigentumsvorbehalt". Es handelt sich um den weitergeleiteten EV, den nachgeschalteten EV und den verlängerten EV[2].

2. Der weitergeleitete Eigentumsvorbehalt

Hier einigen sich Lieferant und Empfänger, auf Dritte nur insoweit Rechte an der Sache zu übertragen, daß der Lieferant Vorbehaltseigentümer bleibt. Das ist möglich, indem der Empfänger nur sein Anwartschaftsrecht weiterüberträgt oder indem er dem Dritten mit Zustimmung des Lieferanten das Angebot auf Eigentumsübertragung unter der Bedingung der Kaufpreiszahlung macht. Diese Beschränkung des Empfängers verstößt nicht gegen § 137 S. 1. Sie ist allerdings wirkungslos, wenn sich der Empfänger als Eigentümer aufführt und der Dritte gutgläubig ist: dann erwirbt der Dritte das Eigentum über § 932 bzw. § 366 HGB. – Auf den guten Glauben kommt es nicht mehr an, wenn der Empfänger inzwischen nach Verarbeitung Eigentümer und damit Berechtigter geworden ist.

---

[1] vgl. BGH NJW 1953, 217; Palandt-Putzo, BGB, § 929 Anm. 6 B a) bb

[2] vgl. dazu Serick BB 1971, 2; 1973, 1405

3. Der verlängerte Eigentumsvorbehalt

Ihn gibt es in zwei Formen. Entweder wird vereinbart, daß an die Stelle der Eigentumsvorbehaltssache, die durch Verarbeitung usw. in das Eigentum des Verarbeiters übergegangen ist, die neue Sache treten soll. Das geschieht im Wege der Sicherungsübereignung (dazu unten V). Oder es wird dem Lieferanten im voraus die aus dem Verkauf des Arbeitsproduktes entstehende Forderung abgetreten (Vorausabtretung als Sicherungsabtretung[1]). Bei Abtretungen an mehrere Lieferanten ist nur die zeitlich erste wirksam[2]. Die Forderungen müssen von anderen Forderungen des Verarbeiters unterscheidbar sein[3]; sog. Globalzessionen verstoßen gegen § 138[4].

4. Der nachgeschaltete Eigentumsvorbehalt

Er ähnelt dem weitergeleiteten Eigentumsvorbehalt, ist aber häufig mit einer Vorwegabtretung künftiger Forderungen (wie beim verlängerten EV) verbunden[5]. Im Unterschied zum weitergeleiteten EV veräußert der Empfänger nicht unter Wahrung des EV seines Lieferanten, sondern er überträgt die Sache unter eigenem EV an den Dritten. Dazu ist die Zustimmung des Lieferanten nötig (§ 185), solange der Empfänger selbst nicht Eigentümer, sondern nur Anwartschaftsberechtigter ist. In diesem Fall haben beide Erwerber ein Anwartschaftsrecht. Nach Verarbeitung ist der Empfänger aber Eigentümer und daher zur Erklärung des Eigentumsvorbehalts auch ohne Zustimmung des Lieferanten berechtigt.

V. Die Sicherungsübereignung

1. Die rechtliche Konstruktion

a) Die Sicherungsübereignung ist die rechtsgeschäftliche Übertragung des Eigentums durch den Sicherungsgeber auf den Sicherungsnehmer. Es handelt sich im Prinzip um eine normale Übereignung nach den §§ 929, 930.

b) Die Besonderheiten der Sicherungsübereignung liegen in den schuldrechtlichen Beziehungen zwischen Sicherungsgeber und Sicherungsnehmer. Der Anlaß für die Sicherungsübereignung ist, daß ein Schuldner seinen Verbindlichkeiten nicht nachkommen kann oder daß der Gläubiger – etwa bei einem Darlehensvertrag – Sicherheiten für die Rückzahlung des Darlehens wünscht. Zu diesem Zweck überträgt dann der Schuldner das Eigentum an ihm gehörenden beweglichen Sachen auf den Gläubiger (Sicherungsnehmer), wobei der Schuldner gemäß § 930 den Besitz behält.

In solchen Fällen wird der Schuldner meist keine anderen Sicherheiten anzubieten haben. Es käme allerdings auch eine Verpfändung der Sachen in Betracht. Dieser Weg hat für den Schuldner den Nachteil, daß die Bestellung eines Pfandrechts die Besitzübertragung auf den Pfandgläubiger voraussetzt, § 1205. In der Praxis braucht aber der finanzschwache Schuldner meist gerade die Sachen, die wegen ihres Wertes als Sicherheiten in Frage kommen, zur Fortführung seines Berufes bzw. Betriebes. Daher ist für ihn die Sicherungsübereignung der einzig mögliche Weg, dem Gläubiger Sicherheit zu gewähren: Der Schuldner überträgt ihm das Eigentum, wobei die Übergabe der Sache durch ein Übergabesurrogat gemäß § 930 ersetzt wird. Der Schuldner (Sicherungsgeber)

---

1 BGH WM 1971, 71

2 BGHZ 32, 361

3 BGHZ 27, 306;

4 BGH WM 1969, 1072; zum Konflikt zwischen verlängertem Eigentumsvorbehalt und Globalzession vgl. Schwerdtner NJW 1974, 1785

5 vgl. BGH NJW 1971, 1038

behält den unmittelbaren Besitz, der Gläubiger (Sicherungsnehmer) wird mittelbarer Besitzer nach § 868 (zugrunde liegt meist ein Verwahrungsvertrag). Außenstehende bemerken von der Sicherungsübereignung daher nichts, was ebenfalls sehr im Interesse des Sicherungsgebers liegen wird.

c) Die weitere schuldrechtliche Besonderheit ist die Absprache, daß der Sicherungsnehmer, der mit der Übertragung vollwertiger[1] Eigentümer der Sache geworden ist, von seinem Eigentum nur in der Weise Gebrauch macht, wie es der Sicherungszweck erfordert, d.h. daß er sich nur dann auf sein Eigentum beruft, wenn der Schuldner die gesicherte Forderung nicht erfüllt (eigennützige Treuhand). Das Eigentum fällt bei Erfüllung der Forderung nur dann ohne weiteres an den Sicherungsgeber zurück, wenn die Sicherungsübereignung auflösend bedingt war. Ansonsten ist der Sicherungsnehmer zur Rückübereignung zwar verpflichtet, muß sich aber mit dem Sicherungsgeber noch entsprechend einigen (§ 929).

Diese schuldrechtliche Absprache schmälert das Eigentum des Sicherungsnehmers nicht, da die Eigentumsübertragung als Verfügung von dem schuldrechtlichen Geschäft losgelöst ist (Abstraktionsgrundsatz).

2. Die Sicherungsübereignung eines Warenlagers

Der Eigentumsübergang nach § 929 kann insofern erleichtert werden, als eine vorweggenommene Einigung und eine vorweggenommene Vereinbarung des Besitzkonstitutes (sog. antezipiertes Besitzkonstitut) bereits möglich sind, bevor der Schuldner (Sicherungsgeber) die Sache überhaupt hat. Dadurch wird es möglich, ein Warenlager, dessen Bestand laufend wechselt, zur Sicherung zu übereignen. Die zu übereignenden Sachen müssen aber hinreichend bestimmt sein (z.B. durch räumliche Trennung bei Wareneingang[2]).

3. Mehrfache Sicherungsübereignung

Problematisch für die Praxis ist an der Sicherungsübereignung, daß die Eigentumslage nach außen nicht ersichtlich ist. Daher kommt es nicht selten vor, daß Ware mehrfach zur Sicherheit „übereignet" wird. Nur die erste Eigentumsübertragung kann dabei wirksam sein. Dem zweiten Sicherungsnehmer kann ein guter Glaube nicht nützen, da der Sicherungsgeber im Besitz der Sache bleibt und nur ein Besitzkonstitut vereinbart wird. Ein guter Glaube nützt beim Besitzkonstitut nur dann, wenn der Erwerber vom Veräußerer unmittelbaren Besitz erlangt (§ 930), was eben nicht der Fall ist.

Bei Sachen, die noch unter Eigentumsvorbehalt stehen, erwirbt der Sicherungsnehmer in der Regel aber das Anwartschaftsrecht des Sicherungsgebers[3].

4. Übersicherung

Sollte sich der Sicherungsnehmer vor diesem Risiko dadurch zu schützen versuchen, daß er sich weit mehr an Sicherungseigentum übertragen läßt, als seiner Forderung wertmäßig gleichkommt, kann die Sicherungsübereignung nach § 138 Abs. 1 sittenwidrig und damit unwirksam sein. Das ist auch der Fall, wenn dem Sicherungsgeber jegliche wirtschaftliche Bewegungsfreiheit genommen wird[4] oder wenn die Kreditsicherung zum völligen Ausfall der übrigen Gläubiger führen würde[5].

---

1 auch im Konkurs des Sicherungsgebers, hM, vgl. BGHZ 12, 234

2 vgl. BGHZ 21, 56; 28, 16

3 BGHZ 20, 88

4 BGHZ 19, 12

5 BGHZ 10, 234

Teil 3 Die Fallösung

A. Das Gutachten zum Fall

A könnte von B die Herausgabe der Pullover auf Grund von § 985 verlangen. Voraussetzung für § 985 ist, daß A Eigentümer und B Besitzer ist. B ist Besitzer, § 854. A war einmal Eigentümer. Er könnte sein Eigentum auf Grund rechtsgeschäftlicher Verfügung nach § 929 verloren haben. Dann müßte er dem B ein Angebot auf Eigentumsübertragung gemacht haben. In Betracht kommt hier nur konkludentes Verhalten, nämlich die unverlangte Zusendung der Ware. Wird Ware zugesandt, ohne daß zuvor ein Kaufvertrag darüber geschlossen wurde, ist der Erklärungswert der Übersendung wie folgt: Der Empfänger darf vernünftigerweise annehmen, daß er die Ware behalten soll, aber nur dann, wenn er sich zur Zahlung des Preises (Abschluß eines Kaufvertrages) bereit erklärt. Es liegt also ein Angebot auf Übereignung (Angebot nach § 929) vor, welches bedingt ist durch die Annahme des in der Zusendung ebenfalls enthaltenen Angebotes auf Abschluß eines Kaufvertrages (Angebot nach § 433) über die Ware (sog. Realofferte). Es handelt sich bei der Realofferte um zwei Angebote, wobei der Absender das eine Angebot davon abhängig gemacht hat, daß auch das andere angenommen wird (so daß ein Kaufvertrag zustandekommt, woraus der Absender den Kaufpreisanspruch hat).

Mit der Zusendung hat A eine Realofferte gemacht und damit ein bedingtes Angebot auf Eigentumsübertragung abgegeben, wobei die Herbeiführung der Bedingung (Annahme des Angebots auf Kaufvertragsabschluß) allein vom Willen des B abhing.

Die Einigung nach § 929 läge vor, wenn B diesen Antrag angenommen hätte. B hat die Ware nur unter Vorbehalt einwandfreier Beschaffenheit angenommen. Darin liegt nicht eine Annahme unter einer Einschränkung nach § 151 Abs. 2. Weil B mit seinem Vorbehalt zu erkennen gegeben hat, daß er die Ware noch nicht als Eigentum behalten wollte, hat er vielmehr überhaupt keine Annahmeerklärung abgegeben[1].

Eine Annahmeerklärung könnte aber auf Grund der Genehmigungsfiktion des § 377 Abs. 2 HGB in Frage kommen. Dann müßte § 377 HGB anwendbar sein. Die Vorschrift setzt u.a. voraus, daß der Kauf für beide Teile ein Handelsgeschäft ist. Das ist der Fall.

Fraglich ist, ob § 377 HGB auch für die Realofferte gilt, weil dort jedenfalls anfangs noch kein Kaufvertrag vorliegt. Sinn des § 377 mit seiner Rügeobliegenheit ist eine möglichst schnelle Klärung der Frage, ob die gelieferte Ware fehlerhaft ist. Das ist bei unverlangt zugesandter Ware gleichermaßen wichtig wie bei einer Zusendung in Erfüllung eines Kaufvertrages. § 377 HGB gilt also auch für den Fall der Realofferte unter Kaufleuten. Die Vorschrift ist also hier anwendbar.

§ 377 HGB setzt eine unverzügliche Rüge voraus. Unverzüglich bedeutet: ohne schuldhaftes Zögern. Das heißt praktisch: ein Kaufmann muß so bald wie möglich rügen, wenn er die Genehmigungsfiktion abwenden will. Die Annahme des B unter Vorbehalt genügt nicht als Rüge. Die Reaktion nach 10 Tagen war zu spät. Ob es sich bei der Farbverschiebung wirklich um einen Mangel[2] handelt, kann dahinstehen, da die Genehmigungsfiktion gerade den Streit über das Vorliegen eines Fehlers erübrigt.

Die Voraussetzungen des § 377 Abs. 2 HGB sind damit gegeben.

Zu klären ist aber die Frage, ob die Genehmigungsfiktion hinsichtlich des Fehlers zugleich die Annahmeerklärung nach § 929 ersetzt (fingiert). Diese Frage ist nach Sinn und Zweck des § 377 HGB auszulegen. Die Rügeobliegenheit soll eine schnelle Festlegung bewirken, ob die Lieferung einwandfrei war oder nicht. Sinn des § 377 HGB ist es nicht, den Eigentumsübergang zu beschleu-

---

1 vgl. Palandt-Bassenge, BGB, § 929 Anm. 2 a

2 Bei der Realofferte ist eine ungünstige Abweichung von der vertraglich geschuldeten Sache nicht prüfbar, da noch kein Vertrag vorliegt.

nigen. Demnach enthält § 377 Abs. 2 HGB nicht zugleich die Fingierung der Annahmeerklärung des § 929. Die Vorschrift betrifft nur das schuldrechtliche Verpflichtungsgeschäft[1]. B hat daher das Angebot auf Eigentumsübertragung nicht angenommen.

Soweit später in seiner Weigerung, die Pullover zurückzugeben, sein Wille zum Eigentumserwerb zum Ausdruck kommt, lag bereits kein annahmefähiges Angebot des A mehr vor. Darin mag ein Antrag des B auf Eigentumsübertragung liegen; diesen Antrag hat A aber mit seinem Herausgabeverlangen abgelehnt. B ist also nicht Eigentümer der Pullover geworden. A kann von ihm die Herausgabe verlangen.

B. Hinweise zum Lösungsgang[2]

1. Im Gutachten war nicht darauf einzugehen, ob zwischen A und B ein Kaufvertrag zustandegekommen ist. Das wäre nur erforderlich gewesen, wenn A den Kaufpreis verlangt hätte. Im vorliegenden Fall mußte der Gutachter erörtern, ob A sein Eigentum verloren hat. Die Untersuchung endete bereits mit dem Ergebnis, daß B die Angebotserklärung nach § 929 nicht angenommen hat und daß es auch später zu einer Einigung über den Eigentumsübergang nicht kam.

2. Hat man sich darauf eingestellt, daß das BGB eine konsequente Trennung zwischen Schuldrecht und Sachenrecht wahrt, mag es zunächst überraschen, daß bei der Frage des Eigentumsübergangs das Recht der Willenserklärungen mitsamt den Grundsätzen über deren Auslegung usw. zum Zuge kommt. Das liegt daran, daß die Einigung nach § 929 ein (sachenrechtlicher) Vertrag ist. Er unterscheidet sich von den schuldrechtlichen Verträgen durch seinen Inhalt, nicht in der Struktur.

3. Vor der Anwendung einer gesetzlichen Vorschrift empfiehlt sich die routinemäßige Überlegung, ob die Vorschrift überhaupt anwendbar ist. An sich zeigt sich bei der Prüfung der tatbestandlichen Voraussetzungen, ob die Vorschrift eingreift oder nicht. Es kann aber auch sein, daß sich aus dem systematischen Zusammenhang ergibt, daß bestimmte Sachverhalte nicht erfaßt werden sollen. – Bei dispositiven Vorschriften kann die Anwendbarkeit ferner durch abweichende Parteivereinbarung ausgeschlossen sein.

Teil 4 Lesekontrolle

1. Der wesentliche Unterschied zwischen einem Verpflichtungsgeschäft und einem Verfügungsgeschäft besteht
   a) in der Intensität der Wirkung für die Vertragsparteien
   b) darin, daß Verpflichtungsgeschäfte aufgrund des Prinzips der Verhandlungsfreiheit außer den Vertragsparteien auch dritte Personen verpflichten können, was für Verfügungsgeschäfte nicht zutrifft
   c) darin, daß ein Verpflichtungsgeschäft nur Rechtswirkungen zwischen den Vertragsparteien hervorruft, während ein Verfügungsgeschäft die Rechtslage des betroffenen Gegenstandes mit Wirkung gegenüber jedermann ändert

---

1 hM, vgl. RGZ 108, 25; Erman-Westermann, BGB, § 929 Anm. 19 h

2 Zur Lösungsmethode und Arbeitstechnik siehe Anhang 1 und Anhang 2

2. Unter „Typenzwang“ im Sachenrecht ist zu verstehen:
   a) Verfügungen über Sachenrechte sind nur wirksam, wenn die Parteien die betreffenden sachenrechtlichen Vorschriften einhalten
   b) Die sachenrechtlichen Vorschriften zwingen zu immer weitreichenderer Typisierung der Vertragsvereinbarungen (Formularverträge)
3. Die Kaufpreiszahlung ist für den Eigentumsübergang
   a) grundsätzlich nicht Voraussetzung
   b) unerläßliche Voraussetzung
4. Eigentum an beweglichen Sachen wird rechtsgeschäftlich erworben bzw. übertragen
   a) durch Übergabe der Sache an den Erwerber
   b) durch einen wirksamen Kaufvertrag
   c) durch Einigung des Berechtigten mit dem Erwerber über den Eigentumsübergang und Übergabe der Sache an den Erwerber
5. Der Kontokorrentvorbehalt bedeutet:
   a) Der Bankkunde schließt mit der Bank einen Geschäftsbesorgungsvertrag unter der Bedingung, daß ihm ein laufendes Konto mit Überziehungsrecht eingeräumt wird
   b) Die Anerkennung des Saldo bei einem laufenden Konto
   c) Das Eigentum wird nur unter der Bedingung übertragen, daß sämtliche bestehenden Forderungen aus der Geschäftsverbindung beglichen sind
6. Zu einem nachträglichen „Eigentumsvorbehalt“ kommt es durch eine EV-Erklärung, die noch nach der Lieferung zugeht,
   a) wenn der Lieferant den EV erklärt, bevor der Empfänger den Kaufpreis gezahlt hat
   b) wenn der Lieferant den Rücktritt erklärt, weil der Empfänger im Zahlungsverzug ist (§ 455)
   c) wenn sich der Empfänger zur Rückübertragung des Eigentums bereiterklärt
7. Unter dem sog. verlängerten Eigentumsvorbehalt versteht man folgenden Fall:
   a) Der Eigentumsvorbehalt erstreckt sich nicht nur auf die übergebene Sache, sondern auch auf die daraus hergestellten Sachen
   b) Der Vorbehaltskäufer hat die Forderungen aus dem Weiterverkauf, den er tätigt, bereits vor deren Entstehung an den Vorbehaltsverkäufer abgetreten oder ihm die neue Sache zur Sicherheit im voraus übereignet
   c) Der Vorbehaltskäufer hat sich verpflichtet, die künftigen Forderungen gegen seine Käufer auf den Vorbehaltsverkäufer zu übertragen, sofern dieser den üblichen Gegenwert zahlt
8. Bei der Sicherungsübereignung verbleibt die übereignete Sache
   a) beim ehemaligen Eigentümer
   b) beim neuen Eigentümer
   c) an einem sicheren Verwahrungsort
9. Unter dem Begriff „Besitz“ versteht man
   a) ein größeres Vermögen
   b) das Recht, über die Sache zu verfügen
   c) die tatsächliche Gewalt über die Sache

Richtig sind (die Klammern verweisen auf den Text in Teil 2):

1 c (I.4); 2 a (I.6); 3 a (I.7); 4 c (II.2); 5 c (III.3.a); 6 c (III.4.b); 7 b (IV.3); 8 a (V.1.b); 9 c (V.1.b)

16. Kapitel: Gewerblicher Rechtsschutz: Patent, Gebrauchsmuster, Arbeitnehmererfindung, Geschmacksmuster, Warenzeichen

Teil 1 Der Fall (Sachverhalt)

Die Klägerin K verlangt von der Beklagten B Unterlassung der Benutzung des Warenzeichens „King". Die Parteien sind Zigarettenhersteller. Die Klägerin erwarb im Jahre 1959 ein Warenzeichen, das aus dem Wortbestandteil „KIM" und dem Bildbestandteil einer Mohren-Silhouette besteht. Dieses Zeichen hatte die Verkäuferin 1949 eintragen lassen und anschließend bis 1951 benutzt. Nach einer 19jährigen Benutzungspause nahm die Klägerin im Jahre 1970 allein den Wortbestandteil „KIM" in Gebrauch, und zwar in veränderter Schriftform. Die Beklagte benutzt ihr Wortzeichen „King", das 1965 eingetragen wurde, seit 1971. Sie meint, die Klägerin könne sich auf ihr Warenzeichen nicht berufen, weil sie es gar nicht benutze. Hat die Klägerin mit ihrem Unterlassungsantrag Recht?

Teil 2 Die Darstellung der Rechtsmaterie

A. Der Begriff „Gewerblicher Rechtsschutz"

1. Mit „gewerblichem Rechtsschutz" bezeichnet man die Rechtsnormen, die das geistige Schaffen auf gewerblichem Gebiet schützen. Geschützt wird die individuelle Leistung, nicht etwa das Gewerbe als solches. Nur mittelbar ergeben sich daraus auch Auswirkungen für Wirtschaft und Gewerbe. Zum gewerblichen Rechtsschutz gehört das Patent-, Gebrauchsmuster-, Geschmacksmuster- und Warenzeichenrecht. Die Gesetzesmaterie ist in mehreren Spezialgesetzen geregelt. So zählen zum Patentrecht das Patentgesetz und das Gesetz über Arbeitnehmererfindungen (ArbEG). Alle diese Gesetze dienen der Förderung des Gewerbes und der Wirtschaft, indem sie die persönliche Leistung auf wirtschaftlichem Gebiet durch Verleihung eines subjektiven Rechts schützen.

2. Den Schutz der individuellen Leistung erzielt der Gesetzgeber, indem den Urhebern ein ausschließliches Recht (sog. Immaterialgüterrecht) verliehen wird und daraus im einzelnen festgelegte Unterlassungs- und Schadensersatzansprüche während der Laufzeit ihrer Rechte gewährt werden. Darin liegt einerseits eine gesetzliche Vorzugsstellung für die Urheber der gewerblichen Leistung und andererseits zugleich eine Einschränkung der Gewerbefreiheit der übrigen Gewerbetreibenden. Diese Privilegierung verstößt nicht gegen den Gleichheitssatz des Grundgesetzes, weil sie von gewichtigen sachlichen Gründen getragen wird. Mag man für den innerstaatlichen Bereich auch andere Wege zum Schutz der gewerblichen Leistung für praktikabel halten, so erweisen sich diese Lösungen als weniger wirksam, wenn man berücksichtigt, daß eine nationale Wirtschaft im Wettbewerb mit anderen Staaten steht. Ein exportorientiertes Land wie die Bundesrepublik Deutschland ist im besonderen Maß auf den Schutz der innerstaatlichen gewerblichen Leistungen angewiesen. Ferner führt der staatliche Schutz, der übrigens nur für einige Jahre gewährt wird (z.B. beim Patent 18 Jahre, beim Geschmacksmuster höchstens 15 Jahre), dazu, daß der Urheber sein Werk anderen zugänglich machen kann, ohne Nachahmungen o.ä. wehrlos ausgesetzt zu sein. Gäbe es keinen gewerblichen Rechtsschutz, wäre die Geheimhaltung die natürliche Folge.

3. Sieht man den einheitlichen Grundzug aller Vorschriften des gewerblichen Rechtsschutzes im Schutz und in der Förderung der individuellen gewerblichen geistigen Leistung, wobei eine limitierte Privilegierung unumgänglich ist, wird verständlich, daß zum gewerblichen Rechtsschutz das Wettbewerbsrecht nicht zählt[1]. Das Wettbewerbsrecht verbietet unerwünschte gewerbliche Handlungen (repräsentiert durch das Gesetz gegen den unlauteren Wettbewerb, UWG) und gebietet andererseits eine gewisse freie Auseinandersetzung zwischen den Gewerbetreibenden (das verwirklicht das Gesetz gegen Wettbewerbsbeschränkungen, GWB). Diese Vorschriften dienen vornehmlich der Ordnung in der Wirtschaft, wobei auch den einzelnen Gewerbetreibenden eigene Ansprüche zustehen.

Zum Bereich des gewerblichen Rechtsschutzes zählt ferner nicht das Urheberrecht. Diese Gesetzesmaterie betrifft Werke der Literatur, der Wissenschaft und der Kunst, also keine gewerblichen Leistungen. Sofern eine wissenschaftliche Leistung gewerblich genutzt wird, kommt allerdings der gewerbliche Rechtsschutz zum Zuge. Daher gehört auch das „Gesetz betreffend das Urheberrecht an Mustern und Modellen" (GeschmacksmusterG) zum gewerblichen Rechtsschutz: ein Muster oder Modell mag ein Werk der bildenden Kunst sein; wird es jedoch gewerblich nachgebildet, verschiebt sich der maßgebliche rechtliche Aspekt zum Geschmacksmuster hin.

4. Der gewerbliche Rechtsschutz insgesamt wird von Grundsätzen beherrscht, die allen dazugehörigen Einzelgesetzen gemeinsam sind.

Zunächst geht es um die inhaltliche Abgrenzung des Schutzrechts als gewerbliche, geistige Leistung vom geistigen Allgemeingut. Ferner muß durch ein Verfahrensrecht gewährleistet werden, daß Außenstehende von dem Schutzrecht Kenntnis erlangen können, sei es, um frühere Rechte zu wahren, sei es, um bei gleichartigen Entwicklungen rechtzeitig umdisponieren zu können. Dabei ist von Bedeutung, daß ein bestehendes Schutzrecht Abwehrmöglichkeiten gegenüber allen geistigen Leistungen anderer gewährt, die eine Verwechslungsgefahr begründen.

5. Die durch Rechtsvorschriften gewährten Rechte bestehen – wie jedes staatliche Recht – nur im Inland. Gerade beim gewerblichen Rechtsschutz ist das Bedürfnis nach internationaler rechtlicher Absicherung besonders groß. Die schon frühzeitig einsetzenden Bemühungen um einen internationalen gewerblichen Rechtsschutz führten zur „Pariser Verbandsübereinkunft zum Schutz des gewerblichen Eigentums" (PVÜ), gültig in der Stockholmer Fassung vom 14.7.1967, zum „Madrider Abkommen über die Unterdrückung falscher oder irreführender Herkunftsangaben" (MHA), gültig in der Lissaboner Fassung vom 31.10.1958 und zum „Madrider Abkommen über die internationale Registrierung von Marken" (MMA), gültig in der Stockholmer Fassung vom 14.7.1967. Ein Nebenabkommen zur Pariser Verbandsübereinkunft ist das „Haager Abkommen über die internationale Hinterlegung gewerblicher Muster oder Modelle" (HMA) vom 6.11.1925.

Ferner gibt es Sonderabkommen und Absprachen mit ausländischen Regierungen, so z.B. die Musterschutzabkommen mit Hongkong, Südkorea und Malaysia, wonach etwa bei textilen Mustern die gegenseitige Mitwirkung bei der Aufklärung unliebsamer Sachverhalte vorgesehen ist.

Für den Bereich der Europäischen Gemeinschaft (EG) gilt seit kurzem das Europäische Patentrecht auf Grund des Übereinkommens über die Erteilung europäischer Patente vom 5.10.1973.

Die Übereinkommen gelten nur für die Länder, die die Abkommen ratifiziert haben und damit dem Verband beigetreten sind. Der PVÜ haben sich 80 Staaten angeschlossen. Durch den Beitritt besitzen die Angehörigen der Mitgliedsstaaten in jedem Vertragsstaat diejenige Rechtsstellung, die Inländer besitzen, d.h. die Ausländer erhalten ebenfalls den Schutz, den das jeweilige nationale Recht gewährt. Anders ist es beim Europäischen Patentrecht: hier handelt es sich um supranationales, einheitliches Recht.

---

1 a.A. Hubmann, Gewerblicher Rechtsschutz, § 1 I; wie hier W. Fikentscher, Wettbewerb und gewerblicher Rechtsschutz, 1958, S. 31 ff, 148

B. Das Patent

I. Das Wesen des Patents

1. „Patent“ bedeutet zu deutsch „offener Brief“. Es handelt sich beim Patent – historisch gesehen – um ein „verbrieftes“ Recht. Seit Inkrafttreten des ersten deutschen Patentgesetzes 1877 ist die Erteilung eines Patents im einzelnen gesetzlich geregelt. Über die Patenterteilung wird auch heute noch eine Urkunde ausgestellt, § 35 PatG. Ein Patent ist rechtlich die einem Erfinder vom Staat erteilte ausschließliche, zeitlich befristete Befugnis, eine Erfindung gewerblich anzuwenden und auszuwerten, § 6 PatG. Es gehört zu den Immaterialgüterrechten.

2. Das Patent beruht auf der Erfindung, § 1 PatG. Diesen im Patentrecht grundlegenden Begriff kann man wie folgt definieren: Erfindung ist eine auf individueller Leistung beruhende Anwendung einer technischen Idee (Lehre) mit fortschrittlicher Wirkung[1].

3. Unabhängig neben dem Patent steht das Erfinderrecht. Das Erfinderrecht beruht auf dem Gedanken des geistigen Eigentums[2]. Es wird im Patentgesetz ausdrücklich anerkannt (§ 3 PatG: „Das Recht **auf** das Patent“). Das Erfinderrecht ist ein absolutes Recht im Sinne des § 823 Abs. 1. Es entsteht mit der Erfindung in der Person des Erfinders.

Dem Inhalt nach gibt das Erfinderrecht die Befugnis, über die Erfindung zu verfügen. Es steht dem Erfinder frei, das staatliche Schutzrecht (Patent) zu beantragen, seine Erfindung für sich zu behalten und geheimzuhalten, sie ohne Schutzrecht zu veröffentlichen oder anderen die Benutzung zu gestatten. Nutzt er die Erfindung ohne die staatliche Absicherung, genießt er nur geringeren Schutz. Sollte ein anderer die Erfindung benutzen, muß der Erfinder beweisen, daß er die Erfindung gemacht hat. Schon wegen der Beweismöglichkeiten empfiehlt es sich, ein Patent zu beantragen. Es mag aber im Einzelfall gute Gründe dafür geben, daß eine patentfähige Erfindung vom Erfinder ohne Schutzrecht ausgewertet wird. Dieser Erfinder läuft dabei Gefahr, in Kollision mit Patentinhabern zu geraten, die sich eine ähnliche Erfindung oder möglicherweise das bei dem Erfinder „gestohlene“ Gedankengut als Patent schützen ließen. Dem (ersten) Erfinder bleibt dann im besten Falle ein Vorbenutzungsrecht, vgl. § 7 PatG.

Das Erfinderrecht umfaßt das Recht auf Erfinderehre. Dieses Recht begründet den Anspruch, als Erfinder genannt und anerkannt zu werden, §§ 26 Abs. 6 und 7, 36 PatG. Das ist besonders für den Arbeitnehmer als Erfinder interessant (vgl. dazu unten D). Das Erfinderrecht enthält ferner den Anspruch auf die Patent- oder Gebrauchsmustererteilung. Es ist vererblich und übertragbar, § 9 PatG.

II. Die patentfähige Erfindung

1. Das Gebiet der Technik

Nicht alle individuellen geistigen Leistungen können durch ein Patent geschützt werden. Dieses Schutzrecht ist nur für solche erfinderischen Leistungen vorgesehen, die sich auf die Technik beziehen.

a) Eine knappe Begriffsbestimmung für die Bezeichnung Technik gibt es nicht. Im Patentrecht versteht man darunter das Erkennen von Naturgesetzen („der Natur ein Geheimnis ablauschen“) und die Anwendung und Ausnutzung der Naturgesetze und Naturkräfte, und zwar sowohl der unbelebten als auch der belebten Natur. Demzufolge sind z.B. neue Pflanzensorten patentfähig (soweit sie nicht bereits durch das Sortenschutzgesetz geschützt sind) oder ein neuer Stoff (chemische Verbindung), aber auch die Serumherstellung mittels eines Tierkörpers. Der menschliche Körper bleibt von vornherein außer Betracht, schon deswegen, weil der Mensch nicht Objekt

---

1 vgl. Hubmann § 8 I

2 Eine Idee, die sich zur Zeit der Französischen Revolution Ende des 18. Jahrhunderts durchgesetzt hat

der Technik ist. Soweit medizinische Erfindungen und Operationsmethoden an sich als Basis eines Patents in Frage kämen, scheitert die Patenterteilung jedoch an der in diesen Bereichen unerwünschten Privilegierung, die ja zeitweiliges Monopol bedeutet. Anders ist es mit kosmetischen Verfahren, soweit sie gewerblich angewendet werden können. Der BGH hat die Patenterteilung für ein vom Arzt durchzuführendes kosmetisches Verfahren, nämlich eine Glatzenoperation, allerdings abgelehnt, weil ein Arzt kein Gewerbe betreibt[1]. Ähnlich liegt es im Ergebnis bei Erfindungen, die den Patentschutz nicht erlangen, weil die Bundesregierung im Interesse der öffentlichen Wohlfahrt oder der Sicherheit des Bundes eine Verwendungsanordnung trifft, § 8 Abs. 1 PatG.

b) Außerhalb des Gebiets der Technik bleibt jedenfalls das rein geistige Produkt, soweit es nicht bereits auf eine (gewerbliche) Anwendung angelegt ist. Dazu zählen wissenschaftliche, literarische und künstlerische Werke. Für den Patentschutz kommen daher nicht in Betracht: wissenschaftliche Lehrsätze, chemische Formeln, Planungsmethoden und Spielregeln (sog. Anweisungen an den menschlichen Geist[2]). Das Patent schützt eben nicht die reine Erkenntnis (Entdeckung), sondern die angewandte Erkenntnis.

2. Die technische Idee (Lehre)

a) Der Erfinder zeigt, wie seine technische Erkenntnis zur Naturbeherrschung zwecks Lösung eines praktischen Problems anzuwenden ist. Er legt also eine technische Regel (Lehre) dar. Diese Lehre zur technischen Anwendung muß – mit den Worten des BGH – eine Lehre zum planmäßigen Handeln unter Einsatz beherrschbarer Naturkräfte zur Erreichung eines kausal übersehbaren Erfolges sein[3].

Die Anwendung kann in einem Verfahren bestehen (Verfahrenspatent; z.B. Schmelzverfahren) oder durch eine Sache stattfinden (Sachpatent: Vorrichtungspatent, Anordnungspatent, Stoffpatent).

b) Der Erfinder muß dabei die Problemstellung angeben (z.B. Sollbruchstelle für das Drahtseil, das zum Flugzeugschlepp verwendet wird, um in Notfällen den Schlepp zu beenden). Vorstellbar ist, daß eine an sich vollwertige Erfindung gerade für das angegebene Problem nicht taugt, ein damit lösbares Problem vom Erfinder aber nicht gesehen oder jedenfalls nicht angegeben wird. In solchen Fällen wird eine Patenterteilung grundsätzlich nicht möglich sein, weil es Sache des Erfinders ist, die Anwendungsmöglichkeit aufzuzeigen.

c) Prüfstein für die Anwendbarkeit ist die Wiederholbarkeit. Diese ist nicht gegeben bei Zufallsergebnissen, bei Phantasiekonstruktionen und sonstigen unfertigen Erfindungen. Für das Erfordernis der Wiederholbarkeit kommt es auf Serien- und Verkaufsreife nicht an.

3. Der technische Fortschritt

Eine Erfindung muß eine fortschrittliche Wirkung aufweisen. Der Begriff „Fortschritt" besitzt im Patentrecht einen weit engeren Inhalt als im allgemeinen Sprachgebrauch. Dennoch enthält er eine gewisse Bandbreite, die eine Definition erschwert. Eine Erfindung bewirkt einen Fortschritt, wenn die Anwendung der technischen Lehre die Betätigungsmöglichkeiten des Menschen erweitert oder wenn seine Umweltsverhältnisse verbessert werden[4]. Dabei wird der Fortschritt ohne eine moralische oder ethische Bewertung gesehen: Die Erfindungen auf dem Gebiet der Verwertung des Gasdruckes bei Maschinenwaffen etwa wird man unter ethischem Gesichtspunkt vielleicht als fragwürdigen Fortschritt ansehen, patentrechtlich spielt eine solche Bewertung keine Rolle.

---

1 BGHZ 48, 313

2 BGH GRUR 1958, 602

3 BGHZ 52, 74

4 vgl. BGH GRUR 1970, 408

Der Fortschritt braucht nicht allein auf technischem, sondern kann auch auf ästhetischem, therapeutischem oder physiologischem Gebiet liegen[1]. Sollte eine Erfindung einerseits Vorteile, andererseits aber Nachteile nach sich ziehen, muß das bei der Frage nach dem Fortschritt mitbewertet werden, und zwar auch im Verhältnis zu den bisher bekannten Lösungen.

4. Die individuelle Leistung

Mit dieser „Leistung" faßt man die Qualität der technischen Idee ins Auge. Eine Idee ist schutzfähig, wenn sie die sog. Erfindungshöhe aufweist. Das ist der Fall, wenn die Erfindung das Können eines Durchschnittsfachmanns übersteigt. Auf den Aufwand an Zeit und Geld kommt es nicht an. Hier kann nur im Einzelfall bewertet werden, welche Maßstäbe anzulegen sind[2]. Die Erfindungshöhe ist nicht schon dann zu verneinen, wenn die Distanz zum bisherigen Erkenntnisstand nicht sonderlich groß ist. Die Überwindung eines allgemeinen Vorurteils, die Richtigstellung fehlerhafter Lösungsversuche oder die Übertragung einer bekannten Lösung auf ein neues Gebiet kann durchaus das Können eines Durchschnittsfachmanns übersteigen. Allerdings wird man den einfachen Austausch der technischen Mittel bei der Lösung eines praktischen Problems grundsätzlich nicht als hinreichend qualifiziert einstufen können (z.B.: Förderbänder aus Naturfaser werden durch Chemiefaserbänder ersetzt). Entscheidend ist schließlich der geistige Vorsprung vor dem Durchschnittsfachmann. Der Austausch einer Textilkarkasse gegen eine Stahlkarkasse beim Autoreifen z.B. dürfte so viele Probleme aufwerfen, daß ihre Lösung als überdurchschnittliche Leistung einzustufen ist.

Bei zur Patenterteilung nicht ausreichender Erfindungshöhe kommt immerhin ein Gebrauchsmuster in Betracht (dazu unten C).

5. Die Neuheit

a) Patentfähig sind nur neue Erfindungen, § 1 Abs. 1 PatG. Eine Erfindung gilt nicht als neu, wenn sie zur Zeit der Anmeldung in öffentlichen Druckschriften aus den letzten hundert Jahren ganz oder teilweise[3] derart beschrieben ist, daß die Benutzung durch andere Sachverständige möglich ist; das gleiche gilt für die vorherige, offenkundige Benutzung im Inland, § 2 Abs. 1 PatG (sog. formeller Neuheitsbegriff). Diese Vermutung ist unwiderlegbar. Ist also eine Erfindung in einer öffentlichen Druckschrift vorbeschrieben bzw. war sie vor der Anmeldung von anderen bereits benutzt, ist sie nicht neu. Umgekehrt ist sie neu, wenn die in § 2 PatG genannten Umstände nicht zutreffen[4].

b) Unter Druckschrift ist jede schriftliche oder bildliche Darstellung zu verstehen, sei sie auch nur in einem Exemplar vorhanden. Filme, Tonbänder und Schallplatten zählen dazu. Handschriftliche Beschreibungen kommen ebenfalls in Betracht; sie sind allerdings meist keine „öffentlichen" Druckschriften. Vorträge und Rundfunksendungen fallen jedoch nicht unter den Begriff „Druckschrift". Bei den Druckschriften gibt es keine Beschränkung auf inländische Veröffentlichungen[5].

Öffentlich ist eine Druckschrift dann, wenn sie einem unbestimmten Personenkreis zugänglich ist oder war oder wenn einem unbestimmten Personenkreis bekanntgegeben wird, daß eine Druckschrift erhältlich ist[6]. Die ausgelegten Patentanmeldungen sieht das Patentamt (seit 1953) als öffentliche Druckschrift an. Der BGH hat diese Ansicht bestätigt[7].

---

1 BGHZ 53, 285; BGH GRUR 1966, 249; BGH GRUR 1967, 590; a.A. Hubmann § 8 IV 1

2 aus der Rspr. vgl. etwa BGH GRUR 1969, 182

3 BGH GRUR 1974, 332

4 BGHZ 18, 87; 49, 228

5 BGH GRUR 1966, 255

6 BGH GRUR 1971, 214

7 BGHZ 18, 81; 44, 346

c) Eine Vorbenutzung – auch eigene – ist neuheitsschädlich, wenn sie im Inland stattfand. Auf die Intensität der Benutzung kommt es nicht an. Es reicht eine einmalige Vorführung der Erfindung. Offenkundig ist die Vorbenutzung, wenn die Allgemeinheit ohne weiteres Kenntnis von der Erfindung erlangen konnte oder kann.

d) Der für die Feststellung der Neuheit maßgebliche Zeitpunkt ist der Beginn des Anmeldetages. Hierzu gibt es zwei Besonderheiten:

1) Eine Veröffentlichung der Erfindung auf einer Ausstellung ist nach dem Gesetz betreffend den Schutz von Erfindungen, Mustern und Warenzeichen vom 18.3.1904 nicht neuheitsschädlich, wenn der Aussteller die Erfindung innerhalb von sechs Monaten anmeldet (sog. Ausstellungspriorität).

2) Praktisch von größerer Wichtigkeit ist die sog. Unionspriorität nach Art. 4 PVÜ. Die Vorbenutzung oder Vorbeschreibung in der Zeit zwischen einer Grundanmeldung im Ausland und einer inländischen Nachanmeldung ist nicht neuheitsschädlich, wenn die Nachanmeldung innerhalb von 12 Monaten stattfindet.

6. Die gewerbliche Verwendbarkeit

Die Erfindung muß die gewerbliche Verwertung gestatten, § 1 PatG. Dafür ist Voraussetzung, daß das Erfundene seiner Art nach geeignet ist, in einem Gewerbebetrieb hergestellt zu werden oder Verwendung in einem Gewerbe zu finden[1]. Auf eine tatsächliche Produktion oder wirtschaftliche Rentabilität kommt es nicht an. Zum Gewerbe zählt auch die Landwirtschaft. Die freien Berufe betreiben kein Gewerbe.

7. Ältere Rechte

Eine neue Erfindung ist nicht patentfähig, wenn sie den Schutzbereich eines älteren Patents verletzt, § 4 Abs. 2 PatG. Den Schutzbereich des älteren Patents hat die Rechtsprechung auch für einen allgemeinen Erfindungsgedanken, der in der Patentschrift enthalten (wenn auch nicht ausdrücklich „veröffentlicht") und selbständig schutzfähig ist, angenommen[2]. Im übrigen ergibt sich der Schutzbereich aus dem Inhalt des Patentrechts. Diese Voraussetzung wird von Amts wegen geprüft. Der neue Anmelder kann im Fall einer Schutzrechtsverletzung immerhin ein Patent erhalten, wenn er seine Anmeldung entsprechend einschränkt, § 4 Abs. 2 S. 2 PatG.

III. Der Inhalt des Patentrechts

1. Das Patentrecht gilt für den „Gegenstand der Erfindung", § 6 PatG. Dieser Gegenstand der Erfindung muß derartig bestimmt werden, daß Nachahmer nicht schon durch geringfügige Abänderungen oder Variationen die Abwehransprüche aus einem erteilten Patent unterlaufen können. Der Inhalt des Patentrechts ergibt sich daher nicht allein aus der Patentschrift und schon gar nicht ausschließlich aus deren Wortlaut. Maßgeblich ist der in der Patentschrift offenbarte Erfindungsgedanke.

2. Den Inhalt des Erfindungsgedankens legt die Rechtsprechung wie folgt fest:

Zunächst kommt es auf den vom Anmelder geltend gemachten Patentanspruch an. Am Schluß der Patentschrift ist anzugeben, was als patentfähig unter Schutz gestellt werden soll (§ 26 Abs. 1 S. 5 PatG), d.h. für welchen Erfindungsgedanken der Anmelder den Patentschutz begehrt. Aus dem Patentanspruch und dem übrigen Inhalt der Patentschrift ist bei objektiver Betrachtungsweise (Auslegung) der technische Umfang der Erfindung festzulegen[3]. Der Wortlaut ist nicht maßgeblich.

---

1 BGHZ 48, 313

2 BGHZ 49, 227; BGH GRUR 1972, 538

3 BGH GRUR 1960, 478

Der Umfang kann also über das hinausgehen, was der Erfinder selbst beabsichtigt hat. Sollte der so ermittelte Patentrechtsinhalt den Schutzbereich eines bereits erteilten Patents verletzen, steht es dem Anmelder frei, seinen Patentanspruch zu beschränken. Dieser beschränkte technische Umfang der Erfindung ist dann maßgeblich[1].

3. Zum technischen Umfang der Erfindung gehört nicht der durch die Erfindung vielleicht angesprochene „Stand der Technik". Der Schutzbereich einer Erfindung kann nicht alles das miteinschließen, was zu der betreffenden technischen Problemlösung im Anmeldezeitpunkt bekannt ist. Andererseits ist ein Eingriff in den Schutzbereich eines erteilten Patentes nicht allein damit abzutun, daß der „Einwand des freien Standes der Technik" erhoben wird[2]. Ein Eingriff in den Schutzbereich eines Patents wird auch nicht dadurch ausgeschlossen, daß die spätere Anwendungsform dem Stand der Technik eher entspricht als das frühere Patent (sog. patentrechtliche Abstandslehre[3]).

4. Annäherungspositionen für die Bestimmung des Schutzumfangs gewinnt man nach der sog. Dreiteilungslehre mit Hilfe der sog. Äquivalenzlehre.

Die Dreiteilungslehre unterteilt den patentrechtlichen Schutzbereich in den „unmittelbaren Gegenstand des Patents" (a), den „Gegenstand des Patents" (b) und den „allgemeinen Erfindungsgedanken" (c).

a) Der „unmittelbare Gegenstand des Patents" wird durch den Patentanspruch festgelegt, den man für diesen Bereich nicht durch Auslegung erweitert. Dieser engste Bereich des Patentschutzes ist maßgeblich, wenn sich nachträglich herausstellt, daß die patentierte Erfindung zum Anmeldetag durch den Stand der Technik „vorweggenommen" war oder daß sie mit einem früheren Patent übereinstimmt, also nicht neu war. Ein solches Patent besitzt von vornherein nur den geringsten Schutzbereich[4].

b) Der Bereich des „Gegenstands des Patents" wird durch die Patentschrift, also Patentanspruch samt Beschreibung des Patents und Zeichnung, abgesteckt. Diese Teile ergeben nach (objektiver) Auslegung den Gegenstand des Patents, wobei gleichwertige Problemlösungen (sog. „glatte" Äquivalente) miteinbezogen werden[5]. Der Gegenstand des Patents samt den „glatten" Äquivalenten bildet den normalen, in der Regel ohne weiteres feststellbaren Schutzbereich.

c) Der „allgemeine Erfindungsgedanke" bemißt sich nach der wahren Tragweite der Erfindung, mag sie der Erfinder in der Patentschrift auch nicht dargestellt haben[6]. Auch dieser Bereich ist zugunsten des Erfinders geschützt. In dieser Absicherung wirkt jedoch deutlich ein allgemeines staatliches Interesse mit, nämlich u.a. die Konkurrenzfähigkeit gegenüber dem Ausland. Voraussetzung für die Ermittlung des „allgemeinen Erfindungsgedankens" ist, daß er in der Patentschrift enthalten, wenn auch nicht deutlich ausgesprochen ist[7]. Zum Bereich des „allgemeinen Erfindungsgedankens" zählen ferner die „nicht-glatten" Äquivalente[8], also Problemlösungen, die der Erfindung nicht schlicht gleichzusetzen sind, sich aber doch ohne weitere erfinderische Leistung aus dem Erfindungsgedanken ergeben.

IV. Das Patenterteilungsverfahren

1. Für die Anmeldung einer Erfindung beim Patentamt in München gelten die §§ 26 ff PatG und die „Anmeldebestimmungen für Patente" vom 30.7.1968 (eine Rechtsverordnung auf Grund

1 BGH GRUR 1970, 361
2 BGH GRUR 1972, 597
3 vgl. BGH GRUR 1973, 586
4 BGH GRUR 1959, 320
5 BGH GRUR 1955, 29
6 BGH GRUR 1955, 29
7 BGH GRUR 1972, 538
8 BGH GRUR 1964, 196

§ 26 Abs. 3 PatG). Das Patentamt gibt weitere Merkblätter heraus. Der Anmelder braucht nicht der Erfinder zu sein. Der Erfinder muß aber genannt werden, § 26 Abs. 6 PatG. Hierfür gelten die „Bestimmungen über die Nennung des Erfinders" vom 16.10.1954.

2. Das Patentamt nimmt durch seine Vorprüfungsabteilungen zunächst die sog. **Offensichtlichkeitsprüfung** vor. Die Prüfungsstellen weisen Anmeldungen zurück, die offensichtlich

- den Anmeldeformalien nicht gerecht werden,
- ihrem Wesen nach keine Erfindung enthalten,
- eine gewerbliche Verwertung nicht gestatten,
- eine gesetz- oder sittenwidrige Verwertung beabsichtigen (§ 1 Abs. 2 PatG),
- trotz anderslautender Anmeldung keine Zusatzerfindung, die eine Verbesserung bezweckt, sondern eine neue Erfindung enthalten (§ 10 Abs. 1 S. 2 PatG).

Gegen die Zurückweisung der Anmeldung gibt es gemäß § 36 c PatG das Rechtsmittel der Beschwerde beim Patentgericht (Bundespatentgericht, vgl. die §§ 36 b ff PatG).

3. Verläuft die Vorprüfung mit positivem Ergebnis, schließt sich entweder die **Bekanntmachung** der Anmeldung im Patentblatt nach § 30 PatG mit der Auslegung der Auslegeschrift zur Einsicht für jedermann an oder das Patentamt verfügt die **Offenlegung** der Akten, § 24 Abs. 3 Nr. 2 PatG. Die Offenlegung gibt jedem ein Einsichtsrecht. Sie ist spätestens nach 18 Monaten ab Anmeldetag vorzunehmen.

Mit der Bekanntmachung nach § 30 PatG treten einstweilen – bis zur Erteilung oder Versagung des Patents – die gesetzlichen Wirkungen des Patents ein, § 30 Abs. 1 S. 2. Bei der Offenlegung nach 18 Monaten entsteht gemäß § 24 Abs. 5 PatG für den Anmelder gleichfalls eine geschützte Rechtsposition, die aber nicht dem Patentschutz gleichkommt, da bei Verletzungen nur eine angemessene Entschädigung verlangt werden kann, und zwar nur vom bösgläubigen Benutzer des Gegenstands der Anmeldung.

Jedenfalls stellen sowohl die Bekanntmachung als auch die Offenlegung eine „Druckschrift" im Sinne des § 2 PatG dar. Mittelbar ergibt sich daraus ein Schutz des Erfinders gegenüber Nachahmern oder späteren Erfindungen. Von da ab ist eine gleichartige Erfindung anderer nicht mehr neu und daher nicht patentfähig.

4. Für den Erfinder hat die Veröffentlichung also keine erheblichen Nachteile. Andererseits sind die Vorteile dieser Maßnahmen, allgemeinwirtschaftlich gesehen, beträchtlich: andere können relativ frühzeitig ihre technischen Entwicklungen anpassen, so daß Zweigleisigkeiten vermieden werden. Die Veröffentlichung mag auch einen allgemeinen Lernprozeß begünstigen – das ist eine Wirkung, die zu den vorteilhaften Seiten des Patents gehört. Nachteilig ist, daß es auf diese Weise zu einer großen Zahl von Veröffentlichungen kommt. Das Patentamt erteilt in manchen Jahren etwa 20 000 Patente[1]. Dieser Nachteil ist aber nicht ausschlaggebend, da es ohnehin schwierig ist, die Veröffentlichungen anderer Quellen zu überblicken.

5. Das weitere Verfahren des Patentamtes hängt vom Antrag des Anmelders (Patentsuchers) ab. Ohne einen weiteren Antrag bleibt das Patentamt untätig. Der Anmelder hat aber bei Beginn des dritten und jedes folgenden Jahres nach der Anmeldung eine Jahresgebühr zu entrichten, auch wenn er keine weiteren Anträge stellt und ein Patent nicht erteilt ist.

6. Das anschließende Verfahren kann durch einen Antrag auf die sog. „Recherche zum Stand der Technik" nach § 28 a PatG und der dazu ergangenen Verordnung[2] ausgelöst werden. Wird dieser Antrag gestellt, ermittelt das Patentamt die öffentlichen Druckschriften, die für die Beurteilung der Patentfähigkeit der angemeldeten Erfindung heranzuziehen sind. Diesen Antrag kann der Patentsucher, aber auch jeder Dritte stellen (sog. isolierte Recherche). Der auf diese Weise gewonnene Überblick über den Stand der Technik auf einem bestimmten Gebiet ermöglicht es dem Patentsucher, die Erfolgsaussichten auf die Patenterteilung einzuschätzen. Dem Dritten verschafft die

---

1 1975: 9168 Anmelder mit Sitz in Deutschland, 9122 mit Sitz im Ausland

2 BGBl I 1968, S. 1042

Kenntnis des Standes der Technik die Ausgangsposition für Rechtsmittel gegen die Patenterteilung. Das Patentamt stellt die Ermittlungen nach § 28 a PatG grundsätzlich erst nach sechs Monaten ab Anmeldetag an. Der Antrag auf Recherche wird im Patentblatt veröffentlicht.

7. Die endgültige Prüfung einer Anmeldung auf die Patentfähigkeit (bei der Vorprüfung werden nur offensichtliche Mängel festgestellt) nach den gesetzlichen Voraussetzungen findet auf Antrag des Anmelders oder eines Dritten statt, § 28 b PatG. Dieser Antrag kann innerhalb von sieben Jahren seit dem Anmeldetag gestellt werden, § 28 b Abs. 2 PatG (Prinzip der aufgeschobenen oder verschobenen Prüfung). Er setzt einen Rechercheantrag nicht voraus; war aber ein Rechercheantrag gestellt, beginnt die Prüfung erst nach dessen Erledigung, § 28 b Abs. 4 PatG. Der Prüfungsantrag kann bereits mit der Anmeldung gestellt werden. Genügt die Anmeldung den formellen Anforderungen (§ 26 PatG) und erachtet das Patentamt die Erteilung eines Patents nicht für ausgeschlossen, verfügt es die Bekanntmachung der Anmeldung, § 30 PatG. Die Bekanntmachung ist von der sog. Offenlegung zu unterscheiden. Erfindungen, die ein Staatsgeheimnis (§ 93 des Strafgesetzbuches) sind, werden nicht bekanntgemacht, § 30 a Abs. 1 PatG (eine Patenterteilung wird dadurch nicht ausgeschlossen, § 30 e PatG).

8. Für die materielle Prüfung gelten die „Richtlinien für die Prüfung von Patentanmeldungen" vom 16.6.1969. Stellt die Prüfungsstelle Mängel der Anmeldung fest oder hält sie die Erfindung nicht für patentfähig, gibt sie dem Patentsucher Gelegenheit zur Beseitigung bzw. Stellungnahme, § 28 c PatG. Das Verfahren vor der Prüfungsstelle endet mit dem **Bekanntmachungsbeschluß** nach § 30 PatG oder dem **Zurückweisungsbeschluß** (§ 29 PatG). Dagegen gibt es das Rechtsmittel der Beschwerde nach § 36 c ff PatG. Gegen die Beschlüsse der Beschwerdesenate des Patentgerichts ist eine Rechtsbeschwerde an den Bundesgerichtshof möglich, wenn der Beschwerdesenat die Rechtsbeschwerde zugelassen hat, § 41 p PatG. Hierbei wird nur über Rechtsfragen entschieden, § 41 q PatG; Nachträge zum Sachverhalt sind nicht mehr möglich.

9. Erachtet die Prüfungsstelle die Patenterteilung für nicht ausgeschlossen und ist die Anmeldung bekanntgemacht, so kann jedermann innerhalb von drei Monaten gegen eine etwaige Patenterteilung **Einspruch** erheben, § 32 PatG. Das Einspruchsverfahren findet vor der Patentabteilung statt. Das Verfahren wird durch einen Beschluß beendet, der auf Versagung oder Erteilung des Patents lautet, § 32 Abs. 2 PatG.

10. Wird kein Einspruch erhoben, beschließt die Prüfungsstelle auf Patenterteilung. Das Patent wird durch Beschluß des Patentamts erteilt, § 35 PatG. Hat ein Beschwerdeverfahren stattgefunden, steht die Entscheidung des Patentgerichts dem gleich. Der **Erteilungsbeschluß** ist nach heute hM ein Verwaltungsakt[1]. Das Patentamt gibt die Erteilung im Patentamt bekannt und stellt dem Patentinhaber eine Urkunde aus. Das Patent wird in die Patentrolle eingetragen. Die Patentschrift wird veröffentlicht. Der maßgebliche Akt ist der Erteilungsbeschluß. Alle anderen Maßnahmen beeinflussen die Existenz des Patents nicht.

11. Ein erteiltes Patent kann mit der **Nichtigkeitsklage** rückwirkend wieder beseitigt werden, §§ 13, 13 a PatG. Diese Klagemöglichkeit steht jedem offen, § 37 PatG.

Als Nichtigkeitsgründe kommen nur die in den §§ 13, 13 a PatG aufgezählten materiellen Mängel in Betracht, die einer Patenterteilung entgegenstanden. Die Klage ist beim Patentgericht zu erheben. Die Kenntnis vom Patent mag der Verkehr erst durch die Werbung des Patentinhabers mit dem Patenthinweis erlangen. Wer im Verkehr derlei Hinweise verwendet (sog. Patentberühmung) – auf die Ausführung kommt es im einzelnen nicht an – ist verpflichtet, auf Verlangen Auskunft über das betreffende Patent zu geben, wenn ein berechtigtes Interesse dargetan wird, § 55 PatG.

12. Von der Klage gegen ein erteiltes Patent ist die Klage aus dem Patent, also wegen Verletzung des Patentrechts, zu unterscheiden. In Betracht kommt die Klage auf Unterlassung und auf Schadensersatz. Die Verletzungshandlungen ergeben sich im Umkehrschluß zu den in § 6 PatG genann-

---

[1] BGHZ 18, 92; BVerwG GRUR 1959, 435

ten Handlungen, nämlich unberechtigtes Herstellen, in Verkehr Bringen, Feilhalten und Gebrauchen. Diese sog. Patentstreitsachen (§ 51 PatG) sind ohne Rücksicht auf den Streitwert vor den Landgerichten geltend zu machen (ausschließliche Zuständigkeit). Gemäß § 51 Abs. 2 PatG können die Landesregierungen einem Landgericht die Patentstreitsachen aus mehreren Landgerichtsbezirken zuweisen. Von dieser Ermächtigung haben die Landesregierungen durchweg Gebrauch gemacht.

Problematisch in diesem Bereich ist die sog. mittelbare Patentverletzung. Es handelt sich dabei um eine Beteiligung an einer der genannten Verletzungshandlungen, die in einer ferneren Mitwirkung besteht (z.B.: Lieferung von Teilen zu einer Sache, die unter Patentschutz steht, wodurch einem anderen die Verletzungshandlung ermöglicht wird). Hier ist die Tendenz der Rechtsprechung festzustellen, einen möglichst vollständigen Schutz des Patents zu gewährleisten[1].

V. Die Verwertung des Patents

Der Patentinhaber kann das Patent innerhalb der Laufzeit des Rechtes selbst verwerten, wie es § 6 PatG vorsieht.

Zur Verwertung zählen letztlich auch der Verkauf und die Übertragung des Rechts auf einen anderen. Diesen Vorgang bezeichnet man in der Praxis unzutreffend als „ausschließliche Lizenz". Hierbei überträgt der Patentinhaber sein Patent auf den Erwerber (vgl. zum Lizenzvertrag das 12. Kapitel). Im allgemeinen bleibt der Patentinhaber bei Lizenzverträgen aber Inhaber des Patents. Er gestattet seinem Vertragspartner lediglich die vollständige oder teilweise Benutzung des Rechts. Der Lizenzvertrag kann wie jeder schuldrechtliche Vertrag grundsätzlich frei gestaltet werden. Spezielle Einschränkungen enthält aber § 20 GWB.

Wird der Lizenzvertrag bereits geschlossen, bevor das Patent erteilt ist, bleibt der Vertrag wirksam, auch wenn das Patent endgültig verweigert ist. Es liegt dann nämlich kein Fall des § 306 vor[2].

Ein Lizenzvertrag bleibt ferner jedenfalls für die Vergangenheit wirksam, wenn das Patent später nach erfolgreicher Nichtigkeitsklage erlischt[3]. Das Schicksal der vertraglichen Leistungen für die Zukunft bestimmt sich dann nach den Grundsätzen über den Wegfall der Geschäftsgrundlage[4].

Ist der Lizenzgeber noch der Rechtsinhaber, vermag nur er gegen den Verletzer vorzugehen. Je nach Lizenzvertrag kann er aber einem Lizenznehmer gegenüber dazu verpflichtet sein, insbesondere, wenn er einem von mehreren Lizenznehmern Meistbegünstigung versprochen hat[5].

C. Das Gebrauchsmuster

I. Die Voraussetzungen für die Erteilung

Man bezeichnet das Gebrauchsmuster auch wohl als „kleines Patent". Grundlage ist ebenfalls eine Erfindung. Der Unterschied zum Patent ist im wesentlichen darin zu sehen, daß beim Gebrauchsmuster geringere Anforderungen hinsichtlich des technischen Fortschritts und der Erfindungshöhe gestellt werden.

---

1 vgl. z.B. BGH GRUR 1964, 496
2 BGH GRUR 1969, 678
3 BGH GRUR 1967, 381
4 BGH GRUR 1969, 678
5 BGH GRUR 1965, 595

§ 1 GebrMG verlangt eine neue Gestaltung, Anordnung oder Vorrichtung, die einem Arbeits- oder Gebrauchszweck dienen sollen, d.h. einen wirtschaftlichen, gewerblichen Nutzzweck haben. Die Idee des Erfinders muß sich also in einer dreidimensionalen Form (Raumform) verkörpern. Geschützter Gegenstand ist aber nicht die Raumform als solche, sondern der in der Raumform sichtbar gewordene Erfindungsgedanke[1]. Es ist denkbar, daß der Erfindungsgedanke über eine bestimmte Gestaltung hinausgeht. Auch dieser Bereich ist vom Gebrauchsmuster geschützt, solange er in einer Raumform verkörpert werden kann[2]. Nicht gebrauchsmusterfähig sind Verfahren, Stoffe ohne bestimmte Gestalt (z.B. Flüssigkeiten), unbewegliche Sachen (z.B. ein Bauwerk) und elektrische Schaltungen, soweit sie nicht eine Neuerung als räumlich-körperliche Maßnahme darstellen[3]. Im übrigen gelten die Grundprinzipien des Patentrechts auch hier. Die Schutzdauer beträgt – nach Verlängerung – sechs Jahre, § 14 Abs. 1 und 2 GebrMG.

II. Die kombinierte Anmeldung

Wenn auch Patent und Gebrauchsmuster vor allem in der „Qualität" verschieden sind, schließen sie sich nicht aus. Eine Erfindung kann daher zugleich als Patent und als Gebrauchsmuster angemeldet werden. Das hat für den Anmelder den Vorteil, daß er schneller ein gewerbliches Schutzrecht besitzt – das Gebrauchsmuster verlangt nur eine vereinfachte Prüfung (Neuheit, Fortschritt und Erfindungshöhe bleiben ungeprüft) – und auf die Patenterteilung evtl. noch verzichten kann. Möglich ist auch eine Gebrauchsmusterhilfsanmeldung: der Erfinder beantragt, daß die Gebrauchsmustererteilung erst vorgenommen werden soll, wenn die Patenterteilung erledigt ist, § 2 Abs. 6 GebrMG. Wird die Patenterteilung abgelehnt, gilt als Anmeldetag für das Gebrauchsmuster der Tag der Hilfsanmeldung. Die Eintragung als Gebrauchsmuster kann auch noch nach Ablauf von sechs Jahren seit Anmeldetag stattfinden, obwohl die Laufzeit des Gebrauchsmusterrechts höchstens sechs Jahre beträgt[4].

III. Die Entstehung des Rechts

Das Gebrauchsmuster entsteht mit der Eintragung in die Rolle für Gebrauchsmuster, § 3 GebrMG. Hier ist also der formelle Akt Entstehungsvoraussetzung. Die Eintragung wird im Patentblatt bekanntgemacht. Das Gebrauchsmuster selbst veröffentlicht das Patentamt nur in Kurzbeschreibung in den „Kurzauszügen aus den Gebrauchsmustern".

IV. Die Löschung eines Gebrauchsmusters

Da die Gebrauchsmusterstelle des Patentamts Neuheit, Fortschritt und Erfindungshöhe nicht prüft, kann es ohne weiteres vorkommen, daß ein Gebrauchsmuster eingetragen wird, obwohl die materiellen Voraussetzungen dazu nicht vorliegen. Die Rolle der Nichtigkeitsklage beim Patent nimmt hier der Löschungsantrag nach § 8 GebrMG ein, den jedermann schriftlich beim Patentamt stellen kann. Das weitere Verfahren regelt § 9 GebrMG. Widerspricht der Rechtsinhaber nicht innerhalb eines Monats nach der Aufforderung des Patentamts, sich zu dem Löschungsantrag zu erklären, wird das Gebrauchsmuster gelöscht. Ansonsten findet eine mündliche Verhandlung nach § 9 Abs. 3 GebrMG statt.

---

1 BGH GRUR 1965, 245

2 BGH GRUR 1964, 224

3 BGHZ 42, 263

4 BGHZ 47, 132

D. Die Arbeitnehmererfindung

I. Die Problemstellung

Erfindungen, die von Arbeitnehmern im Verlauf eines Dienst- oder Arbeitsverhältnisses gemacht werden, können nicht ohne weiteres dem Erfinder zugerechnet werden. Das Arbeitsergebnis steht grundsätzlich dem Arbeitgeber zu. Andererseits zählt eine Erfindung nicht von vornherein zum Arbeitsergebnis. Allerdings kann die Erfindung maßgeblich durch die Arbeitsmittel des Arbeitgebers gefördert, durch seine Arbeitsanweisung verursacht und während der Arbeitszeit entstanden sein. Die Interessenabgrenzung auf diesem Gebiet versuchen das Arbeitnehmererfindungsgesetz vom 25.7.1957 (ArbEG) nebst den dazu erlassenen Verordnungen und die „Richtlinien über die Erfindungsvergütung" zu treffen.

II. Besonderheiten bei der Erfindung des Arbeitnehmers

1. Das ArbEG enthält durchweg zwingendes Recht, vgl. die §§ 22, 23 ArbEG. Dieses Spezialgesetz regelt die Fragen, die sich wegen der Person des Erfinders ergeben. Ansonsten gilt das PatG oder das GebrMG. Dem besonderen Charakter des Arbeitsverhältnisses trägt die Einrichtung einer Schiedsstelle (§§ 28 ff ArbEG) Rechnung[1]. Das ArbEG betrifft patent- oder gebrauchsmusterfähige[2] Erfindungen und technische Verbesserungsvorschläge von Arbeitnehmern im privaten und öffentlichen Dienst, von Beamten und Soldaten, § 1 ArbEG.

2. Es gilt im Arbeitnehmererfinderrecht der arbeitsrechtliche Begriff des Arbeitnehmers. Danach ist Arbeitnehmer, wer in einem Arbeitsverhältnis steht – in der Regel auf Grund Arbeitsvertrags – und abhängige, weisungsgebundene Dienste leistet.

3. Das ArbEG unterteilt die Erfindungen in **gebundene** Erfindungen (Diensterfindungen) und **freie** Erfindungen. Was unter „Diensterfindung" zu verstehen ist, sagt § 4 Abs. 2 ArbEG. Diensterfindungen sind patent- oder gebrauchsmusterfähige Erfindungen, die entweder aus der dem Arbeitnehmer im Betrieb oder in der öffentlichen Verwaltung obliegenden Tätigkeit entstanden sind oder maßgeblich auf Erfahrungen oder Arbeiten des Betriebes oder der öffentlichen Verwaltung (Erfahrungserfindung) beruhen, § 4 Abs. 2 ArbEG. Alle anderen Erfindungen sind freie Erfindungen. Erfindungen von Hochschullehrern und Hochschulassistenten sind immer freie Erfindungen, § 42 ArbEG. Die freien Erfindungen unterliegen immerhin einer Mitteilungs- und Anbietungspflicht, §§ 18, 19 ArbEG. Für die Hochschulerfindungen besteht eine Mitteilungspflicht, wenn der Dienstherr besondere Mittel zur Verfügung gestellt hatte.

4. Erfindungen sind also „gebunden", d.h. stehen dem Erfinder nur beschränkt zu, wenn sie auf Grund der übernommenen Tätigkeit gemacht wurden. Problematisch ist hierbei bereits die Grenzziehung, die durch die „Dauer des Arbeitsverhältnisses" angezeigt wird. Der BGH hat entschieden, daß es auf die rechtliche Dauer des Arbeitsverhältnisses ankommt; macht der Arbeitnehmer die Erfindung z.B. während eines Schlußurlaubs vor Beendigung des Arbeitsverhältnisses auf Grund betrieblicher Erfahrungen, handelt es sich um eine gebundene Erfindung[3]. Dem ist zuzustimmen, weil § 4 Abs. 2 ArbEG eben nicht darauf abstellt, ob die Erfindung im Betrieb oder außerhalb des Betriebes, nach Feierabend oder während eines Urlaubs gemacht wird, solange es sich eben um eine Erfahrungserfindung handelt. Andererseits liegt keine gebundene Erfindung vor, wenn sie nach Beendigung des Arbeitsverhältnisses, aber auf Grund der Erfahrung im Betrieb gemacht wird.

---

1 Eine Zusammenstellung der Entscheidungen der Schiedsstellen bringen Reimer-Schade-Schippel, S. 27 ff

2 Für Geschmacksmuster gilt § 2 GeschmMG.

3 BGH GRUR 1971, 407

5. Problematisch ist auch die Frage, was als „Erfahrung des Betriebes" zu gelten hat. Um eine Erfahrungserfindung handelt es sich nur dann, wenn eine betriebsinterne Kenntnis (know-how) maßgebliche Ursache für die Erfindung war. Eine gebundene Erfindung liegt nicht vor, wenn der Arbeitnehmer den freien Stand der Technik in dem Betrieb „erfahren" hat, also dort etwas hinzugelernt hat, was er auch anderswo hätte lernen können. Die „betriebseigenen Erfahrungen" müssen ferner noch maßgeblich für die Erfindung, also nicht nur Anregung gewesen sein, sonst handelt es sich um eine freie Erfindung[1].

6. Bei Diensterfindungen normiert § 5 ArbEG eine Meldepflicht. Der Arbeitnehmer, der eine Diensterfindung gemacht hat, ist verpflichtet, sie unverzüglich dem Arbeitgeber gesondert schriftlich zu melden und dabei ausdrücklich darauf hinzuweisen, daß es sich um eine Erfindungsmeldung handelt. Diese Meldung muß sämtliche wichtigen Fakten der Erfindung enthalten. Der Arbeitgeber kann innerhalb von zwei Monaten Ergänzungen verlangen, § 5 Abs. 2 und 3 ArbEG.

III. Die Berechtigungen des Arbeitgebers

1. Eine ordnungsgemäß gemeldete Diensterfindung kann der Arbeitgeber (s. im einzelnen 2.–7. und IV)

– unbeschränkt in Anspruch nehmen, § 6 Abs. 1 ArbEG;
– beschränkt in Anspruch nehmen, § 6 Abs. 1 ArbEG;
– freigeben oder freiwerden lassen, § 8 Abs. 1 ArbEG

2. Die unbeschränkte Inanspruchnahme geschieht durch schriftliche Erklärung innerhalb von vier Monaten nach Eingang der Meldung, § 6 Abs. 2 ArbEG. Die Inanspruchnahme ist eine einseitige, empfangsbedürftige Willenserklärung. Ihre Wirkung tritt unabhängig von einer Reaktion des Arbeitnehmers ein: Mit dem Zugang der Erklärung der unbeschränkten Inanspruchnahme gehen alle Rechte an der Diensterfindung auf den Arbeitgeber über.

3. Vor der Abgabe dieser Erklärung ist der Arbeitgeber durch ein relatives Veräußerungsverbot davor geschützt, daß der Arbeitnehmer über seine Erfindung durch Übertragung des Rechts an Dritte oder durch eine Lizenzvergabe verfügt. Solche Verfügungen wären dem Arbeitgeber gegenüber unwirksam, § 7 Abs. 3 ArbEG, § 135 BGB. Ein Erwerb kraft guten Glaubens des Dritten ist nicht möglich, §§ 413, 405, 404 BGB. Hat der Arbeitnehmer vor der unbeschränkten Inanspruchnahme bereits die Anmeldung selbst vorgenommen – etwa weil er die Erfindung für eine freie Erfindung hielt – kann der Arbeitgeber die Anmeldung im eigenen Namen fortführen. Sollte bereits ein Patent oder Gebrauchsmuster erteilt sein – ein wegen der Viermonatsfrist des § 6 Abs. 2 wohl seltener Fall – steht das Schutzrecht dem Arbeitgeber zu.

4. Mit der Inanspruchnahme übernimmt der Arbeitgeber bestimmte Pflichten hinsichtlich der Anmeldung der Erfindung des Arbeitnehmers. Sie sind in den §§ 13–17 ArbEG geregelt (a–e).

a) Da mit dem Zugang der Erklärung auf Inanspruchnahme die Rechte aus der Diensterfindung dem Arbeitgeber zustehen (§ 7 Abs. 1 ArbEG), ist er allein berechtigt, die Schutzrechtsanmeldung im Inland und im Ausland vorzunehmen. Nach § 13 Abs. 1 ArbEG ist der Arbeitgeber zur unverzüglichen Anmeldung im Inland verpflichtet, und zwar grundsätzlich als Patent, eventuell auch – wenn es zweckdienlicher ist – als Gebrauchsmuster.

Nimmt er die Anmeldung nicht vor, kann der Arbeitnehmer nach ergebnislosem Ablauf einer Nachfrist die Diensterfindung für den Arbeitgeber auf dessen Namen und Kosten selber anmelden, § 13 Abs. 3 ArbEG.

b) Zur Anmeldung im Ausland ist der Arbeitgeber nicht verpflichtet. Für ausländische Staaten, in denen er keine Schutzrechte erwerben will, muß er die Diensterfindung dem Arbeitnehmer freigeben, § 14 Abs. 2 ArbEG.

c) Meldet der Arbeitgeber die Erfindung an, hat er dem Erfinder Abschriften der Anmeldeunterlagen zu geben und muß ihn über den Fortgang des Verfahrens – auf Wunsch auch durch Vorlage des

[1] vgl. zur Abgrenzung von freien Erfindungen zur Diensterfindung Schopp, Rechtspfleger 1971, 203

Schriftwechsels – unterrichten, § 15 Abs. 1 ArbEG. Der Arbeitnehmer ist seinerseits verpflichtet, den Schutzrechtserwerb vor allem durch die erforderlichen Erklärungen zu unterstützen, § 15 Abs. 2 ArbEG.

d) Will der Arbeitgeber vor Erfüllung des Anspruchs auf angemessene Vergütung die Schutzrechtsanmeldung oder das Schutzrecht aufgeben (§ 16 ArbEG), muß er diese Absicht dem Arbeitnehmer mitteilen. Dieser kann die Übertragung des Rechts an sich selbst verlangen. Tut er das innerhalb von drei Monaten nach Zugang der Mitteilung nicht, ist der Arbeitgeber zur Aufgabe des Rechts berechtigt, § 16 Abs. 1 und 2 ArbEG.

Zusammen mit der Mitteilung der Rechtsaufgabe kann sich der Arbeitgeber ein nichtausschließliches Recht zur Benutzung vorbehalten, § 16 Abs. 3 ArbEG. Kommt es in diesem Fall zur Rückübertragung des Rechts an den Arbeitnehmer, ist dieser nicht gehindert, über das Recht zu verfügen oder weitere Lizenzen zu vergeben.

e) Die Verpflichtung zur Anmeldung besteht nicht bei Erfindungen, die Betriebsgeheimnisse sind (§ 17 ArbEG), sofern der Arbeitgeber die Schutzfähigkeit anerkennt oder die Entscheidung der Schiedsstelle über diese Frage beantragt. Die Vorschrift definiert nicht, was „Betriebsgeheimnis" ist, sondern stellt auf die „berechtigten Belange" des Betriebes zur Geheimhaltung ab. Da der Arbeitnehmer schon unter dem Gesichtspunkt der Erfinderehre an der Erteilung des Schutzrechts interessiert ist, wird man bei der Prüfung der Geheimhaltungsbedürftigkeit einen strengen Maßstab anlegen müssen.

Jedenfalls soll die Unterlassung der Schutzrechtsanmeldung wegen des Geheimhaltungsinteresses des Betriebes nicht zu einem finanziellen Nachteil für den Arbeitnehmer führen. Seinen Vergütungsanspruch wahrt § 17 Abs. 3 ArbEG, wobei auch der Nachteil zählt, den der Arbeitnehmer hat, weil es nicht zur Erteilung des Schutzrechts kommt.

5. Dem Arbeitgeber steht es frei, die gemeldete Erfindung nur beschränkt in Anspruch zu nehmen.

a) Erklärt der Arbeitgeber, er wolle die Diensterfindung nur beschränkt in Anspruch nehmen, erwirbt er nicht das Recht an der Erfindung, sondern ein nichtausschließliches Benutzungsrecht. Der Arbeitnehmer kann also weitere Lizenzen vergeben. Sollte dem Arbeitnehmer die anderweitige Verwertung wegen des Benutzungsrechts unbillig erschwert werden, kann er vom Arbeitgeber verlangen, daß dieser die Diensterfindung innerhalb von zwei Monaten entweder unbeschränkt in Anspruch nimmt oder dem Arbeitnehmer freigibt, § 7 Abs. 2 ArbEG. Nach dieser Freigabe besteht das Benutzungsrecht nicht mehr.

b) Das nichtausschließliche Benutzungsrecht ist an den Betrieb des Arbeitgebers gebunden und auf die unmittelbare Benutzung der Diensterfindung beschränkt. Das hat zur Folge, daß ohne die Zustimmung des Arbeitnehmers die Benutzung Dritten nicht gestattet werden kann[1].

6. Bei Erfindungen im öffentlichen Dienst tritt an die Stelle der Inanspruchnahme ein Anspruch des Dienstherrn auf angemessene Beteiligung an dem Ertrage der Diensterfindung, § 40 Nr. 1 ArbEG. Diesen Anspruch hat der Dienstherr auch bei den freien Hochschulerfindungen, wenn dafür öffentliche Mittel aufgewendet wurden.

7. Für die Gegenleistung des Arbeitgebers bei beschränkter oder unbeschränkter Inanspruchnahme gelten die §§ 9–12 ArbEG mit den dazu erlassenen Richtlinien für die Vergütung.

a) Der Betrag der Vergütung soll durch Vereinbarung zwischen Arbeitgeber und Arbeitnehmer festgestellt werden, § 12 Abs. 1 ArbEG. Kommt eine Einigung innerhalb angemessener Frist nicht zustande, muß der Arbeitgeber die Vergütung in einer begründeten und schriftlichen Erklärung festsetzen und zahlen. Ist der Arbeitnehmer mit der Festsetzung nicht einverstanden, kann er innerhalb von zwei Monaten schriftlich widersprechen und die Schiedsstelle beim Patentamt anrufen oder Klage erheben. Widerspricht er nicht, wird die Festsetzung für beide Teile verbindlich.

1 BGH GRUR 1974, 463

b) Umstritten ist die Frage, ob der Arbeitgeber mit der Festsetzung und Zahlung der Vergütung warten darf, bis über die Schutzrechtserteilung entschieden ist. Bei dem System der aufgeschobenen Prüfung kann dabei ein relativ langer Zeitraum verstreichen. Nach überwiegender Ansicht ist innerhalb einer angemessenen Frist seit Aufnahme der Benutzung eine vorläufige Vergütung zu zahlen[1]. Das Risiko, daß das Schutzrecht schließlich nicht erteilt wird, kann allerdings bei der Höhe der vorläufigen Vergütung berücksichtigt werden. Die vorläufige Vergütung ist aber nicht herauszugeben, wenn das Schutzrecht versagt wird[2].

IV. Das Freiwerden einer Diensterfindung

1. Die Tatbestände, die die Gebundenheit aufheben

a) § 8 ArbEG befaßt sich mit dem Freiwerden von Diensterfindungen. Gemäß dieser Vorschrift wird eine Diensterfindung frei

– wenn der Arbeitgeber sie schriftlich freigibt;
– wenn der Arbeitgeber sie nur beschränkt in Anspruch nimmt (er behält aber ein nichtausschließliches Benutzungsrecht);
– wenn der Arbeitgeber sie nicht innerhalb von vier Monaten nach der Meldung oder zwei Monaten nach der Aufforderung gemäß § 7 Abs. 2 ArbEG in Anspruch nimmt, also untätig bleibt.

b) § 8 ArbEG behandelt nicht alle Fälle der Aufhebung der Gebundenheit bei der Diensterfindung. Insgesamt kann man unterscheiden

– die Freigabe gegenüber dem Arbeitnehmer, und zwar auch teilweise (unten c),
– die Aufgabe der Weiterverfolgung der Anmeldung oder des schon erteilten Schutzrechts (unten d),
– den Verzicht auf ein bestehendes Benutzungsrecht (unten e),
– die Untätigkeit auf die Meldung oder Aufforderung zur Inanspruchnahme (unten f).

c) Folgende Freigabefälle kommen in Betracht:

1) Freigabe vor Inanspruchnahme und vor Schutzrechtsanmeldung (Ausgangsfall des § 8 Abs. 1 Nr. 1 ArbEG);
2) Freigabe vor Inanspruchnahme, aber nach Schutzrechtsanmeldung (diesen Fall läßt § 8 Abs. 1 Nr. 1 ArbEG ebenfalls zu);
3) Freigabe nach Inanspruchnahme, aber vor Schutzrechtsanmeldung (darin liegt ein Verzicht des Arbeitgebers, der auf den Zeitpunkt der Meldung zurückwirkt; ebenfalls Fall des § 8 Abs. 1 Nr. 1 ArbEG);
4) Freigabe unter Vorbehalt eines nichtausschließlichen Benutzungsrechts (beschränkte Inanspruchnahme; § 8 Abs. 1 Nr. 2 ArbEG);
5) Freigabe für die Anmeldung im Ausland (mit oder ohne Vorbehalt eines Benutzungsrechts; § 14 Abs. 2 und 3 ArbEG).

d) Die Aufgabe nach § 16 ArbEG bewirkt ebenfalls ein Freiwerden, sofern der Arbeitnehmer innerhalb von drei Monaten die Rückübertragung des Rechts verlangt. Im Unterschied zur Freigabe nach Anmeldung erwirbt hier der Arbeitnehmer das Recht so, wie es übertragen wird. Eine Rückwirkung auf den Zeitpunkt der Meldung tritt nicht ein.

---

1 BGHZ 37, 281

2 BGH GRUR 1971, 475

e) Auch die Aufgabe eines vom Arbeitgeber vorbehaltenen Benutzungsrechts stellt ein (weiteres) Freiwerden dar. Rechtlich liegt darin ein Verzicht des Arbeitgebers. § 8 Abs. 1 Nr. 2 ArbEG sieht eine Diensterfindung zwar schon als frei an, wenn dem Arbeitgeber (nur) ein nichtausschließliches Benutzungsrecht zusteht. Dennoch kann dem Arbeitnehmererfinder sehr an einem Wegfall des Benutzungsrechts gelegen sein. Nach § 7 Abs. 2 vermag er nur ein die Verwertung unbillig erschwerendes Recht anzugehen; der Verzicht bewirkt also ein übriges.

f) Beim Freiwerden durch Untätigkeit enthält das ArbEG folgende Fälle:

1) Freiwerden durch Fristablauf nach Meldung (§ 8 Abs. 1 Nr. 3 ArbEG);

2) Freiwerden durch Fristablauf nach Aufforderung zur unbeschränkten Inanspruchnahme (§ 8 Abs. 1 Nr. 3 ArbEG);

3) Freiwerden durch Fristablauf nach Mitteilung als freie Erfindung (§ 18 Abs. 2 ArbEG).

2. Die Wirkung des Freiwerdens

Über eine freigewordene Diensterfindung kann der Arbeitnehmer nicht immer völlig frei verfügen. § 8 Abs. 2 ArbEG legt nur fest, daß er ohne die Beschränkungen der §§ 18 und 19 ArbEG verfügen darf. Es ergeben sich nämlich noch – im Einzelfall konkret zu ermittelnde – Beschränkungen wegen des bestehenden Arbeitsverhältnisses. So wäre es beispielsweise denkbar, daß die Vergabe einer Lizenz an einen Konkurrenten des Arbeitgebers gegen die Treuepflicht des Arbeitnehmers verstößt. Abgesehen von solchen Sonderfällen ist der Arbeitnehmer jedoch in der Verwertung seiner Erfindung frei.

V. Technische Verbesserungsvorschläge

1. Technische Verbesserungsvorschläge sind solche neue Erkenntnisse, die nicht patent- oder gebrauchsmusterfähig sind, weil sie nicht die dafür nötige Erfindungshöhe aufweisen, § 3 ArbEG[1]. Sie gehören an sich zum Arbeitsergebnis und stehen daher dem Arbeitgeber zu. § 20 Abs. 1 ArbEG gibt dem Arbeitnehmer jedoch einen Anspruch auf angemessene Vergütung, wenn der Verbesserungsvorschlag dem Arbeitgeber eine ähnliche Vorzugsstellung (tatsächliche Monopolstellung) gewährt wie ein gewerbliches Schutzrecht (sog. qualifizierter Verbesserungsvorschlag) und vom Arbeitgeber verwertet wird. Ob er das tut, steht in seinem freien Ermessen[2].

2. Nach Auffassung der Rechtsprechung gewährt ein qualifizierter Verbesserungsvorschlag dem Arbeitgeber dann eine dem gewerblichen Schutzrecht ähnliche Vorzugsstellung, wenn der Vorschlag die Möglichkeit beinhaltet, ihn unter Ausschluß der Mitbewerber allein zu verwerten[3]. Hat die Konkurrenz ohne besondere Schwierigkeiten die Möglichkeit zur Kenntnisnahme, ist eine Vorzugsstellung zu verneinen[4]. Andererseits darf der Arbeitgeber die Verbreitung der technischen Idee nicht mehr als unvermeidbar betreiben; läßt er z.B. Zulieferer gemäß der technischen Neuerung arbeiten, muß er sie zur Geheimhaltung verpflichten; er kann sich sonst nicht auf den Verlust der Vorzugsstellung berufen[5]. Ein Bekanntwerden der Neuerung, die auf betrieblichen Notwendigkeiten beruht, vernichtet hingegen die Vorzugsstellung.

3. Liegt kein qualifizierter Verbesserungsvorschlag vor oder verliert ein Vorschlag diese Eigenschaft wegen Verlusts der Vorzugsstellung, gewährt § 20 ArbEG keinen Vergütungsanspruch. § 20 Abs. 2 verweist auf mögliche Regelungen in Tarifverträgen oder Betriebsvereinbarungen. Anspruchsgrundlage kann auch eine Vereinbarung im Arbeitsvertrag selbst sein. Sie könnte zudem die nicht-technischen Verbesserungsvorschläge erfassen.

---

1 vgl. zur Abgrenzung zur Erfindung Troidt BB 1974, 470

2 BAG NJW 1965, 1876

3 BGH GRUR 1969, 341

4 BGH GRUR 1969, 343

5 BGH GRUR 1964, 452

E. Das Geschmacksmuster

I. Das Wesen des Geschmacksmusters

Das Geschmacksmusterrecht gewährt dem Inhaber die ausschließliche Befugnis zur Nachbildung neuer und eigentümlicher gewerblicher Muster und Modelle, die er geschaffen hat, § 1 GeschmMG. Geschützt wird der ästhetische Gehalt (das „Design"), nicht eine technische Idee wie beim Patent und Gebrauchsmuster. Insofern rückt das Geschmacksmusterrecht in die Nähe des Urheberrechts. Das Geschmacksmustergesetz will jedoch nicht wie jenes das künstlerische Schaffen an sich schützen, sondern das Gewerbewesen fördern. Daher ist z.B. die einzelne Nachbildung, die ohne die Absicht zur gewerbsmäßigen Verbreitung und Verwertung angefertigt wird, keine Verletzung des Geschmacksmusterrechts, § 6 Nr. 1 GeschmMG. Das GeschmMG berücksichtigt nicht persönliche Belange, sondern das Interesse an einer gewerblichen Auswertung einer ästhetischen Kreation[1].

Der Inhaber besitzt nicht nur die alleinige Befugnis zur gewerblichen Nachbildung, sondern auch zur Verbreitung der Nachbildungen. Das ergibt sich aus den §§ 5, 14 GeschmMG.

Die Dauer des Schutzrechts beträgt je nach Antrag des Anmelders ein bis drei Jahre, nach Verlängerungsanträgen höchstens 15 Jahre, § 8 GeschmMG.

II. Die Voraussetzungen für das Geschmacksmusterrecht

1. Die Flächen- oder Raumform

Schutzfähig sind Muster und Modelle. Muster bedeutet Flächenform. Auf eine feste Umgrenzung kommt es nicht an[2]. Geeignet als Geschmacksmuster sind daher z.B. textile Dessins in laufendem Rapport oder besondere Lichteffekte auf Stoffen (wie der Changeant-Effekt bei Verwendung verschiedenfarbiger Fäden[3]).

Unter Modell ist Raumform zu verstehen (die Terminologie des GeschmMG ist nicht ganz exakt; § 6 Nr. 2 spricht von „plastischem Erzeugnis"). Jedenfalls ist nur eine konkrete Formgebung schutzfähig, nicht dagegen eine allgemeine Formauffassung wie etwa eine Stilart (z.B. Jugendstil).

2. Die gewerbliche Verwendbarkeit

Nur gewerbliche Muster und Modelle können Geschmacksmuster sein, § 1 GeschmMG. Damit ist gemeint, daß sie zur gewerblichen Herstellung und Verwendung geeignet sein müssen. Auf eine wirkliche Verwendung kommt es nicht an. Zum Gewerbe in diesem Sinne zählen alle Berufe. § 1 GeschmMG stellt nicht auf ein Handelsgewerbe ab.

3. Die ästhetische Leistung

Das Muster oder Modell muß optisch auf den Schönheitssinn des Menschen wirken[4]. Die Empfindung und Wertschätzung des Betrachters ist nicht maßgeblich[5]. Das Geschmacksmuster braucht nur geeignet zu sein, den Formen- und Farbensinn anzusprechen. Ist die verwendete Farbe ausschließlich Orientierungshilfe, kann man nicht von einem Geschmacksmuster sprechen (z.B. farbige Karteikarten). Auch die Verwendung von Mustern als Blickfang (z.B. in der Werbung) reicht

---

1 vgl. Hubmann § 4 III 1

2 RGZ 61, 46

3 BGH GRUR 1960, 395

4 RGZ 121, 391

5 BGH GRUR 1966, 98

allein nicht aus. Ein Geschmacksmuster beeinflußt im übrigen das Auge, nicht den Gaumen; ein Kochrezept ist nicht geschmacksmusterfähig.

4. Die Eigentümlichkeit

Sie verlangt eine individuelle Gestaltung. Das Geschmacksmuster setzt zwar – anders als das Urheberrecht – keine künstlerische Schöpfung (Kunstwerk) voraus (Definition des Kunstwerks: Ausdruck eines eigenen, geistig-seelischen Erlebnisses). Ein gewerbliches Schutzrecht kann aber nur demjenigen gewährt werden, der etwas schafft, was nicht jeder Durchschnittsgestalter hervorbringen kann[1]. Es versteht sich, daß in diesem Punkt keine starren Maßstäbe gegeben werden können. Es kommt auf eine verständige Bewertung der Fakten des Einzelfalles an. Eine bloße geschmackvolle Gruppierung von Möbeln z.B. hat der BGH als nicht schutzfähig bezeichnet, anders jedoch ein eigentümliches Möbel-Anbau-Programm[2]. Ein einfaches Kombinieren bekannter Formelemente weist im allgemeinen die nötige Gestaltungshöhe nicht auf[3].

5. Die Neuheit

Das Geschmacksmustergesetz definiert den Begriff der Neuheit nicht. Der BGH hat ein Muster oder Modell dann für „neu" im Sinne des § 1 GeschmMG erachtet, wenn es im Anmeldezeitpunkt den inländischen Fachkreisen weder bekannt war noch bei zumutbarer Beachtung der in den einschlägigen oder benachbarten Gewerbegebieten vorhandenen Gestaltungen bekannt sein konnte (relativer Neuheitsbegriff)[4]. Es ist also nicht maßgeblich, ob das Muster vom Entwerfer selbständig entworfen wurde (subjektive Neuheit) oder ob ein solches Muster vorher gar nicht existierte (objektive Neuheit). Ein Verbreiten des Musters vor der Anmeldung durch den Entwerfer selbst ist neuheitsschädlich, § 7 Abs. 2 GeschmMG. Wie beim Patent gelten auch für das Geschmacksmuster die Ausstellungs- und die Unionspriorität.

III. Der Schutzumfang des Geschmacksmusterrechts

1. Der Inhaber des Geschmacksmusters besitzt die alleinige Befugnis zur Nachbildung und Verbreitung. Verboten sind auch Nachbildungen von Teilen eines Musters, wenn diese Teile neu und eigentümlich sind. Die Teile brauchen für sich nicht als Muster angemeldet zu sein.

Abgeänderte Nachbildungen verletzen das Schutzrecht, wenn sie die gestalterische Leistung des Entwerfers im wesentlichen übernehmen. § 5 GeschmMG zählt einige verbotene abändernde Nachbildungen auf. Die Aufzählung ist nicht abschließend.

2. Nach § 6 GeschmMG ist als verbotene Nachbildung nicht anzusehen

- eine einzelne Nachbildung ohne die Absicht der gewerbsmäßigen Verbreitung und Verwertung,
- die Nachbildung eines Flächenmusters als plastisches (dreidimensionales) Erzeugnis und umgekehrt (sog. Dimensionsvertauschung),
- die Aufnahme von Nachbildungen einzelner Muster oder Modelle in ein Schriftwerk (sog. Entlehnungsfreiheit).

3. Die Zulässigkeit der Dimensionsvertauschung führt dazu, daß ein vollständiger Schutz nur durch eine Doppelanmeldung erreicht werden kann. Der Entwerfer meldet also sein Muster oder Modell in der einen Anmeldung als Flächenmuster und in der zweiten als dreidimensionales Modell an. Diese Doppelanmeldung ist zulässig[5].

---

1 BGH NJW 1970, 370

2 BGH MDR 1975, 121

3 vgl. BGH NJW 1974, 1380

4 BGHZ 50, 355

5 BGHZ 59, 228

IV. Die Entstehung des Schutzrechts

1. Die (formellen) Entstehungsvoraussetzungen

Das Geschmacksmusterrecht entsteht mit der Anmeldung zur Eintragung in das Musterregister und der Niederlegung (Hinterlegung) des Musters bei der Registerbehörde, § 7 GeschmMG. Die Anmeldung oder die Hinterlegung einzeln für sich genügt nicht. Die Eintragung im Register ist nur deklaratorisch. Vor der Entstehung des gewerblichen Schutzrechts besitzt der Entwerfer (ähnlich dem Erfinderrecht) ein Recht am Entwurf, das auf dem Gedanken vom geistigen Eigentum beruht.

2. Die Anmeldung

Sie ist formfrei. Anzumelden ist bei den mit der Führung der Handelsregister beauftragten Gerichtsbehörden (§ 9 GeschmMG), also den Amtsgerichten. Örtlich zuständig ist das Amtsgericht, in dessen Bezirk der Anmelder seinen Wohnsitz bzw. seine Hauptniederlassung hat. Die Anmeldung bei einem örtlich unzuständigen Amtsgericht ist unwirksam[1]. Das Amtsgericht läßt die materiellen Eintragungsvoraussetzungen, insbesondere die Gestaltungshöhe, die Neuheit und die Eigentümlichkeit ungeprüft, § 10 GeschmMG. Die materiellen Voraussetzungen werden erst geprüft, wenn es wegen eines Geschmacksmusters zum Prozeß kommt.

Im Musterregister sind der Name des Anmelders, der Zeitpunkt der Anmeldung und eine Bezeichnung des Musters oder Modells einzutragen. Die Eintragungen werden monatlich im Bundesanzeiger bekanntgemacht, § 9 Abs. 6 GeschmMG.

Gemäß § 11 GeschmMG hat jedermann das Recht zur Einsicht in das Musterregister.

3. Die Hinterlegung

Die Hinterlegung des Musters oder Modells ist der wesentliche Teil der Entstehungsvoraussetzungen[2]. Das hinterlegte Stück ist für eine spätere Beurteilung der Schutzfähigkeit maßgebend. Begleitbeschreibungen, speziell bei Modellen, sind nicht erforderlich, aber sinnvoll. Der Hinterleger kann statt der offenen Hinterlegung eine versiegelte wählen, § 9 Abs. 4 GeschmMG. Die versiegelte Hinterlegung geht spätestens nach drei Jahren in eine offene über. Die versiegelte Hinterlegung ist wegen der Geheimhaltung vorteilhaft. Sie hat aber den Nachteil, daß sie sich nicht neuheitsschädlich gegenüber jüngeren Entwürfen auswirkt.

Im Prozeß über die Gebrauchsmusterfähigkeit können auch versiegelte Muster oder Modelle geöffnet werden, § 11 GeschmMG.

4. Die Kosten

Die Kosten richten sich gemäß § 82 des Gesetzes über die Kosten in Angelegenheiten der freiwilligen Gerichtsbarkeit (Kostenordnung) nach der Laufzeit des Schutzrechts.

Für jede Eintragung und Niederlegung eines einzelnen Musters oder Modells wird eine Gebühr von 10 DM pro Jahr erhoben, wenn eine Schutzfrist von höchstens drei Jahren beansprucht wird. Für jedes weitere Jahr bis zum zehnten Jahr werden 10 DM, von da ab bis zum 15. Jahr jeweils 15 DM erhoben. Die Hinterlegung kostet wenigstens 10 DM pro Muster oder Modell.

V. Die Ansprüche bei Rechtsverletzung

1. Die Ansprüche des Schutzrechtsinhabers regeln die §§ 14, 14a GeschmMG. Dem Rechtsinhaber stehen demnach folgende Ansprüche zu Gebote: Anspruch auf Beseitigung der Beeinträchtigung, evtl. Einziehung der Nachbildungen; Anspruch auf Unterlassung; Anspruch auf Schadensersatz oder Anspruch auf Herausgabe der Bereicherung einschließlich des erzielten Gewinns.

---

[1] RGZ 71, 105

[2] BGH BB 1963, 366

Neben diesen zivilrechtlichen Ansprüchen enthält § 14 GeschmMG eine Strafvorschrift. Demnach kann ein Verstoß gegen § 5 GeschmMG mit Freiheitsstrafe bis zu einem Jahr oder mit Geldstrafe belegt werden. Die Tat wird auf Antrag des Verletzten verfolgt.

2. Zu beachten ist, daß das GeschmMG nur im Inland gilt und daher ausländische Kopien nicht erfaßt. Diese Fälle regelt die Pariser Verbandsübereinkunft zum Schutz des gewerblichen Eigentums (PVÜ), Art. 1 Abs. 2, Art. 5 quinquies. Weitere Rechtsübereinkommen sind bislang nicht in Kraft getreten[1].

Bis zur Verbesserung der rechtlichen Grundlagen zur Verhinderung ausländischer Kopien bleibt es zum guten Teil Aufgabe der Regierungen, durch einzelne Abkommen den Musterschutz zu gewährleisten.

F. Das Warenzeichen

I. Allgemeines

1. Ein weiteres gewerbliches Schutzrecht ist das Warenzeichen, auch Marke oder Handelsmarke (Trade Mark) genannt. Der Rechtsnatur nach handelt es sich um ein Immaterialgüterrecht, das mit dem Unternehmen eng verbunden ist[2]. Es gilt das Warenzeichengesetz (WZG).

2. Das Warenzeichen ist ein graphisches Zeichen, das ein Gewerbetreibender gebraucht, um damit die Herkunft von Waren aus seinem Geschäftsbetrieb zu signalisieren. Wer sich in seinem Geschäftsbetrieb zur Unterscheidung seiner Waren von den Waren anderer eines Warenzeichens bedienen will, kann dieses Zeichen zur Eintragung in die Zeichenrolle anmelden, § 1 WZG. Mit der Eintragung entsteht das Schutzrecht. Im Jahre 1970 wurden über 10 000 Warenzeichen beim Bundespatentamt eingetragen, etwa halb soviel wurden wieder gelöscht.

3. Rechtlich hat das Warenzeichen ausschließlich Herkunftsfunktion. Es zeigt an, daß die Ware aus dem Betrieb des Zeicheninhabers stammt, nicht mehr und nicht weniger.

Wirtschaftlich gesehen hat das Warenzeichen auch Werbefunktion: je nach den Vorstellungen, die beim Betrachter hervorgerufen werden, entwickelt es Werbekraft und verstärkt damit zugleich die Stellung des Gewerbetreibenden im Wettbewerb.

Daneben kann sich die sog. Garantiefunktion einstellen: der Betrachter schließt auf gleichartige und gleichbleibende Qualität aller Waren, die unter dem Warenzeichen auf den Markt kommen. Die Garantiefunktion wird rechtlich nicht abgedeckt. Diese Funktion kommt vielmehr allein dem Gütezeichen zu. Es beruht also eigentlich auf einem Mißverständnis des Verkehrs, der „Markenware" eine Qualitätsgarantie zuzumessen. Zwar ist der Unternehmer nicht daran interessiert, das Vertrauen seiner Abnehmer in die Marke zu enttäuschen (ebensowenig wie das Vertrauen etwa in den Firmennamen usw.). Er ist rechtlich aber nicht gehindert, unter gleichbleibendem Warenzeichen ganz verschiedene Qualität anzubieten[3].

Etwas anderes galt früher bei der „Markenware" des § 16 Abs. 2 des Gesetzes gegen Wettbewerbsbeschränkungen (GWB). Dort übernahm der Hersteller auch eine Gütegewähr. Die Bestimmung wurde im Jahre 1973 zusammen mit der Preisbindung für Markenwaren aufgehoben.

---

1 so z.B. das Abkommen von Wien über den Schutz typographischer Schriftzeichen

2 BGHZ 32, 113

3 RGZ 161, 37

II. Der Geschäftsbetrieb

§ 1 WZG setzt die Existenz eines Geschäftsbetriebs voraus. Darunter ist die Herstellung, die Bearbeitung oder der Vertrieb von Waren zu verstehen. Es sind also die Gewerbezweige Industrie, Bergbau, Landwirtschaft und Handel angesprochen. Unter „Bearbeitung" ist die Umgestaltung zu verstehen und nicht die pflegerische Behandlung. Die textile Ausrüstung von Halbfertigfabrikaten ist jedoch Bearbeitung.

Die Betriebe des sog. „Dienstleistungsbereichs" wie Banken, Versicherungen, Speditionen, Reisebüros, Wäschereien u.a.m. sind keine Warengewerbe. Sie können ein Warenzeichen nicht erwerben[1]. Der BGH hat z.B. die Eintragung eines Warenzeichens für Investmentanteilscheine einer Kapitalanlagegesellschaft abgelehnt[2]. Sofern diese Unternehmen ein Zeichen führen, kann es sich dabei um ein Gütezeichen handeln (etwa bei Wäschereien). Andere Zeichen solcher Betriebe sind nur in begrenztem Umfang geschützt: Das Firmenrecht schützt allein den Firmennamen; ein Urheberrecht erfüllt ein Zeichen durchweg nicht. Mittelbar wird ein Schutzeffekt über das Wettbewerbsrecht erzielt: nach § 16 Abs. 3 des Gesetzes gegen den unlauteren Wettbewerb (UWG) kommt ein Unterlassungs- oder Schadensersatzanspruch in Frage, wenn im Geschäftsverkehr unbefugt fremde Geschäftsabzeichen verwendet werden und dadurch eine Verwechslungsgefahr hervorgerufen wird. § 16 UWG setzt die Beziehung zu einer Ware nicht voraus.

Anmeldung und Eintragung von Warenzeichen sind schon vor Aufnahme des Geschäftsbetriebs möglich. Die Eintragung hat aber keinen Bestand, wenn die Eröffnung nicht in angemessener Zeit erfolgt. Bei Einstellung des Geschäftsbetriebs erlischt das Zeichenrecht. Das Warenzeichen kann nicht ohne den Geschäftsbetrieb veräußert werden.

III. Der schutzberechtigte Personenkreis

1. Anmeldeberechtigt sind natürliche Personen und juristische Personen, und zwar auch öffentlich-rechtlich organisierte juristische Personen (z.B. eine staatliche Porzellanmanufaktur). Die einer juristischen Person ähnlichen Gesellschaften wie OHG, KG und Reederei können ebenfalls ein Warenzeichen für sich anmelden. Ausgeschlossen sind der nicht-eingetragene Verein (der eingetragene Verein ist juristische Person) und die BGB-Gesellschaft.

2. Nur der Inhaber des Geschäftsbetriebs kommt in Betracht. Ein Lizenzgeber kann sich den Geschäftsbetrieb des Lizenznehmers nicht zurechnen[3]. Als Inhaber fungieren aber Kommissionäre und Handelsvertreter, obwohl der wirtschaftliche Erfolg ihrer Geschäfte einen anderen trifft.

3. Ausnahmen von diesen Prinzipien stellen das „Verbandszeichen", die „begleitende Marke" und das „Konzern- und Holdingzeichen" dar.

a) Das Verbandszeichen (§ 17 WZG) ist ein Warenzeichen, das ein Verband von Gewerbetreibenden (z.B. ein Einkaufsverband) eintragen läßt, so daß es von seinen Mitgliedern verwendet werden kann. Dieses Warenzeichen hat damit Herkunftsfunktion für eine Gruppe von Betrieben, aber auch für den Verband[4]. Die Probleme dieses Zeichens liegen weniger auf rechtlichem, als auf praktischem Gebiet: die Entscheidungsfreiheit des Verbandsmitglieds in seinem eigenen Gewerbebetrieb, insbesondere beim Wareneinkauf, kann durch die Verwendung des gemeinsamen Zeichens beeinflußt werden.

b) Von einer begleitenden Marke spricht man, wenn ein Warenzeichen die Ware auf mehreren oder allen Herstellungs- oder Vertriebsstufen begleitet (z.B.: der Rohstoffhersteller präsentiert seine Warenzeichen im Herstellungsbetrieb und beim Händler an der Fertigware[5]).

---

1 BGHZ 42, 45

2 BGHZ 62, 212 – Concentra

3 BGHZ 18, 179

4 vgl. BGHZ 21, 191

5 vgl. BGHZ 52, 337 – Dolan

c) Soll bei den Unternehmen eines Konzerns ein einheitliches Warenzeichen geführt werden, kann der Dachverband nicht für alle angeschlossenen Firmen Anmelder sein, da diese rechtlich selbständig sind (vgl. § 18 AktG[1]). Daher meldet zweckmäßigerweise eine Tochtergesellschaft das Warenzeichen an und gestattet den anderen später die Mitbenutzung.

IV. Der Warenbegriff

1. Unter Waren im Sinne des § 1 WZG sind bewegliche Sachen (also nicht Grundstücke) zu verstehen, die Objekt des wirtschaftlichen Austauschs sein können. Sie müssen mit Waren gleicher Art in den freien Wettbewerb gelangen können. Es gilt somit der Warenbegriff des Handels[2].

Ein Warenzeichen kann daher für Geschäfte mit Grundstücken, Rechten (Lizenzen), Wertpapieren und Dienstleistungen nicht erteilt werden.

2. Nicht erforderlich ist es hingegen, daß die Waren in das Eigentum des Gewerbetreibenden gelangen. Es kommt nur auf den Durchlauf der Waren durch seinen Geschäftsbetrieb an („Führen der Ware"). Eine Weiterveräußerung ist ebenfalls nicht zu verlangen; auch Mietgeschäfte sind daher geeignet.

3. Bei der Anmeldung sind die Waren anzugeben, die geführt werden. Der Warenzeichenschutz erstreckt sich grundsätzlich nur auf die gemeldeten Warenklassen, die im Warenverzeichnis aufzuführen sind. Es ist möglich, auch solche Waren anzumelden, die erst in Zukunft geführt werden sollen (sog. Vorratswaren). Werden Waren angemeldet, die nicht geführt werden und nicht geführt werden sollen, deren Eintragung vielmehr beantragt wird, um den Schutzumfang des Warenzeichens zu erweitern (sog. Defensivwaren), muß das Patentamt deren Eintragung zurückweisen[3].

4. Bei den Waren spricht man noch von „Hilfswaren". Das sind Waren, die zum Vertrieb der geführten Ware benötigt werden (Verpackung, Behälter usw.). Sie dürfen in das Warenverzeichnis nicht aufgenommen werden.

V. Allgemeine Merkmale des Zeichens

1. Die äußere Gestaltung des Zeichens muß geeignet sein, die Herkunft der betreffenden Ware aus einem Geschäftsbetrieb deutlich zu machen. Das Zeichen bedarf damit der „Unterscheidungskraft" (vgl. unten VIII. 2). Eintragungsfähig ist nur ein flächenhaftes Gebilde, das in der Fläche begrenzt ist, im Normalfall also ein zweidimensionales Druckzeichen. Das Zeichen muß von der Ware abgrenzbar sein. Allerdings ist eine Verbindung zulässig (z.B. Wasserzeichen im Papier). Dreidimensionale Gebilde sind nach Auffassung der Rechtsprechung als Warenzeichen ausgeschlossen; sie können dann schutzfähige Ausstattung nach § 25 WZG sein[4]. Die Literatur ist zum Teil anderer Ansicht[5].

2. Kombinationen von Wort und Bild sind selbstverständlich als Warenzeichen geeignet. Auch ein Werbespruch kann Bestandteil eines Warenzeichens sein, wenn er als Herkunftshinweis Bedeutung hat. Qualitätshinweise sind jedoch nicht eintragungsfähig.

3. Die farbliche Gestaltung des Zeichens spielt keine Rolle. Geschützt sind immer die schwarzweiße Darstellung und jegliche farbliche Wiedergabe.

4. In gewissen Grenzen ist eine Auswechslung des in einem Warenzeichen enthaltenen Warennamens möglich, nämlich dann, wenn das Warenzeichen im ganzen erhalten bleibt. Hierzu gehören

---

1 RG 172, 57

2 BGHZ 62, 212

3 RGZ 118, 205

4 BGHZ 41, 189

5 z.B. Baumbach-Hefermehl, Warenzeichenrecht, § 1 WZG Anm. 58; Hubmann § 37 II 3

auch die sog. Serienzeichen: ein Unternehmen verwendet eine Reihe von Warenzeichen, die einen gemeinsamen Wortstamm aufweisen, aber durch Zusätze variiert werden (z.B. Wandervogel–Zugvogel–Glücksvogel usw.). Der Stammbestandteil kann dann bereits Hinweischarakter auf ein bestimmtes Unternehmen besitzen[1]. Probleme entstehen unter dem Gesichtspunkt der Verwechslungsgefahr (§ 31 WZG), wenn ein anderer eine abweichende Kombination als Warenzeichen führen möchte (*Beispiel:* Eingetragen ist „Seeräuber“ für A, B meldet „Spessarträuber“ an[2]).

VI. Benutzungswille und Benutzungszwang

1. Der Schutz des Warenzeichens soll nur dem gewährt werden, der des Schutzes bedarf. Erforderlich ist daher der Benutzungswille des Geschäftsinhabers (vgl. § 1 WZG). Diesen Willen kann man bei der Anmeldung wohl kaum nachweisen. Später läßt sich allerdings nachprüfen, ob ein eingetragenes Warenzeichen benutzt wird. Seit 1967 gibt es den Benutzungszwang für Warenzeichen gemäß den §§ 5 Abs. 7, 11 Abs. 1 WZG. Danach ist ein Widerspruch auf Grund eines eingetragenen Zeichens gegen eine Neuanmeldung nicht möglich, wenn der Widersprechende sein wenigstens fünf Jahre altes Zeichen innerhalb der letzten fünf Jahre vor der Bekanntmachung des neuen Zeichens nicht benutzt hat und der Neuanmelder sich darauf beruft (§ 5 Abs. 7 WZG).

Hierbei handelt es sich eigentlich um einen gesetzlichen Fall der Verwirkung. Aus praktischen Gründen wird dem Neuanmelder jedoch die Darlegungslast gegeben. Als Verteidigung genügt, daß der Widersprechende die Benutzung glaubhaft macht. Eine Prüfung von Amts wegen findet nicht statt.

Ein Dritter kann die Löschung eines eingetragenen Warenzeichens beantragen, wenn ein wenigstens fünf Jahre altes Warenzeichen innerhalb der letzten fünf Jahre vor dem Antrag auf Löschung nicht benutzt wurde, § 11 Abs. 1 Nr. 4 WZG.

2. Mit dem Benutzungszwang wollte man einem unerwünschten Horten von Warenzeichen vorbeugen. Zwar ist von Rechts wegen nichts dagegen einzuwenden, wenn ein Zeichen angemeldet und eingetragen wird, obwohl zur Zeit der Anmeldung der Benutzungswille (noch) nicht existierte, die Anmeldung vielmehr so früh vorgenommen wurde, um ein eventuelles längeres Eintragungsverfahren als Hindernis für die geschäftliche Disposition aus dem Weg zu räumen (sog. Vorratszeichen). Um ein – zulässiges – Vorratszeichen handelt es sich auch, wenn zeitweilig der Benutzungswille nicht besteht. Ein Zeichen, dessen Benutzung für weniger als fünf Jahre eingestellt wird, gefährdet seinen Schutz nicht.

3. Untragbar ist es jedoch, wenn Zeichen nur deswegen angemeldet werden, um den Schutzbereich eines anderen Warenzeichens durch weitere, ähnliche Warenzeichen zu vergrößern (sog. Defensivzeichen). Diese Defensivzeichen sollen gar nicht benutzt werden, u.a. weil sie die Werbewirkung des Kernzeichens schmälern würden. Ein Beispiel für eine solche Geschäftspolitik gibt das Dreitannen-Urteil des BGH[3]: Ein Hersteller benutzte seit Jahrzehnten ein Dreitannen-Bildzeichen. Zum Schutz dieses Zeichens ließ er sich zusätzlich ein Eintannen-Bildzeichen eintragen, das er nie benutzte. Als 20 Jahre später ein anderer ein Eintannen-Warenzeichen angemeldet hatte, ging er aus seinem Eintannen-Bildzeichen dagegen vor. – Nachdem der Benutzungszwang eingeführt ist, braucht ein Defensivzeichen jedenfalls nach fünf Jahren der Nichtbenutzung für Neuanmeldungen kein unüberwindbares Hindernis mehr darzustellen. Der Inhaber des Defensivzeichens kann sich nicht darauf berufen, ihm sei die Benutzung des Abwehrzeichens unzumutbar gewesen (eine an sich nach § 11 Abs. 1 Nr. 4 WZG beachtliche Einrede), weil sich das Kernzeichen hinsichtlich der Verkehrsgeltung noch in der Entwicklung befunden habe[4].

---

[1] BGHZ 34, 301

[2] vgl. BGH NJW 1973, 2201

[3] BGHZ 32, 141

[4] Nastelski MA 1968, 319

VII. Die Zeichenanmeldung

1. Die Anmeldung des Zeichens richtet sich nach § 2 WZG und den Anmeldebestimmungen für Warenzeichen vom 16.10.1954 (eine Rechtsverordnung gemäß § 2 Abs. 2 WZG). Bei der Anmeldung sind die Anmeldegebühr und daneben für jede Warenklasse, für die der Schutz beantragt wird, eine Gebühr nach dem Tarif (z.Zt. 50 bzw. 60 DM; maßgeblich ist das PatentgebührenG) zu entrichten, § 2 Abs. 3 WZG.

2. Die Anmeldung des Zeichens muß beim Bundespatentamt schriftlich, in deutscher Sprache und mit eigenhändiger Unterschrift eingereicht werden. Der Anmelder hat den Geschäftsbetrieb anzugeben und ein Verzeichnis der Waren beizufügen, für die das Warenzeichen bestimmt ist. Das Warenzeichen ist für diejenigen Waren geschützt, für die es eingetragen ist (eine Ausnahme gilt für die sog. „berühmte Marke"). Im Warenverzeichnis dürfen nur solche Waren erscheinen, die geführt werden oder geführt werden sollen (Vorratswaren). Die Darstellung des Zeichens ist bei der Anmeldung in mehrfacher Ausfertigung einzureichen.

3. Die materiell-rechtliche Wirkung der Anmeldung besteht zum einen darin, daß sie ein Recht auf die Eintragung begründet, § 8 Abs. 1 WZG. Es handelt sich um ein dem Anwartschaftsrecht ähnliches Recht, nämlich um den Anspruch auf sachgemäße Prüfung des Antrages, wobei dem Anmeldenden bereits das Widerspruchsrecht des § 5 Abs. 4 WZG gegen spätere Anmeldungen zusteht.

Ferner sichert die Anmeldung die Priorität (zeitliche Vorrangstellung) vor späteren Anmeldungen. Maßgeblich ist der Eingangstag. Bei fehlerhafter Anmeldung wird die Priorität auf den Tag festgelegt, an dem die Mängel beseitigt waren. Eine spätere Abänderung der Anmeldung stellt nämlich eine neue Anmeldung dar.

Ausnahmen vom Grundsatz, daß die Priorität auf den Eingangstag der Anmeldung abstellt, kennzeichnet man (wie im Patentrecht) mit „Unionspriorität" und „Ausstellungspriorität". Wer in einem der Verbandsländer (der Pariser Verbandsübereinkunft zum Schutz des gewerblichen Eigentums – PVÜ –) ein Zeichen angemeldet hat, genießt für sechs Monate ein Prioritätsrecht (§ 4 A Abs. 1 u. C Abs. 1 PVÜ). Dieselbe Frist gilt für die Ausstellungspriorität.

VIII. Die Eintragungshindernisse

1. Man unterscheidet die absoluten Eintragungshindernisse (unten 2) und das relative Eintragungshindernis (unten 3). Die absoluten Eintragungshindernisse sind von Amts wegen zu berücksichtigen, das relative Eintragungshindernis nur bei Widerspruch.

2. Die folgenden Zeichen können nicht eingetragen werden und werden von Amts wegen abgelehnt (§ 4 WZG).

a) Zeichen, die keine genügende Unterscheidungskraft besitzen (§ 4 Abs. 2 Nr. 1 WZG), können nicht eingetragen werden. Darunter fallen:
- sog. schwache Zeichen (z.B. ein Viereck mit Schrägstrich),
- Zeichen, die nur aus Zahlen und/oder Buchstaben bestehen,
- Zeichen, die ausschließlich Angaben über Art, Zeit und Ort der Herstellung, über die Beschaffenheit oder Bestimmung, über Preis-, Mengen- oder Gewichtsverhältnisse der Waren enthalten. Hier besteht zusätzlich noch das sog. Freihaltebedürfnis des Verkehrs (abgelehnt wurde z.B. „Polyestra", da das Wort mit der Beschaffenheitsangabe Polyester verwechselbar ist[1]).

Die Eintragung solcher Zeichen wird jedoch zugelassen, wenn sich das Zeichen im Verkehr als Kennzeichen der Waren des Anmelders durchgesetzt hat (sog. Verkehrsdurchsetzung, § 4 Abs. 3 WZG, z.B. „4711").

---

1 BGH NJW 1968, 1628

b) Ungeeignet sind sog. Freizeichen (§ 4 Abs. 1 WZG), d.h. Zeichen, welche sich im allgemeinen Gebrauch von Gewerbetreibenden befinden, die miteinander nicht in Verbindung stehen (z.B. Totenkopf für Gift). Das Patentamt veröffentlicht im Warenzeichenblatt diejenigen Zeichen, die es zu Freizeichen erklärt. Die Freizeicheneigenschaft beschränkt sich in der Regel auf bestimmte Waren.

c) Unzulässig als Hinweis auf einen Geschäftsbetrieb sind staatliche Hoheitszeichen oder Wappen eines inländischen Ortes, § 4 Abs. 2 Nr. 2, 3 a und amtliche Prüf- und Gewichtszeichen (§ 4 Abs. 2 Nr. 3), wenn nicht eine entsprechende Genehmigung vorliegt (§ 4 Abs. 4). Dekorationen von Ware sind davon nicht betroffen.

d) Ausgeschlossen sind ferner Zeichen, die Ärgernis erregen oder die Gefahr einer Täuschung begründen.

e) Schließlich sind sog. notorische Marken nicht eintragungsfähig. Dabei handelt es sich um Zeichen, die für gleiche oder gleichartige Waren derartig benutzt werden, daß sie den beteiligten Verkehrskreisen allgemein bekannt sind. Es spielt keine Rolle, ob diese allbekannten Zeichen (inländische) Warenzeichen sind[1].

Bei der notorischen Marke handelt es sich um eine allgemein bekannte Warenbezeichnung, nicht um die sog. berühmte Marke. Der Schutz der berühmten Marke ist nicht an die eingetragenen Warenklassen gebunden (Schutz gegen die sog. Verwässerung, z.B. „Asbach Uralt" verdrängt „Asbacher Brot" eines Brotherstellers in Asbach). Die berühmte Marke ist hingegen zugleich notorische Marke.

3. Das relative Eintragungshindernis des § 5 Abs. 4–6 WZG beruht auf der Schutzwirkung, die ein früher angemeldetes oder bereits eingetragenes Warenzeichen entfaltet. Wird ein Zeichen angemeldet, das mit einem früher angemeldeten Zeichen übereinstimmt oder verwechslungsfähig ist (§ 31 WZG), so kann der frühere Anmelder Widerspruch gegen die jüngere Anmeldung erheben. Der Widerspruch wird nur dann Erfolg haben, wenn die Waren, für welche die Zeichen angemeldet wurden, gleich oder gleichartig sind und wenn der Widersprechende sein Zeichen selber benutzt (§ 5 Abs. 7 WZG). Der Widerspruch muß innerhalb von drei Monaten ab Bekanntmachung der Neuanmeldung erhoben werden.

4. Das Patentamt untersucht also nicht von Amts wegen, ob ein neu angemeldetes Zeichen die bestehenden Warenzeichenrechte verletzt. Eine Ausnahme gilt bei der Verletzung notorischer Marken, § 4 Abs. 2 Nr. 5 WZG. Weiß ansonsten der Prüfer, daß das angemeldete Zeichen ein älteres Zeichenrecht berührt, kann er den Verletzten auf die Bekanntmachung hinweisen, § 5 Abs. 3 WZG. Eine Verpflichtung dazu besteht nicht.

IX. Das Eintragungsverfahren

1. Nach ordnungsmäßiger Anmeldung sind das Prüfungsverfahren (unten 2) und das Widerspruchs- und Klageverfahren (unten 3–5) zu unterscheiden.

2. Das Patentamt prüft von Amts wegen, ob die formellen Erfordernisse des § 2 WZG und die materiellen Voraussetzungen des § 1 WZG vorliegen und ob absolute Eintragungshindernisse entgegenstehen.

3. Für das Verfahren gelten die Vorschriften des PatG, § 5 Abs. 1, § 12 Abs. 1 WZG (Vorprüfung). Wird keine Beanstandung erhoben, veröffentlicht das Patentamt die Anmeldung im Warenzeichenblatt (Aufgebotsverfahren). Geht innerhalb von drei Monaten kein Widerspruch ein, ist das Zeichen einzutragen, § 5 Abs. 7 WZG.

4. Bei einem Widerspruch gegen eine Anmeldung entscheidet das Patentamt durch Beschluß, §§ 5 Abs. 4, 12 Abs. 2 Nr. 1 WZG. Erachtet es die beiden Zeichen nicht als übereinstimmend oder verwechslungsfähig, wird das neu angemeldete Zeichen eingetragen, § 6 Abs. 1 WZG. Gegen diese Entscheidung gibt es die Rechtsmittel der §§ 12 a, 13 WZG.

---

1 Baumbach-Hefermehl, WZG, § 4 Anm. 103

5. Bejaht das Patentamt eine Übereinstimmung oder Verwechslungsfähigkeit (grundsätzlich müssen dieselben Warenklassen betroffen sein), so lehnt es die Eintragung der Neuanmeldung ab, § 6 Abs. 2 WZG. Nun kann der Neuanmelder gegen den Widersprechenden Klage auf Eintragung vor dem ordentlichen Gericht erheben.

6. Die Eintragung hat konstitutive Wirkung. Durch sie entsteht das Warenzeichenrecht. Die Schutzdauer beträgt 10 Jahre und kann unter den Voraussetzungen des § 9 WZG unbegrenzt verlängert werden.

X. Die Ansprüche wegen Verletzung von Zeichenrechten

1. Der Schutz des Warenzeichens

a) Für Warenzeichen gilt zunächst § 24 WZG. Eine rechtswidrige Verletzung begründet Unterlassungsansprüche. War die Verletzungshandlung auch schuldhaft, ist der daraus entstandene Schaden zu ersetzen, § 24 Abs. 2 WZG. Daneben enthält § 24 Abs. 3 WZG eine Strafvorschrift.

b) Der im Patentrecht anerkannte Umfang des Schadensersatzes, nämlich der Schaden beim Verletzten einschließlich des entgangenen Gewinns, Berechnung einer Lizenzgebühr und Herausgabe des Verletzergewinns, gilt auch für § 24 WZG[1].

c) Neben § 24 WZG kann bei gegebenen Voraussetzungen auch § 16 UWG eingreifen. Ferner kommt ein Anspruch aus § 823 in Betracht (Verletzung des Rechts am Unternehmen).

2. Der Schutz von Warenkennzeichnungen, die nicht Warenzeichen sind

a) Allgemein bekannte Warenbezeichnungen (notorische Marken) genießen insofern Schutz, als ein gleiches, neuangemeldetes Warenzeichen von Amts wegen zurückgewiesen wird, § 4 Abs. 2 Nr. 5 WZG.

b) Zutaten zur Ware (sog. Ausstattung) sind durch § 25 WZG abgesichert, wenn sie Verkehrsgeltung erlangt haben.

c) Warenkennzeichnungen können schließlich durch § 16 UWG oder § 823 geschützt sein.

XI. Der Schutz der Ausstattung

1. Unter „Ausstattung" im Sinne des § 25 WZG versteht man eine Zutat zur Ware, die geeignet ist, die Herkunft der Ware aus einem bestimmten Geschäftsbetrieb zu kennzeichnen (z.B. charakteristische Form der Verpackung[2]).

Voraussetzung für den Schutz der Ausstattung ist die Verkehrsgeltung, wie § 25 WZG sie festlegt. Demnach kommt es wie bei der notorischen Marke, sollte diese ebenfalls kein Warenzeichen sein, auf die Kenntnis der beteiligten Verkehrskreise an[3].

2. Die Ausstattung braucht – im Unterschied zum Warenzeichen – nicht ein flächenhaftes Gebilde zu sein. Sie muß sich zwar als Zutat zur Ware darstellen, braucht sich aber von der Ware körperlich nicht abzuheben (z.B. ein Zick-Zack-Muster in Gummilitzen).

3. Die ausschließlich technisch bedingte Form einer Ware kommt als Ausstattung durchweg nicht in Betracht. Sie ist zum einen nicht Zutat und läßt ferner im allgemeinen den Schluß auf eine bestimmte Herkunft nicht zu. Die technische Fertigung steht nämlich auch anderen Herstellern offen,

---

1 BGHZ 44, 374

2 BGHZ 41, 189 – Palmolive

3 BGHZ 30, 357

so daß man von einer Verkehrsgeltung einer bestimmten technischen Gestaltung von vornherein nicht sprechen kann. Andererseits widerspricht es dem Wesen der Ausstattung nicht, wenn eine Zutat zugleich einen technisch-funktionellen Gestaltungscharakter hat (z.B. aufgenähte Zierstreifen auf Fußballschuhen[1]).

4. Dem Rechtscharakter nach ist das Ausstattungsrecht dem Warenzeichenrecht gleichwertig[2]. Demzufolge sind auch die rechtlichen Einzelheiten dem Warenzeichen entsprechend: es ist an den Geschäftsbetrieb gebunden und erlischt mit diesem[3]; eine längere Nichtbenutzung führt zum Verlust des Ausstattungsrechts (Rechtsgedanke der Verwirkung); § 4 WZG ist entsprechend anzuwenden; die Prioritätsgrundsätze gelten auch bei der Ausstattung[4] usw.

5. Eine „Schutzdauer" gibt es für die Ausstattung mangels Eintragung nicht. Der Schutz endet mit dem Verlust der Verkehrsgeltung. Die einmal erlangte Verkehrsgeltung sichert den Inhaber also nicht. Sollten die beteiligten Verkehrskreise die Ausstattung nicht mehr als Erkennungsmerkmal für die Herkunft aus einem Geschäftsbetrieb ansehen – eine unbefugte Benutzung durch Dritte kann bereits dazu führen – endet der Schutz.

Teil 3 Die Fallösung

A. Das Gutachten zum Fall

K könnte von B Unterlassung der Benutzung des Warenzeichens „King" auf Grund von § 24 Abs. 1 WZG verlangen. Voraussetzung für den Anspruch ist demnach, daß der Anspruchsgegner Waren mit einem Warenzeichen des Anspruchstellers unberechtigt versieht oder derart gekennzeichnete Waren in Verkehr bringt oder feilhält. B hat das Warenzeichen der K nicht benutzt. Der Anspruch aus § 24 Abs. 1 WZG setzt aber nicht voraus, daß ein Zeichen verwendet wird, welches einem fremden genau entspricht. Es genügt bereits als Verletzungshandlung, wenn das zweite Zeichen die Gefahr einer Verwechslung im Verkehr begründet, § 31 WZG. Bei der Frage, ob bei den Zeichen „King" und „KIM" von einer Verwechslungsgefahr im Verkehr gesprochen werden kann, ist zu berücksichtigen, daß es sich um Warenzeichen für geringwertige Konsumgüter handelt. Diese pflegen nicht erst nach längerer Überlegung gekauft und verkauft zu werden. Akustisch sind beide Zeichen nahezu gleich. Schriftliche Kaufverträge mit dem Endverbraucher kommen praktisch nicht vor. Die Verwechslungsgefahr ist folglich zu bejahen. Da die übrigen Voraussetzungen des § 24 WZG (unbefugte Benutzung) gegeben sind, ist der Anspruch der K entstanden.

Der Anspruch könnte durch die Einrede der B, das Zeichen der K sei gemäß § 11 Abs. 1 Nr. 4 löschungsreif, entkräftet sein. Zwar handelt es sich bei § 11 Abs. 1 um ein Recht Dritter, die Löschung zu beantragen, was im Klagewege oder durch Antrag beim Patentamt zu realisieren ist, § 11 Abs. 2 bzw. 4. Es muß aber gleichermaßen möglich sein, dieses Recht als Verteidigungsmittel im Prozeß geltend zu machen. Das folgt daraus, daß dem § 11 Abs. 1 Nr. 4 der Rechtsgedanke der Verwirkung zugrundeliegt.

Voraussetzung für die Löschungsreife ist, daß das Warenzeichen über fünf Jahre eingetragen ist und innerhalb der letzten fünf Jahre vor dem Löschungsantrag, d.h. hier vor der Berufung auf

---

1 BGH GRUR 1959, 424

2 RGZ 141, 119

3 RGZ 120, 402

4 RGZ 120, 325

die Löschungsreife, nicht benutzt wurde. Das Zeichen „KIM" ist seit mehr als fünf Jahren eingetragen, nämlich seit 1949. Innerhalb der letzten fünf Jahre seit Löschungseinwendung wurde es in der Originalfassung (Wort mit Bild) nicht benutzt. Seit 1970 ist allein der Wortbestandteil in Gebrauch, und zwar in veränderter Schriftform. Zu prüfen ist, ob diese teilweise Benutzung ausreicht, um einen Löschungsantrag abzuwehren. § 11 Abs. 1 Nr. 4 definiert nicht näher, was unter „Benutzung" im einzelnen zu verstehen ist. Aus Sinn und Zweck des Benutzungszwangs, nämlich das Horten von Vorratszeichen zu verhindern, lassen sich keine näheren Aussagen gewinnen, ob die Benutzung eines vom eingetragenen Warenzeichen abweichenden Warenzeichens als ausreichend anzusehen ist. Es ist daher auf allgemeine Rechtsstrukturen des Zeichenrechts zurückzugreifen. Aus dem recht streng geregelten Eintragungsverfahren ist der Schluß gerechtfertigt, daß es genau auf das Zeichen in der hinterlegten Form ankommt[1]; denn Abänderungen stellen dort einen neuen Antrag dar. Dieses Prinzip beherrscht aber nicht das ganze Warenzeichenrecht ohne Ausnahme, wie sich aus Art. 5 C Abs. 2 PVÜ ergibt: Dort ist bestimmt, daß ein Gebrauch der Marke, der von der Eintragung in einem der Verbandsländer nur in Bestandteilen abweicht, den Schutz der Marke dann nicht schmälert, wenn die Unterscheidungskraft der Marke erhalten bleibt. Da sich der in Art. 5 C Abs. 2 PVÜ erfaßte Sachverhalt und der vorliegende Fall in dem Punkt der Abweichung gleichstellen lassen, ist eine entsprechende Anwendung des Art. 5 PVÜ am Platze[2].

Es kommt also darauf an, ob bei dem abgewandelten Gebrauch die Unterscheidungskraft der Marke beeinflußt wurde oder nicht. Maßgeblich ist demnach, ob der Verkehr bei der Verwendung des Zeichens „KIM" auf die Herkunft der Ware ebenso schließt, wie wenn das kombinierte Zeichen „KIM-Mohr" verwendet worden wäre. Bei dieser Frage ist in erster Linie darauf abzuheben, daß bei Zigaretten der vom Hersteller gewährte Produktname (der meist Warenzeichen ist) von Handel und den Verbrauchern als Warenname verwendet wird. Es ist üblich, daß der Verbraucher beim Kauf nicht Zigaretten schlechthin verlangt, sondern eine Marke. In dieser Branche wird also – was sonst nicht bei allen Waren der Fall ist – der Name des Warenzeichens regelmäßig bei allen Kaufgeschäften genannt. Das allein rechtfertigt bereits die Auffassung, daß bei einem kombinierten Warenzeichen für Zigaretten dem Wortbestandteil die überwiegende Verkehrswirkung zukommt. Daran ändert es nichts, daß auch der Bildbestandteil im Verkehr bekannt sein mag.

Kommt es also hauptsächlich auf den Wortbestandteil KIM an, ist dessen veränderte graphische Darstellung dem Schutz des Zeichens nicht abträglich. Da der Verkehr beim Zigarettenumsatz vorrangig auf das gesprochene Wort abstellt, schmälert die Abänderung der Graphik die Herkunftsfunktion nicht.

Daher ist die Benutzung des Zeichens KIM in abgewandelter Schriftform und ohne den Bildbestandteil „Mohr" als Benutzung des eingetragenen Zeichens anzusehen. Die Voraussetzungen für die Löschungsreife sind daher nicht erfüllt. Die Einrede der B greift nicht durch. K kann von B also Unterlassung der Benutzung des Warenzeichens „King" verlangen.

B. Hinweise zum Lösungsgang[3]

1. Beim Aufsuchen der Anspruchsgrundlage mag der Gutachter versucht sein, den § 5 Abs. 7 WZG heranzuziehen. Der von dieser Norm erfaßte Sachverhalt ähnelt dem vorliegenden. Man muß aber sogleich bemerken, daß § 5 Abs. 7 als Anspruchsgrundlage für den Unterlassungsanspruch nicht dienen kann und im übrigen für den Fall des Widerspruchs gegen eine Neuanmeldung gilt.
2. Die Berufung auf die Löschungsreife wirft für den Gutachter die Frage auf, ob es sich dabei um eine Einwendung oder eine Einrede handelt. Die Wirkung dieser Verteidigung ist wie bei einer Ein-

---

1 vgl. BGH GRUR 1972, 180 – Cheri

2 BGH BB 1975, 436 – KIM-Mohr

3 Zur Lösungsmethode und Arbeitstechnik siehe Anhang 1 und Anhang 2

wendung: der gegnerische Anspruch wird vernichtet. Andererseits ist die Löschungsreife nur auf Antrag oder Klage, also nicht von Amts wegen zu berücksichtigen: das spricht für Einrede. Im vorliegenden Gutachten braucht man dazu aber keine Untersuchungen anzustellen. B hat sich auf die Löschungsreife berufen. Da sowohl die Einwendungen als auch die Einreden im Prozeß als prozessuale Einreden eingestuft werden, konnte man im Gutachten diese Bezeichnung wählen.

3. Der entscheidende Gedankengang des Gutachtens besteht in der **entsprechenden** Anwendung einer Rechtsnorm. Die Frage, ob eine Vorschrift auf einen Fall anzuwenden ist, der eigentlich nicht erfaßt wird, muß stets mit besonderer Vorsicht behandelt werden. Bei dieser Norm der PVÜ kann sich der Gutachter auf die höchstrichterliche Rechtsprechung berufen und braucht daher nicht allzu tiefschürfend zu begründen, wieso die entsprechende Anwendung vorzunehmen ist.

4. Möglichst gründlich muß jedoch die Begründung sein, weshalb der Verkehr die abgewandelte Benutzungsform mit derselben Herkunftsinformation belegt oder nicht. Eine schnelle Behauptung, die Unterschiede seien gravierend oder belanglos, wird den Leser nicht überzeugen, und zwar gerade dann nicht, wenn der Gutachter seine Auffassung ausschließlich mit bekräftigenden Vokabeln anreichert. Formulierungen, die Dinge lägen „offenbar" so oder so, „zweifelsfrei" könne man „davon ausgehen", verraten, daß dem Gutachter echte Argumente nicht zur Seite stehen. Nur sachliche Argumente zählen schließlich.

Teil 4 Lesekontrolle

1. Das Erfinderrecht entsteht
   a) mit der Eintragung des Patents in die Patentrolle
   b) mit dem Patenterteilungsbeschluß
   c) im Zeitpunkt der Erfindung
2. Eine Patenterteilung setzt voraus, daß die Erfindung praktisch anwendbar, also
   a) wiederholbar ist
   b) produktionsreif ist
3. Im Patentrecht spielen die sog. Äquivalente eine Rolle
   a) bei der Frage von erlaubten Nachahmungen
   b) bei der Festlegung des Umfangs und Inhalts des Patentrechts
4. Beim Gebrauchsmuster handelt es sich
   a) um ein patentiertes Produkt, das sich bereits im praktischen Gebrauch befindet
   b) um ein Patent, das die sog. Verkehrsgeltung erlangt hat
   c) um ein dem Patent ähnliches gewerbliches Schutzrecht, an das insgesamt geringere Anforderungen gestellt werden
5. Das Gebrauchsmusterrecht entsteht
   a) im Zeitpunkt der erfinderischen Idee
   b) mit der Anmeldung beim Patentamt
   c) mit der Eintragung in die Rolle für Gebrauchsmuster
6. Bei der sog. Erfahrungserfindung des Arbeitnehmers handelt es sich
   a) um eine Erfindung, die maßgeblich auf Erfahrungen oder Arbeiten des Betriebes beruht und daher Diensterfindung ist
   b) um eine Erfindung, die durch die berufliche Erfahrung des Arbeitnehmers ermöglicht wurde

7. Technische Verbesserungsvorschläge i.S.d. § 3 ArbEG sind
   a) Arbeitnehmererfindungen, die der Arbeitgeber geheimhalten möchte und daher nicht zum Patent angemeldet werden
   b) technische Ideen von Arbeitnehmern, die mangels Erfindungshöhe nicht patent- oder gebrauchsmusterfähig sind
   c) Änderungsvorschläge von Benutzern der Produkte, die das Produkt verbessern würden
8. Beim Geschmacksmuster geht es
   a) nicht um Technik, sondern um Ästhetik
   b) um geschützte Kochrezepte und ähnliche – auch technische – Verfahren
9. Ein Geschmacksmuster ist anzumelden
   a) beim Patentamt
   b) beim Gewerbeaufsichtsamt
   c) beim Amtsgericht
10. Ein Gütezeichen unterscheidet sich vom Warenzeichen u.a. dadurch,
   a) daß es eine Garantiefunktion für an objektiven Maßstäben gemessene, für die Qualität der Ware wesentliche Eigenschaften hat
   b) daß es speziell zu Werbezwecken dienen soll
   c) daß es in einer Bild-Wort-Kombination besteht
11. Die Veräußerung eines Warenzeichens
   a) ist nur zusammen mit der Veräußerung des Geschäftsbetriebes möglich
   b) ist ohne Veräußerung des Geschäftsbetriebs im Wege des Franchise-Vertrages möglich
12. Die Eintragung eines sog. Dienstleistungszeichens als Warenzeichen in der BRD
   a) ist möglich, wenn ein ordnungsgemäßer Geschäftsbetrieb besteht
   b) scheitert daran, daß ein Warenzeichen nur eingetragen werden kann, wenn Ware i.S.v. beweglichen, körperlichen Sachen hergestellt, bearbeitet oder vertrieben wird
   c) ist möglich, wenn das Dienstleistungszeichen Verkehrsgeltung erlangt hat
13. Ein Verbandszeichen
   a) ist ein Unterscheidungszeichen eines Wirtschaftsverbandes
   b) ist ein Warenzeichen, das ein Verband für Waren innehat, die bei den Mitgliedsfirmen geführt werden
   c) ist ein Warenzeichen, das für Verbandsmaterial eingetragen ist
14. Unter einer „begleitenden Marke" versteht man
   a) ein Warenzeichen, das zu dem Zweck angemeldet wurde, ein für den eigenen Geschäftsbetrieb bereits eingetragenes anderes Warenzeichen gegen neue Warenzeichen der Konkurrenz abzusichern
   b) eine Handelsmarke, die neben dem Warenzeichen des Herstellers erscheint
   c) ein Warenzeichen eines Bestandteils der Ware, das an der Fertigware erscheint
15. Unternehmen, die zu einem Konzern gehören, können ein eigenes Warenzeichen erlangen,
   a) indem sie die Anmeldung selbst vornehmen
   b) indem der Konzern die Anmeldung vornimmt
16. Der Schutz der Warenzeichen erstreckt sich dem Umfang nach
   a) auf alle Waren, die in dem Geschäftsbetrieb hergestellt, bearbeitet oder vertrieben werden
   b) auf alle Waren, für die das Warenzeichen aussagekräftig ist
   c) auf alle Waren, die der Anmelder im Warenverzeichnis aufführt, und auf gleichartige Waren

17. Voraussetzungen für die Eintragung eines Warenzeichens – abgesehen vom Verfahrensrecht – sind:
   a) Ein Geschäftsbetrieb, der sich mit der Herstellung, Bearbeitung oder dem Vertrieb von Waren befaßt / Der Wille, sich des Warenzeichens zur Unterscheidung seiner Ware von Waren anderer zu bedienen
   b) Ein Geschäftsbetrieb, der sich mit der Herstellung, Bearbeitung oder dem Vertrieb von Waren befaßt / Der Wille, das Warenzeichen als Qualitätszeichen in der Werbung zu benutzen / Eine nach der Verkehrsauffassung im allgemeinen gleichbleibende Güte der Ware
18. Als absolute Eintragungshindernisse werden bezeichnet
   a) Tatsachen, die einer Eintragung entgegenstehen und von Amts wegen zu berücksichtigen sind
   b) Tatsachen, die einer Eintragung entgegenstehen und nicht behebbar sind
   c) Gründe, die einer Eintragung zunächst entgegenstehen, aber von Amts wegen behoben werden können
19. Bei einem sog. Freizeichen handelt es sich um
   a) ein Warenzeichen, dessen Benutzung mehreren Konzern-Unternehmen freigestellt ist
   b) ein Zeichen, durch das die rechtliche Unabhängigkeit eines einem Konzern angehörenden Unternehmens herausgestellt wird
   c) Zeichen, die auf dem freien Markt gehandelt werden
   d) Zeichen, die infolge freien Gebrauchs im Verkehr keine Unterscheidungskraft besitzen
20. Das Warenzeichen entsteht,
   a) sobald es die sog. Verkehrsgeltung erlangt hat
   b) mit der ersten Benutzung durch den Berechtigten
   c) mit der Aufnahme des Geschäftsbetriebs
   d) mit der Eintragung in die Warenzeichenrolle

Richtig sind (die Klammern verweisen auf den Text in Teil 2):
1c (B.I.3); 2a (B.II.2.c); 3b (B.III.4); 4c (C.I); 5c (C.II); 6a (D.II.3); 7b (D.V); 8a (E.I); 9c (E.IV.2); 10a (F.I.3); 11a (F.II); 12b (F.II); 13b (F.III.3.a); 14c (F.III.3.b); 15a (F.IV.3); 16c (F.IV.3); 17a (F.IV.1); 18a (F.VIII.1); 19d (F.VIII.2.b); 20d (F.IX.6)

Anhang 1: Die Methode des Gutachters

Übersicht

I. Die Aufgabe des Gutachtens

Wenn im täglichen Leben alles zufriedenstellend verläuft, wird sich niemand mit Rechtsproblemen plagen. Der Ruf nach dem Recht kommt erst dann auf, wenn jemand einen Anspruch erhebt auf etwas, was ihm verweigert wird. Fast immer beruht ein Streit darauf, daß der eine vom anderen etwas will: einen Gegenstand, ein Verhalten, ein Unterlassen.

In jedem Fall legt sich daher der Gutachter zuerst die Frage vor, WER (Klägerrolle) von WEM (Beklagtenrolle) WAS will – und WORAUS, d.h. auf welche Rechtsvorschrift er sich dabei berufen könnte. Dazu ist zunächst ein sorgfältiges Studium des Geschehens, also des Sachverhaltes, unerläßlich.

Bei der Lösung einer Rechtsfrage, die das praktische Leben stellt, ist es zunächst noch nicht wichtig, an welcher Stelle der Überlegungen rechtliche Schwierigkeiten auftauchen könnten. In allen Fällen klärt der Gutachter im ersten Arbeitsgang, welche Personen sich gegenüberstehen, welcher Anspruch geltend gemacht wird und welche Grundlage der Anspruch im Gesetz findet. Es ist selbstverständlich, daß eine Streitfrage nicht kurzerhand durch Inanspruchnahme eines Rechts- oder Gerechtigkeitsgefühles erledigt werden kann.

Bereits bei diesem ersten Schritt im Gutachten kann es schwierige Überlegungen geben. Man wird vielleicht glauben, es werde generell einfach sein festzustellen, WER in dem Streitfall einen Anspruch geltend macht. In vielen Fällen wird das gewiß so sein. Schwieriger ist es schon, wenn z.B. ein Geschäftsführer einer GmbH oder ein Vertreter einen Anspruch geltend macht. Hier ist die auftretende Person nicht selbst Anspruchsteller. Auch der Anspruchsgegner ist nicht immer ohne weiteres erkennbar. Es kommt nicht selten vor, daß sich ein Kläger in Unkenntnis der Rechtslage gegen einen am betreffenden Geschehen zwar Beteiligten, aber rechtlich nicht Betroffenen wendet. Manchmal klärt sich erst während des Prozesses, wer der wirklich Verpflichtete ist.

Das gleiche gilt für das WAS, den Anspruchsgegenstand also. Häufig ist nicht eindeutig, was der Kläger möchte. Möchte er beispielsweise die Lieferung der Kaufsache oder aber einen Schadensersatzanspruch durchsetzen? Das hat der Gutachter zuerst zu klären.

Weil das Recht zu Hilfe gerufen wird, muß schließlich der vom Anspruchsteller behauptete Anspruch vom Gesetz bestätigt werden. „Im Recht sein" bedeutet somit, sich auf eine Rechtsvorschrift berufen zu können. Das Wort WORAUS fordert den Gutachter auf, eine einschlägige Rechtsvorschrift zu suchen. In der Fachsprache heißt sie „Anspruchsgrundlage". Gibt es keine Anspruchsgrundlage für das vom Anspruchsteller vorgebrachte Verlangen, dann hat er keinen Anspruch von Rechts wegen. Er würde einen Prozeß verlieren.

Zusammenfassung: Eine Streitfrage wird rechtlich nach einer bestimmten Methode aufbereitet. Man beginnt die Untersuchung mit der Klärung, WER von WEM WAS verlangt und welche RECHTSNORM die dem Anspruch entsprechende Rechtsfolge vorsieht.

II. Das Aufsuchen der Anspruchsgrundlage

Der Anspruchsteller – im Prozeß der Kläger – hat dann Aussicht auf Erfolg, wenn es eine gesetzliche Vorschrift gibt, die unter bestimmten Voraussetzungen einen solchen Anspruch gewährt. Die Paragraphen enthalten nun nicht alle eine Anspruchsberechtigung. Im BGB z.B. gibt es nur eine Anzahl von Anspruchsgrundlagen, die zahlenmäßig im Verhältnis zum Umfang des Gesetzes nicht ins Gewicht fallen. Sie sind auch nicht an einer Stelle zusammengefaßt oder äußerlich besonders kenntlich gemacht worden. Man erkennt sie an der sprachlichen Formulierung. Wenn es in einem Paragraphen heißt „kann verlangen", dann ist das eine Anspruchsgrundlage. Die Formulierung ist nicht einheitlich. Es kommt darauf an, daß jemand kraft der Vorschrift berechtigt sein soll. Dieser Inhalt kann auch dadurch zum Ausdruck gebracht worden sein, daß jemand zu etwas verpflichtet ist; dann kann der andere nämlich dieses Etwas verlangen, die Vorschrift ist also eine Anspruchsgrundlage.

Rechtsnormen haben häufig – und die Anspruchsgrundlagen stets – einen zweigliedrigen Aufbau. Der eine Teil ist die von der Norm angeordnete Rechtsfolge. Der andere Teil ist der sog. Tatbestand der Vorschrift. Der Tatbestand gibt an, unter welchen Voraussetzungen die vorgesehene Rechtsfolge eintreten darf. Das soll am Beispiel des § 985 erläutert werden. Die Vorschrift lautet: Der Eigentümer kann von dem Besitzer die Herausgabe der Sache verlangen. Tatbestand der Norm ist, daß jemand hinsichtlich derselben Sache Eigentümer, ein anderer Besitzer ist. Die Rechtsfolge ist, daß der Eigentümer einen Rechtsanspruch auf Herausgabe der Sache hat.

Es kann vorkommen, daß es im Gesetz mehrere Anspruchsgrundlagen gibt, die die vom Kläger begehrte Rechtsfolge enthalten. Unter diesen sucht man diejenige aus, deren Tatbestand am ehesten zum gegebenen Sachverhalt paßt. Diese Anspruchsgrundlage wird im Gutachten zuerst herangezogen. Sie bleibt solange Arbeitsgrundlage, bis ihre Anwendbarkeit festgestellt ist (das ist erst nach Subsumtion mit positivem Ergebnis möglich, vgl. dazu unten IV).

Kommen mehrere Anspruchsgrundlagen in Betracht, ist eine Rangordnung zu beachten. Man prüft zuerst Ansprüche des Vertragsrechts, danach sachenrechtliche Anspruchsgrundlagen, dann Ansprüche aus unerlaubter Handlung, nun Geschäftsführung ohne Auftrag und schließlich die Anspruchsvorschriften aus ungerechtfertigter Bereicherung. Diese Rangordnung hat ihren inneren Grund u.a. darin, daß einige Anspruchsgrundlagen von anderen ausgeschlossen werden und daß der Aufbau des Gutachtens vernünftiger wird, wenn man mit den weitestreichenden – den vertraglichen – Ansprüchen beginnt.

Die Tatbestände der Rechtsnormen erfassen jeweils ganz bestimmte Lebenssituationen. Die Voraussetzungen, die ein Paragraph tatbestandlich enthält, müssen vom Gutachter herausgestellt werden. Es ist daher unerläßlich, den Gesetzestext zur Hand zu haben.

III. Die Voraussetzungen der Anspruchsgrundlage

Man wird als rechtssuchender Bürger wohl erwarten, daß die Voraussetzungen, von denen die Rechtsfolge abhängt, aus dem Wortlaut der betreffenden Rechtsnorm ohne weiteres, und zwar vollständig und richtig, ersichtlich sind. Bei vielen Normen ist das auch so. Das trifft aber nicht auf alle Paragraphen zu. Dafür gibt es verschiedene Ursachen, die an dieser Stelle nicht von Belang sind. Bei solchen Vorschriften hilft also der Wortlaut allein nicht weiter. Hier muß man sich Hilfsquellen erschließen (vgl. Anhang 2).

Für das soeben Gesagte soll als Beispiel § 325 dienen. Dessen erster Satz lautet: Wird die aus einem gegenseitigen Vertrage dem einen Teile obliegende Leistung infolge eines Umstandes, den er zu vertreten hat, unmöglich, so kann der andere Teil Schadensersatz wegen Nichterfüllung verlangen oder von dem Vertrage zurücktreten. – Aus dem Wortlaut ergeben sich folgende Voraussetzungen für die Rechtsfolge, Schadensersatz verlangen zu können: 1. Gegenseitiger Vertrag, 2. Unmöglichwerden einer Leistung, 3. Vertretenmüssen, also Verschulden. Die Vorschrift informiert aber nicht darüber, daß eine weitere Voraussetzung gegeben sein muß, nämlich: die erwähnte Leistung muß im sog. Gegenseitigkeitsverhältnis stehen. Der Tatbestand der Norm ist demnach unvollständig.

In anderen Fällen ist es dem Gesetzgeber trotz eines augenscheinlichen Bemühens um Vollständigkeit offenbar nicht gelungen, den ins Auge gefaßten Tatbestand unmißverständlich in Worte zu fassen. So lautet § 119 Abs. 1: Wer bei der Abgabe einer Willenserklärung über deren Inhalt im Irrtume war oder eine Erklärung dieses Inhalts überhaupt nicht abgeben wollte, kann die Erklärung anfechten, wenn anzunehmen ist, daß er sie bei Kenntnis der Sachlage und bei verständiger Würdigung des Falles nicht abgegeben haben würde. – Da nach diesem Wortlaut eine Anfechtung in praktisch allen Irrtumsfällen in Frage kommen würde, was nicht der Absicht des Gesetzes entspricht, haben Rechtslehre und Rechtsprechung aus dem Recht der Willenserklärung folgende Fassung für § 119 Abs. 1 entwickelt: Wenn der äußere Erklärungstatbestand und der innere Geschäftswille sich nicht decken, kann der Erklärende seine Willenserklärung anfechten.

Damit noch nicht genug der Schwierigkeiten. Wie die obigen Beispiele bereits zeigen, tauchen im Tatbestand – und mitunter auch in der Rechtsfolge – Ausdrücke auf, die nicht dem alltäglichen Sprachschatz angehören. Es handelt sich dabei um juristische Begriffe, Kurzformeln einer Fachsprache also, für die der Nicht-Fachmann erst einmal eine Übersetzung braucht. Diese Übersetzung nennt man „Definition", Begriffsbestimmung.

Man mag es bedauern, daß ein Gesetzbuch nicht ohne eine solche Fülle von Begriffen auskommt, wie es im BGB der Fall ist. Jedenfalls sind zum Verständnis der Begriffe fast immer Hilfsmittel außerhalb des Gesetzestextes (vgl. Anhang 2) vonnöten.

Zusammenfassung: Nach Aufsuchen einer Anspruchsgrundlage, die Arbeitsgrundlage für die weitere Prüfung ist, stellt der Gutachter die tatbestandsmäßigen Voraussetzungen der Anspruchsgrundlage zusammen. Dabei wird zuerst der Wortlaut ausgewertet. Häufig kommen mehrere Anspruchsgrundlagen in Betracht. Sie können in einem verschiedenen Rangverhältnis zueinander stehen. Hauptsächlich in zwei Fällen geben die juristischen Hilfsmittel weiteren Aufschluß: erstens, wenn der Tatbestand unvollständig oder mißverständlich ist, und zweitens, wenn in der Vorschrift Begriffe verwendet sind.

IV. Die Subsumtion

Hat der Gutachter sämtliche tatbestandsmäßigen Voraussetzungen im Blick und die Begriffe geklärt, untersucht er, ob das tatsächliche Geschehen, der Sachverhalt also, den rechtlichen Anforderungen genügt. Diesen Denkprozeß bezeichnet man mit Subsumtion. Dabei werden die Voraussetzungen des Tatbestandes mit den tatsächlichen Geschehnissen des Sachverhalts im Wege einer Gegenüberstellung verglichen. Soll die Norm angewendet werden, die Rechtsfolge also zum Zuge kommen, muß der vorliegende Sachverhalt den Tatbestand der Norm voll abdecken. Verlangt z.B. § 286 für die Rechtsfolge „Schadensersatz" die Voraussetzung „Verzug", wird zunächst dieser Begriff geklärt. Was „Verzug" ist, steht in § 284. Danach kommt es u.a. auf eine Mahnung wegen der Nichtleistung an, wiederum ein Begriff, dessen Definition – stark verkürzt – „dringende Aufforderung zur Leistung unter Hinweis auf mögliche Rechtsfolgen" lautet. Verlangt der Kläger also Verzugsschaden, muß der Gutachter im Sachverhalt eine Angabe finden, daß der Kläger den Schuldner dringend zur Leistung aufgefordert hat. Fehlt es daran, ist damit die Frage beantwortet, ob der Kläger zu Recht, nämlich nach § 286, Verzugsschaden verlangt. Die Antwort lautet „nein", weil es mangels Mahnung an der Voraussetzung „Verzug" fehlt.

Zusammenfassung: Die Subsumtion stellt die Voraussetzungen der gerade auf ihre Anwendbarkeit geprüften Rechtsnorm dem vorliegenden Lebenssachverhalt gegenüber. Wird nur eine einzige Voraussetzung des Tatbestands nicht gedeckt, fällt die geprüfte Vorschrift für die weitere Prüfung aus. Der Gutachter muß eine andere Anspruchsgrundlage suchen, zu der der gegebene Sachverhalt passen könnte.

V. Der weitere Ablauf der Prüfung

Hat man unter Heranziehung eines oder mehrerer Paragraphen festgestellt, daß eine Anspruchsgrundlage eingreift, so sind damit die Überlegungen des Gutachters noch nicht abgeschlossen. Die Entstehung des Anspruchs kann nämlich durch eine sog. rechtshindernde Einwendung verhindert sein. Solche Einwendungen sind beachtlich, wenn sie im Gesetz anerkannt sind. Dazu zählen z.B. die Einwendung der Geschäftsunfähigkeit oder der Sittenwidrigkeit des Rechtsgeschäfts. In diesen Fällen entsteht der Anspruch also nicht.

Liegt keine rechtshindernde Einwendung vor, ist der Anspruch entstanden. Es steht aber nicht fest, ob der einmal entstandene Anspruch **noch** besteht. Ein entstandener Anspruch kann nämlich wieder erlöschen. Im Gesetz gibt es eine Reihe von Gründen, die einen entstandenen Anspruch wieder beseitigen, z.B. Erfüllung des Anspruchs, Aufrechnung gegen den Anspruch oder Verwirkung des Anspruchs. Diese Gründe nennt man „rechtsvernichtende Einwendungen". Ein entstandener Anspruch geht also unter, wenn eine rechtsvernichtende Einwendung Platz greift.

Stellt der Gutachter fest, daß der entstandene Anspruch nicht erloschen ist, weil keine rechtsvernichtende Einwendung eingreift, ist damit das Schicksal des Anspruchs noch nicht endgültig geklärt. Seine Verwirklichung kann nämlich dadurch verhindert sein, daß dem Anspruchsgegner (Beklagten) Gegenrechte zustehen. Wenn der Schuldner bestimmte Gegenrechte als Einrede geltend macht, verhindert er damit die Verwirklichung des Anspruchs. Solche Einreden sind z.B. die Einrede der Stundung, der Verjährung, des nichterfüllten Vertrages. Sie berühren nicht den Bestand des Anspruchs, verhindern aber, solange sie bestehen, die Durchsetzbarkeit des Anspruchs in einem Prozeß. Ein einredebehafteter Anspruch ist zeitweilig oder dauernd in seinem Wert herabgesetzt, wenn man einmal eine wirtschaftliche Betrachtungsweise zugrundelegt. Rechtlich ist es aber wichtig, daß der Anspruch noch besteht. Er kommt also ohne weiteres zum Zuge, wenn die Einrede wegfällt oder nicht oder nicht mehr erhoben wird.

Zusammenfassung: Prinzip für den Aufbau eines Gutachtens ist es, zuerst das Entstehen des Anspruchs zu untersuchen (1. Stufe). Bei positivem Ergebnis folgt dann die Prüfung, ob der Anspruch wieder erloschen ist (2. Stufe). Ist ein Erlöschen nicht feststellbar, muß noch die Frage durchdacht werden, ob der Schuldner Gegenrechte (Einreden) hat und sich darauf beruft, was die Verwirklichung des Anspruchs jedenfalls zur Zeit verhindern würde (3. Stufe). Erst wenn auch in der 3. Stufe der Anspruch unbeeinträchtigt bleibt, ist das Gutachten beendet. Es schließt dann mit dem Ergebnis, daß der geltend gemachte Anspruch besteht.

VI. Der Gutachtenstil

Da es die Aufgabe des Gutachters ist, die Voraussetzungen der einschlägigen Rechtsnormen herauszustellen und anschließend den Sachverhalt zu subsumieren, muß er sich davor hüten, vermutete Ergebnisse der Prüfung voranzustellen. Er darf nicht von einer vorgefaßten Meinung ausgehen oder etwas voreilig als gegeben unterstellen. Der Gutachter soll sich vom Fortgang des Gutachtens sozusagen selbst überraschen lassen. Das darf keine vorgetäuschte innere Einstellung sein; Vor-Urteile des Gutachters machen das Gutachten wertlos, mag auch das Ergebnis zutreffen.

Diese Einstellung zur Fallbearbeitung drückt sich auch im sprachlichen Stil aus, dem sog. Gutachtenstil. Diese Stilart ist dadurch gekennzeichnet, daß sie sprachlich jede Feststellung vermeidet, solange der betreffende Punkt nicht geprüft ist. Sie bringt zum Ausdruck, daß die angezogenen Rechtsnormen solange Arbeitsgrundlage sind, bis ihre Anwendbarkeit im einzelnen geprüft und bejaht ist. Dem Leser des Gutachtens wird auf diese Weise der Denkprozeß offengelegt. Er wird nicht „überfahren", sondern erhält Gelegenheit, den Gedankengang mitzudenken. Der Gutachtenstil hält aber auch den Gutachter selber davon ab, etwas für richtig anzusehen, was gar nicht überprüft ist.

Alles, was geprüft werden muß, wird also zunächst offengelassen. Der erste Satz eines Gutachtens lautet daher etwa: „A **könnte** von B den Kaufpreis in Höhe von 500 DM auf Grund von § 433 Abs. 2 verlangen". Nur die Erfordernisse, deren Richtigkeit feststeht, sind im Gutachten als feststehend aufzuführen. Es steht z.B. fest, daß Voraussetzung des § 433 Abs. 2 das Bestehen eines Kaufvertrages ist. Daher lautet dann der nächste Satz: „Voraussetzung für diese Anspruchsgrundlage **ist** ein gültiger Kaufvertrag".

Es soll nicht bestritten werden, daß es auf Fingerspitzengefühl ankommt, den Gutachtenstil zu treffen. Eine in einem Punkt mißglückte Formulierung dürfte nun keinen Schaden anrichten, solange der Gutachter auf Prüfung eingestellt ist und sich nicht aufs Behaupten verlegt – das tun die Parteien meist übergenug.

VII. Der Urteilsstil

Das ist die andere Stilart, die im juristischen Bereich vorkommt. Sie wird im Urteil (eines Gerichts) verwendet. Hier spiegelt der Stil nicht eine Prüfung wider, sondern der Leser erfährt das Ergebnis der Untersuchung samt kurzer Begründung. Man verwertet im Urteil also die Erkenntnisse, die das Gutachten geliefert hat. So würde der erste Satz einer Urteilsbegründung etwa lauten: „A kann die von B als Kaufpreis begehrten 500 DM nicht verlangen; denn es fehlt nach seinem eigenen Vortrag an der Voraussetzung der in Betracht kommenden Anspruchsgrundlage § 433 Abs. 2, dem Kaufvertrag".

Das Urteil setzt beim Ergebnis des Gutachtens ein und begründet es dann in umgekehrter Reihenfolge wie im Gutachten. Ein Urteil stellt nichts mehr in Frage. Der Gutachtenstil darf daher – von wenigen Ausnahmen abgesehen – im Urteil nicht auftauchen und umgekehrt. Das Urteil beruht auf dem Gutachten, wiederholt es aber nicht.

VIII. Die Lösungsskizze

Es bedarf einiger Überlegung, wie das Gutachten sprachlich abzufassen ist. Ein gewisser Zeitaufwand ist dabei unvermeidbar. Es wäre nun schade um die Zeit, wenn der Gutachter das ganz oder teilweise fertige Gutachten abändern müßte, weil er bei der weiteren Prüfung einen Denkfehler bemerkt hat. Bevor man beginnt, das Gutachten endgültig zu formulieren, fertigt man daher eine Lösungsskizze an, die sich in der äußeren Form auf das Notwendigste beschränkt.

Die Lösungsskizze ist nur für den Gutachter bestimmt; sie soll ihm die gedankliche Arbeit erleichtern. Es hängt von der persönlichen Arbeitsweise ab, wieweit die Lösungsskizze bereits vollständige Sätze enthält. Im allgemeinen dürfte sich ein Telegrammstil empfehlen. Nützlich ist ferner eine Darstellung der im Sachverhalt auftretenden Personen in Form von Buchstaben, und zwar am besten gleich bei der Lektüre des Sachverhalts. Auf diese Weise verschafft sich der Gutachter optisch Klarheit. Auch eine Zeittabelle kann das Verständnis des Sachverhalts erleichtern.

Eine Lösungsskizze für den Anspruch des A gegenüber B auf 500 DM Kaufpreis könnte etwa so aussehen:

A ——► B: 500 DM Kaufpreis

Agrdl: 433 II

Voraussetzung: gültiger Kaufvertrag

Vorauss. f. Kaufv. : Einigung über die wesentl. Vertragsbestandteile

Vorauss. f. Einigung : übereinstimmende Willenserklärungen

Was hat A lt. Sachverhalt erklärt?

Was hat B " " ?

Ergebnis: Übereinstimmung? ....

usw.

IX. Weiterführende Literatur

Dubischar, Roland, Vorstudium zur Rechtswissenschaft, 2. Aufl. 1974

Engisch, Karl, Einführung in das juristische Denken, 6. Aufl. 1975

Schmalz, Dieter, Die juristische Fallösung, 1976

Zippelius, Reinhold, Einführung in die juristische Methodenlehre, 2. Aufl. 1974

Anhang 2: Die Hilfsmittel bei der Lösung eines Rechtsfalles

I. Die Arbeitsmaterialien[1]

1. Die Gesetzestexte

Man braucht für den Zivilrechtsfall nicht immer nur den Text des BGB, sondern je nach Fall noch weitere Gesetze, etwa das Abzahlungsgesetz oder das Grundstücksverkehrsgesetz. Einige Rechtsgebiete sind weitgehend aus dem BGB herausgewachsen. So macht heute z.B. das Arbeitsrecht eine Sammlung für sich aus. Gleiches gilt für das Sozialrecht. Auch das Handelsgesetzbuch baut zwar auf dem BGB auf, ist aber ein eigenes Gesetzeswerk. Der Fleiß der Parlamentarier führt im übrigen zu einer so großen Zahl neuer Gesetze, daß manche schon von einer Gesetzesflut sprechen[2].

Es ist nicht immer einfach, die einschlägigen Gesetze zu finden. Von Fachverlagen herausgebrachte Gesetzessammlungen sind im Buchhandel in gebundener Form oder als Loseblattsammlungen erhältlich. Die Loseblattsammlungen können durch Nachlieferungen stets auf den neuesten Stand gebracht werden. Sie sind ferner wegen ihres Stichwortverzeichnisses nützlich. Es ist rentabel, eine möglichst umfangreiche Gesetzessammlung zu wählen.

Verweise auf Gesetze und Verordnungen gibt es anhand von Stichworten in eigens zu diesem Zweck geschaffenen Werken. Hier findet man auch Hinweise auf ganz spezielle Gesetze[3].

Die neuesten Gesetze enthalten das Bundesgesetzblatt und die Ländergesetzblätter. Schließlich kommen noch die Verordnungsblätter der Fachminister in Betracht.

Wenn ein Gesetz gefunden ist, das auf Grund der Überschrift vermutlich Einschlägiges enthält, gibt die Gliederung des Gesetzes über den Inhalt weiteren Aufschluß. Sonst bleibt nichts anderes übrig, als wenigstens die Überschriften der einzelnen Paragraphen durchzusehen, die vor allem bei den älteren Gesetzen übrigens meist nicht zum Gesetzestext gehören, sondern zur besseren Übersichtlichkeit später hinzugefügt wurden.

2. Die Kommentare

Der Text der Paragraphen gibt nicht immer die gewünschte Auskunft auf eine konkrete Frage. Daher sind die Erläuterungen der Kommentare unentbehrlich. Sie enthalten auch Hinweise auf die Rechtsprechung, die sich anhand bestimmter Vorschriften entwickelt hat.

Zu den Gesetzen gibt es meist mehrere Kommentare. Einer davon stammt nicht selten von den geistigen Vätern des Gesetzes, die es schon im Gesetzgebungsgang betreut haben. Die Kommentare erläutern den Text der einzelnen Vorschriften, wobei je nach dem gesteckten Rahmen Unterschiede in der Art der Erläuterung festzustellen sind. Manche Kommentatoren stellen bestimmten Abschnitten eines Gesetzes eine zusammenhängende Darstellung voran, die dem Leser einen Überblick über ein bestimmtes Rechtsgebiet vermitteln soll.

Wenn einige Kommentare auch auf einschlägige Literatur verweisen, so liegt das Schwergewicht doch in den Hinweisen auf die Rechtsprechung, und zwar überwiegend der obersten Gerichte. Diese Hinweise sind so knapp gehalten, daß die Lektüre der angegebenen Entscheidung in der

---

1 Vgl. dazu H.M. Pawlowski, Allgemeiner Teil des BGB, Band 1, 1972, S. 37 ff

2 Der 7. Deutsche Bundestag hat etwa 500 Gesetze verabschiedet. Die Länderparlamente stehen dem kaum nach.

3 z.B. Schlegelberger-Friedrich, Das Recht der Gegenwart (Loseblattsammlung)

Originalfassung unerläßlich ist, wenn es auf die Entscheidung für den konkreten Fall ankommen könnte. Ab und zu enthalten die Kommentare auch einen Abriß der Entstehungsgeschichte eines Gesetzes. Die Auslegung einer Vorschrift, die ihre Argumente aus der Entstehungsgeschichte bezieht (historische Auslegung), steht auf dem letzten Rang der Auslegungsmethoden.

3. Die Amtlichen Sammlungen von Gerichtsentscheidungen

Eine wichtige Rolle spielen ferner die offiziellen Veröffentlichungen von Entscheidungen der oberen und obersten Gerichte. Die obersten Gerichte – Bundesgerichtshof in Zivilsachen (BGHZ) und Strafsachen (BGHSt), Bundesverwaltungsgericht (BVerwG), Bundesarbeitsgericht (BAG), Bundessozialgericht (BSG), Bundesfinanzhof (BFH), Bundesverfassungsgericht (BVerfG) – und einige obere Gerichte geben jahrgangsweise Sammlungen ihrer Rechtsprechung heraus. Es handelt sich dabei nur um eine Auswahl von Entscheidungen, die nicht immer vollständig abgedruckt werden. Die Spruchkörper oder Veröffentlichungskommissionen entscheiden auch darüber, was in der Amtlichen Sammlung abgedruckt werden soll[1]. Das hat zur Folge, daß einige Entscheidungen nur in Zeitschriften zu finden sind. Beim Zitieren würde aber jedenfalls eine amtliche Fundstelle den Vorzug haben. Man zitiert den Band der Amtlichen Sammlung und die Seitenzahl.

4. Weitere Darstellungen der Rechtsprechung

Die Rechtsprechung wird ferner in Nachschlagewerken privater Verlage dargestellt, die als Loseblattsammlungen auf aktuellem Stand gehalten werden können und nach Paragraphen aufgebaut sind[2].

Von mehreren Fachverlagen wird ausgewählte Rechtsprechung in Karteiform angeboten, die man direkt oder über den Buchhandel beziehen kann. Ein Verlag gibt eine „Leitsatzkartei" heraus, die in Zeitschriften abgedruckte Entscheidungen und Aufsätze erfaßt und im wesentlichen den Urteilstenor bzw. den Titel samt Fundstelle angibt. Diese Leitsatzkartei findet sich häufig in den Bibliotheken der Gerichte.

5. Die Lehrbücher

Zum juristischen Schrifttum zählen in erster Linie die Lehrbücher. Sie beschäftigen sich mit der wissenschaftlichen Darstellung und Durchdringung der Rechtsgebiete. In gewisser Hinsicht sind sie eher Repräsentationen des Standes der Lehre als Lern-Bücher. Zum Adressatenkreis zählt nicht nur der Student, sondern auch die Fachwelt. Bei einer konkreten Rechtsfrage erschließt man sich ein Lehrbuch am besten durch eine gezielte Lektüre anhand des Inhalts- und des Stichwortverzeichnisses.

6. Die Einzelabhandlungen (Monographien)

Eine weitere Gruppe in der Literatur stellen die Monographien dar. Hier behandelt der Verfasser eine Spezialfrage oder ein eng umgrenztes Gebiet. Die Monographien können für den Leser auch dann von Nutzen sein, wenn er keine Vorkenntnisse besitzt. – Zu diesem Bereich gehören ferner die Festschriften. Darin veröffentlichen Autoren relativ kurze Einzelabhandlungen. Ihr Vorzug liegt allein schon in der Aktualität.

7. Die Dissertationen

Sie behandeln meist eine noch speziellere Frage als die Monographien. Das mag zur Folge haben, daß die Themenstellung bisweilen nur einen kleinen Leserkreis anspricht. Dissertationen haben aber – bedingt durch ihre Aufgabenstellung, die einschlägige Literatur möglichst vollständig zu

---

1 vgl. G. Leistner, Über die Veröffentlichungspraxis oberster und höherer Gerichte in Westeuropa, 1975

2 z.B. Lindenmaier-Möhring, BGB

berücksichtigen – durchweg ein umfangreiches, manchmal nahezu vollständiges Literaturverzeichnis auf aktuellem Stand. Das ist ein Vorzug, der die Dissertationen in jedem Falle interessant macht.

8. Die Anleitungsbücher

In der letzten Zeit haben sich auch „Lernbücher" einen Platz in der juristischen Literatur verschafft. Hier liegt die Betonung auf der wissenschaftlich qualifizierten Unterweisung des Lesers. Der Adressatenkreis umfaßt den Studenten und den Praktiker, der sich grundlegende Kenntnisse aneignen möchte oder Vergessenes auffrischen will. Bei den Lernbüchern besteht eine der Zielsetzungen darin, die praktische Rechtsanwendung gemäß dem in der Wissenschaft erreichten Erkenntnisstand zu lehren. Daher stehen hier Fallbehandlungen im Vordergrund. Sie sollten nicht nur der Anschaulichkeit dienen, sondern die juristische Denkmethode verdeutlichen.

9. Die Zeitschriften und Periodika

Sie sind als Fachzeitschriften weniger für den Anfänger gedacht. Es gibt, wie meist schon aus dem Titel der Zeitschrift ersichtlich ist, Fachzeitschriften für beinahe jedes Rechtsgebiet. Sie haben generell den Vorzug der Aktualität. Die Aufsätze, Berichte, Literaturhinweise und Rechtsprechungsveröffentlichungen signalisieren den Stand der Diskussion. Nützlich sind die Halbjahres- oder Jahresregister, die z.T. nach Stichworten aufgebaut sind und daher ein schnelles Zurechtfinden erleichtern. Wer sich eine juristische Fachzeitschrift hält – und das tun nicht nur Juristen – sollte auch den beiliegenden Verlagsprospekten Beachtung schenken.

10. Die Fundhefte

Die Fülle des Materials versuchen die „Fundhefte" zu bewältigen, die ein Fachverlag herausbringt. Hier findet man Hinweise auf Literatur und Rechtsprechung bei den betreffenden Paragraphen bzw. nach Stichworten geordnet. Die Fundhefte sind in laufender Neuauflage nach Rechtsgebieten unterteilt. Es gibt z.B. je ein Fundheft für Zivilrecht, für Öffentliches Recht, für Arbeitsrecht und für Steuerrecht.

II. Die Arbeitsweise mit den Hilfsmitteln

Der Ausgangspunkt ist stets die gesetzliche Vorschrift. Sie zu finden, ist eine Frage des Wissens oder des Suchens. Eine sorgfältige Lektüre der gefundenen Vorschriften ist selbstverständlich unerläßlich. Das Verständnis wird oft erleichtert, wenn man – ganz schematisch – die Betonung beim mehrmaligen Lesen verändert. Ratsam ist es ferner, die Lektüre auf etwa zehn Vorschriften vor und hinter dem mutmaßlich einschlägigen Paragraphen auszudehnen, wobei manchmal ein Überfliegen genügt. Sollte es nämlich eine weitere einschlägige Vorschrift geben, eventuell als speziellere Norm, muß man sie natürlich berücksichtigen.

Häufig bleiben nach der Lektüre noch Fragen offen. Es empfiehlt sich daher, einen Kommentar zu Hilfe zu nehmen und dort den betreffenden Paragraphen aufzuschlagen. Will man sich gründlich informieren, kommt man nicht umhin, die im Kommentar angegebenen weiteren Fundstellen heranzuziehen. Hierbei kann es Beschaffungsprobleme geben. Nicht immer ist es ohne weiteres möglich, diese Hilfsmittel überhaupt in die Hand zu bekommen. Bei einem Streitfall, in dem es um wichtige Dinge geht, ist man aber vielleicht gern bereit, Zeit und Geld zur Beschaffung zu investieren. Hier hilft der Buchhandel, am besten natürlich eine Fachbuchhandlung, die sich nicht nur in einer Universitätsstadt findet.

Praktisch das gesamte Schrifttum samt Rechtsprechung ist in den Hochschulbibliotheken greifbar. Die Ausleihe ist durchweg kostenlos und nicht auf Studierende beschränkt. Außerhalb der Lesesäle werden die Bücher über Ausleihzettel ausgehändigt. Ein gesuchtes Werk findet man anhand der Bibliothekskataloge (daher ist übrigens ein exaktes Zitieren im wissenschaftlichen Bereich wichtig). Dort gibt es aber auch Sachwortkataloge, die immerhin einen Einstieg in die Materie ermöglichen. Dissertationen werden durchweg gesondert geführt. Die Arbeit mit den Katalogen ist zeitraubend und u.U. schwierig. Moderne Geräte zur Erleichterung dieser Arbeit befinden sich in der Entwicklung. Man sollte die gern gewährte Hilfe der Bibliotheksbediensteten gegebenenfalls in Anspruch nehmen.

Ferner kommen Stadtbüchereien in Betracht, die hier und da gut ausgestattet sind. Schließlich kann man die Hilfe bestimmter Behörden erbitten, die in ihren Bibliotheken manchmal gerade Spezialschrifttum führen. Bei Gerichten, besonders bei Land- und Oberlandesgerichten, gibt es oft auch für Außenstehende eine Möglichkeit, die Bibliothek in begrenztem Umfang zu benutzen. Es empfiehlt sich hier, zuvor die Genehmigung des jeweiligen Leiters der Behörde oder des Gerichts einzuholen, weil diese Bibliotheken nicht öffentlich sind.

In den Bibliotheken sollte man die Möglichkeiten ausnutzen, Ablichtungen anzufertigen. Eine Kopie versieht man am besten sofort mit den vollständigen Angaben über die Fundstelle, um sie später zitieren zu können.

Es wird in den nächsten Jahren mit Hilfe des Computers wesentlich leichter als bisher sein, eine einschlägige Fundstelle zu finden. Der Computer ist mit seinen enormen Speichermöglichkeiten auf allerkleinstem Raum jedem Stichwortverzeichnis, Sachwortkatalog oder Fundheft überlegen. In Deutschland begann man 1962 mit der Entwicklung geeigneter Datenbanken. Es besteht bereits jetzt eine Datenbank für Steuerrecht in Nürnberg (DATEV). In Kürze wird es möglich sein, vom Computer Informationen zu einem Stichwort nebst dessen Synonyma zu erhalten. Die Speichermöglichkeiten des Computers werden sicherlich die wissenschaftlichen Arbeitsmethoden selbst verändern.

Gerade für die wissenschaftliche Arbeit wird aber auch in Zukunft der persönlich angelegte Karteikasten seinen Platz behaupten können. Denn die elektronische Datenspeicherung und Datenauslese wird man nicht ohne weiteres nutzen können. Zunächst entstehen Kosten. Ferner wird unter dem Gesichtspunkt der Datensicherung (Datenschutz) nicht jedem der Zugriff möglich sein. Schließlich kann der Computer nicht mehr von sich geben, als man ihm eingegeben hat, und das auch nur, wenn man seinem „Programm" folgt. Eine Auslese beim Aufbau eines Programmes mag sinnvoll sein. Die wissenschaftliche Arbeit verträgt jedoch keine Vorbestimmung.

Als technisches Hilfsgerät wird der Computer schon in der nächsten Zukunft weitere Möglichkeiten eröffnen. Sie sind dann voll auszuschöpfen, wenn man die Arbeitsweise mit den Hilfsmitteln beherrscht.

Ist man im Besitz der einschlägigen Werke oder der benötigten Ablichtungen, wird man bei deren Auswertung anfangs Schwierigkeiten haben. Ungewohnt sind sicherlich die Abkürzungen. Sie werden über das Abkürzungsverzeichnis erschlossen, soweit vorhanden. Es gibt spezielle Werke über gebräuchliche Abkürzungen[1]. In den meisten Fällen reicht das Abkürzungsverzeichnis eines Kommentars.

Bei einem Streitfall, in dem man selbst betroffen ist, wird man trotz der eigenen Bemühungen möglichst frühzeitig einen Anwalt aufsuchen. Die eigene Vor- und Mitarbeit ist auch dann von Nutzen, wenn im übrigen der Anwalt den Prozeß führt.

Hier kommt noch ein anderer Aspekt ins Blickfeld: Der in Rechtsdingen gut Informierte wird im täglichen Leben wahrscheinlich weniger Fehler machen. Eventuelle Fehler könnte bei einem späteren Prozeß auch der beste Anwalt nicht aus der Welt schaffen.

Im Beruf ist bei allen planerischen Entscheidungen eine gründliche Vorbereitung sowieso unerläßlich. Die Einarbeitung in die Rechtslage gehört sicherlich nicht zuletzt dazu.

1 z.B. H. Kirchner, Abkürzungsverzeichnis der Rechtssprache, 1975

Literaturnachweis

I. Lehrbücher

BLOMEYER, A., Allgemeines Schuldrecht, 4. Aufl. 1969

ENNECCERUS–NIPPERDEY, Allgemeiner Teil des Bürgerlichen Rechts, 15. Aufl. 1959

ESSER–SCHMIDT, Schuldrecht, Band I/1, 5. Aufl. 1975

FLUME, W., Allgemeiner Teil des Bürgerlichen Rechts, 2. Band: Das Rechtsgeschäft, 2. Aufl. 1975

GIERKE–SANDROCK, Handels- und Wirtschaftsrecht, Band 1, 1975

HUBMANN, H., Gewerblicher Rechtsschutz, 3. Aufl. 1974

LARENZ, K., Allgemeiner Teil des deutschen Bürgerlichen Rechts, 3. Aufl. 1975 (zit. Larenz Allg. Teil)

LARENZ, K., Lehrbuch des Schuldrechts, Band I: Allgemeiner Teil, 11. Aufl. 1976 (zit. Larenz I)
Band II: Besonderer Teil, 10. Aufl. 1972 (zit. Larenz II)

WOLFF–BACHOF, Verwaltungsrecht I, 9. Aufl. 1974

II. Kommentare

BAUMBACH–DUDEN, Handelsgesetzbuch, 22. Aufl. 1977

BAUMBACH–HEFERMEHL, Wettbewerbs- und Warenzeichenrecht, Band II: Warenzeichenrecht, 10. Aufl. 1969

ERMAN und Bearbeiter, Handkommentar zum Bürgerlichen Gesetzbuch, Band I u. II, 6. Aufl. 1975

MERTENS–REHBINDER, Internationales Kaufrecht, 1975

PALANDT und Bearbeiter, Bürgerliches Gesetzbuch, 36. Aufl. 1977

REIMER–SCHADE–SCHIPPEL, Das Recht der Arbeitnehmererfindung, 5. Aufl. 1975

STAUDINGER–COING, Kommentar zum Bürgerlichen Gesetzbuch, 11. Aufl. 1957

Stichwortverzeichnis

Hilmar Götz

Arbeitsrecht

Herausgegeben von S. Höwelmann und W. Zimmermann. 1976. X, 154 Seiten. DIN C 5 (Das moderne Industrieunternehmen) Kartoniert
ISBN 3 528 04105 6

Inhalt: Einführung – Arbeitnehmer, Arbeitgeber, Koalitionen – Arbeitsverhältnis – Rechte und Pflichten aus dem Arbeitsverhältnis – Haftung – Tarifvertrag und Arbeitskampf – Mitbestimmung der Arbeitnehmer in Betrieb und Unternehmen – Arbeitsgerichtsbarkeit.

Das Buch ist eine auch für Anfänger verständliche Einführung in das Arbeitsrecht. Über dieses Gebiet muß der zukünftige Ingenieur und der Wirtschaftswissenschaftler, aber auch Betriebsräte, Personalräte und Beisitzer bei Arbeitsgerichten informiert sein. Daher ist der Stoff so anschaulich dargestellt, daß das Buch sowohl neben der Vorlesung als auch zum Selbststudium verwendet werden kann. Eine große Anzahl von Beispielen erläutern und vertiefen den Text. Besonders wichtig für die Erarbeitung des Stoffes sind die an den wichtigen Abschnitten angefügten Rechtsfälle, zu denen ausführliche Lösungen gegeben werden. Querverweise verdeutlichen die Zusammenhänge innerhalb der Rechtsgebiete. Das Buch unterstützt einerseits die erstmalige Erarbeitung des Stoffes, ist andererseits aber auch ein wichtiges Nachschlagewerk für den Praktiker.

» vieweg

a.A.	anderer Ansicht
a.a.O.	am angegebenen Ort
abl.	ablehnend
Abs.	Absatz
abw.	abweichend
AbzG	Abzahlungsgesetz
AcP	Archiv für die zivilistische Praxis (Band und Seite)
ADB	Allgemeine Bedingungen für die Binnentransportversicherung
ADSp	Allgemeine Deutsche Spediteurbedingungen
AFG	Arbeitsförderungsgesetz
AG	Aktiengesellschaft/Amtsgericht
AGB	Allgemeine Geschäftsbedingungen
AGBG	Gesetz zur Regelung des Rechts der Allgemeinen Geschäftsbedingungen
AHB	Allgemeine Bedingungen für die Haftpflichtversicherung
AKB	Allgemeine Bedingungen für die Kraftverkehrsversicherung
AKVB	Allgemeine Bedingungen für die private Krankenversicherung
ALB	Allgemeine Lagerbedingungen des deutschen Möbeltransports
AMG	Arzneimittelgesetz
Anh.	Anhang
Anm.	Anmerkung
AO	Abgabenordnung
ArbEG	Gesetz über Arbeitnehmererfindungen
Art.	Artikel
AÜG	Gesetz zur Regelung der gewerbsmäßigen Arbeitnehmerüberlassung
AV	Allgemeine Versicherungsbedingungen
AVG	Angestelltenversicherungsgesetz
AWD	Recht der Internationalen Wirtschaft – Außenwirtschaftsdienst des Betriebs-Beraters (Jahr und Seite)
BAG	Bundesarbeitsgericht
BAGE	Entscheidungen des Bundesarbeitsgerichts (Jahrgang und Seite)
BauFdgG	Gesetz zur Sicherung der Bauforderungen
BauspG	Gesetz über Bausparkassen
BB	Betriebs-Berater (Jahr und Seite)
BGB	Bürgerliches Gesetzbuch
BGBl	Bundesgesetzblatt
BGH	Bundesgerichtshof
BGHZ	Entscheidungen des Bundesgerichtshofs in Zivilsachen (Jahrgang und Seite)
BinnSchG	Gesetz betreffend die privatrechtlichen Verhältnisse der Binnenschiffahrt
BVerfGG	Gesetz über das Bundesverfassungsgericht
BVerwG	Bundesverwaltungsgericht
BVerwGE	Entscheidungen des Bundesverwaltungsgerichts (Jahrgang und Seite)
c.i.c.	Verschulden bei der Vertragsanbahnung (culpa in contrahendo)
CIM	Internationales Übereinkommen über den Eisenbahn-Frachtverkehr
CIV	Internationales Übereinkommen über den Eisenbahn-Personen und -Gepäckverkehr
CMR	Übereinkommen über den Beförderungsvertrag im internationalen Straßengüterverkehr
c.p.c.	Verschulden nach Vertragsende (culpa post contrahendum)

DA	Dokumenten-Akkreditiv
EAG	Europäische Atomgemeinschaft
eG	eingetragene Genossenschaft
EG	Europäische Gemeinschaften
EGBGB	Einführungsgesetz zum Bürgerlichen Gesetzbuch
EGKS	Europäische Gemeinschaft für Kohle und Stahl
eGmbH	eingetragene Genossenschaft mit beschränkter Haftung
eGmuH	eingetragene Genossenschaft mit unbeschränkter Haftung
EKAG	Einheitliches Gesetz über den Abschluß von internationalen Kaufverträgen über bewegliche Sachen
EKG	Einheitliches Gesetz über den internationalen Kauf beweglicher Sachen
ER	Einheitliche Richtlinien und Gebräuche für Dokumenten-Akkreditive
EV	Eigentumsvorbehalt
e.V.	eingetragener Verein
EVO	Eisenbahn-Verkehrsordnung
EWG	Europäische Wirtschaftsgemeinschaft
ff	folgende
FGG	Gesetz über die Angelegenheiten der freiwilligen Gerichtsbarkeit
GebrMG	Gebrauchsmustergesetz
GenG	Gesetz betreffend die Erwerbs- und Wirtschaftsgenossenschaften
GeschmMG	Geschmacksmustergesetz
GewO	Gewerbeordnung
GG	Grundgesetz
GmbH	Gesellschaft mit beschränkter Haftung
GmbHG	Gesetz betreffend die Gesellschaften mit beschränkter Haftung
GRUR	Gewerblicher Rechtsschutz und Urheberrecht (Jahr und Seite)
GüKG	Güterkraftverkehrsgesetz
GVG	Gerichtsverfassungsgesetz
GWB	Gesetz gegen Wettbewerbsbeschränkungen
HandwO	Gesetz zur Ordnung des Handwerks
HausratsVO	Hausratsverordnung
HGB	Handelsgesetzbuch
hL	herrschende Lehre
hM	herrschende Meinung
HMA	Haager Abkommen über die internationale Hinterlegung gewerblicher Muster und Modelle
HR	Handelsregister
IPR	Internationales Privatrecht
i.S.d.	im Sinne des/der
i.V.m.	in Verbindung mit
JR	Juristische Rundschau (Jahr und Seite)
JuS	Juristische Schulung (Jahr und Seite)
JZ	Juristen-Zeitung (Jahr und Seite)

KG	Kommanditgesellschaft
KGaA	Kommanditgesellschaft auf Aktien
KO	Konkursordnung
KVO	Kraftverkehrsordnung
LG	Landgericht
LM	Lindenmaier-Möhring (Hrsg.), Das Nachschlagewerk des Bundesgerichtshofs in Zivilsachen
LuftVG	Luftverkehrsgesetz
MA	Der Markenartikel (Jahr und Seite)
MaBV	Makler- und Bauträgerverordnung
MDR	Monatsschrift für Deutsches Recht (Jahr und Seite)
MHA	Madrider Abkommen über die Unterdrückung falscher oder irreführender Herkunftsangaben
MMA	Madrider Abkommen über die internationale Registrierung von Marken
NJW	Neue Juristische Wochenschrift (Jahr und Seite)
OHG	offene Handelsgesellschaft
OLG	Oberlandesgericht
OLGZ	Entscheidungen der Oberlandesgerichte in Zivilsachen (Jahrgang und Seite)
PatG	Patentgesetz
PflVersG	Gesetz über die Pflichtversicherung für Kraftfahrzeughalter
PFv	Positive Forderungsverletzung
PVÜ	Pariser Verbandsübereinkunft zum Schutze des gewerblichen Eigentums
resp.	beziehungsweise
RG	Reichsgericht
RGBl	Reichsgesetzblatt
RGZ	Entscheidungen des Reichsgerichts in Zivilsachen (Jahrgang und Seite)
RICO	Internationale Ordnung für die Beförderung von Behältern
RKG	Reichsknappschaftsgesetz
Rspr	Rechtsprechung
RVO	Reichsversicherungsordnung
s.	siehe
S.	Satz
StGB	Strafgesetzbuch
str.	streitig
StVG	Straßenverkehrsgesetz
SVS	Speditions-Versicherungsschein
UWG	Gesetz gegen den unlauteren Wettbewerb
VAG	Gesetz über die Beaufsichtigung der privaten Versicherungsunternehmen und Bausparkassen
VersR	Versicherungsrecht (Jahr und Seite)
VO	Verordnung

VOB (B)	Verdingungsordnung für Bauleistungen, Teil B
VVaG	Versicherungsverein auf Gegenseitigkeit
VVG	Gesetz über den Versicherungsvertrag
VwGO	Verwaltungsgerichtsordnung
WE	Willenserklärung
WG	Wechselgesetz
WKSchG	Zweites Gesetz über den Kündigungsschutz für Mietverhältnisse über Wohnraum
WM	Wertpapier-Mitteilungen (Jahr und Seite)
WoVermG	Gesetz zur Regelung der Wohnungsvermittlung
WZG	Warenzeichengesetz
ZPO	Zivilprozeßordnung
ZVG	Gesetz über die Zwangsversteigerung und Zwangsverwaltung

Dieses Abkürzungsverzeichnis liegt bei

Günther Dopjans

Einführung in das Wirtschaftsrecht

ISBN 3 528 04109 9